"十四五"国家重点出版物出版规划项目·重大出版工程

中国学科及前沿领域2035发展战略丛书

学术引领系列

国家科学思想库

中国天文学 2035发展战略

"中国学科及前沿领域发展战略研究（2021—2035）"项目组

科学出版社

北京

内 容 简 介

天文学是一门探索宇宙中天体起源和演化的基础学科。《中国天文学2035发展战略》面向2035年，在对天文学的战略地位、发展规律与研究特点、发展现状与态势进行系统分析的基础上，对天文学的关键科学问题、发展总体思路、发展目标以及优先发展方向进行了深入论述，并提出了加快天文学发展的政策和措施建议。本书还分别阐述了星系宇宙学，恒星、银河系及星际介质，太阳物理，基本天文学，新兴方向，天文技术方法等天文学主要分支学科发展战略的研究成果。

本书为相关领域战略与管理专家、科技工作者、企业研发人员及高校师生提供了研究指引，为科研管理部门提供了决策参考，也是社会公众了解天文学发展现状及趋势的重要读本。

图书在版编目（CIP）数据

中国天文学2035发展战略 / "中国学科及前沿领域发展战略研究（2021—2035）"项目组编. —北京：科学出版社，2023.8
（中国学科及前沿领域2035发展战略丛书）
ISBN 978-7-03-075570-4

Ⅰ. ①中…　Ⅱ. ①中…　Ⅲ. ①天文学–发展战略–研究–中国
Ⅳ. ①P1-12

中国国家版本馆CIP数据核字（2023）第087194号

丛书策划：侯俊琳　朱萍萍
责任编辑：张　莉　程雷星 / 责任校对：韩　杨
责任印制：师艳茹 / 封面设计：有道文化

科学出版社 出版
北京东黄城根北街16号
邮政编码：100717
http://www.sciencep.com

北京中科印刷有限公司 印刷
科学出版社发行　各地新华书店经销
*
2023年8月第　一　版　开本：720×1000　1/16
2024年1月第二次印刷　印张：25 1/2
字数：430 000

定价：178.00元
（如有印装质量问题，我社负责调换）

"中国学科及前沿领域发展战略研究（2021—2035）"

联合领导小组

组　长　常　进　李静海

副组长　包信和　韩　宇

成　员　高鸿钧　张　涛　裴　钢　朱日祥　郭　雷

　　　　杨　卫　王笃金　杨永峰　王　岩　姚玉鹏

　　　　董国轩　杨俊林　徐岩英　于　晟　王岐东

　　　　刘　克　刘作仪　孙瑞娟　陈拥军

联合工作组

组　长　杨永峰　姚玉鹏

成　员　范英杰　孙　粒　刘益宏　王佳佳　马　强

　　　　马新勇　王　勇　缪　航　彭晴晴

《中国天文学 2035 发展战略》

项 目 组

组　长　景益鹏

专家组（以姓氏拼音为序）

常　进　　崔向群　　董国轩　　韩占文　　何子山　　廖新浩

刘晓为　　毛淑德　　沈志强　　汪景琇　　王　娜　　王挺贵

武向平　　张双南　　周济林　　朱宗宏

秘书组（以姓氏拼音为序）

陈鹏飞　　陈玉琴　　崔　伟　　付建宁　　高　亮　　季江徽

孔　旭　　李　荫　　刘　强　　刘继峰　　施　勇　　史生才

田　晖　　王晓锋　　杨小虎　　袁　峰　　朱永田

总　序

　　党的二十大胜利召开，吹响了以中国式现代化全面推进中华民族伟大复兴的前进号角。习近平总书记强调"教育、科技、人才是全面建设社会主义现代化国家的基础性、战略性支撑"①，明确要求到 2035 年要建成教育强国、科技强国、人才强国。新时代新征程对科技界提出了更高的要求。当前，世界科学技术发展日新月异，不断开辟新的认知疆域，并成为带动经济社会发展的核心变量，新一轮科技革命和产业变革正处于蓄势跃迁、快速迭代的关键阶段。开展面向 2035 年的中国学科及前沿领域发展战略研究，紧扣国家战略需求，研判科技发展大势，擘画战略、锚定方向，找准学科发展路径与方向，找准科技创新的主攻方向和突破口，对于实现全面建成社会主义现代化"两步走"战略目标具有重要意义。

　　当前，应对全球性重大挑战和转变科学研究范式是当代科学的时代特征之一。为此，各国政府不断调整和完善科技创新战略与政策，强化战略科技力量部署，支持科技前沿态势研判，加强重点领域研发投入，并积极培育战略新兴产业，从而保证国际竞争实力。

　　擘画战略、锚定方向是抢抓科技革命先机的必然之策。当前，新一轮科技革命蓬勃兴起，科学发展呈现相互渗透和重新会聚的趋

---

① 习近平. 高举中国特色社会主义伟大旗帜 为全面建设社会主义现代化国家而团结奋斗——在中国共产党第二十次全国代表大会上的报告. 北京：人民出版社，2022：33.

势，在科学逐渐分化与系统持续整合的反复过程中，新的学科增长点不断产生，并且衍生出一系列新兴交叉学科和前沿领域。随着知识生产的不断积累和新兴交叉学科的相继涌现，学科体系和布局也在动态调整，构建符合知识体系逻辑结构并促进知识与应用融通的协调可持续发展的学科体系尤为重要。

擘画战略、锚定方向是我国科技事业不断取得历史性成就的成功经验。科技创新一直是党和国家治国理政的核心内容。特别是党的十八大以来，以习近平同志为核心的党中央明确了我国建成世界科技强国的"三步走"路线图，实施了《国家创新驱动发展战略纲要》，持续加强原始创新，并将着力点放在解决关键核心技术背后的科学问题上。习近平总书记深刻指出："基础研究是整个科学体系的源头。要瞄准世界科技前沿，抓住大趋势，下好'先手棋'，打好基础、储备长远，甘于坐冷板凳，勇于做栽树人、挖井人，实现前瞻性基础研究、引领性原创成果重大突破，夯实世界科技强国建设的根基。"[①]

作为国家在科学技术方面最高咨询机构的中国科学院和国家支持基础研究主渠道的国家自然科学基金委员会（简称自然科学基金委），在夯实学科基础、加强学科建设、引领科学研究发展方面担负着重要的责任。早在新中国成立初期，中国科学院学部即组织全国有关专家研究编制了《1956—1967年科学技术发展远景规划》。该规划的实施，实现了"两弹一星"研制等一系列重大突破，为新中国逐步形成科学技术研究体系奠定了基础。自然科学基金委自成立以来，通过学科发展战略研究，服务于科学基金的资助与管理，不断夯实国家知识基础，增进基础研究面向国家需求的能力。2009年，自然科学基金委和中国科学院联合启动了"2011—2020年中国学科

---

① 习近平. 努力成为世界主要科学中心和创新高地 [EB/OL]. (2021-03-15). http://www.qstheory.cn/dukan/qs/2021-03/15/c_1127209130.htm[2022-03-22].

发展战略研究"。2012 年，双方形成联合开展学科发展战略研究的常态化机制，持续研判科技发展态势，为我国科技创新领域的方向选择提供科学思想、路径选择和跨越的蓝图。

联合开展"中国学科及前沿领域发展战略研究（2021—2035）"，是中国科学院和自然科学基金委落实新时代"两步走"战略的具体实践。我们面向 2035 年国家发展目标，结合科技发展新特征，进行了系统设计，从三个方面组织研究工作：一是总论研究，对面向 2035 年的中国学科及前沿领域发展进行了概括和论述，内容包括学科的历史演进及其发展的驱动力、前沿领域的发展特征及其与社会的关联、学科与前沿领域的区别和联系、世界科学发展的整体态势，并汇总了各个学科及前沿领域的发展趋势、关键科学问题和重点方向；二是自然科学基础学科研究，主要针对科学基金资助体系中的重点学科开展战略研究，内容包括学科的科学意义与战略价值、发展规律与研究特点、发展现状与发展态势、发展思路与发展方向、资助机制与政策建议等；三是前沿领域研究，针对尚未形成学科规模、不具备明确学科属性的前沿交叉、新兴和关键核心技术领域开展战略研究，内容包括相关领域的战略价值、关键科学问题与核心技术问题、我国在相关领域的研究基础与条件、我国在相关领域的发展思路与政策建议等。

三年多来，400 多位院士、3000 多位专家，围绕总论、数学等 18 个学科和量子物质与应用等 19 个前沿领域问题，坚持突出前瞻布局、补齐发展短板、坚定创新自信、统筹分工协作的原则，开展了深入全面的战略研究工作，取得了一批重要成果，也形成了共识性结论。一是国家战略需求和技术要素成为当前学科及前沿领域发展的主要驱动力之一。有组织的科学研究及源于技术的广泛带动效应，实质化地推动了学科前沿的演进，夯实了科技发展的基础，促进了人才的培养，并衍生出更多新的学科生长点。二是学科及前沿领域的发展促进深层次交叉融通。学科及前沿领域的发展越来越呈现出多学科相互渗透的发展态势。某一类学科领域采用的研究策略和技术体系所产生的基础理论与方法论成果，可以作为共同的知识基础适用于不同学科领域的多个研究方向。三是科研范式正在经历深刻变革。解决系统性复杂问题成为当前科学发展的主要目标，导致相应的研究内容、方法和范畴等的改变，形成科学研究的多层次、多尺度、动态化的基本特征。数据驱动的科研模式有力地推动了新时代科研范式的变革。四是科学与社会的互动更加密切。发展学科及前沿领域愈加重要，与此同时，"互联网＋"正在改变科学交流生态，并且重塑了科学的边界，开放获取、开放科学、公众科学等都使得越来越多的非专业人士有机会参与到科学活动中来。

"中国学科及前沿领域发展战略研究（2021—2035）"系列成果以"中国学科及前沿领域2035发展战略丛书"的形式出版，纳入"国家科学思想库－学术引领系列"陆续出版。希望本丛书的出版，能够为科技界、产业界的专家学者和技术人员提供研究指引，为科研管理部门提供决策参考，为科学基金深化改革、"十四五"发展规划实施、国家科学政策制定提供有力支撑。

在本丛书即将付梓之际，我们衷心感谢为学科及前沿领域发展战略研究付出心血的院士专家，感谢在咨询、审读和管理支撑服务方面付出辛劳的同志，感谢参与项目组织和管理工作的中国科学院学部的丁仲礼、秦大河、王恩哥、朱道本、陈宜瑜、傅伯杰、李树深、李婷、苏荣辉、石兵、李鹏飞、钱莹洁、薛淮、冯霞，自然科学基金委的王长锐、韩智勇、邹立尧、冯雪莲、黎明、张兆田、杨列勋、高阵雨。学科及前沿领域发展战略研究是一项长期、系统的工作，对学科及前沿领域发展趋势的研判，对关键科学问题的凝练，对发展思路及方向的把握，对战略布局的谋划等，都需要一个不断深化、积累、完善的过程。我们由衷地希望更多院士专家参与到未来的学科及前沿领域发展战略研究中来，汇聚专家智慧，不断提升凝练科学问题的能力，为推动科研范式变革，促进基础研究高质量发展，把科技的命脉牢牢掌握在自己手中，服务支撑我国高水平科技自立自强和建设世界科技强国夯实根基做出更大贡献。

"中国学科及前沿领域发展战略研究（2021—2035）"

联合领导小组

2023 年 3 月

前　言

　　2019 年底，国家自然科学基金委员会与中国科学院决定合作开展 2021～2035 年中国学科及前沿领域发展战略研究工作。这次战略研究对谋划相关学科的未来发展具有重要意义，将对我国基础研究的长远发展产生深远的影响。

　　按照国家自然科学基金委员会和中国科学院的部署，这次的天文学学科发展战略研究要突出前瞻性、强化战略性、确保专业性和注重普及性。前瞻性是指研究报告要立足当前，展望未来 5～15 年天文学学科的发展趋势；战略性是指研究报告要将科学自身的发展规律与国家经济社会发展的需求有机结合起来；专业性是指研究报告要建立在数据准确和资料翔实的基础上；普及性是指研究报告既要面向科学界又要注意面向公众。在国家自然科学基金委员会和中国科学院的领导下，2020 年 3 月 25 日成立了由 6 位院士和 11 位资深天文学家组成的天文学学科发展战略专家组，以及由 17 名在第一线从事天文学研究的中青年学术骨干组成的秘书组，目标是在 2020 年内完成 2021～2035 年中国天文学学科发展战略研究报告。结合天文学学科的实际情况，专家组和秘书组共同商定了研究报告的基本内容，包括以下 7 章：学科总论，星系宇宙学，恒星、银河系及星际介质，太阳物理，基本天文学，新兴方向，天文技术方法。

　　在一年多的时间里，专家组和秘书组按照天文学的不同层次和对象，即星系宇宙学，恒星、银河系及星际介质，太阳物理，基本天文学，新兴方向，天文技术方法 6 个方面，进行了详细的调查、分析和战略研究。2020 年 3 月的项目启动会对 6 个方面的撰写工作进行了总体讨论和框架设计，随后在广泛调研的基础上形成了各章节大纲，于 2020 年 5 月初完成了初稿。在随后几个月的时间里又进行了多次讨论和修改，初稿于 2020 年底完成。

本书作者认为，近年来，我国对天文学研究经费的投入大幅增加，天文学研究和教育有了长足的发展，逐步形成了从人才培养、仪器设备研制、观测和理论研究到应用服务的较为完整的体系，形成了一批在国内外有影响的学术带头人和优秀创新研究群体，研究队伍的年龄结构趋于合理。大天区面积多目标光纤光谱望远镜（Large Sky Area Multi-Object Fiber Spectroscopic Telescope，LAMOST，又名郭守敬望远镜）、500 m 口径球面射电望远镜（Five-hundred-meter Aperture Spherical radio Telescope，FAST）、暗物质粒子探测卫星（Dark Matter Particle Explorer，DAMPE）、硬 X 射线调制望远镜（Hard X-ray Modulation Telescope，HXMT）等的建成，标志着我国天文仪器的研制水平显著提升。我国天文学研究已经取得一批在国际上有相当显示度的成果，总体水平在发展中国家中位居前列，成为国际上一支不可忽视的力量。但是，也应该看到，目前我国天文设备研究和教育的水平同发达国家相比，仍然存在很大差距。基于这样的认识，本书建议我国天文学到 2035 年的发展目标是：在若干个领域建成引领国际天文学发展的重大设施，广泛参与国际天文学合作项目，并引领若干个重大国际观测项目以及国际大型科学设施的建设，产生若干引领型的科学大家，解决若干个重大的天文学科学问题，在国家安全方面贡献重要力量，在航天和深空探测等领域发挥重要支持作用。

本书凝聚了许多院士和专家学者的智慧与努力，不仅对国内外天文学的发展现状和态势进行了详细评述，还对未来 15 年我国天文学的发展战略和措施提出了一些重要的、有意义的思考与建议。我们希望它能为各级领导和部门决策提供参考，对从事各类天文学研究和教育的人员有所启迪，对研究生和大学生的入门与成长有所帮助。未来 15 年，我国天文学的发展充满巨大的机遇和挑战，如果本书能对我国天文学的发展起到一点促进作用，便是对我们极大的欣慰。

最后，真诚地感谢热心参与本书撰写工作、提供材料和建议的所有院士和专家学者，感谢国家自然科学基金委员会和中国科学院领导的指导与关心。

景益鹏

《中国天文学 2035 发展战略》项目组组长

2023 年 3 月

摘　　要

　　天文学是一门探索宇宙中天体起源和演化的基础学科,其研究对象涵盖各个层次的天体。天文学科是人类认识宇宙的"排头兵",在国家学科发展布局中占据基础地位,有力地促进了其他自然科学和尖端技术的发展,同时其研究对象也与人类生存和国家安全等密切相关。天文学创新水平已成为各国特别是大国科技实力的综合体现和重要标志,中国天文学的发展得到党和国家领导人的高度重视与肯定。

　　按照研究对象,天文学可以分为五个研究领域:星系宇宙学,恒星、银河系及星际介质,太阳物理,基本天文学,以及包括系外行星、引力波及其对应体、粒子天体物理等在内的新兴方向。天文技术方法作为支撑天文学发展的技术基础,是天文学研究的组成部分。天文学是一门观测与理论紧密结合、相互促进的学科。天文观测验证、丰富和发展已有的理论框架乃至催生新的理论体系,同时为大量观测的高度量化总结和升华的理论框架的建立以及更深刻地了解新发现确立了新的高度。天文学与其他学科深度交叉,其他学科的知识是解释复杂天文现象的重要工具,同时天文发现和理论又促进其他学科的进步。

　　天文学一直是世界各科技强国的重点发展学科,世界各科技强国高度重视天文学人才培养、科研队伍建设、观测设备建造以及创新科研环境培育。2010~2019 年，我国天文学研究有了长足的发展，人才队伍结构更加合理、规模不断扩大、质量显著提高，研究领域涵盖理论、观测和仪器设备研制等众多方向，在国际核心期刊上发表的论文数量大幅增加，国际上有较高显示度和影响的成果显著增加。我国天文学家还担任了国际天文学联合会（International Astronomical Union，IAU）副主席和专业委员会主席等重要职务。总体而言，我国天文学的研究水平在发展中国家中位居前列，我国天文学研究团队是国际上一支不可忽视的力量。在人才队伍方面，本书收集各相关单位的数据汇总后可知，截至 2019 年 12 月，我国有一支由约 2500 名固定职位人员和约 2500 名流动人员（博士后、博士研究生、硕士研究生）组成的天文学研究队伍，其中具有正高级职称的 600 余人，副高级职称的 900 人左右，博士后 200 余人，博士研究生近 1200 人，硕士研究生近 1200 人。本书委托中国科学院文献情报中心基于美国科学情报研究所（Institute for Scientific Information，ISI）的 Web of Science 数据库的统计，2015~2019 年天文学领域获资助的项目共约 5600 项，金额近 150 亿元。这五年间，天文学学科领域共计产出研究论文 68 422 篇，累计论文量增幅为 10.7%，我国在这一时期以第一作者发表 5786 篇论文，占国际论文总数的 8.46%，世界排名第二位。以国际天文学联合会的会员数作为参考，我国天文学家的人均论文产出高于世界平均水平。从学科指数这一指标来看，我国天文学研究在整个国家科研队伍中的占比相对较低，以美国、日本以及欧洲等发达国家和地区的学科队伍作为参考，天文学研究队伍应该扩大两倍以上。天文学的高影响论文主要出自一流的大科学装置，而我国目前的天文大科学装置的建设还处于起步阶段，导致由我国学者主导的论文（第一作者论文）影响力偏弱，天文学科的篇均被引频次是该学科世界篇均被引频次的一半。2010~2019 年，我国在地面多个波段以及空间设备方面都建成了一批有特色的重要设备，形成了有一定国际竞争力的实测基础，包括 LAMOST、FAST、天马望远镜，以及"悟空"号 DAMPE、"慧眼"HXMT 等。

天文学探索天体的起源和演化。随着探测技术的不断进步，已有的科学问题被重塑，同时新的科学问题被提出。天文学的关键科学问题是天文学发展的引擎，也是科学驱动的基础。未来 5～15 年天文学的关键科学问题包括：①暗物质和暗能量的本质以及星系的形成与演化机制；②恒星及银河系的结构和演化机制；③太阳在不同尺度上的结构及其爆发机制；④行星的形成、探测及动力学特性；⑤面向下一代望远镜的关键技术。

针对上述关键科学问题，我国天文学的总体发展思路包括以下方面。

（1）依托已建的重大科学设施，开展前沿科学研究。未来 5～15 年，围绕已建设备，开展系统性的、前沿的科学研究。基于 LAMOST 巡天的海量光谱观测数据，开展丰度异常恒星、大样本双星、致密天体等的起源和演化研究；整合 LAMOST 中高分辨率巡天、星震学数据以及盖亚（Gaia）数据，耦合银河系的化学与运动学研究，建立银河系演化的图像。通过 FAST 多科学目标扫描巡天，同时获取脉冲星和中性氢（neutral hydrogen）的海量数据，推动射电宇宙学和星系演化研究，系统性搜寻和大样本统计分析各种致密天体及其爆发（如快速射电暴）现象。基于"悟空"号 DAMPE 持续增加的高质量数据，获得世界上最精确的 20 GeV～10 TeV 电子宇宙射线能谱、50 GeV 至数百 TeV 的质子与氦核宇宙线能谱以及能段最宽的硼碳比例能谱，在暗物质间接探测和宇宙线研究方面取得突破性成果。基于"慧眼"HXMT，系统获得一批致密星的高能时变和能谱演化特征，理解致密天体的吸积过程、爆发过程、相对论喷流以及辐射机制。

（2）发展自主的大科学设置，力争在若干领域引领国际前沿。大科学装置的缺乏是影响我国天文学发展的一个关键因素，谋划下一代大科学装置是未来我国天文学发展的重要条件。中长期，我国计划建成如下重大科学设施：载人空间站工程巡天空间望远镜（Chinese Space Station Telescope，CSST）、500 m 口径球面射电望远镜阵列（FAST Array，FASTA）、南极昆仑站光学红外大视场巡天望远镜和亚毫米波望远镜、大型光学红外望远镜（Large Optical-Infrared Telescope，LOT）、6.5 m 宽视场光谱巡天望远镜（Multiplexed Survey Telescope，MUST）、大口径亚毫米波望远镜、巨型太阳望远镜、天问 4 号木星探测器、宇宙热重子探寻（Hot Universe Baryon Surveyor，HUBS）计划、新疆奇台 110 m 口径全可动射电望远镜（Qitai Telescope，QTT）、12 m 级大视场光谱巡天望远镜（Twelve-meter Multi-Object Spectroscopic Telescope，TMOST）、紫外发射线成图探索小卫星（Census of Warm-Hot Intergalactic Medium，Accretion，Feedback Explorer，CAFE）等。

（3）参与国际大科学装置的建设。国际合作是现代天文学研究的重要方式，同时会进一步促进我国天文技术的进步。基于国际设备开展的多波段天文观测也是提升我国天文研究水平的重要途径。中长期，我国将参与若干个重大国际天文大科学装置的建设。平方千米（射电望远镜）阵（Square Kilometer Array，SKA）是一个巨型射电望远镜阵列，其有效集光面积达 1 km^2。我国是 SKA 的七个创始成员国之一。SKA 的研究对象覆盖宇宙各层次的天体，将开启射电天文学研究的新里程。30 m 望远镜（Thirty-meter Telescope，TMT）是一个为国际合作准备建设的口径达 30 m 的光学/红外望远镜，是世界三大 30 m 级别的光学望远镜之一，与我国已有的光学/红外设施形成有效的互补，提供高空间分辨率、高光谱分辨率、高灵敏度的观测，TMT 将是未来 5～15 年光学/红外天文发展的主力之一。

（4）重视理论研究，发展数值模拟天文学。我国的天文学研究在理论和数值模拟方面有着优良的传统，在国际上占据重要地位。中长期，我国将继续大力发展理论研究和数值模拟天文学。

依据总体思路，未来我国天文学的发展目标包括：①依托已建设备，开展大规模星系巡天，理解暗能量和早期宇宙的本质，发展暗物质粒子候选者的探测方法，推动星系大生态环境的观测研究；②基于 LAMOST 巡天，结合国际多波段的巡天，建立银河系演化的图像；③建设国家观测平台，对太阳实现厘角秒级的观测，在空间天气学领域取得突破；④参与月球、火星、小行星和木星的深空探测，探索太阳系中水以及其他生命物质存在的可能性，揭示太阳系起源及其生命起源等问题；⑤建设完备的多信使和时域观测网络，深入探索"极端宇宙"；⑥建设完成数个国际顶尖的大科学装置，通过国际合作参与若干个国际大科学装置建设。

围绕关键科学问题，根据总体思路及发展目标，天文学未来的重要研究方向包括：①宇宙起源及暗物质和暗能量的本质；②宇宙大尺度结构及星系的形成与演化；③超大质量黑洞与星系核区活动；④银河系的形成历史、结构与演化；⑤恒星形成、结构和演化及星际介质；⑥恒星灾变爆发机制、致密天体的形成和演化；⑦太阳精细结构特征及日冕加热的机制；⑧太阳磁场的产生、储能及释能的物理机制与预报；⑨行星系统的形成、探测和动力学；⑩时空参考系、轨道动力学及其应用；⑪光学/红外/紫外关键技术和方法；⑫射电/毫米波/亚毫米波关键技术和方法；⑬高能辐射和粒子探测关键技术与方法。

最后，形成如下资助机制与政策建议。①推动 LOT 等装置的预研、立项和建设。科学驱动下的重大设施建设对天文学的发展至关重要，未来 5～15 年要确保建成一批重大科学装置，为我国天文学的进一步发展奠定坚实的基础。②围绕已建重大观测设备的科学研究，设立项目群和研究中心。由于我国长期以来缺乏有竞争力的天文观测设备，天文学家一直以使用国外天文观测设备的存档数据或者少量地利用国外观测设备开展研究为主，因此十分有必要引导和鼓励我国学者逐步利用中国刚刚投入运行或者即将投入运行的重大观测设备开展研究。③加强面向重大科学问题的终端科学仪器的研制和优化使用。不同于望远镜本体，终端科学仪器更新换代的步伐更快，一般为10年，这可以充分利用新的技术来探索新的科学问题或深入回答已有的科学问题。国际大型天文设备的仪器配置通常分为三个阶段，即建设"一代"、规划"二代"、前瞻"三代"。目前我国的望远镜口径、数量都有限，应大力支持面向重大科学问题研制访问终端仪器，用于国际先进望远镜观测平台上，使得中国天文学家有机会争取到更多的国际望远镜观测时间，实现中国天文学家自己的科学目标。④加强计算天体物理学研究。计算机模拟（或数值实验）研究在理论研究和指导天文观测方面发挥着巨大的作用。我国应当积极与国内计算科学界合作，发展自主的模拟程序，充分发挥国内先进超算中心计算能力的优势，在一些天体物理领域取得国际领先的模拟成果和理论成果，并为国家天文大科学工程项目提供科学支撑。⑤支持国际观测合作项目以及国际大型观测设备的合作。积极开展国际合作可以弥补我国在设备类型、波段、探测能力等方面的不足，是实现学科发展目标的一个重要途径。随着一批新的国际地面和空间设备的出现，支持国际合作项目成为为我国学者提供前沿研究条件的一种必然需求。具体的合作可以包括：参加专题性的国际联网观测；分享国际望远镜观测时间；支持参与（主持）大型国际地面和空间观测计划；支持竞争国际开放设备的时间；支持双边或多边的观测课题合作。⑥引进人才，发展高校天文教育，壮大天文研究队伍。近年来，我国天文研究队伍的体量和质量都在迅速上升且更趋于年轻化，但在国际上我国的研究队伍体量还小于法国、意大利等发达国家，与我国经济总量已居世界第二的地位还很不相称；在国内与其他数理学科，尤其是物理学相比，体量仍然太小。要继续呼吁科技界和教育界充分认识天文学作为自然科学六大基础学科之一的科学与社会作用，通过国家基础科学人才培养基金等专项基金的支持，发展高校天文科研和教育人才。⑦促进新兴方向研究。新兴天文学包括多信使天文学、时域天文学和行星科学三个主要方向。与国际先进水平相比，我国新兴方向的人才队伍严重不足，必须积极促进新兴方向观测和理论研究的大力发展。⑧促进交叉研究。天文学研究的主流是天体物理，天文学与物理学的交叉融合变得越来越重要。未来我国要进一步加强天文学与物理学、地学、力学、数学和信息学的交叉研究，特别是粒子物理与宇宙学、天体物理与原子核物理、天体物理与等离子体物理和磁流体力学、天体物理与实验室等离子体、天体物理与计算科学、天体物理与地球科学等的交叉研究。⑨建议基金项目一定比例的论文在国内期刊发表研究成果。我国缺乏高影响力的天文学专业期刊，为了进一步促进我国天文学的发展，增强我国天文学的国际影响力，鼓励一定比例的重要成果，特别是基于我国大科学装置的核心工作成果发表在国内期刊上，推动《天文和天体物理学研究》《中国科学：物理学 力学 天文学》等国内期刊成为国际主流天文学期刊。同时，建议在项目结题考核环节实行代表作评价制度，代表作至少应包括一篇在国内期刊上发表的论文。

Abstract

Astronomy is a fundamental discipline that explores the origin and evolution of celestial bodies in the universe. Its research objects cover celestial bodies at all levels. Astronomy is the "vanguard" of human understanding of the universe, occupying a basic position in the national discipline development layout, and has effectively promoted the development of other natural sciences and cutting-edge technologies. At the same time, its research objects are also closely related to human life and national security. The innovation level of astronomy has become a comprehensive manifestation and an important symbol of the scientific and technological strength of countries, especially major countries. The development of Chinese astronomy has been highly valued and recognized by the leaders of the Party and the country.

According to its research objects, astronomy can be divided into five research fields: extragalactic astronomy and cosmology, stars, the Milky Way and interstellar medium, solar physics, fundamental astronomy, and emerging fields including exoplanets, gravitational waves, along with its electro-magnetic counterparts, and particle astrophysics. Astronomy technologies and methods, as a technical foundation supporting the development of astronomy, are an integral part of astronomical research.

Astronomy is a disciplinary subject that combines observation and theory, and mutually promotes each other. Astronomical observations not only verify, enrich, and develop the existing theoretical frameworks, but also give rise to new theoretical systems. Meanwhile as the highly quantitative summary of massive observations, the establishment of theoretical frameworks establishes a new height for a deeper understanding of new discoveries. Astronomy deeply intersects with other subjects, and knowledge from other subjects is an important tool to explain complex astronomical phenomena. At the same time, astronomical discoveries and theories also promote the progress of other subjects.

Since astronomy has always been a key development discipline for the world's major scientific and technological powerhouse, these countries attach great importance to talent cultivation, research team building, observation equipment construction, and innovative research environment cultivation in the astronomy field. From 2010 to 2019, astronomical research in China has made significant progress, with a more reasonable structure of talent teams and expanding number of astronomers. The research fields cover many directions including theory, observation, and instrument development. The number of papers published in the international core journals has increased significantly, and the number of internationally highly-visible and influential achievements has also increased significantly.Chinese astronomers have gained important positions such as Vice Chairman and Chair of Professional Committees of the International Astronomical Union (IAU). Overall, astronomical research level of China ranks among the top in the developing countries, and its astronomical research team is a significant force in the international arena. As for talent teams, according to data collected from various related units, as of December 2019, there is a Chinese astronomical research team composed of about 2,500 permanent employees and about 2,500 other employees (postdoctoral researchers, doctoral students, and master-degree students), including over 600 persons with senior professional titles and 900 persons with associate senior professional titles. There are also more than 200 postdoctoral researchers, nearly 1,200 doctoral-degree students, and nearly 1,200 master-degree students. According to statistics from the Web of Science database compiled by the Institute of Scientific Information (ISI) commissioned by the authors of this book, in the astronomy field, about 5,600 projects have been funded in the five years from 2015 to 2019, totaling nearly RMB 15 billion. In this period, the astronomy disciplinary field produced a total of 68,422 research papers, with a cumulative growth rate of 10.7%. China published 5,786 papers as the first author, accounting for 8.46% of the total number of international papers, ranking second in the world. With the number of the members of the International Astronomical Union as a reference, the per capita paper output of Chinese astronomers is higher than the world average level. From the indicator of the disciplinary index, astronomical research team in China accounts for a relatively small proportion of the entire national scientific research team. Compared with the developed countries and regions such as the United States, Japan, and Europe, the astronomical research team should be expanded to more than twice the current size. The highly influential papers in astronomy are mainly produced by first-class large scientific devices, and the construction of astronomical large scientific devices in China is still in the initial stage, which has resulted in a weak impact of papers led by Chinese scholars (first-author papers), and the average citation frequency in astronomy research papers is half of that of the world. From 2010 to 2019, China has built a number of characteristic and important devices in multiple bands on the ground and in space, forming a certain degree of international competitiveness on an observational basis, including the Large Sky Area Multi-Object Fiber Spectroscopic Telescope (LAMOST), the Five-hundred-meter Aperture Spherical radio Telescope (FAST), the Tian Ma Telescope, the Dark Matter Particle Explorer (DAMPE), the Dark Matter Particle detection satellite, and the insight Hard X-ray Modulation Telescope.

Astronomy explores the origin and evolution of celestial bodies. With the continuous advancement of detection technology, the existing scientific questions are reshaped while new scientific questions arise. The key scientific questions in astronomy are the engine for the development of astronomy and the foundation of the scientific driving force. The key scientific questions in astronomy for the next 5-15 years include: ① the nature of dark matter and dark energy and the formation and evolution mechanisms of galaxies; ② the structure and evolution mechanisms of stars and the Milky Way; ③ the structure of the sun on different scales and its eruption mechanism; ④ the formation, detection, and dynamic characteristics of planets; ⑤ key technologies for the next generation of telescopes.

In response to the above key scientific questions, the overall development strategy of Chinese astronomy includes the following aspects.

(1) To carry out cutting-edge scientific research based on the existing major scientific facilities. In the next 5-15 years, systematic and cutting-edge scientific research will be conducted around the established equip-

ment. Based on the massive spectral observation data obtained through the LAMOST survey, the origin and evolution of abundance anomalous stars, large sample binary stars, and compact celestial bodies will be studied. The chemical and kinematic research of the Milky Way will be coupled by integrating intermediate to high-resolution survey data, asteroseismology data, and Gaia data. The evolution of the Milky Way will be established. Through the multi-purpose scanning survey of FAST, massive data on pulsars and neutral hydrogen (HI) will be obtained, which will promote radio cosmology and galaxy evolution research, systematical search and large-sample statistical analysis of various compact celestial bodies and their outbreak phenomena (such as fast radio bursts). Based on the continuously increasing high-quality data of the DAMPE, the world's most accurate 20 GeV-10 TeV electron cosmic ray energy spectrum, a proton and helium cosmic ray energy spectrum of 50 GeV to several hundred TeV, and the widest range of boron and carbon ratio energy spectrum will be obtained. Moreover, breakthrough achievements in the indirect detection of dark matter and cosmic ray research will be achieved. Based on the HXMT, a series of high-energy variability and spectral evolution characteristics of compact stars will be obtained, which will help to understand the accretion process, eruption process, relativistic jets, and radiation mechanisms of compact celestial bodies.

(2) To develop independent major scientific facilities to lead the international frontier in several areas. The lack of such facilities is a crucial bottleneck affecting the development of astronomy in China. Planning for the next generation of major scientific facilities is an essential condition for the future development of astronomy in China. In the medium to long term, China plans to build the following major scientific facilities: the

Chinese Space Station Telescope (CSST), the Five-hundred-meter Aperture Spherical Telescope Array (FAST array, FASTA), the Kunlun Station Optical and Infrared Large Field of View Sky Survey Telescope and Submillimeter Telescope in Antarctica, the Large Optical-Infrared Telescope (LOT), the 6.5-meter Multiplexed Survey Telescope (MUST), the Large Aperture Submillimeter Telescope, the Giant Solar Telescope, the Tianwen-4 Jupiter Probe, the Hot Universe Baryon Surveyor (HUBS) project, the Qitai Telescope(QTT) with a 110-meter aperture and full mobility, the Twelve-meter Multi-Object Spectroscopic Telescope (TMOST), and the Census of Warm-Hot Intergalactic Medium, Accretion, Feedback Explorer (CAFE) small satellite for exploring ultraviolet emission lines.

(3) To participate in the construction of international major scientific facilities. International cooperation is an important way for modern astronomy research, and it will further promote the development of China's astronomical technology. Multi-band astronomical observations based on international facilities are also an important way to improve China's astronomical research level. In the medium and long term, China will participate in the construction of several major international astronomical facilities. The Square Kilometer Array (SKA) is a giant radio telescope array, with an effective collecting area of 1 square kilometer. China is one of the seven founding members of SKA. The targets of SKA cover celestial bodies at all levels in the universe, opening up a new era of radio astronomy research. The Thirty Meter Telescope (TMT) is a 30-meter optical/infrared telescope under international cooperation preparation. It is one of the world's three 30-meter-class optical telescopes,and complements China's existing optical/infrared facilities, providing high spatial resolution, high spectral resolution, and

high sensitivity observations. The TMT will be one of the main forces for the development of optical/infrared astronomy in the next 5-15 years.

(4) To emphasize theoretical research and the development of numerical simulation astronomy. China's astronomical research has a strong tradition and occupies an important position internationally in terms of theoretical and numerical simulation research. In the medium and long term, China will continue to vigorously promote the theoretical research and development of numerical simulation astronomy.

According to the overall plan, the development goals of China's astronomy in the future include: ① relying on the existing facilities, carry out large-scale galaxy surveys, understand the nature of dark energy and the early universe, develop detection methods for dark matter particle candidates, and promote the observation and research of the large ecological environment of galaxies; ② establish an image of the evolution of the Milky Way based on the LAMOST survey and international multi-band surveys; ③ establish a national observation platform and achieve centiarcsecond-level observations of the sun, making breakthroughs in the field of space weather; ④ participate in deep space exploration of the moon, Mars, asteroids, and Jupiter, explore the possibility of water and other life materials in the solar system, and reveal issues such as the origin of the solar system and the origin of life; ⑤ build a complete multi-messenger and time-domain observation network, and delve into the "extreme universe" ; ⑥ build and complete several internationally top scientific facilities, and participate in the construction of several international major scientific facilities through international cooperation.

Based on the key scientific questions,the overall plan and development goals, the important research directions of astronomy in the future include: ① the origin of the universe, and the nature of dark matter and dark energy; ② the large-scale structure of the universe, and the formation and evolution of galaxies; ③ supermassive black holes and the activity in the nuclei of galaxies; ④ the formation history, structure, and evolution of the Milky Way; ⑤ star formation, stellar structure, and evolution of star, as well as interstellar matter; ⑥ stellar explosions,and the formation and evolution of compact object; ⑦ the fine structural features of the sun and the mechanisms of coronal heating; ⑧ the physical mechanisms for the generation, storage, and release of solar magnetic fields, as well as their prediction; ⑨ the formation, detection, and dynamics of planetary systems; ⑩ space-time reference systems, orbital dynamics, and their applications; ⑪ key technologies and methods in optical/infrared/ultraviolet astronomy; ⑫ key technologies and methods in radio millimeter/submillimeter; ⑬ key technologies and methods for high-energy radiation and particle detection.

Finally, the following funding mechanisms and policy proposals have been formed.

(1) To promote the pre-research, project approval, and construction of facilities such as LOT. The construction of facilities driven by scientific research is crucial for the development of astronomy. It is essential to ensure that a batch of major scientific facilities is built within the next 5-15 years to lay a solid foundation for the further development of astronomy in China.

(2) To establish research centers and group research programs for scientific research around established major observing equipment. Due to the lack of competitive astronomical observation equipment in China, astronomers have mainly relied on foreign archived data or a small

number of foreign observation equipment for research. Therefore, it is essential to encourage Chinese scholars to use the major observation equipment that China has recently put into operation or is about to put into operation, to carry out research.

(3) To strengthen the development and optimization of terminal scientific instruments oriented to major scientific issues. Unlike the telescope body, the pace of updating the terminal scientific instruments is faster, usually every 10 years. This can fully utilize new technology to explore new scientific issues or answer the existing scientific questions. The instrument configuration of international large-scale astronomical equipment is usually divided into three phases: construction of "generation one", planning of "generation two", and prospecting of "generation three". Currently, China's telescope diameter and quantity are limited. It is necessary to vigorously support the development of terminal instruments for major scientific issues, to be used on international advanced telescope observation platforms, giving Chinese astronomers the opportunity to compete for more international telescope observation time and achieve their own scientific goals.

(4) To strengthen research in computational astrophysics. Computer simulation (or numerical experiment) research plays a significant role in theoretical research and guiding astronomical observations. China should actively cooperate with the domestic computational science community, develop independent simulation programs, fully utilize the computing power of advanced national supercomputer centers, and gain international leading simulation results and theoretical achievements in some astrophysics fields, providing scientific support for national astronomical facilities.

(5) To support international observation cooperation projects and

cooperation on international large-scale observation equipment. Active international cooperation can compensate for China's shortcomings in equipment types, bandwidth, and detection capabilities, and is an important way to achieve disciplinary development goals. With the emergence of a new batch of international ground and space equipment, supporting international cooperation projects is an inevitable requirement to provide Chinese scholars with cutting-edge research conditions. Specific cooperation can include: participating in international network observation on specific research topics; sharing international telescope observation time; supporting participation (hosting) in large-scale international ground and space observation plans; supporting competition for international open equipment time; and supporting bilateral or multilateral observation project cooperation.

(6) To recruit talents, develop university astronomy education, and strengthen the astronomy research team. In recent years, the size and quality of China's astronomical research teams have been rapidly increasing and tending toward younger generations. However, in terms of the size of the research teams, China's volume is still smaller than that of developed countries such as France and Italy, which is not commensurate with China's status as the world's second-largest economy country. It is necessary to continue calling on the science and educational sectors to fully recognize the societal impact of astronomy as one of the six fundamental natural sciences, and support university astronomy research and education talents through dedicated funds.

(7) To promote research in emerging areas. Emerging astronomy includes three main areas: multi-messenger astronomy, time-domain astronomy, and planetary science. Compared with international counterparts, China's talent team in emerging field is severely lacking.

It is necessary to actively promote the development of emerging field observations and theoretical research.

(8) To promote interdisciplinary research. The mainstream of astronomical research is astrophysics, and the fusion of astronomy with physics has become increasingly important. In the future, China should further strengthen the interdisciplinary research between astronomy and physics, geology, mechanics, mathematics, and informatics, especially the interdisciplinary research between particle physics and cosmology, astrophysics and nuclear physics, astrophysics and plasma physics with magnetohydrodynamics, astrophysics and laboratory plasma, astrophysics and computational science, and astrophysics and earth science.

(9) To encourage that a certain proportion of research results published in domestic journals should be included in the funding project. China lacks high-impact astronomical journals. In order to further promote the development of China's astronomy, enhance China's international influence in astronomy, and encourage important achievements, especially those based on China's major scientific facilities should be published in domestic journals such as *Research in Astronomy and Astrophysics, Science China:Physics,Mechanics & Astronomy*, promoting these journals to become mainstream international astronomical journals. At the same time, it is recommended to implement a representative work evaluation system in the project completion assessment, and the representative work should include at least one paper published in a domestic journal.

目　　录

第一章

学 科 总 论

第一节 科学意义与战略价值

　　天文学是一门探索宇宙中天体起源和演化的基础学科，其研究对象涵盖各个层次的天体，包括太阳和太阳系内各种天体、恒星及其行星系统、银河系和河外星系乃至整个宇宙，其演化与人类的命运密切相关。太阳系外的恒星及其行星系统是寻找第二个地球的最佳对象。天体中的极端天体物理条件提供了天然实验室，可用来检验包括广义相对论在内的基本物理原理。人类对星系和宇宙的研究带来了物理学的"两朵新乌云"——暗物质和暗能量的本质问题。探索宇宙形成及演化的先进天文技术是国家尖端技术的重要组成部分，广泛应用于导航、定位、航天、深空探测等领域，对国家经济建设和国家安全都起到了重要作用。天文学同时在教育和科普等领域有着不可或缺的作用，在提高国民科学素质方面占据着重要地位。天文学一直是一个国家和民族在思想领域最重要的战略高地之一，催生了最早的科学革命。

　　天文学创新水平已成为各国特别是大国科技实力的综合体现和重要标志，中国天文学的发展得到党和国家领导人的高度重视和肯定。2016 年 FAST 竣工日，习近平总书记专门发来贺信，随后在 2017 年新年贺词中提及"中国天眼"落成启用。2017 年，习近平总书记在党的十九大报告中指出："创新驱动发展战略大力实施，创新型国家建设成果丰硕，天宫、蛟龙、天眼、悟空、墨子、大飞机等重大科技成果相继问世。"（习近平，2017）其中，"天眼""悟空"为天文学领域的重大成果。

天文学是人类认识宇宙的"排头兵"。天文学探究宇宙的奥秘，开拓人类认识宇宙的知识边界。17 世纪初，伽利略发明了第一架天文望远镜，太阳黑子、月球环形山、木星卫星等的发现轰动了当时的欧洲，有力推动了哥白尼日心说的传播。20 世纪，随着以相对论和量子论为代表的现代物理学的建立，以及射电、红外、光学、高能和空间天文等技术的突飞猛进，激动人心的天文发现不断涌现，使得人们对宇宙的了解有了新的革命性飞跃。21 世纪，占宇宙成分 90% 以上的暗物质和暗能量的本质成为现代物理学的"两朵新乌云"，"人类是否孤独"这一古老问题将有望通过对太阳系、太阳系外行星以及星际介质的探索得到回答，引力波、黑洞等将使基本物理理论得到严格的检验。新的发现和新的挑战让天文学再次成为自然科学中最活跃的前沿学科之一，不断刷新着人类对宇宙的认识。

天文学有力地促进了其他自然科学和尖端技术的发展。天文学对其他自然科学有着重要的促进作用，如天文学曾对数学和力学的发展起到了重要推动作用。天文学和物理学的结合产生了天体物理学，其成为当代天文学的主流，为各种物理理论的检验提供了天然的实验室，而暗物质和暗能量的发现又对物理学特别是粒子物理学提出了巨大挑战。天体化学和天体生物学又分别是利用化学与生物学来研究星际介质中的化学过程以及地外生命的交叉学科。作为一门以观测为主的学科，天文学的发展与各种尖端技术的发展紧密结合，对技术进步产生了巨大的促进作用。现代天文观测追求高噪声下的微弱信号探测、极大的探测面积、极高的空间分辨率和时间分辨率、极精确的空间导向和定位、极精密的计时以及海量的数据存储和分析等。这些技术在满足国家安全、载人航天、"嫦娥"探月工程等国家战略需求方面发挥了巨大的作用。

天文学在国家学科发展布局中占据基础地位。作为一门基础学科，天文学是国家学科体系中不可或缺的部分。在科学研究方面，天文学回答宇宙各层次天体的起源和演化，以及地外生命存在的可能性等关系人类自身的重大问题。同时，天文学为其他自然科学的发展注入新的活力，产生了各种交叉学科。在人才培养方面，天文学的广度和深度有助于培养学生勇于创新的精神、科学的思维方法和坚韧不拔的优良品质，这不仅为天文学自身的发展，同时还为尖端技术进步和社会经济发展所需的重要人才提供了保障。在服务社会方面，天文学在提升全民科学素质和激发青少年积极向上方面有着无可比拟的优势。广袤的星空、多彩的宇宙深深地引起人们对自然界的好奇，帮助人类认识自身在自然界和宇宙中的地位，使人们树立起辩证唯物主义的认识论和正确的世界观。

天文学的进步是实现科技强国的重要标志。作为一门基础的自然科学学科，天文学一直都是世界科技强国的重点发展学科，世界百强高校几乎都开设了天文学专业。天文学各种突破性的发现是人类知识宝库中最绚丽的明珠之一，深深震撼着人们的心灵，极大增强了民族自豪感以及人类命运共同体的使命感。天文学观测所需的各种大科学装置是国家各类尖端技术的集合体，天文学既是技术进步的催化剂之一，又是科技强国综合科技实力的最佳展示方式之一。随着国家综合实力的进一步提升，我国天文学的发展也必将迎来新的机遇。各类新的重大天文成果以及各种尖端的大科学装置必将成为科技强国的重要标志。

天文学的发展与人类生存和国家安全等密切相关。人类的生存环境与太阳活动紧密相关，太阳活动的剧烈变化会造成无线电通信中断、电力系统故障、人造卫星损坏和变轨，以及威胁航天员安全等重大灾害。近地小行星的监测、空间碎片的研究，以及自主的时间服务系统可以为国家安全和航天器的安全提供保障。深空探测是 21 世纪科技强国开拓地球外"新疆域"的重要手段，对月球、火星、金星和木星等太阳系天体的探测加速了人们对太阳系起源的了解，同时也为未来人类踏足新行星提供了前期准备。太阳系外恒星及其行星系统的多样性为了解地球起源和演化提供了借鉴，对地外生命的搜寻有助于人类思考宇宙尺度上地球生命的起源和意义。

第二节　发展规律与研究特点

天文学是一门探索宇宙中天体起源和演化的基础学科。按照研究的对象，天文学可以分为五个研究领域：星系宇宙学，恒星、银河系及星际介质，太阳物理，基本天文学，以及包括系外行星、引力波及其对应体、粒子天体物理等在内的新兴方向。天文技术方法作为支撑天文学发展的技术基础，是天文学研究的组成部分。

因为距离天体远，天文学以观测为主，并结合少量实验来探索宇宙的奥秘。天文的观测包括来自天体各个波段的电磁辐射、引力波辐射和中微子等。为了探测更远的天体、更暗的天体以及更多种类的天体，天文探测技术不断进步，特别是最近几十年，天文学的探测技术以 5~10 年为周期快速更新换代，由此带来的新现象、新思想和新概念不断涌现。

天文学是一门观测与理论紧密结合、相互促进的学科，天文观测验证、丰富和发展已有的理论框架乃至催生新的理论体系。例如，基于第谷的大量天文观测数据，开普勒总结出了三大定律，成为支持牛顿万有引力定律的最重要证据之一；爱丁顿对日食中恒星位置改变的观测，成功验证了广义相对论的预言。同时，作为对大量观测的高度量化总结和升华的理论框架的建立不是认识的终结；相反，它为更深刻地了解新发现确立了新的高度。例如，20 世纪所建立的两大天文理论包括恒星的内部结构与演化理论，以及宇宙大爆炸标准模型催生了一大批新的天文发现。

天文学与其他学科深度交叉，其他学科的知识是解释复杂天文现象的重要工具，同时天文发现和理论又促进了其他学科的进步。对天体的位置和运动的研究广泛使用数学与力学的方法，天文学发展也为这两个学科解决在复杂系统中运动的问题提供了新思路。随着观测技术的进步，物理学的各种理论也被广泛应用于天文学研究中，最近几十年，天体化学、天体生物学、粒子天体物理学、引力波天体物理学等交叉学科成为天文学重要的新兴领域。

在深空探测领域，天文学与地质学、地球物理学、空间科学等更是紧密结合。

　　天文学的进步依赖于小团队自由探索和大团队作战"两条腿"走路：一方面，宇宙的复杂性和天体的多样性使得天文研究需要大量的自由探索，需要一些看似无固定目标纯以好奇心来驱动的创新性研究，在偶然中发现机遇，在机遇中获得新发现；另一方面，特别是进入 21 世纪，天文观测对设备的要求越来越高，对大科学装置的依赖越来越大，同时一些重大天文问题需要海量的天文数据分析和大量分工协作才能取得突破，所以大团队作战在当代天文的发展中具有重要的作用。

第三节　发展现状与发展态势

一、国际发展状况与趋势

　　天文学一直是世界各科技强国的重点发展学科，拥有比较稳定的人才培养体系、科研队伍和经费投入，以及鼓励创新的科研环境，重视以科学为驱动的设备建设。基于此，国际天文学在 2010～2019 年产生了一大批重大科研成果。在人才培养方面，随着科研队伍规模的相对稳定，发达国家高度重视天文人才质量，力争培养在理论、观测和设备等方面的领军型人才。在资助方面，发达国家大力支持以科学为驱动的技术研发和观测设备建设，同时对观测数据库的建设和使用也有着稳定的支持。在设备和探测技术方面，国际天文学的发展趋势包括追求更高的空间分辨率、时间分辨率和光谱分辨率，追求更大的集光本领和更大的视场，实现全波段的探测和研究以及偏振测量，开辟电磁波外新的观测窗口，开展大天区时变和运动天体的观测，注重通过国际合作来研制大型天文设备，发展海量数据的处理和计算天体物理学，建立资料更完善和使用更方便的数据库。大科学装置是驱动国际天文学发展的核心，例如，2021 年底发射的詹姆斯·韦布空间望远镜（James Webb Space Telescope，JWST）是人类历史上迄今建造的最昂贵的天文设施，开启了人类探索第一代星系和系外行星的新征程。在营造创新的科研环境方面，国际天文学遵循科学优先原则，制定最优政策来最大化重大科研成果的产出，包括人员招聘、人员考核、经费分配、技术开发、设备建设、设备使用以及数据开放等。

二、国内发展现状

2010～2019年，我国天文学研究有了长足的发展，人才队伍结构更加合理，人才培养的规模不断扩大，人才质量显著提升，研究领域涵盖理论、观测和仪器设备研制的众多方向，在国际核心期刊上发表的论文数量不断增加，国际上有较高显示度和影响力的成果显著增加。我国天文学家还担任了国际天文学联合会副主席和专业委员会主席等重要职务。

（一）人才队伍

截至2019年12月，我国有一支由约2500名固定职位人员和约2500名流动人员（博士后、博士研究生、硕士研究生）组成的天文学研究队伍。其中，具有正高级职称的600余人，具有副高级职称的900人左右，博士后200余人，博士研究生近1200人，硕士研究生近1200人。这些人员主要分布在中国科学院国家天文台（包括总部、云南天文台、南京天文光学技术研究所、乌鲁木齐天文站、长春人造卫星观测站）、紫金山天文台、上海天文台、高能物理研究所、国家授时中心，以及南京大学、中国科学技术大学、北京大学、上海交通大学、北京师范大学、清华大学、厦门大学、中山大学等单位，其他单位的天文人才队伍在2010～2019年也得到显著发展。在上述天文工作者中，参与课题研究的固定人员占55%，参与天文技术（方法）研究的占45%；课题研究人员主要集中在星系宇宙学（21%）、恒星物理（23%）、太阳物理（11%）、天体测量和天体力学（22%）、新兴方向（23%）等前沿领域；固定研究人员中男性占70%。多年的科研实践、人才培养和国际合作研究，形成了一批在国内外有影响的学术带头人和优秀创新研究群体，研究队伍的年龄结构趋于合理。我国天文学研究的总体水平在发展中国家中位居前列，在国际上是一支不可忽视的力量。

（二）资助现状

基于 2015～2019 年的统计数据，天文学领域获资助的项目共约 5600 项，金额近 150 亿元，按国家级项目和其他项目划分各约 105 亿元和 45 亿元；按前沿研究和国家需求划分各约 55 亿元和 95 亿元；按常规经费和设备经费划分各约 110 亿元和 40 亿元，每年的经费总量起伏较大，少者约 17 亿元，多者约 49 亿元。

（三）基于学术论文统计的研究水平现状

基于 2015～2019 年的统计，天文学科领域共计产出研究论文 68 422 篇，累计论文量增幅为 10.7%。我国在这一期间以第一作者发表论文 5786 篇，占国际论文总数的 8.46%，世界排名第二位。以国际天文学联合会的会员数作为参考，我国天文学家的人均论文产出高于世界平均水平。

从学科指数这一指标来看，我国天文学研究在整个国家科研队伍中的占比相对较低。学科指数是指对于某国而言，特定学科的论文数量占本国全部论文数量的相对比例，是利用研究规模测度特定学科在某国相对地位的指标。如果国际平均取为 1，则我国天文学科指数是 0.66，说明相对我国其他学科来说，天文学的论文比例偏低，天文学研究的队伍偏小。美国、日本以及欧洲等发达国家和地区的这一指数不但大于 1 这一临界值，而且都大于 1.4，说明在这些发达国家和地区，天文学研究较其他学科更受重视，天文学研究的产出量更高。

我国学者在各子领域的研究力量分布基本接近国际平均分布，星系和宇宙学，恒星、银河系及星际介质，天文技术与方法，基本天文学的学科指数均接近于 1，太阳物理的学科指数为 1.38，太阳系与系外行星系统的学科指数仅为 0.62，表明我国在该学科方向的研究远远滞后。

从第一作者论文的引用情况来看，我国天文学学科的影响力指数为 0.54，即天文学学科的篇均被引频次是该学科世界篇均被引频次的约一半。在被引频次最高 10% 的论文里，中国学者发表了 221 篇，占中国论文的 3.8%，也低于国际均值 10%。中国学者发表高被引频次的顶尖论文更少。2015～2019 年，每年被引频次最高 0.1%，共 69 篇论文，其中 52 篇（75%）是基于天文大观测设备的第一手数据的科学论文和技术方法论文。中国学者无缘这 69 篇顶级论文，与我国观测设备落后有着密切的关系。

三、优势、薄弱领域的发展状况及人才队伍情况

我国星系宇宙学领域有一批优秀的学术带头人，同时从国外引进了一批高水平的中青年学者，他们成为我国在国际上做出高显示度研究工作的主力军。现有固定研究人员300余人，优势方向为理论模型研究和计算机模拟。尽管近些年在观测研究方面取得了可喜的进步，但大型设备缺乏影响了该领域高水平研究成果的持续产出。

我国在恒星、银河系及星际介质领域的研究取得了重要进展，并在一些关键领域做出了有重要国际影响力的工作。例如，在银河系大规模光谱巡天方面，LAMOST实现了天区覆盖、巡天体积、采样密度及统计完备性等方面的重大突破，填补了中国大型天文基础数据的空白。该领域现有固定研究人员300余人。

我国在太阳物理领域的研究在国际太阳物理界占有重要地位，我国拥有几个观测基地，在科学研究方面，无论是论文的数量还是高被引论文的占比都高于其他领域。该领域现有固定研究人员150余人。

我国在基本天文学研究方面有着深厚的历史积累和较强的研究梯队，研究成果丰硕，具有较高的国际影响力，同时在国防、航天、深空探测等方面做出了突出贡献。该领域现有固定研究人员300余人。

新兴方向包括多信使天文学、时域天文学和行星科学。尽管我国在此方面起步较晚，但在观测和相关理论研究方面取得了高显示度的研究成果，同时我国近些年建造的各类专有设备为该方向所需的国际联合观测提供了重要保障。该领域现有固定研究人员300余人。

我国天文技术方法领域发展快速，过去十几年建成了许多国际一流的观测设备，包括以LAMOST为代表的光学望远镜、以FAST为代表的射电望远镜、以"悟空"和"慧眼"为代表的卫星及空间望远镜。基于这些设备产生了一批重要的科学成果。但相比于国际天文学研究，我国的设备总量偏少，技术储备偏弱。该领域现有固定研究人员1000余人。

四、总体经费投入与平台建设情况

2015～2019年，天文学领域共计获得经费近150亿元，其中常规经费和

设备经费各约 11 亿元和 40 亿元。

在平台建设方面成效显著。2010~2019 年，我国在地面多个波段以及空间设备方面都建成了一批重要设备，形成了有一定国际竞争力的实测基础。本书收集各单位的相关数据后，经过汇总，得到完整的观测设备清单，表 1-1 列出了部分较大型的观测设备。

表 1-1 部分较大型的观测设备（仅限在用设备）

序号	名称	设备信息
1	LAMOST	位于河北兴隆观测站，2009 年建成启用，建设总费用 3.1 亿元，4 m 有效通光口径，5° 视场，4000 根光纤，用于光谱巡天，科学目标集中在银河系结构和演化、河外天体观测以及多波段目标认证三个方面
2	2.16 m 光学天文望远镜	通用型光学望远镜。位于河北兴隆观测站，1989 年建成，耗资约 1400 万元；有效口径 2.16 m；视场 2.16 m；其终端成像视场为 $9.36'' \times 9.36''$；工作波段 365~1000 nm。主要用于研究：剧烈活动天体，如超新星爆发、伽马射线暴等；活动星核、超大质量黑洞；恒星活动和恒星的元素丰度；类太阳系，如类太阳星、太阳系外行星搜寻；太阳系内天体，如彗星、小行星等
3	2.4 m 望远镜	通用型光学望远镜。口径 2.4 m，2007 年建于云南丽江，建设经费为 3600 万元，光学及近红外波段，有效视场为 $10'$
4	FAST	500 m 口径球面射电望远镜。位于贵州黔南布依族苗族自治州平塘县，2016 年建成启用，2020 年通过国家验收，耗资 11.7 亿元，开展从宇宙起源到星际物质结构的探讨、对暗弱脉冲星及其他暗弱射电源的搜索、高效率对地外理性生命的搜索等 6 个方面的工作
5	天马望远镜	科学目标：深空探测器导航、天体物理、天体测量等；所在地：上海天马山附近；建成时间：2012 年；建设经费：约 2.18 亿元；口径：65 m；工作波段：L、S、C、X、Ku、K、Ka 和 Q 波段
6	13.7 m 毫米波望远镜	位于青海德令哈，建于 1990 年，口径为 13.7 m，工作波段为毫米波
7	"悟空"号 DAMPE	DAMPE 是一种空间望远镜，有效载荷质量为 1410 kg，可以探测高能伽马射线、电子和宇宙线。DAMPE 的主要科学目标是以更高的能量和更好的分辨率来测量宇宙射线中正负电子之比，以找出可能的暗物质信号
8	"慧眼" HXMT	"慧眼"卫星是一颗空间 X 射线天文卫星，对 X 射线能段的黑洞、中子星和伽马射线暴（Gamma Ray Burst，GRB）等致密天体进行观测研究。"慧眼"卫星具有扫描观测、定点观测和 GRB 监测三种模式，扫描观测可以进行宽波段大天区 X 射线巡天成像，定点观测可以研究黑洞、中子星等高能天体的多波段 X 射线快速光变，GRB 监测可以监视天空中的高能爆发现象

续表

序号	名称	设备信息
9	羲和号卫星	太阳 Hα 光谱探测与双超平台科学技术试验卫星，简称太阳双超卫星（Chinese Hα Solar Explorer, CHASE）。该卫星通过 Hα 谱线的空间成图，理解太阳的低层大气——光球层和色球层，其科学目标包括：太阳活动在低层大气的热力学和动力学研究、太阳暗条的形成和演化及其与太阳爆发的关系研究以及太阳与恒星磁活动的比较研究

第四节 发展思路与发展方向

一、关键科学问题

天文学探索天体的起源和演化，随着探测技术的不断进步，已有的科学问题被重塑，同时新的科学问题被提出。天文学的关键科学问题是天文学发展的引擎，也是科学驱动的基础。未来 5～15 年天文学的关键科学问题包括：①暗物质和暗能量的本质以及星系的形成与演化机制；②恒星及银河系的结构和演化机制；③太阳在不同尺度上的结构及其爆发机制；④行星的形成、探测及动力学特性；⑤面向下一代望远镜的关键技术。

二、学科发展总体思路

针对上述关键科学问题，凝练如下的总体发展思路。

（一）依托已建的重大科学设施，开展前沿科学研究

天文学是一门以观测为基础的学科。发挥重大科学设施的科学潜力，对推动我国天文学的发展至关重要。未来 5～15 年，围绕已建设备开展系统性的、前沿的科学研究。

（1）LAMOST。包括致密天体等的起源和演化研究；整合 LAMOST 中高分辨率巡天（高精度丰度测量）、星震学数据（恒星年龄）、盖亚数据（空间

位置），将年龄信息和已有的银河系的化学与运动学框架耦合起来，建立银河系演化的图像。

（2）FAST。FAST 通过其多科学目标扫描巡天等多项巡天项目，可以同时获取脉冲星和中性氢的海量数据，达到世界领先的巡天效率和深度。有望成数量级地提升银河系气体成图像素点、气体星系样本等关键指标，推动射电宇宙学和星系演化研究，系统性搜寻和大样本统计分析各种致密天体及其爆发（如快速射电暴）现象。FAST 也将提高脉冲星测时精度，有望在低频引力波探测、基础物理检验等方面取得重大突破。

（3）DAMPE。DAMPE 作为我国首颗天文卫星，2015 年 12 月 17 日发射成功后平稳运行至今。目前 DAMPE 的四大子探测器状态优异，性能参数高度稳定，将继续延寿运行数年时间。基于 DAMPE 持续增加的高质量数据，"十四五"期间 DAMPE 国际合作组预计将发表世界上最精确的 20 GeV～10 TeV 电子宇宙射线能谱、50 GeV 至数百 TeV 的质子与氦核宇宙线能谱，获得世界上能段最宽的硼碳比例能谱，在暗物质间接探测和宇宙线研究方面取得突破性成果。

（4）HXMT。HXMT 卫星是我国宽波段、大视场 X 射线巡天望远镜。"十四五"期间，HXMT 将系统地获得一批吸积中子星双星和黑洞双星的高能时变和能谱演化特征与分类，理解黑洞周围的吸积过程、相对论喷流的产生以及硬 X 射线辐射机制；通过电子回旋吸收线测量中子星磁场，通过 X 射线能谱测量黑洞的自转，理解致密天体的基本性质，检验广义相对论；建立 MeV 能区的高统计性伽马暴样本，理解极端相对论喷流的伽马射线辐射机制；监测引力波和快速射电暴的高能辐射，进一步理解各种类型的引力波、快速射电暴的前身星和爆发机制。

（二）发展自主的大科学装置，力争在若干领域引领国际前沿

对我国天文学的现状分析表明，大科学装置的缺乏是影响我国天文发展的一个关键因素。应谋划下一代大科学装置，通过科学驱动技术，为未来我国天文学的发展提供重要机遇。未来 5～15 年，我国计划建成一系列重大科学设施，包括表 1-2 列出的已立项设备，以及表 1-3 列出的正在推动中的筹建设备，优先推动 12 m LOT 的立项。

表 1-2 已立项设备

设备	金额 / 亿元	备注
CSST	>10	口径为 2 m，视场约 1 平方度，电荷耦合器件（charge-coupled device，CCD）像元 0.074″，观测范围从近紫外（near ultraviolet，NUV）至 1000 nm，含有 6~7 个波段，其高分辨率、光学多波段的设计与国际上同期的观测项目高度互补。CSST 同时配有太赫兹模块、多通道成像仪、积分视场光谱仪和系外行星成像星冕仪。CSST 计划运行 10 年，巡天面积达到约 17 500 平方度，将获得宇宙学各层次天体大样本的高分辨率图像以及无缝光谱，探索它们的起源和演化机制
先进天基太阳天文台（Advanced Space-based Solar Observatory，ASO-S）	>10	中国科学院战略性先导科技专项支持，包含 3 个载荷：全日面矢量磁像仪、莱曼阿尔法太阳望远镜、太阳硬 X 射线成像仪
爱因斯坦探针（Einstein Probe，EP）	< 10	EP 是中国科学院空间科学战略性先导科技专项二期，由中国主导、欧洲空间局（European Space Agency，ESA）和德国参与的国际合作项目。EP 是一颗面向时域天文学和高能天体物理的 X 射线天文卫星
QTT	1~10	QTT 是计划在新疆奇台建设的一架大口径全可动射电望远镜，将在脉冲星观测、活动星系核与宇宙学研究方面获得突破
1 m 中红外磁场望远镜（Accurate Infrared Magnetic Field Measurements of the Sun，AIMS）	1~10	国家自然科学基金重大科研仪器研制项目资助，用于太阳磁场精确测量，台址位于青海省冷湖
2.5 m 大视场高分辨率太阳望远镜（Wide-field and High-resolution Solar Telescope，WeHoST）	1~10	国家自然科学基金重大科研仪器研制项目资助，用于研究太阳磁场、光球和色球动力学与时域天文
大视场巡天望远镜（Wide Field Survey Telescope，WFST）	1~10	口径 2.5 m，开展北天光学波段多色时域大天区巡天
多通道测光巡天望远镜（Multi-channel Photometric Survey Telescope，Mephisto）	1~10	口径 1.6 m，开展多通道测光巡天望远镜

表 1-3 正在推动中的筹建设备

设备	金额 / 亿元	备注
LOT	>10	LOT 是我国重大科技基础设施建设"十三五"规划的项目之一，计划自主建设一架等效通光口径 12 m 的精测型拼接镜面大型光学 / 红外望远镜，其集光面积将是国际现有 8~10 m 望远镜的 1.4~2.2 倍，将具备宽视场、多目标、暗天体成像和光谱观测的精测能力，达到国际领先水平
FASTA	>10	FASTA 是由 5 架与 FAST 同口径的射电望远镜组成的阵列，开展高灵敏度的致密量搜寻以及中性氢巡天等
MUST	>10	MUST 项目的目标是比美国暗能量光谱巡天项目有量级上的提升。口径为 6.5 m，视场目前设计在 7 平方度左右，光纤数目预期在 10 000 根以上（潜力可达 20 000 根以上）。观测范围为 400~1000 nm，并保留升级到 1500 nm 的可能性。光谱分辨率为 2000~4000。望远镜的方案与国际上同期的成像巡天观测项目、CSST 等高度互补，有望成为我国未来天文学研究的利器
司天工程	>10	由一大组口径为 1 m 的光学望远镜和少量口径为 4 m 的光学望远镜联网，开展高频率和大天区的时域巡天
大口径亚毫米波望远镜	>10	口径为 50~60 m，放置于我国西部地区，观测波长为 0.6~3 mm，开展大天区毫米波 / 亚毫米波段的连续谱和光谱巡天
巨型太阳望远镜	>10	口径为 6~8 m，开展高空间分辨率的太阳观测
天问 4 号木星探测器	>10	中国"天问"深空探测系列的一部分，天问 4 号将执行我国首次木星探测计划
HUBS	>10	HUBS 是由我国牵头提出的 X 射线天文卫星，其结合大视场、高效率和高分辨率 X 射线光谱及成像能力，聚焦于星系演化研究中尚未解决的两大问题：重子与金属"缺失"、黑洞及恒星反馈过程
南极天文台	>10	南极天文台将充分利用中国南极昆仑站优越的天文观测条件，建设太赫兹望远镜以及光学和红外望远镜。作为我国"十二五"规划的重大科技基础设施项目之一，南极天文台将开展大天区的太赫兹巡天以及光学 / 红外巡天，以解决宇宙中的暗物质和暗能量、星系及星系团结构、银河结构和动力学、恒星和行星的形成等基本天体物理问题
TMOST	>10	该项目主要对宇宙中红移 1 以下星系样本开展流量限巡天观测，刻画气体、星系和暗物质的共动演化过程；对银河系和近邻星系中的恒星进行大规模光谱观测，研究其化学、动力学演化历程；对测光样本暂现源、高红移天体进行光谱证认等
CAFE	1~10	CAFE 项目利用莱曼紫外（Lyman ultraviolet，LUV：91.2~121.6 nm）这一独特的空间窗口，研究宇宙缺失重子与星系吸积和反馈等重大科学前沿问题，将填补国际天体物理研究领域在莱曼紫外波段对弥漫源发射线成图探测的空白。CAFE 将首次探测星系和星系际介质（intergalactic medium，IGM）的交换过程，提供近邻星系 10^5 K 温度下缺失重子的普查，给出星际吸积和反馈的最基本线索，并仔细描述气体进入星系从而导致恒星形成、冷却等物理过程。CAFE 将对大概 7 亿万光年之内（红移在 0.05 之内）、400 多个星系和星系周介质 10^4~10^6 K 的气体进行氧离子 OVI 和氢原子莱曼发射线成图观测

（三）参与国际大科学装置的建设

天文大科学装置对经费和技术的要求非常高，国际合作将促进我国天文技术的进步，同时基于国际设备开展的多波段天文观测也是提升我国天文研究水平的重要途径。未来 5~15 年，我国将参与若干个重大国际天文大科学装置的建设。

（1）SKA。SKA 是一个巨型射电望远镜阵列，其有效集光面积达 1 km²。我国是 SKA 的七个创始成员国之一。SKA 的研究对象覆盖宇宙各层次的天体，将开启射电天文学研究的新里程。

（2）TMT。TMT 是一个为国际合作准备建设的口径达 30 m 的光学 / 红外望远镜，是世界三大 30 m 级别的光学望远镜之一，与我国已有的光学 / 红外设施形成有效的互补，提供高空间分辨率、高光谱分辨率、高灵敏度的观测。未来 5~15 年，TMT 将是光学 / 红外天文发展的主力之一。

（四）重视理论研究，发展数值模拟天文学

我国的天文学在理论研究和数值模拟方面有着优良的传统，在国际上占据一定的重要地位。未来 5~15 年，我国将继续大力发展理论研究和数值模拟天文学。

三、天文学的发展目标

依据总体思路，未来天文学的发展目标包括：①依托已建设备，开展大规模星系巡天，理解暗能量和早期宇宙的本质，发展暗物质粒子候选者的探测方法，推动星系大生态环境的观测研究；②基于 LAMOST 巡天，结合国际多波段的巡天，建立银河系演化的图像；③建设国家观测平台，对太阳实现厘角秒级的观测，在空间天气学领域取得突破；④参与月球、火星、小行星和木星的深空探测，探索太阳系中水以及其他生命物质存在的可能性，揭示太阳系起源及其生命起源等问题；⑤建设完备的多信使和时域观测网络，深入探索"极端宇宙"；⑥建设完成数个国际顶尖的大科学装置，通过国际合作参与若干个国际大科学装置建设。

四、未来学科发展的重要方向

围绕关键科学问题，根据总体思路及发展目标，天文学未来的重要研究方向包括：① 宇宙起源及暗物质和暗能量的本质；② 宇宙大尺度结构及星系的形成与演化；③ 超大质量黑洞与星系核区活动；④ 银河系的形成历史、结构与演化；⑤ 恒星形成、结构和演化及星际介质；⑥ 恒星灾变爆发机制、致密天体的形成和演化；⑦ 太阳精细结构特征及日冕加热的机制；⑧ 太阳磁场的产生、储能及释能的物理机制与预报；⑨ 行星系统的形成、探测和动力学；⑩ 时空参考系、轨道动力学及其应用；⑪ 光学 / 红外 / 紫外关键技术和方法；⑫ 射电 / 毫米波 / 亚毫米波关键技术和方法；⑬ 高能辐射与粒子探测关键技术和方法。

第五节　资助机制与政策建议

一、推动 LOT 等装置的预研、立项和建设

科学驱动下的重大设施建设对天文学的发展至关重要，未来 5～15 年要确保建成一批重大科学装置，为我国天文学的进一步发展奠定坚实的基础。在项目建设前期，天文学家要开展全面的、量化的科学预研究，将重大设施的各项技术指标与科学目标紧密结合，最大化重大设施的科学潜力。同时，随着天文数据量的急剧增长，对存储和分析提出巨大挑战，因此，在加强科学预研究的同时，需要高度注重数据处理方法的研究，扶持和鼓励自主的数据处理软件和算法的开发。项目的建设要紧密围绕科学目标的需求，确保重大成果的产出。

二、围绕已建重大观测设备的科学研究，设立项目群和研究中心

长期以来，我国缺乏有竞争力的天文观测设备，天文学家一直以使用国

外天文观测设备的存档数据或者少量地利用国外观测设备开展研究为主，因此十分有必要引导和鼓励我国学者逐步利用中国刚刚投入运行或者即将投入运行的重大观测设备开展研究。国际上天文设施发达的国家普遍建立了围绕本国重大天文设施的研究中心，并提供经费资助设立科学研究项目群，鼓励本国科学家使用本国建造或者参加的天文观测设施开展研究，尤其是重点资助围绕重大科学问题的核心研究课题。我国可参考其做法，围绕已建重大观测设备的研究，设立项目群和研究中心。

三、加强面向重大科学问题的终端科学仪器的研制和优化使用

不同于望远镜本体，终端科学仪器更新换代的步伐更快，一般为 10 年，这可以充分利用新的技术来探索新的科学问题或深入回答已有的科学问题。国际大型天文设备的仪器配置通常分为三个阶段，即建设"一代"、规划"二代"、前瞻"三代"。目前我国的望远镜口径、数量都有限，应大力支持面向重大科学问题研制访问终端仪器，用于国际先进望远镜观测平台，使中国天文学家有机会争取到更多的国际望远镜观测时间，实现中国天文学家自己的科学目标。

四、加强计算天体物理学研究

计算机模拟（或数值实验）研究在理论研究和指导天文观测方面发挥着巨大的作用。很多复杂的天体物理过程发生在目前观测尚不可及的时空尺度，是高度非线性的，只能利用数值计算或模拟来研究；对许多观测结果的理解，也需要大量的计算机模拟予以验证。近年来，大规模天体物理模拟计算发展迅猛，国际顶尖天文机构纷纷设立专门的计算天体物理部门。我国在星系和宇宙学数值模拟、太阳物理磁流体数值模拟、行星流体数值模拟等领域有着相当的基础，未来 5~15 年应当积极与国内计算科学界合作，发展自主的模拟程序，充分发挥国内先进超算中心计算能力的优势，在一些天体物理领域取得国际领先的模拟成果和理论成果，并为国家天文大科学工程项目提供科学支撑。

五、支持国际观测合作项目以及国际大型观测设备的合作

积极开展国际合作可以弥补我国在设备类型、波段、探测能力等方面的不足，是实现学科发展目标的一个重要途径。随着一批新的国际地面和空间设备的出现，支持国际合作项目是为我国学者提供前沿研究条件的一种必然需求。过去一段时间，我国学者利用国际地面和空间望远镜观测，取得了诸如银河中心黑洞参数的测量等一批重要成果。未来 5～15 年，应支持国际观测合作项目以及支持参与国际大型观测设备的建设。其中，国际观测项目的合作可以是多种形式，包括：①参加专题性的国际联网观测；②分享国际望远镜观测时间；③支持参与（主持）大型国际地面和空间观测计划；④支持竞争国际开放设备的时间；⑤支持双边或多边的观测课题合作。

六、引进人才，发展高校天文教育，扩大天文研究队伍

近年来，我国天文研究队伍的体量和质量都在迅速上升且更趋于年轻化，但在国际上我国的研究队伍体量还小于法国、意大利等发达国家，与我国经济总量已位居世界第二的地位还很不相称；在国内与其他数理学科，尤其是物理学相比，体量仍然太小。在暗物质、暗能量、宇宙起源与演化、行星起源与演化、黑洞形成与物理作用等重大问题的驱动下，国际天文研究蓬勃发展，我国也步入有史以来最好的发展时期，由中国科学院及高校系统承担的各种大型天文观测设备或已经建成，或正在建造，或处于预研、论证、设计、酝酿的不同阶段，与建设和使用这些设备的需求相比，我国天文人才队伍急需在质和量上得到提升。未来 5～15 年，要继续呼吁科技界和教育界充分认识天文学作为自然科学六大基础学科之一的科学与社会作用，通过国家基础科学人才培养基金等专项基金的支持，发展高校天文科研和教育队伍。

七、促进新兴方向研究

新兴天文学包括多信使天文学、时域天文学和行星科学三个主要方向。

多信使天文学采用引力波、中微子、宇宙线等非电磁手段研究天体；时域天
文学采用多波段、多时标方式研究宇宙的动态演化；行星科学搜寻邻近宜居
行星和探究行星的形成。与国际上相比，我国新兴方向的研究人员严重不足，
必须积极促进新兴方向观测和理论研究的大力发展。

八、促进交叉研究

天文学研究的主流是天体物理，天文学与物理学的交叉融合变得越来越
重要。宇宙大尺度结构观测的进一步开展，使得天文学观测数据成为研究高
能粒子物理、引力理论、中微子物理的珍贵实验数据；核物理实验获取核子
性质和反应截面是预言天体的化学成分与物质结构的基本物理参数；磁场普
遍存在于各类天体中，是影响太阳和恒星演化、黑洞吸积和星系形成的关键
物理过程。为此，要加强天文学与物理学、地学、力学、数学和信息学的交
叉研究，特别是粒子物理与宇宙学、天体物理与原子核物理、天体物理与等
离子体物理和磁流体力学、天体物理与实验室等离子体、天体物理与计算科
学、天体物理与地球科学等的交叉。

九、建议基金项目一定比例论文在国内期刊发表研究成果

我国缺乏高影响力的天文学专业期刊，为了进一步促进我国天文学的发
展，增强我国天文学的国际影响力，鼓励一定比例的重要成果，特别是基于
我国大科学装置的核心工作发表在国内期刊上，推动《天文和天体物理学研
究》《中国科学：物理学 力学 天文学》等国内期刊成为国际主流天文学期刊。
同时，建议在项目结题考核环节实行代表作评价制度，代表作至少应包括一
篇在国内期刊上发表的论文。

第二章

星系宇宙学

第一节　科学意义与战略价值

　　星系宇宙学研究的主要目的是通过结合理论、观测、数值模拟、数据分析等多种研究手段,认识宇宙、大尺度结构及其组成的基本单元——星系等的结构、性质、起源及演化。作为当代天文学研究最前沿的课题"两暗一黑三起源"(暗物质、暗能量、黑洞、宇宙起源、天体起源、宇宙生命起源),其中的暗物质、暗能量、黑洞、宇宙起源都属于当前星系宇宙学研究中最重要的课题。作为宇宙组成的基本单元,星系的大尺度空间分布及其物理特征,特别是动力学特性,为理解暗物质和暗能量提供了重要探针。同时,星系又是恒星的诞生地,其研究与恒星、星际介质等领域紧密相关,星系的结构、形成与演化研究本身就是天文学研究的主要内容。与此同时,近年来大量的观测发现,几乎每个星系都至少存在一个超大质量黑洞,这些黑洞很可能在星系的形成与演化中起到了关键作用;反之,星系的演化也通过气体性质的变化、吸积原料的供应影响着黑洞的演化,这就是黑洞与星系的共同演化。

　　近年来,得益于理论、观测、数值模拟等方面的突破性进展,星系宇宙学获得了长足的发展。

在理论方面，暴胀宇宙学理论与替代模型的发展，特别是基于这些模型的原初扰动理论的发展和精确计算，不仅为宇宙诞生提供了理论模型，而且为之后大尺度结构的形成与演化提供了扰动的"种子"，因而成为现代宇宙学的基础。黑洞是广义相对论的预言，是宇宙中最奇特的天体。黑洞周围的超强引力、磁场、温度等提供了宇宙中最极端的物理条件，这些条件是任何实验室不可能达到的。因此，对黑洞的研究为人们检验和发展物理规律（如广义相对论）提供了绝佳的实验室。

在观测方面，宇宙微波背景辐射（cosmic microwave background，CMB）、超新星、引力透镜、多信使天文学等观测的飞速发展，不仅证实了早期宇宙学模型的各种理论预言（包括宇宙的平坦性、宇宙物质分布的均匀性和各向同性、原初扰动的近高斯性和近似尺度不变能谱等），而且发现了暗物质和暗能量等宇宙中的新组分，从而彻底改变了人们对宇宙构成与演化规律的认识。与此同时，随着观测数据的积累和精度的提高，已经确认不同测量方法对宇宙学参数（如哈勃常数等）的测量结果存在小但有较高统计学意义的偏差，成为当前宇宙学面临的新挑战。大型星系巡天（如第三代、第四代暗能量巡天）的推进提供了星系宇宙学研究所需的海量观测数据。以此为基础，通过综合"宇宙标尺"重子声学振荡（baryon acoustic oscillations，BAO）（该研究获 2014 年邵逸夫天文学奖）、红移空间畸变（redshift space distortion，RSD）、引力透镜等"宇宙学探针"，人们对宇宙的膨胀历史和结构演化速率获得了高于 10% 的测量精度。

在大规模数值模拟方面，人们可以精确刻画结构的增长历史，提炼精确的非线性演化模型，以此来刻画暗物质分布和星系分布之间的差异。通过结合数据分析、大规模数值模拟、理论建模、参数拟合等研究手段，人们可以探索暗物质的"冷""温"属性，重建暗能量的演化历史，在宇宙学尺度精确检验引力模型，测量中微子质量及宇宙原初非高斯性，寻找引力波源的宿主星系，以及认识宇宙黎明和再电离历史。人们还可以通过半解析的或流体数值模拟，在一个统一的框架下刻画星系在宇宙学网络中的形成和演化过程，探讨黑洞的形成及其对星系演化的影响等。

面向下一个 15 年，天文学将进入一个观测和模拟的双大数据时代，在这一大数据时代，将允许人们在更高的精度上（如 1%），通过更好地测量大尺度结构的分布特性，建立更精确的理论模型，用数值模拟阵列采样等方式，深化人类对暗物质和暗能量本质的认识，揭示宇宙加速膨胀及宇宙起源的物理规律。同时，给出星系形成中涉及的机制，如恒星形成历史、超新星和超大质量黑洞的反馈、黑洞的形成和辐射机制等重大科学问题的答案。

第二节　发展规律与研究特点

星系宇宙学的研究是个综合研究课题，涉及观测、数据处理、数值模拟、理论建模、参数拟合等多个方面，因此其发展规律呈现出多学科发展共同驱动的特点。

一、对宇宙基本性质的理解

暴胀模型是当前主流的早期宇宙学模型，该理论认为，极早期宇宙曾处于接近指数膨胀的动力学状态，并预言了宇宙中星系等结构起源于原初扰动。对暴胀的研究是宇宙起源问题在传统热大爆炸理论中的延伸，衔接了宇宙学、高能物理以及天文学观测（Mukhanov et al., 1992）。与此同时，暴胀模型面临的时空奇点等困难也催生了一系列暴胀的替代图像，其中以反弹宇宙和浮现宇宙等理论学说最具影响力。这些新的模型为宇宙的创生提供了新的可能性（Cai, 2014）。同时，各种宇宙学观测手段的不断丰富，也为区分不同的模型提供了重要的机遇。

对宇宙中原初遗迹的观测是理解宇宙起源的主要途径，其中 CMB 是最重要的组成部分。CMB 是宇宙大爆炸遗留下来的光子辐射，携带着丰富的宇宙学信息。自从 1965 年 CMB 被发现以来，对它的精确测量和分析使得人类对空间与时间的物理本质有了惊人的了解，它所涵盖的科学问题非常广泛，从极早期时空扰动的量子起源问题，到宇宙中大尺度结构的形成与演化问题，再到当前宇宙正在经历的加速膨胀及主导宇宙能量密度的暗能量问题，以及在宇宙尺度上检验电荷－宇称－时间（charge-parity-time，CPT）对称性等，强有力地推动了精确宇宙学的进程，因而成为当前观测宇宙学的基石之一（Ade et al.，2014）。

CMB 的各种次级效应，包括积分的萨克斯－沃尔夫效应（integrated Sachs-Wolfe effect，ISW 效应）、苏尼亚耶夫－泽尔多维奇效应（Sunyaev-Zel'dovich effect，SZ 效应）、CMB 透镜效应等，携带丰富的宇宙学信息，是限制各种宇宙学参数的重要工具。晚期 ISW 效应来自 CMB 光子和宇宙演化过程中的引力势阱发生的相互作用（Sachs and Wolfe，1967）。通过研究 CMB 温度涨落和大尺度结构的互关联性质来探测晚期 ISW 效应，可以实现对暗能量动力学的限制。SZ 效应是宇宙中自由电子散射 CMB 光子造成的次级 CMB 各向异性，包括热 SZ 效应、运动学 SZ 效应等，是搜寻星系团和失踪重子、探索宇宙热历史和再电离过程、精确测量暗能量性质、检验宇宙均匀性等的重要工具。CMB 透镜效应是指宇宙中物质分布对 CMB 光子传播和分布的扭曲效应。该透镜信号携带了宇宙大尺度结构形成的丰富信息，对于研究暗能量、中微子、暗物质性质等非常重要，是宇宙学领域的重要课题之一。

宇宙原初扰动的非高斯性是研究早期宇宙物理过程的重要探针，被认为是一旦探测到就可以带来理论突破性进展的重要观测对象。对于主流的暴胀模型框架而言，原初非高斯性与暴胀过程中场的相互作用（包括暴胀场的自相互作用）有关，对限制暴胀物理和早期宇宙学参数极为重要。再电离是指第一代星系形成之后到星际介质被完全电离之间的时期，是宇宙演化历史中的重要阶段。由于星系分布的高度成团性，再电离过程是在围绕星系富集的区域产生很多大小不一、形状复杂且可能互相连通的电离"泡泡"。分析电离区域及其运动在 CMB 上留下的印记，可以得到电离场的统计信息，这是目前 CMB 研究的热点课题之一。

除 CMB 外，宇宙原初引力波产生于宇宙极早期的暴胀时期，在宇宙演化过程中几乎不发生变化，因此它忠实地记录了宇宙从诞生到现在的所有演化信息，包括早期宇宙演化历史、宇宙早期相变物理（量子色动力学相变、正负电子湮灭相变、超对称相变等）、宇宙的量子效应、中微子背景、宇宙暗辐射、早期宇宙磁场等。特别是对从宇宙诞生到中微子退耦阶段的物理研究，原初引力波几乎是唯一的观测途径，因此被视为宇宙中最古老的"化石"（Grishchuk，2005）。同时，原初引力波天然携带了引力的量子效应，是公认的极少数可以从实验或观测上探索量子引力这个终极物理问题的研究对象之一。

二、对宇宙组分和结构形成理论等的理解

大规模星系巡天是宇宙大尺度结构研究的基础。国际上重大的星系宇宙学研究成果基本全部依托大型的星系巡天设备。早期的星系测光巡天揭示了星系在空间中的二维角分布，为大尺度结构的研究奠定了观测基础。随着多天体光谱（multi-object spectroscopy，MOS）技术的发展，光谱巡天成为研究三维大尺度结构的关键手段。光谱巡天通过测量天体的角度和精确红移，在红移空间构建星系密度的三维成团结构，进而提供 BAO、RSD、中微子质量等关键宇宙学信息。近年来，基于大型光谱巡天，国际上获得了多个重大的星系宇宙学研究成果，包括以下两个方面。一是基于 2000 年左右开始运行的斯隆数字化巡天（Sloan Digital Sky Survey，SDSS）（Eisenstein et al.，2005），获得了首个 BAO 信号探测。SDSS 依托一架 2.5 m 口径的光学望远镜，目前已经在红移 2 以下对 10 000 平方度天区进行了大规模巡天。SDSS 是目前国际上最成功的光谱巡天之一。我国通过国际合作参与了 SDSS 项目，取得了层析 BAO 和 RSD 测量、暗能量性质检验等一批重要成果。二是基于 2002 年完成的 2 度视场星系红移巡天（Two-degree-Field Galaxy Redshift Survey，2dFGRS）（Peacock et al.，2001），获得了首个 RSD 信号探测。2dFGRS 依托 3.9 m 望远镜，利用 400 根光纤，采集了 27 万条光谱。

光谱巡天尽管可以高度准确地确定天体的红移，但无法获取星系的形状信息，具有一定的局限性。与光谱巡天优势互补的是测光巡天，即通过直接拍摄天体照片，获取星系的形状和红移信息。尽管测光红移有较大误差，但仍然可以通过引力透镜效应提供重要的宇宙学信息。21 世纪以来，高精度大靶面探测器等的快速发展，极大地拓展了测光观测的能力，除星等信息外，还可以精确测量暗弱星系形态，这直接推动了引力透镜巡天的诞生。弱引力透镜对宇宙物质的密度分布和空间几何十分敏感，不仅是研究暗物质大尺度分布的最直接手段，而且对暗能量性质和引力性质非常敏感，因此是研究宇宙暗物

质、暗能量和引力理论最重要的探测手段之一。自 2000 年宇宙尺度的弱引力透镜信号被首次探测到后，这一领域便进入快速发展阶段。以加拿大-法国-夏威夷望远镜引力透镜巡天（Canada-France-Hawaii Telescope Lensing Survey，CFHTLenS）为代表的第二代巡天，充分证实了利用弱引力透镜效应进行宇宙学研究的可行性。2010～2020 年，国际上若干第三代巡天投入观测，包括暗能量巡天（Dark Energy Survey，DES）、千平方度巡天（Kilo-degree Survey，KiDS）和超高级摄像机（Hyper Suprime-Cam，HSC）巡天已产生了重要的科学成果。未来 5 年内，第四代巡天项目将陆续启动，包括地面大型综合巡天望远镜（Large Synoptic Survey Telescope，LSST）、空间欧几里得太空望远镜（Euclid Space Telescope）、南希·格雷斯·罗曼太空望远镜（Nancy Grace Roman Space Telescope）和 CSST，其科学目标为高精度限制暗物质和暗能量性质、中微子物理、宇宙早期物理过程等。对于强引力透镜，在利用 SDSS、DES、KiDS、HSC 等地面大型光学光谱 / 测光巡天中已经识别出上千个强引力透镜候选体。其中，部分透镜系统获得了哈勃空间望远镜（Hubble Space Telescope，HST）和地面 10 m 级望远镜激光自适应光学的高分辨率后随观测。在光学波段以外，通过甚大阵（very large array，VLA）、阿塔卡玛毫米 / 亚毫米波阵列（Atacama Large Millimeter/submillimeter Array，ALMA）望远镜等，研究者在射电波段也发现了数十个强引力透镜系统，其中部分获得了甚长基线干涉测量（very long baseline interferometry，VLBI）后随观测，图像分辨率达到微角秒水平。第四代巡天的开展将极大地扩展强引力透镜样本。目前，各种引力透镜效应已成为当前最重要的宇宙学参数测量手段之一。

　　与光学巡天相比，中性氢巡天的数据处理难度要大得多。虽然宇宙黑暗和黎明时期与再电离后的中性氢观测的科学目标不同，但二者在观测和数据处理技术方面有很多共通之处，都需要从巨大的前景辐射中分离出微弱的 21 cm 信号，这项工作极具挑战。自 21 世纪初以来，世界各国即开始 21 cm 巡天试验，使用美国绿岸望远镜（Green Bank Telescope，GBT）、澳大利亚帕克斯（Parkes）、印度巨米波射电望远镜（Giant Metrewave Radio Telescope，GMRT）等现有设备进行观测实验，先后建成了 21 cm 阵（中国）、低频阵（Low Frequency Array，LOFAR）（荷兰）、默奇森大视场阵（Murchison Widefield Array，MWA）（澳大利亚）、长波长阵列（Long Wavelength Array，

LWA)(美国)、宇宙再电离精确测量阵(Precision Array for Probing the Epoch of Reionization,PAPER)(美国)、"天籁"射电望远镜(中国)、加拿大中性氢强度分布探测实验(Canadian Hydrogen Intensity Mapping Experiment,CHIME)(加拿大)等专用望远镜。目前还有积分中性氢强度的重子声波振荡测量(Baryon Acoustic Oscillations from Integrated Neutral Gas Observations,BINGO)(英国-巴西)、中性氢强度实时分析实验(Hydrogen Intensity and Real-time Analysis Experiment,HIRAX)(南非)、中性氢再电离测量阵(Hydrogen Epoch of Reionization Array,HERA)(美国、英国、南非等)等正在研制中。此外,澳大利亚平方千米天线阵探路者(Australian Square Kilometre Array Pathfinder,ASKAP)(澳大利亚)、米尔卡鲁阵望远镜(MeerKAT)(南非)、FAST(中国)以及未来的SKA等大型射电望远镜也都将中性氢巡天作为主要科学目标之一。目前,大部分实验只获得了观测上限,少数获得了与光学观测互相关的测量结果。此外,还有宇宙再电离结束信号探测器实验(Experiment to Detect the Global EoR Signature,EDGES)(美国)、萨里斯(Spectral Radiometer for Probing Cosmic Dawn and the Epoch of Reionization,SARAS)(印度)、中性氢的宇宙学探针(Sonda Cosmologica de las Islas para La Deteccion de Hidrogeno Neutro,SCI-HI)(美国-墨西哥)、棱镜(Probing Radio Intensity at High-z from Marion,PRIZM)(南非、加拿大)、大角(Big Horn)(澳大利亚)等研究组进行宇宙全天平均谱精密测量实验,其中EDGES宣布发现了宇宙黎明信号,但有待证实。中性氢观测的主要模式是层析观测,此外强射电源的吸收线丛观测和宇宙全天平均谱观测也具有重要意义。层析观测又包括高角分辨率的中性氢星系观测和低角分辨率的强度映射观测,后者的巡天速度高,对宇宙学研究具有重要意义,但需要克服前景污染。由于前景辐射比中性氢信号高四个数量级以上,因此这一领域的主要技术挑战在于严格控制前景、仪器噪声和系统误差等的影响,提取出中性氢信号。这要求高稳定性的望远镜设计、海量数据的处理能力、高精度的仪器校准方法、适合海量数据和大视场的处理方法和技术,以及先进的干扰和前景减除技术。为了实现高精度校准,需要构建高精度的天空模型,发展可以处理与方向有关的望远镜响应,包括处理电离层传播等的自适应校准方法,并发展利用阵列的冗余基线校准、人工源、无人机等校准新方法。从前景污染中提取宇宙学信号是中性氢巡天最关键的步骤，成功的方法需要深入理解信号、前景与仪器之间的相互关系。现有方案包括：利用前景在频域光滑的特性进行减除，通过频域盲分析法扣除高强度模，或者进一步利用信号、前景和仪器的统计信息减除低信噪比的模。这些方法还有待进一步改进和试验检验，并开展人工智能等新方法的研究。因此，对于 21 cm 巡天，数据处理手段是目前最大的挑战。一旦这一技术难题被攻克，21 cm 巡天将依靠其体积大等巨大优势，对理解宇宙大尺度结构和宇宙黎明发挥重要作用。

除了上述大规模星系巡天外，Ia 型超新星是由白矮星通过吸积达到钱德拉塞卡极限（Chandrasekhar Limit），发生聚变而爆炸形成的天体（Riess et al.，1996）。通过修正其光变曲线使所有 Ia 型超新星的固有光度"标准化"，Ia 型超新星可以作为宇宙"标准烛光"来对宇宙学距离进行测量。1998 年，人们正是利用该类型超新星的光度距离测量，发现了宇宙的加速膨胀，从根本上改变了人们对宇宙的认识。致密天体引力波源及其电磁对应体的观测则可以作为"标准汽笛"（Standard Siren）来研究宇宙的膨胀历史，从而提供了独立测量宇宙演化的新途径（Schutz，1986）。该方法最大的优势是波源光度距离测量不依赖于其他宇宙距离阶梯。

由于物质演化的高度非线性和重子物理过程的复杂性，传统的解析方法已经不能满足精度需求，需要借助高性能的大规模数值模拟。对大规模星系巡天数据进行分析，需要通过数值模拟技术来准确获得非线性演化下大尺度结构相关统计量的预言，确定统计量本身和相互之间的精确协方差矩阵，构建模拟星表来制定最佳的巡天策略，理解巡天选择效应，估计系统和统计误差等。特别是国际巡天项目，包括 SKA、暗能量光谱仪（dark energy spectroscopic instrument，DESI）、LSST、Euclid、主焦点光谱仪（prime focus spectrograph，PFS）等。我国的巡天项目（如 CSST 等）对数值模拟精度、数量、覆盖的宇宙学参数空间等都有非常高的要求。可以不夸张地说，这些项目的最终科学产出在很大程度上依赖大规模数值模拟的数据及其模拟星表。国际上一直非常重视宇宙大尺度结构的数值模拟，目前基本是欧美国家和地区的相关研究占主导地位。比较有代表性的是从早期欧洲的杰夫（GIF）模拟、千禧年模拟（millennium simulation）到欧几里得旗舰（Euclid flagship）模拟，这些模拟采取的粒子数从最初的 1000 万左右扩展到 20 000 亿，其模拟的宇宙体积从边长为 1 亿光年到 100 亿光年。在此领域，一种新的研究方法——重构数值模拟在最近几年获得越来越多的关注。该方法通过对宇宙结构的增长历史进行恢复，允许在原位定量对比研究观测和数值模拟结果（Wang et al.，2016a）。通过多年的发展，国内在数值模拟方面取得了丰硕成果，培养了一批人才。特别是近几年，各单位加大了对计算天文的支持和平台建设力度，同时国内超级计算机发展迅猛，为实施大规模数值模拟提供了平台保障。这必将大力驱动大尺度结构研究领域的发展。

三、对星系结构、形成和演化机制的理解

自 20 世纪初美国天文学家爱德温·哈勃利用胡克望远镜发现河外星系后，星系的观测和理论便进入蓬勃发展时期，产生了一系列重大发现，如宇宙的膨胀，以及由星系动力学研究首先发现的暗物质。星系的研究涉及复杂的物理过程，其发展需要多波段大型观测设备的观测研究和数值模拟的理论研究相结合。

1. 宇宙再电离和第一代星系

在宇宙黑暗时代末期，第一代恒星、星系和大质量黑洞的种子开始形成。按照理论预言，第一代恒星产生于红移 25 左右，被称为星族Ⅲ。同人们熟知的星族Ⅰ和星族Ⅱ不同，星族Ⅲ没有金属成分，质量可以很大。在随后的红移 20 左右，第一代星系开始形成。当暗物质晕增长至 10^9 太阳质量时，典型的星系（中恒星）质量达 $10^6 \sim 10^7$ 太阳质量。同时，第一代恒星的死亡产生了第一代恒星级别的黑洞，它们其中的部分将成为大质量黑洞的种子。最新数值模拟显示，原始气体团的直接坍缩也可能直接产生质量高于 10^5 太阳质量的种子黑洞。随着早期天体的不断形成，产生的电离（中性氢）光子首先在天体周围形成电离气泡，这些气泡慢慢增大而后相互重叠，直至宇宙空间被全部电离。理论上，再电离的具体过程还没有统一的模型。

得益于天文观测设备的发展，人类进入 21 世纪才有能力对宇宙再电离进行真正的观测研究。首先，SDSS 发现了红移 6 左右的类星体。它们的光谱展示了中性氢的冈恩-彼得森（Gunn-Peterson）吸收，提供了宇宙再电离

结束于红移 6 左右的直接证据。几乎同时，威尔金森微波各向异性探测器（Wilkinson Microwave Anisotropy Probe，WMAP）卫星通过对宇宙微波背景辐射偏振进行测量，获得了再电离峰值处的红移。当然，最开始的测量不是很准确。WMAP 和普朗克（Planck）卫星积累的最后数据表明，再电离发生的峰值在红移 8.5 左右。随后的哈勃空间望远镜和大型地面望远镜同样发挥了重要作用，它们发现了大量红移大于 6 的星系。不同于类星体，普通星系通常非常暗，单个星系很难用来研究宇宙再电离。但它们有数量上的优势，其很多统计性质可以用来估计再电离时期星际介质的状态及变化过程。

总体上，人们在观测、理论和数值模拟方面都取得了长足的进步。但是，关于宇宙再电离的基本问题还没有取得根本性的突破。宇宙再电离和第一代星系研究的主要特点是对大型仪器设备的强烈依赖，因为这些遥远的天体（尤其是星系）都非常暗弱。

2. 中高红移星系

在冷暗物质宇宙学理论框架下，原初扰动在引力作用下不断增长，经历等级成团式演化形成暗物质主导的宇宙网络；暗物质晕中形成星系，经历吸积气体、恒星形成、星风反馈、化学增丰、并合、黑洞吸积、活动星系核（active galactic nucleus，AGN）反馈、环境影响等与重子物质有关的复杂物理过程。宇宙恒星形成和 AGN 活动从宇宙再电离之后逐渐增加，在 $z\sim2$ 时期（约 100 亿年前）达到峰值，而后恒星形成率密度逐步降低（Madau and Dickinson，2014）。若想理解星系形成和演化的全貌，就需要了解组成星系的暗晕、恒星、气体和尘埃等主要组分的形成历史与演化关联；从结构动力学视角来看，探究中心核球、盘、恒星晕、延展气体晕、星系周介质等不同结构成分如何形成，建立星系形成与演化的完整图景，分析星系观测参量间的相关关系，以此来探究关联物理过程中的因果性，理解驱动重子物质循环各个环节的物理过程、机制和规律，检验星系理论，认识重子物质与暗物质的演化关联，以及与外围大尺度结构的相互影响（Somerville and Davé，2015；Wechsler and Tinker，2018）。

虽然 20 世纪 90 年代研究人员就已经发现了一些中高红移星系，但直到最近 10 年，随着望远镜技术的提升和一系列大型巡天项目的开展，人们才逐渐对这个方向有了系统性的研究。SDSS 等大规模巡天结合多波段观测，相对完整地确立了星系自 z~1 以来演化的经验图景。基于哈勃空间望远镜的深场巡天，从静止光学波段相对完备地探测 z~1～3 范围的星系，建立起恒星形成星系随红移的演化序列，以及恒星形成率和恒星质量随红移的演化；借助 10 m 级望远镜终端设备，如 K 波段多目标光谱仪（K-band multi-object spectrograph，KMOS）、多单元光谱探测器（multi unit spectroscopic explorer，MUSE）来获得光学近红外二维光谱，进一步精细研究这一宇宙时期星系的化学丰度、运动学等特征；利用（亚）毫米波单天线和干涉阵望远镜测量这一红移范围的分子气体、运动学、尘埃发射等信息，发现了大量被尘埃遮挡的星暴星系。

在观测上，中高红移的天体在各个波段发射都非常暗弱，对世界一流的大型设备产生强烈依赖。这需要在技术上不断突破极限，巡测更暗弱目标、更大样本，刻画星系整体形成与演化的图像。同时打开新的观测窗口，结合特定的研究目标设计与制作新的设备，实现更高的空间分辨率、更高的光谱分辨率、更大的视场、更大的灵敏度等，从而揭示星系形成的各个环节的物理过程和机制。理论上，应探究星系物理参量间的相关关系和规律，检验星系形成和恒星形成理论；结合大尺度宇宙学、辐射转移和星系化学演化等模型模拟结果，与观测结果进行比较，并为下一代大型设备提出预言。

这个领域对学科的理论和观测相结合、仪器和科学相结合的要求非常高。国际上成功的大型设备大多是在现有望远镜架构的基础上，在后端接收设备上每 5～7 年换代一次，从科学出发，由特定要求的科学项目负责人负责制造新的设备。

3. 低红移和近邻星系

在低红移和近邻宇宙处，星系演化出了各种特征明显的结构——星系的哈勃分类，相较于宇宙再电离和中高红移，星系的演化更加温和。低红移和近邻星系通过观测与理论相结合，探索驱动星系形成和演化的各种物理规律与物理机制。这些研究同时也有助于理解中高红移和宇宙再电离时期星系的形成与演化。例如，哈勃空间望远镜对近邻矮星系的高空间分辨率图像可以限定星系中恒星的年龄和金属丰度，结合动力学的性质可以重构星系的演化历史，这些历史对宇宙再电离时期（甚至更早时期）星系的形成过程给出重要限制。由于近距离，低红移和近邻星系的研究有着以下明显的特点。①高空间分辨率。近距离使得低红移和近邻星系可以空间分解，从而研究不同空间尺度上的物理规律以及这些规律之间的内在联系，所分辨出的细节有助于探究影响星系形成和演化的普遍物理过程与化学过程。同时，高空间分辨率使得星系的不同结构可以被分离，通过研究这些不同的结构来限定星系的形成和演化过程。②高光谱分辨率。通过高光谱分辨率星系的不同元素的发射可以被同时探测到，这些发射或吸收线的比值是诊断驱动星系形成和演化的重要手段；高光谱分辨率也使得测定星系动力学成为可能，基于此，对星系暗物质的研究可以达到很高的精度。③高信噪比。低红移和近邻星系可以探测到非常暗弱的电磁辐射，使得研究星系外围和星周环境成为可能，同时对各种暗弱矮星系的研究极大丰富了星系研究的对象，推动了对等级成团结构形成理论中小结构的理解。④大样本。为低红移和近邻星系的大样本巡天提供了大样本，使得可以通过统计方法来系统研究星系的各种物理特性，分离不同物理过程在驱动星系形成过程中的简并，描绘出星系形成和演化的总体图像。

星系的运动学参数与物理参数之间存在重要相关性。例如，塔利-费希尔（Tully-Fisher）关系描述了旋涡星系的本征光度（或质量）与星系旋转速度之间的相关性，椭圆星系的有效半径、平均表面亮度以及中心速度弥散之间的基准平面关系［包括费伯-杰克逊关系（Faber-Jackson relation）、科曼蒂关系（Kormendy relation）等］。人们仍没有深刻理解这些重要相关性的特点和成因。近邻星系观测研究可以更好地测量这些相关性的弥散度，而中高红移星系研究可以回答这些相关性是如何逐渐在星系演化中建立的，它们为深入理解星系的结构、形成及动力学演化提供了重要的约束和限制。

星系化学研究是理解和检验星系形成与演化机制的重要手段。宇宙早期的原始气体（H、He、Li、Be、B）坍缩成寿命短的第一代大质量恒星"星族Ⅲ"，理论上普遍认为仅一个星族Ⅲ恒星发生的一次爆炸就足以将原始气体的金属丰度增丰至［Fe/H］>-4（Audouze and Silk，1995）。富含金属的气体又形成新的恒星，进而产生新的金属元素，周而复始，从而导致当今的金属丰度。不同质量恒星产生不同元素，如大质量恒星通过恒星核合成产生 α 元素（O、Mg、Si、S、Ca）；Ia型超新星在宇宙时间内稳定地生成了大部分的铁元素。恒星的元素产额对恒星的质量、密度、金属丰度和旋转速度都非常敏感。恒星形成时的质量分布，即初始质量函数，直接影响星系元素丰度比的演化。因此，星系化学演化模型还可以检验初始质量函数是否依赖星系特性（如星系形态、恒星形成率等）。尘埃的演变并不能像金属丰度那样保留星系演化的信息，因为尘埃的产生和破坏时间尺度非常相似。研究发现，尘埃含量和尘埃成分与新形成的恒星元素产额的关系比与寄主星系整体的金属丰度关系更为严格（Gjergo et al., 2020）。星系化学的研究需要大量的光谱观测，其演化模型的构建也需要与星系和宇宙学演化的半解析模型以及星系动力学数值模拟模型相配合。

四、活动星系核物理及黑洞与星系共同演化

作为 20 世纪天文学四大发现之一，60 年代类星体被发现，标志着活动星系核系统研究的开始，其典型的特征为：从很小的空间区域中发射出从射电到伽马射线波段能量巨大的电磁波辐射。另外，部分活动星系核中还存在准直的、具有相对论性速度的能量和物质外流——喷流。自 20 世纪 60 年代类星体被发现到 70 年代，对活动星系核产能机制的理论探索促进了黑洞吸积理论的初步建立和发展。天体物理学黑洞是指具有极端引力场的天体，其超强的引力场使得在一定空间范围内（称为视界）的任何物质（包括光）都无法逃离其引力束缚。

为了解释活动星系核的能源机制，研究人员提出了黑洞吸积模型。该模型假设星系中存在一个超大质量黑洞，质量在几十万到几十亿倍太阳质量。该黑洞会吸积周围的气体以及恒星形成吸积盘，吸积过程中引力势能会变成气体的内能和动能，其中有一部分会以电磁波与物质动能的形式释放出来，这就是人们观测到的活动星系核的辐射和喷流。后来越来越多的观测事实提供了大质量黑洞存在的间接证据，并基本确立了黑洞吸积的标准模型地位。随后的几十年一直到现在，对黑洞吸积的不同模式（如适用于绝大部分星系中心黑洞的热吸积流和适用于明亮活动星系核的冷吸积流），以及对不同尺度、不同光度下活动星系核风（外流）的观测和理论研究等成为新的研究热点，大大提高了人们对宇宙中不同类型活动星系核、不同观测现象的理解。

对活动星系核演化的研究在很大程度上取决于大样本的建立。迄今，类星体和活动星系核的搜寻与证认主要来自地面光学巡天及太空望远镜的 X 射线巡天：美国斯隆数字化巡天革命性地证认了 40 余万个类星体；在 X 射线方

面，钱德拉和 XMM-牛顿（Newton）卫星做出了重要贡献。这些类星体和活动星系核具有不同的黑洞质量，分布于宇宙演化的各个时期，使得研究黑洞诞生以及活动星系核宇宙学演化成为可能。尤其在最近 20 多年时间里，通过大天区的光学、红外巡天，人们发现了存在于宇宙诞生几亿年后、黑洞质量高达十亿倍甚至百亿倍太阳质量的类星体。这些极其罕见天体的发现，对宇宙早期黑洞的诞生及快速生长的物理机制提出了极强的观测限制。

近年来，现代天文学的一个重大发现就是，星系的核球的质量以及星系中心的恒星的速度弥散，与黑洞的质量紧密相关；黑洞的平均吸积率密度随宇宙时间的演化，与星系的平均恒星形成率密度随宇宙时间的演化非常相似。这些观测证据表明，星系中心超大质量的黑洞和其宿主星系存在很强的协同演化，虽然它们在空间尺度上相差了 8～9 个数量级。目前大量的观测和理论研究表明，造成共同演化的关键很有可能是活动星系核反馈。如前所述，活动星系核释放出巨大能量，包括辐射和外流，从而对其宿主星系的性质产生重要的影响。活动星系核反馈影响的空间尺度，从黑洞吸积盘外边界的秒差距（parses，pc）尺度，到星系恒星分布的千秒差距（kiloparsecs，kpc）尺度，并可能一直延伸到百万秒差距（million parsec，Mpc）尺度，即整个暗物质晕内的环星系际介质，与星系吸积过程一同影响环星系际介质的温度、密度及金属丰度。

最近几年，围绕着黑洞吸积、活动星系核的研究特点如下：一是越来越依靠新的观测技术，具备更高的灵敏度、更好的分辨率、更大的视场；二是大规模数值模拟显示出越来越强大的作用；三是观测和理论越来越密切地结合。其中的代表性工作如 2019 年"事件视界望远镜"（Event Horizon Telescope，EHT）国际合作。黑洞是宇宙中最奇特的天体之一，是广义相对论的预言，因此 100 年来，能够直接用望远镜看到黑洞是人类的梦想，也是这一国际合作项目的目标。该项目的参与人员包括来自非洲、亚洲、欧洲、北美洲和南美洲的 13 个研究机构的 300 多名研究人员，利用分布在全球的 8 台射电望远镜（其可以达到能够分辨个别超大质量黑洞视界的超高分辨率），历时几年终于得到了人类第一幅黑洞照片。结合理论和数值模拟研究结果，该研究首次成功地在强场近似下检验了爱因斯坦的广义相对论。首批成果不到一年就获得了基础物理学突破奖等众多国际大奖。该项目的成功体现了现代天体物理研究成功的一些要素：高分辨率、高灵敏度望远镜、观测与理论的紧密结合、利用大型计算机进行大规模数值模拟以及大型国际合作。另外，在活动星系核反馈的研究中，不同的研究方法（观测与模拟）、不同波段、不同观测技术之间进行了协同配合。大型巡天项目在广阔的参数空间上，为人们提供了丰富的 AGN 样本和寄主星系的多波段测光信息与频谱信息（Chambers et al., 2016；Pâris et al., 2018）。大孔径的光学、近红外望远镜以及高灵敏度、高空间分辨率的成像技术，包括积分视场光谱仪（integral field spectrograph，IFS）技术，使人们可以深入了解活动星系核寄主星系的形态和动力学结构、恒星和星际介质的分布、星际介质的激发以及恒星形成的水平和分布等星系演化特征的细节（Kim et al., 2017；Guo et al., 2019a）。近年来，（亚）毫米和射电波段综合孔径技术的发展，进一步展示出 AGN 寄主星系核区冷气体的物理性质和运动学性质。特别是在近 10 年对高红移类星体寄主星系的研究中，ALMA 的观测起到了至关重要的作用（Wang et al., 2013a）。在理论方面，超大规模计算机在现代天体物理研究中发挥着越来越大的作用，成为像望远镜一样不可替代的研究设备。尤其是对于活动星系核反馈的研究，涉及的物理过程的时标和空间尺度跨度接近 10 个量级，给观测研究带来了空前的难度，更加体现了数值模拟的价值。在活动星系核反馈模拟方面，目前绝大部分的研究都集中于宇宙学尺度。这种类型研究的优点是能够提供很大样本的统计性结果；缺点是受分辨率所限，无法分辨黑洞吸积、活动星系核尺度，因此很难对反馈发生的具体物理过程给出有力的限制。另一类数值模拟集中于星系尺度（Yuan et al., 2018）。这种类型模拟的优点是分辨率非常高，能够分辨黑洞吸积盘的外边界，因此能够研究得到反馈发生的具体细节，从而大大深化人们对活动星系核反馈物理过程的了解；缺点是模拟覆盖的空间尺度不够大，很难得到大样本星系演化的统计结果。

星系作为一个生态系统，气体的内外循环是星系演化过程中一个极其重要的物理过程：气体是恒星形成的原料，星系本身又可以通过恒星和黑洞反馈影响外围气体的物理性质与化学性质。至今，星系介质的观测主要限于星系内部温度比较低的气体，而理论预期星系外围主要由百万摄氏度的热气体主导，其辐射在软 X 射线波段，现在（甚至未来至少 20 年）没有设备能够直接探测到。我国牵头的 HUBS 国际天文项目试图填补这一观测空白，将会实质性地推动星系形成与演化理论的完善。

第三节 发展现状与发展态势

过去的 10 多年里，在星系巡天设备、数据处理方法和数值模拟技术的共同推动下，国际上星系宇宙学领域的研究迅速发展，已在早期宇宙暴胀理论、暗物质和暗能量性质、星系－暗晕关联、黑洞的理论和观测等多个方面取得了系列性的重要成果，为未来 15 年的进一步发展奠定了坚实基础。

一、研究工作现状

（一）早期宇宙学的理论研究

早期宇宙学的研究主要包括以下三个部分。一是暴胀及其替代模型的理论构建。目前已从弦理论、有效场论、修改引力、多场、推广的场动力学等角度出发构建了大量的模型，在未来的研究中，应着重深入理解早期宇宙模型背后的物理机制，特别是与基础物理理论的关联，并系统理解模型背后的新物理以及未来可能引领的研究新方向。二是扰动理论研究。宇宙学扰动理论的发展成功解释了原初扰动的形成机制，线性理论趋于完善，并很好地符合了目前的 CMB 和大尺度结构观测。未来研究将利用有效场论等模型无关的分析方法构建探测新物理的新方式。特别是不同的极早期宇宙学说会呈现出不同的扰动理论，从而在一些原初遗迹的可观测量上给出不同的理论预言。为了区分暴胀和替代学说，需要发展新的研究方法，更加全面地分析原初扰动信息，从而区分这些不同的模型，也为当前和未来积极发展的天文学观测检验理论图像提供技术支持。三是现象学与观测宇宙学的结合。早期宇宙的现象学研究对原初密度扰动、原初引力波以及非高斯性等的物理特征有了深入认识，这些研究方向已成为当前多个天文学实验的关键科学目标。虽然目前天文学实验在大尺度上对原初密度扰动功率谱给出了精确的测量，但尚未被探测到或未被最终证实的仍然很多，包括原初非高斯性、原初特征、大尺度反常、原初引力波、原初黑洞、原初磁场等。如图 2-1 所示，未来研究将着重揭示理论预言与天文学观测之间的对应关系，研究其在近期天文实验项目中的可检验性。

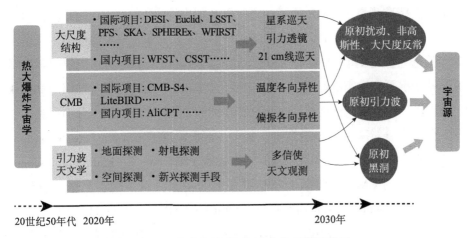

图 2-1　天文学实验观测探究宇宙起源路线图

SPHEREx 全称为宇宙历史与再电离期分光光度计及冰探测器（Spectro-photometer for the History of the Universe，Epoch of Reionization and Ices Explorer Mission）；WFIRST 全称为大视场红外巡天望远镜（Wide Field Infrared Survey Telescope）；AliCPT 全称为阿里原初引力波偏振望远镜（Ali CMB Polarization Telescope）；LiteBIRD 全称为第四代 CMB 极化望远镜阵列；CMB-S4 全称为宇宙背景辐射探测器 B 模偏振研究轻型卫星（Lite Satellite for the Studies of B-mode Polarization and Inflation from Cosmic Background Radiation Detection）

　　近年来，我国有关早期宇宙的理论研究呈现积极向上的发展势头，尤其是一批青年科研人员迅速成长，并取得了一些有国际影响力的研究成果。其中，围绕宇宙奇点的前沿研究，特别是反弹宇宙学与相关的扰动理论，取得了一系列成体系的阶段性成果，为天文学观测检验极早期宇宙的理论模型提供了理论支撑。此外，基于暴胀宇宙学说所发展的原初黑洞、有效场论、宇宙对撞机和原初非高斯性等热门课题研究，也呈现出蓬勃发展的势头，这些成果有助于更详细地了解极高能标下最基本的物理规律。当前中国天文大科学装置正在积极发展，如 WFST、CSST 等巡天项目。基于这一现状，早期宇宙科研工作在理论储备、数据分析、学术交流等方面的领域优势也日趋成熟，有关宇宙起源的揭秘研究已逐渐被提上日程。

（二）宇宙微波背景辐射观测与理论研究

自从 CMB 被发现至今，已先后有三代空间卫星项目对其进行了精确测量。20 世纪 90 年代，宇宙背景探测器（Cosmic Background Explorer，COBE）卫星首次精准测量了 CMB 的黑体谱，以及其中约为 1/100 000 的温度各向异性，从而掀开了 CMB 精确测量的新篇章。随之，地面 CMB 望远镜和探空气球实验进一步对温度的各向异性给出新的测量，揭示了角功率谱中的声波峰值，并给出平坦宇宙的结果。2000 年初，美国的 WMAP，以及欧洲的 Planck 卫星提供了对 CMB 全天更为精确的测量。同时代的地面实验也分别提供了部分天区的高分辨率天图测量结果，其中，南极望远镜（South Pole Telescope，SPT）和智利的阿塔卡马宇宙学望远镜（Atacama Cosmology Telescope，ACT）给出对 CMB 角功率谱在小尺度上的精确测量，而宇宙极化背景探测器（Background Imaging of Cosmic Extragalactic Polarization，BICEP）-凯克（Keck）系列望远镜对大尺度 CMB 极化给出了目前最精确的测量。这些观测结果使宇宙学测量精度大幅提升，对宇宙曲率、中微子、原初扰动、重子物质、暗物质、暗能量等都给出了精确的测量，直接推动宇宙学研究步入"精确时代"。国际上，下一代的 CMB 实验已在规划之中，其科学目标将主要集中于以下几个方面：①精确测量 CMB 的 B 模极化，寻找原初引力波，探索宇宙创生理论；②精确测量 CMB 光子极化旋转角，检验宇宙尺度的 CPT 对称性；③精确测量中微子及暗辐射的有效代数，寻找新的辐射遗迹，进一步检验宇宙核合成理论；④精确测量中微子质量之和，检验中微子质量模型，研究中微子物理；⑤精确测量 CMB 各向异性的次级效应，通过对结构增长和演化的测量，认识暗能量的物理本质；⑥在大尺度上检验广义相对论。围绕这些科学目标，正在执行的项目有智利的西蒙斯（Simons）天文台等，规划中的有 CMB-S4，以及下一代空间卫星项目 LiteBIRD。除此以外，更长期的 CMB 项目，如空间大口径望远镜暴胀与宇宙起源探索者（the Probe of Inflation and Cosmic Origins，PICO）、欧洲空间项目起源探险者（Cosmic Origins Explorer，COrE）等也在酝酿之中。联合多个宇宙学探针以提高宇宙学参数限制是宇宙学的发展趋势。CMB 携带的各向异性将提供对宇宙复合时刻物理的精确测量，CMB 的次级效应给出宇宙晚期的演化特征。因此，开展 CMB 与其他探针的联合分析将进一步提升对宇宙学模型参数的限制，极大地扩展未来在所有波长上宇宙学测量的精度。

我国在 CMB 的理论研究方向一直有着优良的传统，近年来在 CMB 实验领域也取得了巨大的进展。第一个以探测原初引力波为主要科学目标的科学实验——"阿里原初引力波探测计划"于 2016 年底正式立项实施。该计划是一项由中国科学院高能物理研究所牵头，国内外多家单位参与的国际合作项目，目标是在西藏阿里地区海拔 5250 m 处建设一台当前国际领先水平的 AliCPT，对北天区开展最灵敏的 CMB 观测，寻找原初引力波信号。建成后将与现有南极、智利的微波观测计划联合，首次实现地面探测器对原初引力波的全天观测，成为下一代最灵敏的原初引力波探测设备。围绕我国 AliCPT 的核心科学目标，以精确测量原初引力波为主线，目前已经在原初引力波探测、早期宇宙论、CPT 对称性检验、CMB 极化信号的物理分析与重建、前景分析与扣除、引力透镜效应的重建及扣除、CMB 与大尺度巡天的关联等方向开展研究。同时，在微波探测技术领域，如望远镜整体设计、高性能过渡边缘传感器（transition-edge sensors，TES）、微波动态电感探测器（microwave kinetic inductance detectors，MKID）阵列技术、超导量子干涉器件（superconducting quantum interference device，SQUID）读出技术、深低温制冷技术、微波器件制备及测试等关键技术领域开展技术攻坚研究。

（三）原初引力波研究与探测

原初引力波存在于全频段，从宇宙学尺度的极低频段到 10^{18} Hz 以上的极高频段（Grishchuk，2005），因此对其的探测必然是一个全波段的引力波探测课题。目前的探测方法主要有三种。一是通过 CMB 的温度和极化各向异性功率谱来探测极低频段（$10^{-18} \sim 10^{-15}$ Hz）的原初引力波。自从 2013 年 SPT 首次探测到 CMB 的 B 模极化以来，人们已经看到了通过该方法首次实现原初引力波直接探测的曙光。目前几乎所有的 CMB 望远镜，包括 SPT、ACT、北极熊（Polar Bear）、BICEP 系列、宇宙大方位角巡天器（Cosmology Large Angular Scale Surveyor，CLASS）等地面望远镜，以及未来的 LiteBIRD、COrE、PICO 等空间望远镜无不把原初引力波的探测作为其首要的科学目标。对该波段引力波振幅及其谱指数进行测量，对于区分各种早期宇宙学模型、破解宇宙创生之谜、搜寻量子引力波的观测证据等发挥着关键作用。二是通过脉冲星计时阵列（Pulsar Timing Array，PTA）来探测中等频段（$10^7 \sim 10^9$ Hz）的引力波背景。目前国际上主要的探测团队包括欧洲脉冲星计时阵列（European Pulsar Timing Array，EPTA）、澳大利亚的帕克斯脉冲星计时阵列（Parkes Pulsar Timing Array，PPTA）、美国的北美纳赫兹引力波天文台（North American Nanohertz Observatory for Gravitational Waves，NANOGrav）、三者联合的国际脉冲星计时阵列（International Pulsar Timing Array，IPTA）。在该频段，通过对该波段原初引力波进行探测，可以为早期宇宙相变、宇宙早期物态和宇宙暗辐射等提供关键性的证据。未来随着FAST和SKA的加入，对引力波能谱的限制能力有望提高2～5个量级，有助于大大增强对早期宇宙的理解。三是通过激光干涉仪引力波天文台来探测高频段的引力波。近期内主要包括两类，分别是空间引力波天文台，如空间激光干涉仪（Laser Interferometer Space Antenna，LISA）等，可以探测$10^{-4} \sim$ 1 Hz 的原初引力波背景，而地基的引力波天文台，如激光干涉引力波天文台（Laser Interferometer Gravitational Wave Observatory，LIGO）等，则可以探测 $10 \sim 10^3$ Hz 的信号。远期的空间计划，如大爆炸观测者（Big Bang Observer，BBO）、分贝赫兹干涉仪引力波观测台（Deci-Hertz Interferometer Gravitational Wave Observatory，DECIGO）等则将高频的原初引力波直接探测作为其首要目标。

近年来，我国开展了多波段的引力波探测项目，从CMB探测的AliCPT项目，到以FAST为核心的PTA项目，再到空间引力波探测的"太极"（Taiji）和"天琴"（Tianqin）项目。这些项目实现了原初引力波探测从极低频到高频的多波段覆盖，这是我国在未来原初引力波探测方面的主要优势之一。其中，包括AliCPT项目在内的CMB方法是最有希望在近期内取得突破的方法，这对早期宇宙学和引力波研究具有重大的科学意义。其他的引力波探测项目，包括FAST、"太极"、"天琴"等对中频和高频引力波背景的测量，可以首次对原初引力波的谱指数给出强限制，从而对部分早期宇宙学模型、早期宇宙硬物态模型等给出很强的限制。围绕全波段原初引力波探测的理论计算、模型预言、数值计算与分析等也成为重要的研究内容。

（四）CMB次级各向异性效应

目前，在CMB观测方面最主要依赖的是Planck项目，它提供了目前最精确的全天宇宙微波背景辐射的温度涨落数据，而在宇宙大尺度结构方面，现有的 SDSS、2 μm 全天巡天（Two Micron All-Sky Survey，2MASS）等，以及将来的 Euclid、LSST、SKA 等大型巡天项目，都会提供高精度的宇宙大尺度结构巡天观测的数据，从而结合 Planck 数据高精度地探测晚期 ISW 效应和各种 SZ 效应。在 CMB 透镜观测方面，与 Planck 卫星同期的大多是地面 CMB 项目（Abazajian et al.，2016），如 SPT、ACT、Polar Bear 等。这是由于透镜信号探测需要高的空间分辨率，地面项目可以很好地提供所需大口径望远镜的技术支持和资源支持。目前正在进行的下一代地面探测项目中，最为领先的西蒙斯天文台，主要也是 6 m 级的大口径望远镜。目前对原初非高斯的限制主要来自 CMB 的观测，特别是 Planck 卫星观测已经对理论中常见的几种原初非高斯性做出了较强的限制，排除了很多暴胀模型。下一代的大尺度结构巡天数据被认为是探测原初非高斯性的又一个有力工具。最近研究提出，如果把下一代的 CMB 实验观测到的小尺度 CMB 次级效应（引力透镜、SZ 效应）和下一代的宇宙大尺度结构巡天数据相关联，可以把目前对局域型非高斯性的限制改进一个数量级左右，并极大地提高对早期宇宙学模型的甄别能力（Schmittfull and Seljak，2018）。经过几十年的发展，宇宙再电离的理论研究与数据分析方法已经比较成熟。由于电离泡本身的尺度不大，有几个到几十个百万秒的差距，因此观测宇宙再电离的运动学 SZ 效应需较高的分辨率。同时，其极化信号很弱，测量极化也需要很高的探测器灵敏度。位于智利的 ACT 和 SPT 给出了运动学 SZ 功率谱与再电离时长的上限，其结果与一些理论模型的预言接近。未来的趋势是会有更多的高分辨数据产生，寻找再电离理论预言的 CMB 极化信号。

　　国内在该领域的实验观测还处于起步阶段，但随着 CSST、地面 LOT 和众多射电巡天观测的推进，未来 10 年，国内也可以提供高质量的大尺度结构巡天数据，用于开展晚期 ISW 效应和 SZ 效应探测的工作。在 CMB 透镜方面，我国的 AliCPT 项目具有很好的噪声水平，因此可以在一定置信度的水平上探测到 CMB 透镜信号，并重建透镜功率谱。未来几年，我国的空间站望远镜光学巡天项目、以我国作为主要成员国之一的 SKA 的若干个射电巡天项目（中性氢星系巡天、中性氢强度映射、射电连续谱巡天）和若干个其他国际巡天计划一起，将为宇宙大尺度结构提供多波段、多示踪物的全方位描述，为下一代的原初非高斯性探测（特别是针对用多示踪物降低宇宙方差的方法）提供重要的数据支持。我国的再电离研究力量相对比较薄弱，主要集中在理论研究和数值模拟方面。但是随着 CMB 探测 AliCPT 项目和射电巡天观测项目 FAST、SKA、"天籁"计划等的开展，具有实际观测和数据分析能力的研究队伍正在迅速成长。

（五）标准烛光（汽笛）宇宙学参数限制与模型检验

"标准烛光"——Ia 型超新星目前仍然是最重要的宇宙学探针之一。特别是近年来基于超新星测量到的哈勃常数，其与 CMB 的观测结果存在 5 左右的偏差（Riess et al.，2019），这就是所谓的"哈勃常数危机"，是对现有标准宇宙学模型的挑战，当然这也有可能是发现新物理的机遇。近期研究发现，近邻星系中的 Ia 型超新星的固有亮度与星系年龄高度相关（Kang et al.，2020），并对超新星观测揭示的宇宙加速膨胀提出了质疑。尽管这些结果在国际上仍有争议，但已经显示 Ia 型超新星作为标准烛光还有一定的不确定性，目前是国际研究的焦点。双黑洞、双中子星、中子星－黑洞双星并合的引力波可以通过目前正在运行的第二代地基引力波探测器网络来探测，而其红移可以通过观测其电磁对应体、宿主星系或者引力波潮汐效应来获得，结合"距离－红移"信息，这些引力波源可以作为"标准汽笛"。其中，双中子星并合的引力波信号 GW170817 及其电磁对应体的探测，首次实现了该方法对哈勃常数的测量（Abbott et al.，2017），开启了多信使宇宙学的研究时代。而基于第三代探测器的引力波"标准汽笛"，可以将宇宙学参数的测量精度提高到同期的传统探针水平。同时，超大质量双黑洞在旋近和并合过程中，辐射的引力波可以被脉冲星计时阵列（如 FAST、SKA 等）和空间引力波探测器（如 LISA、"太极"、"天琴"等）来探测，结合对其丰富的电磁对应体进行观测，则可以提供高红移的"标准汽笛"数据来限制暗能量的早期行为。

国内关于宇宙加速膨胀以及暗能量理论的研究十分活跃，是国际暗能量研究的重要力量。相对而言，国内实验观测相关研究比较缺乏。但是，随着国内相关天文装备，如 CSST、WFST、Mephisto、司天工程等的建设与发展，超新星搜选与观测作为其重要组成部分，该领域观测项目发展前景广阔。在引力波探测方面，我国部署了"太极"和"天琴"两个空间引力波探测项目，以及以 FAST 和 SKA 为核心的 PTA 项目，这将为我国在引力波探测方面提供重要机遇。在多波段电磁对应体探测方面，我国已建、在建或在研的大中型空间和地面天文观测设施，如 HXMT、引力波暴高能电磁对应体全天监测器（Gravitational Wave High-energy Electromagnetic Counterpart All-sky Monitor，GECAM）、天基多波段空间变源监视器（Space-based Multi-band Astronomical Variable Objects Monitor，SVOM）、EP、伽马暴偏振探测仪（POLAR-2）、天格（GRID）、CSST 等空间天文卫星，以及 FAST、司天工程、LOT、WFST、Mephisto 等地面设备，均把引力波电磁对应体的观测列为重要甚至首要的科学目标。这些设备的相继投入使用，将会显著改善我国开展引力波电磁对应体搜寻和随后观测的能力，有望在未来的引力波宇宙学研究中发挥重要作用。

（六）基于大尺度结构分析限制宇宙学模型

在过去的 10 多年里，结合星系巡天、Planck 微波背景巡天、超新星等多重探针，国内外天文学家对暗物质、暗能量及引力性质进行了精确的检验，并取得了长足的进展。未来宇宙学研究的重点是回答暗能量是否是宇宙学常数这一重大问题，星系巡天观测将成为未来研究中的重要组成部分。同时，宇宙大尺度结构是在宇宙学尺度上检验引力性质的关键手段。对于暗物质，观测表明，其应以冷暗物质为主，但冷暗物质模型仍然存在若干问题。目前对暗物质粒子性质仍不清楚。未来随着星系团/群样本的扩大，引力透镜观测结合其他观测将有效地限制暗物质粒子性质，强引力透镜高精度测量也将对限制暗物质性质起到重要作用。

中微子影响小尺度结构的形成，因此通过观测星系小尺度成团性可以有效地限制中微子总质量。结合粒子物理实验，将极大地加深对中微子物理性质的理解。目前的观测对中微子质量的限制精度约为 0.15 eV。未来的科学目标为提高限制精度至约 0.01 eV，这将有可能确定中微子质量序，具有重大的科学意义。

宇宙黎明和再电离时代是宇宙演化历史中尚待认识的最重要阶段之一，属于天文观测的"新疆域"。未来的大型光学和红外望远镜［如 JWST、TMT、特大望远镜（extremely large telescope，ELT）等］将可能直接看到再电离时期较亮的第一代星系、黑洞或者第一代恒星的超新星爆发，而中性氢21 cm谱线的强度映射将对宇宙黎明和再电离时代进行全面的层析观测，揭示这两个阶段完整的演化历史。

近几年时间，国内同行在暗物质、暗能量本质研究方面做出了有影响力的研究工作：发现了一批几乎不含暗物质的孤立矮星系，从而挑战了标准宇宙学模型以及该模型下的星系形成理论（Guo et al.，2020）；通过对轴子暗物质进行研究发现，轴子暗物质晕与星系或星系团中磁场相互作用产生的极化光子可以解释并用来验证3.5 keV发射线的起源和轴子的存在（Gong et al.，2017）；依托重子声波振荡光谱巡天（Baryon Oscillation Spectroscopic Survey，BOSS），在3.5 σ 水平发现暗能量动力学证据（Zhao et al.，2017）；利用新的统计方法限制修正引力模型（Liu et al.，2016；Fang et al.，2017）。这些研究有助于探索暗物质、暗能量的本质，为后续研究打好基础。

（七）引力透镜效应

引力透镜观测是目前射电的CLASS、光学的斯隆类星体引力透镜搜索（SDSS Quasar Lens Search，SQLS）计划、斯隆引力透镜弧先进巡天相机巡天［Sloan Lens Advanced Camera for Surveys（ACS）survey，LACS］、强引力透镜遗产巡天（Strong Lensing Legacy Survey，SL2S）等和下一代（欧洲的KiDS、Euclid，美国的DESI、DES、LSST等）星系巡天的关键科学目标之一。将透镜星系的强引力透镜和恒星动力学观测数据相结合，既可以对暗能量的状态方程、透镜星系中的暗物质分布、宇宙演化早期的曲率进行精确测量，又可以对广义相对论（等效原理、光速不变性原理、哥白尼原理）进行多维度精确检验。同时，引力透镜结合星系团X-ray和成员星系分布，可以揭示总物质分布与气体分布的差异（如子弹星系团），为暗物质存在提供观测证据，为限制暗物质性质提供新的手段。例如，当前引力源宇宙学监测（the COSmological MOnitoring of GRAvItational Lenses，COSMOGRAIL）项目中的H0透镜（H0 lenses in COSMOGRAIL's wellspring，H0LiCOW）团队已经利用引力透镜观测对哈勃常数进行了高精度限制，为解决"哈勃常数危机"提供了新途径（Wong et al.，2020），标志着强引力透镜观测进入一个新的阶段，将成为探测暗物质、暗能量的物理本质和研究精确宇宙学的重要手段。此外，以大质量星系团为引力放大镜,有助于人们寻找到一批在宇宙最早期形成的星系,找到一些原初星系团的候选者。

目前正在进行的第三代巡天项目(如 KiDS、DES、HSC 等)的巡天面积已经达到上千平方度,而下一代巡天项目(如 LSST、Euclid、CSST 等)的巡天面积将达到上万平方度,弱引力透镜是其主要科学目标之一。随着巡天面积和深度的增加,各种系统误差对弱引力透镜宇宙学参数限制的影响更加凸显,包括观测效应(剪切信号和测光红移测量),以及各种物理因素(如星系内禀椭率相关、重子物质的影响、非线性功率谱、暗晕质量函数、暗晕密度分布的不准确性等),深入理解并去除这些系统误差是弱引力透镜领域的研究前沿。同时,当前的弱引力透镜观测与 CMB 观测对宇宙学参数限制存在一定的偏差,这可能意味着现有的宇宙学模型还遗漏了某些要素。近 10 年时间里,学术界已发展了多种高精度测量弱引力透镜剪切信号的方法,为弱引力透镜宇宙学研究奠定了基础。以此为基础,CFHTLenS、DES、KiDS、HSC 等巡天给出了重要的宇宙学参数限制,特别地,弱引力透镜观测揭示了 S_8 不自洽问题的存在($S_8 = \sigma_8 \Omega_m^{0.5}$,$\Omega_m$ 为宇宙物质密度,σ_8 反映了密度扰动幅度)。

作为计划中的第四代巡天,CSST 的巡天面积比目前的第三代大一个量级,巡天深度也要高 1~2 个星等。得益于大巡天面积(10 年巡天面积约 17 500 平方度)及高空间分辨率(分辨率 0.15"),CSST 将观测到数亿星系图像及数十万个星系尺度强引力透镜,为推进国内引力透镜研究提供一手观测资料。与此同时,目前国内弱引力透镜研究团组已有从原始数据到最终宇宙学参数限制的完全管线以及相关经验,包括:自主开发了引力透镜剪切信号测量管线、开展了系列弱引力透镜峰值统计相关研究、发展了星系内禀椭率相关测量的自校准方法等。CSST 项目将在未来 10 年内为我国提供世界一流的弱引力透镜巡天数据。在剪切信号测量方面,自主建立了傅里叶四极矩(Fourier_Quad)方法(Zhang et al.,2019b),其具有精度高、不依赖模型假设、速度快等优势。在弱引力透镜宇宙学研究方面,已具有宇宙剪切相关分析管线,同时自主开发建立了引力透镜其他统计分析方法,如广义相对论的 EG 检验(Zhang et al.,2007)、弱引力透镜峰值统计(Fan et al.,2010)等,并应用于现有巡天数据提取宇宙学信息。同时,已发展大型模拟程序,包括平面和球面光线追踪,建立弱引力透镜模拟数据。基于模式识别和深度学习算法形成了多套独立的强引力透镜搜索算法，应用于BOSS、扩展重子声波振荡光谱巡天（Extended Baryon Oscillation Spectroscopic Survey，eBOSS）、北京-亚利桑那巡天（Beijing-Arizona Sky Survey，BASS）、KiDS等，搜索到一大批新的透镜样本，并发展出多套参数化/非参数化建模方法，对强引力透镜图像进行像素级建模，满足下一代巡天需要。在具体研究方向上，国内强引力透镜团队已开展的暗物质研究、早型星系物质组分分布及演化、星系团巨弧统计研究、强引力透镜宇宙学参数限制、强透镜化引力波源理论研究等方向的成果均处于国际前沿。

（八）星系成团测量和HOD模型

一方面，星系成团性的测量可以帮助人们限制宇宙学模型；另一方面，可以帮助人们建立理论和观测之间的桥梁——暗晕-星系关系。星系的暗晕模型是一种参数化的模型方法，它不依赖于星系形成的具体物理过程，而是基于暗物质晕框架构建的描述星系分布的简易模型。这一类模型方法的主要目的是经验性地建立星系和暗物质晕之间的关联，从而避免引入存在较大不确定性的星系形成物理，在过去的20年里被广泛应用于星系成团性测量的理论模型研究中（Jing et al.，1998；Yang et al.，2003；Zheng et al.，2007；Zehavi et al.，2011）。在这一领域，依托国际大型星系光谱巡天SDSS-Ⅲ BOSS（2009～2014年）、SDSS-Ⅳ eBOSS（2014～2020年）、WiggleZ（2006～2011年）、BAO的测量精度首次被提高到1%水平；在红移2.2以下，首次成功利用类星体测量了宇宙的背景膨胀及结构增长历史。

在星系成团性及星系团研究领域，我国在样本探测、理论模型、数据分析等方面处于国际前列。近年来取得的重要成果包括：针对高红移星系巡天复杂样本选择条件，提出了不完备的条件质量函数模型（Guo et al.，2018a），可以高效自洽地获得星系样本完备度和星系所在暗晕质量信息；利用星系与所在暗物质晕之间的速度偏袒，系统性地改进了中小尺度星系红移畸变效应模型（Guo et al.，2015）；结合星系群样本，重构低红移实空间星系分布函数（Shi et al.，2016），并进一步获得宇宙结构增长率的准确测量（Shi et al.，2018）；领衔完成了BASS巡天（Zou et al.，2017a），是DESI选源的基础；利用SDSS测量层析BAO和RSD信号（Li et al.，2016a；Zhao et al.，

2019a）；建立了一个高精度的近邻星系群样本，被国际同行广泛用于科学分析（Yang et al.，2007）；利用包括 SDSS 图像巡天在内的观测数据，建立了一个目前最大的光学星系团样本（Wen et al.，2012）；建立了一套星系团密度分布轮廓的解析模型，预言了星系团的回旋半径和吸积率的关系（Shi et al.，2016）；发现目前国际流行的 redMaPPer 星系团探测方法存在严重的投影效应，并解决了星系团装配偏袒效应观测中的疑难问题（Zu et al.，2017）等。

（九）大尺度结构数值模拟

宇宙大尺度结构和星系的形成过程是高度非线性的，简单的解析模型很难精确地描述这些过程，因此宇宙大尺度结构数值模拟在理解这些结构的形成和相对应的宇宙学问题时至关重要。早在 20 世纪 80 年代，人们就利用大尺度结构模拟排除了热暗物质，并指出冷暗物质是最可能的候选者（Davis et al.，1985）。90 年代，利用数值模拟，研究者发现暗物质晕具有非常普适的密度轮廓（Navarro et al.，1997）。2000 年之后，数值模拟进入快速发展阶段，模拟的体积和精度都得到极大程度提升。利用宇宙学模拟，人们发现可以精确地描述暗物质晕质量函数和子结构质量函数（Jenkins et al.，2001；Springel et al.，2001），暗晕的空间分布可以在统计上被精确刻画（Sheth et al.，2001）。利用高精度模拟还发现暗晕并非球对称分布，而是具有三轴结构（Jing and Suto，2002）。宇宙学数值模拟还被广泛应用于研究星系的形成，如建立在分辨暗晕子结构之上的半解析模型（Kang et al.，2005）和基于暗晕的经验性模型（Jing et al.，1998；Yang et al.，2003）。特别是以千禧年模拟为代表的模拟，其体积和精度都达到了当时的领先水平（Springel et al.，2005），在研究星系形成和大尺度结构方面具有典型的代表性。此外，数值模拟及其模拟星表更是用来为未来的巡天项目进行巡天策略设计、估计系统误差和选择效应，这些巡天被广泛应用于各个领域的研究中，包括从星系形成到宇宙学参数测量。数值模拟已经和观测研究进行了高度融合，成为观测研究的重要组成部分。

近年来，数值模拟展现出多元的发展趋势，除了追求更大的体积和尽可能高的分辨率外，其在向小尺度结构的极高精度模拟（re-simulation），包含重子物理过程的宇宙学流体数值模拟和重构数值模拟方向发展。近几年的流体模拟领域发展迅猛，出现了一些具有代表性的模拟，如"老鹰"（evolution and assembly of gaLaxies and their environments，EAGLE）（Schaye et al.，2015）和 IllustrisTNG（Springel et al.，2018）等。这些模拟除了成功再现星系的一些基本观测事实外，还给出了星系际介质、星系团内介质和星系周介质等弥散气体的物理化学属性，成为研究星系、气体和暗物质的复杂相互作用的重要平台。重构数值模拟是基于观测数据再现宇宙结构的演化历史，进而允许在原位定量对比研究观测和数值模拟结果，代表性的研究有近邻宇宙初始条件重构（exploring the local universe with reconstructed initial density field，ELUCID）模拟（Wang et al.，2014）和近邻宇宙限制模拟（constrained local universe simulations，CLUES）（Sorce et al.，2016）项目。

近年来，国内完成的大规模数值模拟包括："凤凰"（Phoenix）模拟（超过千万个粒子的高精度模拟），证实了在星系团尺度上暗晕子结构和相空间分布具有普适性；2012 年完成的盘古模拟（包含 290 亿粒子），为当时国际上具有较高分辨率和体积的数值模拟；完成了一系列含不同暗物质模型的数值模拟，并发现温暗物质的质量可以利用星系的质量函数和塔利 - 费希尔关系来联合限制，并将温暗物质质量下限确定为 1 keV（Kang et al.，2013）。利用该系列模拟，研究了宇宙网络结构的形成，特别是暗晕角动量和纤维相关性呈现反转的现象，并提出了暗晕角动量增长的两相模型（Kang and Wang，2015；Wang and Kang，2018）。通过国际合作，完成了星系形成的"你好"流体数值模拟（NIHAO 项目）（Wang et al.，2015），该模拟的样本数量和模拟精度都为国际领先，并且发现了星系内部的密度轮廓和恒星形成效率之间的相关关系。基于 SDSS 数据，完成了再现近邻宇宙结构和演化历史的 ELUCID 模拟（Wang et al.，2016a）。该模拟采用哈密顿蒙特卡洛马尔可夫链（Hamiltonian Markov Chain Monte Carlo，HMCMC）和粒子网格（Particle-mesh，PM）算法重构了近邻宇宙的初始条件，相比国际上的其他研究，显著提升了构造精度，达到国际先进水平，提供了一个模拟平台用于研究各类天体物理和宇宙学问题。例如，基于此模拟研究了星系的恒星形成熄灭和内部结构对环境的依赖，发展了近邻丰度匹配模型，并发现宇宙方差效应导致 SDSS 星系质量函数产生偏差。该模拟还被用于研究修改引力的观测效应，并用于探测星系自旋的原初手性问题。在天河二号上完成了 3 万亿粒子的含中微子数值模拟，发现非零中微子对大尺度功率谱和重子声波振荡有明显贡献。完成了含流体的 WIGEON 程序，其能够对复杂流场，特别是激波和涡等结构及其相互作用实现高精度捕捉。利用 ELUCID 和盘古模拟，构建了球面的弱引力透镜全天成图，建立了弱引力透镜模型星表，并研究了星系和暗物质晕在空间的内禀指向关系（Xia et al.，2017）。

（十）宇宙再电离和第一代星系

受制于仪器设备，进入 21 世纪，人们才真正开始搜寻红移 6 及以上的高红移星系。其中，日本 8.2 m 斯巴鲁（Subaru）望远镜发挥了主导作用，光谱证认了一些红移大于 6 的莱曼发射线星系。随后，研究人员利用哈勃空间望远镜的空间优势，发现了大量更暗弱的高红移星系，还发现了不少红移大于 8 的星系（当然绝大部分都没有光谱证认）。目前，国际上大规模高红移星系巡天项目主要还在斯巴鲁望远镜上展开。借助其主焦点测光设备 HSC，日本天文界与美国普林斯顿大学等团队合作，推动了超主焦点相机昴星团望远镜战略计划（Hyper Suprime-cam Subaru Strategic Program，HSC-SSP）项目。HSC-SSP 包括一系列科学目标，在高红移星系研究领域，包括搜寻高红移莱曼截断星系、搜寻高红移莱曼发射星系、搜寻宇宙再电离时期莱曼星系、搜寻低光度类星体等。

该领域观测上需要大型地面望远镜和太空望远镜。由于历史原因，我国暂时还缺乏相应的设备。目前，国内在此领域的发展主要依托国际合作，主导或参与一些高红移星系搜寻项目。比较显著的有宇宙再电离时期的莱曼阿尔法星系（Lyman Alpha Galaxies in the Epoch of Reionization，LAGER）、密西根/麦哲伦光纤系统（Michigan/Magellan Fiber System，M2FS）等项目。LAGER 项目由中国、美国、智利三方合作，利用 4 m 望远镜 Blanco 上的 DECam 暗能量相机和专门设计的窄带滤光片开展红移 7 处莱曼发射线星系的搜寻，是目前该红移处覆盖天区最大、获取样本最多的莱曼发射线星系巡天项目，已发现 79 例，并且发现红移 7 处莱曼星系的亮端超出（支持宇宙再电离理论的电离泡假设）。M2FS 项目利用 6.5 m 麦哲伦（Magellan）望远镜上的 M2FS 光谱仪，是目前覆盖天区最大的、红移 5.7 和 6.5 莱曼发射线星系光谱巡天项目之一，并发现了宇宙早期最大的原星系团。

总体来说，国内在高红移星系和宇宙再电离领域的研究基础还相对薄弱。

随着未来 LOT（12 m）的建设和 CSST（2 m 空间站望远镜）的升空，我国有望在该领域迎头赶上，但目前我国在这方面的人才储备还不够。受仪器和数据等限制，从事该重要方向的研究人员较少，需要加强高红移星系和宇宙再电离领域的人才队伍建设。

（十一）中高红移星系

对中高红移星系的搜寻始于 20 世纪 90 年代，人们利用星系莱曼极限和莱曼发射线特征，分别发展了宽波段测光的莱曼截断方法和窄波段测光的莱曼发射线方法，对应搜寻莱曼截断星系和莱曼发射线星系。随着哈勃空间望远镜的深场观测，以及大型地面光学、红外、（亚）毫米波望远镜的深度巡天，在过去 10 年左右的时间里，科研人员对中高红移星系的性质和演化观测研究有了质的发展。其中，包括使用甚大望远镜（the very large telescope，VLT）的近红外积分场光谱仪（spectrograph for integral field observations in the near infrared，SINFONI）、KMOS 的红移 1 巡天（KMOS redshift one survey，KROSS）、KMOS^{3D} 等近红外波段巡天，获得了哈勃深场（Hubble deep field，HDF）的上百个主序星系的运动学、外流性质、电离气体分布等。利用布尔高原干涉仪（plateau de Bure interferometer，PdBI）和北方扩展毫米波阵（northern extended millimeter array，NOEMA）超过 1000 个小时的观测，对这批星系进行了 CO J = 3-2 的深度巡天 PHIBBS-2，测量它们的分子气体质量和运动学。利用赫歇尔天体物理学太赫兹大天区巡天（Herschel astrophysical terahertz large area survey，Herschel-ATLAS）和 SPT 对大面积天区（600～5000 平方度）在远红外到亚毫米波波段进行无偏观测，发现大量的高红移的亚毫米波星系。进行超过 150 个小时巡天的哈勃超深场 ALMA 光谱巡天（Hubble ultra deep field，HUDF）（ALMA spectroscopic survey in the Hubble ultra deep field，ASPECS），同时测量高红移星系的毫米波连续谱尘埃发射和分子谱线发射等。利用一批新的仪器，如 VLT 的光学积分视场光谱仪 MUSE，发现了一大批莱曼 α 电离泡。值得注意的是，VLT 上的 KMOS 和 SINFONI 对红移 0.9～2.4 的早型盘星系进行观测，发现其旋转曲线在星系外围可能是下降的，说明恒星和气体质量在其中占据主导地位（Genzel et al.，2017）。尽管结果仍存在一定的争议，但表明此类近红外积分场光谱仪可为宇宙早期暗物质和重子物质的相互作用提供极其重要的观测限制。

过去10年，国内在研究星系的形成与演化方面取得长足进步。通过广泛参与国际大型巡天计划的合作，利用国际大型观测设备获取数据，开展相关研究，取得了系列研究进展，培养形成了有一定规模的、具有国际竞争力的研究队伍。在利用宇宙星系近红外遗珍巡天（cosmic assembly near-infrared deep extragalactic legacy survey，CANDELS）、宇宙演化巡天（cosmological evolution survey，COSMOS）等国际深场巡天归档数据开展星系性质及环境演化研究，利用 ALMA/NOEMA 等开展中高红移天体的星际介质研究，通过窄带成像等研究高红移强发射线星系性质等方面取得一批有特色的研究成果。但是，由于缺乏大型的地面光学、近红外和光学、远红外太空望远镜以及 ALMA 等（亚）毫米波干涉阵的大型观测设备，国内已有设备在研究中高红移星系等暗弱目标等方面能力不足。目前，我国在此领域的发展主要依托国际合作，或者挖掘国外望远镜的档案文件。通过中智天文联合研究中心的合作、东亚天文台（East Asian Observatory，EAO）詹姆斯－克拉克－麦克斯韦望远镜（James Clerk Maxwell telescope，JCMT）的观测以及望远镜机时获取计划（Telescope Access Program，TAP）可以获得一些数据。虽然通过东亚天文台可以获得 JCMT 的观测数据，但单天线望远镜的灵敏度和分辨率都非常有限，因此对大型（亚）毫米波干涉阵的需求日益增加。

总体来说，近年来国内在中高红移星系形成和演化领域取得了一定进展，但研究基础还比较弱，主要是望远镜资源缺乏，难以加入国际第一流的望远镜团队。随着未来 LOT（12 m）和 CSST（2 m 空间站望远镜）的建设，我国在光学近红外领域的研究有望接近国际水平，但是在中远红外和（亚）毫米波波段还有很大的空白。我国在这些方面的人才储备随着使用过大型设备的归国人员逐年增加，但由于仪器和数据等限制，发展依然有限，人才队伍的建设未来可期。

（十二）低红移和近邻星系

虽然标准冷暗物质宇宙学模型在解释宇宙大尺度结构特征方面获得了成功，但是近邻宇宙中星系尺度上的一系列观测事实似乎对这一标准模型形成了挑战，包括"尖峰－核""大而不倒""过度冷却"等问题。一方面，重子物质反馈过程逐渐被认识到可能是解决这一系列问题的关键；另一方面，驱动星系形成和演化的物理过程在空间与时间尺度上相互影响，分解这些物理过程是理解星系形成和演化的重要手段。

积分视场光谱仪逐渐成为国际各中大型望远镜的标准配置，成为研究低红移和近邻星系的利器，特别是 MUSE 结合 VLT 的主动光学技术，能实现高分辨率的恒星及气体运动学观测。以三维星系图集（ATLAS 3D）、卡拉尔阿尔托遗产积分视场巡天（Calar Alto Legacy Integral Field Area Survey，CALIFA）、悉尼澳大利亚天文台多目标积分场光谱仪（Sydney-Australian-astronomical-Observatory Multi-Object Integral-field Spectrograph，SAMI）、阿帕奇天文台近邻星系成图计划（Mapping Nearby Galaxies at APO，MaNGA）等为代表的积分视场单元（integral field unit，IFU）光学光谱巡天项目，对数以千计的近邻星系开展了系统观测，把对近邻星系（尤其是恒星形成星系）的大样本研究从过去长期以宽带成像和单目标光谱为主的阶段推进到一个三维成像光谱盛行的时代。这些 IFU 数据较为准确地限定了不同类型星系中恒星形成的空间和时间变化及其对局部星际介质性质的影响，把表征星系演化规律的各种标度关系的研究从星系尺度推进到星系的局部尺度。相关研究成果包括：得到了构成星系的不同结构成分的星族和动力学性质，加深了对其形成机制的理解；确定了星族梯度和星系质量等内禀属性（而非环境因素）之间存在很强的关联；发现星系整体呈现出来的如"恒星形成主序关系""气体元素丰度－恒星质量关系"等在星系局部区域仍然存在，然而星系整体遵循的"恒星元素丰度－质量关系"对星系局部区域不适用等。

随着赫歇尔（Herschel）红外空间望远镜和 ALMA 等全面投入观测，对本地宇宙中最接近早期年轻星系的矮星系的星际介质的研究进入一个新的时期。相关研究表明，矮星系中星际介质的结构和物理状态很可能主要由其较低的金属丰度导致，正常矮星系中冷气体的整体恒星形成效率显著低于大质量星系，作为直接孕育恒星形成的分子云核，在矮星系和大质量星系中表现出相似的结构特性。随着一系列大视场地基深空巡天项目的开展，大批"表面亮度－半径"或"质量－半径"关系显著偏离正常星系的超弥散星系（ultra diffuse galaxies，UDG）和超致密矮星系（ultra-compact dwarf galaxies，UCD）在各种星系环境中被发现。这些"特殊"星系的富度和性质同星系环境存在明显相关性，对它们的形成机制的研究正在深化对星系在极端条件下的形成与演化的认识。ILLUSTRIS 和 EAGLE 等大型流体动力学模拟项目首次在标准宇宙学框架下比较成功地模拟出近邻宇宙中广泛存在的星系形态及其演化历史。

在星系化学方面，高精度光谱观测为近邻星系的研究提供了大量的数据，依托星族合成和星系化学演化模型，该方向有了质的突破。例如，在用 SDSS 对近邻早型星系的研究中发现，阿尔法元素增丰随星系的速度弥散度存在正向关系，很可能是由"宇宙降序"（cosmic downsizing）导致的（Conroy et al.，2014）。从 2800 个近邻星系的 MaNGA 巡天可以看到，不同质量的星系的金属丰度随半径以不同方式递减（Belfiore et al.，2017），而早型星系和晚型星系的金属丰度随恒星质量的变化有系统性的差别（Goddard et al.，2017）。另外，通过化学演化模型可以系统比较中高红移星系同近邻星系的异同。例如，阻尼莱曼 α 系统的元素丰度和近邻矮星系非常接近，高红移恒星形成星系的［Mg/Fe］与同近邻星系的演化路径存在系统性的差别，一些高红移星系有内低外高（反向）的金属丰度分布等（Maiolino and Mannucci，2019）。

在星系动力学方面，近邻星系的 IFU 巡天观测极大地推动了该方向的发展。通过动力学建模方法，如金斯模型、史瓦西方法、量身定做（made-to-measure）方法、多体数值模拟等，可以较好地构建这些近邻星系的动力学模型，获得其质量分布以及轨道结构。基于 MaNGA 的数据分析，发现星系的初始质量函数（initial mass function，IMF）随着旋涡星系的类型发生变化，在大质量星系中是低端重（bottom-heavy），而在小质量星系中是高端重（top-heavy）。另外，由于 IFU 提供了空间可分辨的星系运动学信息，因此可以将经典的椭圆星系基准平面关系外推到不同形态的星系中，考虑速度弥散、质量与半径的关系，发现不同类型的星系分布在基准平面参数空间的不同位置，并且基于 IFU 观测数据的基准平面弥散更小，与理论预期的吻合度更高。此外，IFU 数据不仅揭示出早型星系的快速转动与慢速转动两种模式，还发现这两种运动特征与星系形态的关联。在理论方面，国内也取得了具有一定国际显示度的工作。例如，利用 MaNGA 数据系统研究了星系的 IMF 对星系性质的依赖性，发现椭圆星系中 IMF 对星系速度弥散有很强的依赖性，还首次发现了旋涡星系的 IMF 也随速度弥散而改变,这为星系的形成和演化提供了强有力的限制;详细研究了椭圆星系和旋涡星系的金属丰度与年龄梯度对星系环境的依赖性,发现依赖性很弱,表明星系的许多性质是内禀的,与其形成环境几乎无关;基于 CALIFA 中的早型星系,应用史瓦西方法识别出组成这些星系的恒星轨道特征,发现其在角动量和半径的分布图上呈现明显的聚集性,分为冷轨道、温轨道、热轨道以及反转成分,这些成分可能对应人们熟知的薄盘、厚盘、核球等星系结构,在 IllustrisTNG 的模拟星系中也发现了相似的结果;发现很多盘星系都具有内部动力学结构驱动的缓变演化(secular evolution)的特点。银河系的核球主要是由原初的星系盘通过自身的动力学不稳定性增厚产生的"伪"核球,并不是如经典星系形成理论所预言的由星系并合产生的经典核球,并可自然解释核球中垂向 X 形结构;提出了棒旋星系中心核环等气体子结构形成的物理机制,阐明了棒旋星系的大尺度物理参数与小尺度气体结构特征的关系,并可解释银河系内气体分布的动力学观测特征。

过去 10 年间,国内在近邻星系研究方面取得了一系列在国际上有显示度的成果。国内多所高校及研究所加入了 MaNGA 巡天项目,利用 MaNGA 数据在星系星族空间分布和星爆触发机制等方面取得了重要研究成果,并培养了一批精通积分视场光谱数据分析方法的青年人才。国内天文学家通过 EAO 获得了大量 JCMT 观测时间,对一批近邻大质量星系开展了致密分子谱线巡测,在恒星形成定律方面取得了一系列成果。国内天文学家也通过竞争获得了包括赫歇尔、ALMA 等在内的望远镜上的观测时间,对低金属丰度星系中的恒星形成过程给出了重要限制。利用国内的光学望远镜,我国天文学家对一些近邻星系团开展了 UDG 星系的搜寻,利用国内及国际光学望远镜对河外星团及 UCD 开展了一系列研究。近年来,国内在近邻星系研究多个领域取得了一定进展,但整体研究基础比较薄弱,主要是因为缺乏高质量的望远镜资源。随着未来 CSST(2 m 空间站望远镜)顺利投入观测,我国天文学家将在近邻星系的结构和星团普查领域逐渐接近国际水平。国内在星系化学演化模型方面已有一些零散的研究基础,期待不远的将来其会得到蓬勃发展。国内在星系动力学研究领域起步较晚,但近 10 年来,研究队伍不断壮大,一批优秀的中青年人才脱颖而出。现有科研人员 30 余人,主要分布在中国科学院国家天文台和上海天文台、清华大学、云南大学、上海交通大学、南京大学等单位，其主要研究方向为近邻星系（化学）动力学模型（MaNGA、CALIFA等）、棒旋星系中恒星与气体运动学研究、银河系核球及银盘的结构与运动学、银盘整体运动、相空间结构等。有些研究工作已经具有较高的国际显示度。2019 年的国际天文学联合会第 353 号会议主题即为"大型巡天时代的星系动力学"，来自 23 个国家的 200 余名学者和青年学生参加了会议，该会议涉及包括从观测到理论研究再到数值模拟的各个领域。其中，中国学者的报告约占 1/5，产生了显著的国际影响力。

（十三）黑洞基本参数测量与基本物理

自 20 世纪 90 年代起，大质量黑洞的质量测量主要有基于高空间分辨率望远镜的恒星 / 气体动力学方法和针对活动星系核基于地面中小口径望远镜时域观测的反响映射方法。目前已积累了超过 100 个源的观测样本，由此发展出将宽线区尺度 - 光度或黑洞质量 - 核球速度弥散等经验关系作为工具估计大样本黑洞质量的方法。近年来，ALMA 对少数近邻黑洞的质量测量达到了前所未有的精度；用于精密窄角天体测量和近红外干涉成像的甚大望远镜干涉仪（very large telescope interferometer instrument for precision narrow-angle astrometry and interferometric imaging in the near infra-red，VLTI-GRAVITY）则以 10 微角秒的空间分辨率首次解析了宽线区结构，为高精度黑洞质量测量提供了新途径。

大质量黑洞的自旋在离黑洞非常近的区域才能产生强的可观测效应。目前，自旋测量主要是通过测量和分析黑洞吸积盘内区发射的 X 射线谱，特别是通过 Fe K_α 线和连续谱反射成分，获得对吸积盘内边界的限制和自旋值。近年来，人们也开始发展 Fe K_α 线的反响映射方法，以获得更准确的自旋测量。截至 2019 年，已经积累了 30 个左右的自旋测量样本，其中绝大多数是高自旋（＞0.5）（Reynolds，2019）。下一代 X 射线高能天体物理高新望远镜（Advanced Telescope for High Energy Astrophysics，ATHENA）等都将自旋测量作为主要科学目标之一，有望将自旋测量精度提高到＜0.1 的水准，样本数扩大一个量级以上。另外，VLTI-GRAVITY 等高空间分辨率设备正在对银心黑洞周围星体和耀斑的运动进行监测，有望检验强场下的广义相对论动力

中国天文学2035发展战略

学和限定黑洞自旋。2019年，人类首次实现了对在M87中心超大质量黑洞的直接成像，并测定了黑洞质量（Event Horizon Telescope Collaboration et al., 2019）。未来几年，EHT将朝更多台站及更高观测频率发展，观测性能的提升将会促进对广义相对论的进一步检验，使研究人员能够更加细致地研究黑洞周围的吸积和喷流等物理过程，同时也使得更多的近邻黑洞成像成为可能。

我国学者积极参与了EHT国际合作开展高分辨率黑洞成像研究，并通过联合其他低频阵列开展喷流的形成及传播物理机制等方面的研究，进一步揭秘活动星系核的中央引擎。利用云南丽江2.4 m望远镜开展测量黑洞质量的工作，系统测量了高吸积率活动星系核中心的黑洞质量，并建立了估计黑洞质量的新统计关系。建立了马尔可夫链蒙特卡洛程序，其可重建宽线区动力学，获得高精度黑洞质量测量结果（Li et al., 2013），还联合分析反响映射－GRAVITY观测数据完成了高精度测量3C273的黑洞质量（Wang et al., 2020a）。发展了结合光线追踪和星体相对论运动的数值方法，厘清了利用银心黑洞周围星体轨道运动测量自旋和限制黑洞度规的前景（Yu et al., 2016）。

（十四）黑洞吸积与活动星系核

在黑洞吸积理论研究方面，近年来国际上黑洞吸积的一个主要方向是吸积盘的风。这是由于一方面风是吸积动力学中的重要成分；另一方面，越来越多的观测和理论研究清楚地表明，吸积盘产生的风是活动星系核反馈影响星系演化最主要的媒介之一。从较低吸积率的热吸积流一直到超爱丁顿吸积率的细盘，都可以产生风。对热吸积流的风的研究比较完善，这方面国内研究人员利用大规模数值模拟进行了系统的研究，证明了吸积流中强风的存在，解决了国际上争论多年的问题（Yuan et al., 2012；Bu et al., 2016）。提出并利用虚拟粒子轨迹线方法，结合三维广义相对论磁流体动力学数值模拟（general relativistic magnetohydrodynamic simulation，GRMHD），首次得到了风的质量流、速度、角分布等具体物理性质，为活动星系核反馈的研究提供了重要基础（Yuan et al., 2015）。标准薄盘的风研究历史更长，有很多的工作研究标准薄盘的风，大部分是基于辐射线力的数值模拟工作。但由于薄盘模拟在技术上比热盘模拟更加困难，因此目前这些工作都做了很多简化假设，可能会对真正薄盘的风的性质有重大影响。另外，综合考虑热驱动、磁场、

54

辐射线力研究薄盘风的产生的工作还没有完成。

对于相对论性喷流，费米伽马射线空间望远镜提供了丰富的光变、能谱等关于喷流的数据信息。结合甚高能切伦科夫望远镜和冰立方中微子天文台（IceCube Neutrino Observatory）观测，对喷流的高能粒子物理过程及辐射有了深入的理解并提出了新的问题。例如，在高能、甚高能发现了分钟级的快速光变，远短于小时级的超大质量黑洞视界时标，促使必须提出关于喷流辐射的新机制。我国在 2019 年基本建成了高海拔宇宙线观测站（Large High Altitude Air Shower Observatory，LHAASO），其在甚高能伽马射线能段上具有国际先进水平的巡天探测能力，有望在耀变体甚高能探测和时变研究方面发挥重要作用。

高光度活动星系核外流观测方面的工作有很多，但仍有一系列难题尚待解决：外流的典型尺度和能量如何？活动星系核外流是达到星系尺度量级还是只存在于黑洞附近？其动能是否普遍足以影响寄主星系的整体演化？国内研究人员曾系统测量了宽吸收线外流的物理特性（He et al.，2019）。下一代大面积、高能谱分辨率 X 射线望远镜将对高电离的吸积盘风的物理状态进行诊断，高分辨率的光学和紫外光谱设备（如低面 VLT、空间 HST 等）与 IFS 技术和 JWST、ALMA 等红外 / 毫米波设备的结合运用，将为恒星形成与外流间的复杂关系提供线索。对低光度星系核风的直接观测证据仍很稀少。Athena 等下一代 X 射线望远镜将通过高分辨率光谱直接探测近邻低光度星系核风的热辐射；SKA、下一代甚大阵列（next-generation very large array，ngVLA）等高灵敏度、高分辨率射电干涉阵将追踪风在寄主星系内传播过程中所激发的高能电子同步加速辐射。预期这些观测将为低光度星系核风的形成机制、物理参数和反馈效率认识提供基础。

目前国内 AGN 光变的观测研究主要基于国外数据库及国内中小型望远镜的长、短期监测。变脸 AGN 的搜寻还依赖国内外巡天望远镜重复的光谱观测。另外，国际上对黑洞潮汐撕裂事件（tidal disruption event，TDE）的观测仍处于起步阶段，但随着兹威基瞬变天体观测设施（Zwicky transient facility，ZTF）、LSST 等地面光学设备的投入运行，TDE 的观测研究将会有巨大发展。我国计划于 2023 年底发射的 EP 卫星和于 2023 年建成的 WFST 将让我国在未来 10 年内引领国际 TDE 多波段研究。国内研究人员在 AGN

光变观测和模型、变脸 AGN 的物理机制和搜寻（Sheng et al.，2017；Yang et al.，2018a）、TDE 观测研究（Jiang et al.，2016a）等方面取得了多项显著成果。

在双黑洞研究方面，尽管近年来研究人员开始采用多种方法，包括准周期光变、潮汐瓦解的特殊光变曲线（Liu et al.，2014）、类星体的特殊连续谱（Yan et al.，2015a）等搜寻大质量双黑洞，观测上也有端倪表明有核星系和高速逃离的 AGN 可能是由双黑洞导致的，但大质量双黑洞确切存在的证据仍很稀少且模糊。大质量双黑洞搜寻的推进和成功依赖于对双黑洞系统的动力学和电磁特征的更准确预言，以及发展和改进搜寻方法，开展系统的针对性搜寻。

（十五）黑洞诞生与活动星系核宿主星系

在黑洞诞生方面，超大质量黑洞的种子黑洞形成机制的理论探索很多，主要聚焦于第一代恒星死亡、原初气体直接坍缩、稠密星团内恒星碰撞等过程形成种子黑洞的机制。这些不同机制给出的黑洞初始质量函数以及后续所需的吸积历史有赖于进一步的观测检验。高红移类星体、近邻矮星系中的小质量黑洞以及星团中的中等质量黑洞等亟须通过系统的观测来大幅扩大样本，从而提供种子黑洞形成的直接、关键线索，并在宇宙再电离研究等方向上取得突破。在 AGN 宇宙学演化方面，当前的重点与难点很多，如对 AGN 的低质量端质量函数、暗端光度函数、密度函数、吸积历史、负载循环、自旋、成团性、与暗晕分布成协性、高度遮蔽与低光度种群、宇宙 X 射线背景辐射详细解析等的进一步观测及其演化研究。上述科学问题的解决在很大程度上都严重依赖当前与下一代最先进的大型观测设备以及细致考虑真实物理过程的高精度理论模型与数值模拟。例如，我国学者发现了宇宙早期最亮的类星体（Wu et al.，2015），帮助建立了当前应用最为广泛的高红移（$z \geqslant 6$）类星体样本（Jiang et al.，2016b），在钱德拉深场 X 射线研究方面做出了重要贡献，并发表了当前最深的 X 射线数据和 AGN 星表（Xue et al.，2011；Luo et al.，2017）。

近年来，基于大视场巡天项目所提供的大量不同红移的 AGN 样本，对宿主星系包括光学、红外、（亚）毫米和射电的多波段观测正在逐步展开，尤其是对 AGN 宿主星系演化的一些关键问题的研究。①通过不同探针测定宿主星系的恒星形成水平和分布及其与 AGN 活动的相关性。②气体成分及其运动学特征。③ AGN 和宿主星系的相关关系和演化、多波段的观测，尤其是（亚）毫米波段对气体观测和星系动力学质量的限制，使得这一研究深入宇宙早期第一代黑洞 – 星系系统（Wang et al.，2013a）。与此同时，中国学者参与到国际大型巡天项目中（如 MaNGA）（Guo et al.，2019a），主导了很多国际大孔径望远镜的观测项目（如 NOEMA、ALMA、JCMT 等）（Tan et al.，2019）。这些项目在 AGN 宿主星系的研究方面取得了很多重要的进展。例如，通过典型原子、离子谱线以及尘埃连续谱测量 AGN 宿主星系的恒星形成（Zhuang and Ho，2019）。通过分析［CII］、CO 等特征谱线测量宿主星系的气体成分和动力学特征，进而限制 AGN 同宿主星系的质量相关关系。通过积分视场光谱仪对星系际介质谱线的观测探讨类星体的大尺度环境等。

（十六）黑洞与星系共同演化

在观测上，从 Magorrian 等（1998）、Silk 和 Rees（1998）最先提出 AGN 及超大质量黑洞对星系的影响的经典种子到现在这 20 多年间，相关文献的发表数量急速增加。在摘要中提到了 AGN 或类星体反馈等关键词的论文，占目前天文学领域所有经同行评议的期刊论文的 60% 以上（Harrison et al.，2018）。超大质量黑洞与宿主星系的共同演化，以及 AGN 反馈对星系的影响是目前现代天文学中无论在理论上还是在观测上都是 20 年来最重要的、未解决的核心问题之一，也是未来很长一段时间内的热点和重点研究课题。

特别地，在现有的星系形成和演化模型中，对于中等质量和大质量星系，AGN 反馈已经成为几乎所有模型中必不可少的核心物理过程。如果离开了 AGN 反馈，其他基于非 AGN 的物理过程，如恒星反馈、磁场、形态熄灭等，都不能有效地熄灭星系中的恒星形成并保持其死亡的状态，也就不能很好地重现一些最基本的观测结果，如星系的质量函数。因此在理论上，AGN 反馈在星系的形成和演化中发挥了至关重要的、基本无可替代的作用。

因此，目前观测方面的研究重点主要集中在以下三个方面：一是测量不同种类和处于不同环境中星系的黑洞的质量、吸积率等性质，与其宿主星系性质间的关系，以及随红移的演化；二是研究 AGN 反馈对星系各种性质的影响、对星系外围的 IGM 的影响;三是这些影响是否导致了黑洞与宿主星系的协同演化,或者它们的协同演化是否由其他因素导致。目前,研究方法越来越多的是联合从 X 射线到光学、红外、射电的多波段协同观测,从多个方面进行系统性的研究,形成完整的图像。

我国在黑洞与宿主星系共同演化、AGN 反馈研究方面有了长足的发展,发表了一系列重要的学术论文,以下列举一些具有代表性的工作。一是,在黑洞与宿主星系的共同演化方面,利用国内和国际的先进仪器,观测了一批高红移,包含从类星体到尘埃星系、正常活动星系等处于不同演化阶段的活动星系,并对它们的黑洞质量和吸积率进行了测量;基于钱德拉 X 射线太空望远镜长达 700 万秒曝光时间的巡天观测数据,发现了大量高密度的超大质量黑洞;利用高质量光学图像精确地测量了星系核球的结构参数,研究了活动星系中的超大质量黑洞的质量和经典核球、伪核球的质量、恒星速度弥散,以及恒星形成率之间的关系;对低质量、晚型、无核球的近邻星系中的中等质量黑洞进行了测量和研究。以上研究为理解黑洞和宿主星系的共同演化提供了关键的观测数据与精确的测量。二是,在活动星系的性质、AGN 反馈对星系的影响方面,发展了综合分析红外能谱和中红外光谱的新方法,结合射电波段数据,同时推导出活动星系的包括恒星质量、尘埃和气体质量,以及恒星形成率、AGN 尘埃环等物理性质。例如,改进和发展了测量活动星系的恒星形成率的新方法,使用光致电离模型限制了 AGN 对 Neon 和〔OⅡ〕产生的影响,从而推导出更准确的活动星系的恒星形成率。在此基础上,通过活动星系远红外辐射的研究发现,一型活动星系和二型活动星系在宿主星系的尘埃与气体成分上没有区别,同时也和普通星系一致,这说明低红移类星体中的 AGN 反馈作用并不明显。通过研究斯隆数字化巡天中活动星系和它们所处环境间的关系,发现 AGN 的活动主要由星系内部的机制决定,外部环境起到相对次要的作用。

理论上,近 10 年来 AGN 反馈的研究也有了迅猛发展。由于该过程的复杂性,这方面的研究主要是通过大规模数值模拟进行的。目前的工作绝大部分是宇宙学背景下的星系形成与演化的大规模数值模拟。与传统模拟不同的是,这些模拟在模型中加入了 AGN 反馈物理模型,比较主流的模拟包括 IllustrisTNG(Springel et al.,2018)、EAGLE(Schaye et al.,2015)等,这些课题都是通过国际合作、经过多年努力完成的，在学术界影响很大。这些工作的优点是能够得到大样本的星系演化的统计结果。这些模拟聚焦于大尺度，由于技术上的限制，空间分辨率无法做到很高，因此这些加入的 AGN 反馈模型都必须采用所谓的"亚网格"模型来描述最关键的 AGN 反馈部分。虽然目前不同的宇宙学模拟采用的 AGN 反馈模型完全不同，但它们都声称能够解决前面提到的黑洞质量与星系光度相关、星系光度函数等疑难问题（Naab and Ostriker，2017）。造成这一现象的原因是他们的 AGN 反馈模型是唯象的，物理过程处理得过于粗糙、自由参数过多。

另一类 AGN 反馈数值模拟研究是集中在星系尺度上的（Yuan et al.，2018）。这类模拟的优点是分辨率非常高，能够分辨黑洞吸积盘的外边界，因此能够准确确定 AGN 的吸积率等重要参数，能够详细研究反馈具体是如何发生的；缺点是无法对大量星系进行模拟从而进行统计研究。

在国内，AGN 反馈的模拟研究起步较晚，但已经在国际上取得了有影响力的成果。一类研究是上面提到的星系尺度上的 AGN 反馈数值模拟（Yuan et al.，2018），这些工作目前是国际上最高分辨率的 AGN 反馈数值模拟，模型中采用的 AGN 物理也是国际上最先进的；另一类工作是研究星系团尺度上喷流、风等与气体的相互作用物理过程，如喷流的能量是如何传递给星系团中的气体的等问题（Guo，2016）。

二、观测设备发展现状

（一）国外的观测设备

近年来，各科技强国均积极建设大型光学、红外和射电巡天设备，并保持高速发展的趋势。

1. 光谱巡天

BOSS 和扩展重子振荡光谱测量（The Extended Baryon Oscillation Spectroscopic Survey，eBOSS）（美国，2.5 m 口径，2009～2020 年）已顺利完成 10 000 平方度巡天；DESI（美国，4 m 口径，2019 年～），将巡天 14 000 平方度，获取 2000 万条光谱，在红移 2 以下分别以 0.3% 和 2% 的精度测量

BAO 与 RSD 信号；PFS（日本，8 m 口径，2022 年～），在 1400 平方度天区和红移 0.8～2.4 的范围内，实现对高密度发射线星系的光谱观测。与 DESI 相比，PFS 在高红移有明显优势；贾瓦兰布尔加速宇宙物理天体物理巡天（Javalambre Physics of the Accelerating Universe Astrophysical Survey，J-PAS）（西班牙，2.5 m 口径，2019 年～）是窄带测光巡天，通过 56 个窄带滤光片，在红移 1 以下，在 8500 平方度天区内获取近 1 亿个源的低分辨率光谱红移。这三大巡天各自的特点突出，并可优势互补。

2. 测光巡天

当前国际上已经进入第三阶段，巡天范围为数千平方度，包括 DES（美国，4 m 口径，视场约 3 平方度，CCD 像元 0.263″）、KiDS（欧洲，2.5 m 口径，1 平方度，0.21″）和 HSC（日本，8.2 m 口径，1.7 平方度，0.168″）。第四代巡天正在建设中，将在未来 5 年内投入运行。样本数将数倍于现有数据，强透镜天体数目将超过 10^5，比目前样本大两个量级。国际上重要的项目包括地面 LSST（美国，8 m 口径，9 平方度，0.2″，光学多波段）、WFIRST（美国，2.4 m 口径，约 0.28 平方度，0.1″，红外）、空间 Euclid（欧洲，1.2 m 口径，约 0.5 平方度，像元 0.1″，近红外）。

3. 21 cm 巡天

GBT（美国）、Parkes（澳大利亚）、GMRT（印度）、LOFAR（荷兰）、MWA（澳大利亚）、LWA（美国）、PAPER（美国）、CHIME（加拿大）等，目前还有 BINGO（英国－巴西）、HIRAX（南非）、HERA（美国、英国、南非等）等正在研制中，以及未来的 SKA 大型射电望远镜阵列。

4.（亚）毫米波段

JCMT 等望远镜在宿主星系尘埃和恒星形成的测量上起到关键作用。NOEMA、ALMA 等综合孔径阵列，尤其是 ALMA，凭借优异的探测灵敏度、空间分辨能力和频谱覆盖范围，在宇宙早期第一代类星体宿主星系气体、尘埃和演化特征的研究中发挥了关键作用。

5. JWST

JWST 是哈勃空间望远镜和斯皮策太空望远镜的后继空间望远镜，它拥有直径达 6.5 m 的主镜和从光学到中红外的观测波段。红外波段强大的灵敏度和极高的空间解析能力，使得 JWST 可以观测到红移 7 以上甚至红移 10 的 AGN。对于中低红移的 AGN，JWST 将能测量气体的内流、外流，以及其宿主星系的性质。这将为研究 AGN 反馈对宿主星系的恒星形成率等关键物理性质的影响及其随红移的演化提供关键的数据。

6. 扩展 X 射线成像巡天

扩展 X 射线成像巡天（extended Röentgen Survey with an Imaging Telescope Array，eROSITA）是俄罗斯光谱 – 伦琴 – 伽马（Spectrum-Röentgen-Gamma，SRG）项目中的主要仪器，于 2019 年 7 月成功发射，将开展为期 4 年的全天 X 射线巡天观测，具备高空间分辨率和光谱分辨率。在软 X 射线波段（0.5～2 keV），灵敏度比伦琴 X 射线天文台（Röentgen Satellite，ROSAT）巡天高约 20 倍，在硬 X 射线波段（2～10 keV）则提供了首次全天成像。主要的科学目标是：①探测 5 万～10 万个星系团中热星际介质及星团之间的热气体来研究宇宙大尺度结构，检验包括暗能量在内的宇宙学模型；②系统地探测近邻星系及高红移星系中近 300 万个被遮蔽的 AGN；③研究 X 射线点源的相关物理性质，包括主序前恒星、超新星遗迹和 X 射线双星。

7. ATHENA

ATHENA 是下一代大型 X 射线望远镜，计划于 2032 年发射。具备 X 射线积分视场单元（X-IFU）光谱仪和大视场成像器（wide field imager，WFI），将会提供 100 倍于目前望远镜的集光面积和高分辨率的光谱。ATHENA 将通过绘制热气体的大尺度分布，普查超大质量黑洞及探测高能天体物理事件来回答两个重大科学问题：宇宙中的物质如何形成星系和星系团尺度的大型结构？黑洞如何生长并影响周围环境？

8. X 射线成像与光谱任务

X 射线成像与光谱任务（X-ray Imaging and Spectroscopy Mission，XRISM）是日本宇宙航空研究开发机构（Japan Aerospace Exploration Agency，JAXA）主导的空间望远镜，作为重启 Hitomi 的项目，计划于 2023 年发射。将提供热等离子体的 X 射线高分辨率光谱观测，旨在研究星系团的形成和演化、IGM 的性质及超大质量黑洞和恒星反馈过程。该项目搭建起了目前钱德拉和 XMM-牛顿（Newton）上的光栅光谱仪与未来 Athena 上的 X-IFU 之间的桥梁。

9. EHT/ngEHT，甚至全球 3 mm 甚长基线干涉阵（global 3 mm VLBI array，GMVA）、ngVLA、VLT-GRAVITY 等

目前进行中的下一代 EHT 项目（ngEHT）将考虑对包括我国西藏地区在内的重点区域进行全球望远镜布局，这一发展不但会进一步促进人类对黑洞细节的成像，而且将具有对黑洞周围事件视界附近的时空进行实时动态监测的能力。

（二）国内的观测设备

近 10 年来，国内大尺度结构研究迅速发展，积极建设大型巡天设备以及参与国际合作，已取得一系列显著成果。

1. 已建成设备

（1）FAST。大科学装置 FAST 于 2020 年 1 月通过国家验收，进入正常运行。目前 FAST 科学委员会批准的多科学目标漂移扫描巡天项目，可以同时获取流量成像和中性氢星系巡天的数据流，达成领先世界的巡天效率和深度。如果能保证观测时间，则有望成数量级地提升气体星系样本等关键指标，从根本上推动射电宇宙学和星系演化研究。

（2）天籁。"天籁"实验阵列位于新疆巴里坤县大红柳峡乡，包括柱形天线阵和碟形天线阵，该阵于 2015 年底建成，2017 年通过技术验收，是目前国内干涉单元最多的射电干涉阵，也是国际上第二个建成的用于暗能量射电探测关键技术研究的实验装置。目前该阵列正在进行低红移中性氢大尺度结构巡天实验，并计划经过升级改造后进行快速射电暴搜寻。

（3）21 cm 阵（21 Centimeter Array，21CMA）。21CMA 是一部大型低频射电综合孔径望远镜，以探测宇宙黎明和宇宙再电离为主要科学目标，实施专属的"宇宙第一缕曙光探测"计划，以期揭示宇宙从黑暗走向光明的历史。21CMA 位于新疆天山海拔 2700 m 的高原上，由分布在东—西基线 2.74 km 和南—北基线 4.1 km 上的 81 组总计 10 287 只对数周期天线组成，工作波段为 50～200 MHz，可以探测宇宙红移在 6～27 的中性氢辐射。21CMA 于 2006

年 6 月建成，是目前国内唯一的 SKA 低频探路者设备，也是世界上最早建成的用于"宇宙第一缕曙光探测"的射电望远镜阵列。

2. 建设中的设备

（1）CSST。CSST 为第四代巡天项目之一，其口径 2 m，视场约 1 平方度，CCD 像元 0.074″，观测范围从 NUV 至 1000 nm，含有 6～7 个波段，其高分辨率、光学多波段的设计与国际上同期的观测项目高度互补。除测光巡天外，CSST 还同时配有光学波段无缝光谱设施，可开展星系红移巡天。CSST 计划运行 10 年，巡天面积达到约 17 500 平方度。这将成为我国未来 5～15 年宇宙学研究的重中之重。

（2）EP。EP 是中国科学院空间科学战略性先导科技专项二期，由中国主导、ESA 和德国参与的国际合作项目。EP 是一颗面向时域天文学和高能天体物理的 X 射线天文卫星，采用最先进的微孔龙虾眼 X 射线聚焦成像技术，其核心科学目标是在软 X 射线波段，以前所未有的探测灵敏度开展快速时域巡天监测，发现并深入探索高能暂现和爆发天体、监测天体的 X 射线光变。主要科学目标包括发现和探索沉寂的黑洞，搜寻引力波源的电磁波对应体并精确定位，以及发现和探索中子星、白矮星、超新星、伽马暴、恒星活动等天体和现象，涉及广泛的天体物理学领域。目前该卫星处于工程研制阶段，计划于 2023 年底发射运行。

3. 计划中的设备

（1）LOT。LOT 是我国重大科技基础设施建设"十三五"规划的项目之一，计划自主建设一架等效通光口径 12 m 的精测型拼接镜面大型光学红外望远镜，其集光面积将是国际上现有 8～10 m 望远镜的 1.4～2.2 倍，将具备宽视场、多目标、暗天体成像和光谱观测的精测能力，达到国际领先水平。该望远镜将解决我国光学天文长期缺乏 10 m 级望远镜观测资源的问题，助力宇宙各层次天体起源与演化的前沿热点研究，完善我国多波段天文观测体系。

（2）MUST。MUST 项目的目标是比美国暗能量光谱巡天项目有量级上的提升，其口径为 6.5 m，视场目前设计在 7 平方度左右，光纤数目预期在 10 000 根以上（潜力可达 20 000 根以上）。观测范围为 400～1000 nm，并保留升级到 1500 nm 的可能性。光谱分辨率为 2000～4000。望远镜的方案与国际上同期的成像巡天观测项目（包括 CSST 等）高度互补，有望成为我国未来天文学研究的利器。

（3）HUBS。HUBS 是我国牵头提出的 X 射线天文卫星，聚焦于星系演化研究中尚未解决的两大问题：一是重子与金属"缺失"；二是黑洞及恒星反馈过程。HUBS 结合大视场、高效率和高分辨率 X 射线光谱及成像能力，可以对环星系际介质中占主导的热气体开展高精度测量，获取其空间分布及物理化学性质，为研究星系与周边气体的循环过程提供必要的观测数据，从而推动对星系中恒星形成的维持或熄灭机制的理解。

（4）CAFE。CAFE 项目利用莱曼紫外（LUV：91.2～121.6 nm）这一独特的空间窗口，以求解决"宇宙缺失重子"和"星系吸积和反馈"等重大科学前沿问题，这将填补国际天体物理研究领域在莱曼紫外波段对弥漫源发射线成图探测的空白。CAFE 将首次探测星系和星系际介质交换的过程，提供近邻星系 10^5 K 温度下缺失重子的普查，给出星系际吸积和反馈的最基本线索，并仔细描述气体进入星系从而导致恒星形成、冷却等物理过程。CAFE 将主要对大概 7 亿万光年之内（红移在 0.05 之内）、400 多个星系和星系周介质 10^4～10^6 K 的气体进行 OVI 和 HI Lyman 发射线成图观测。

（5）TMOST。TMOST 项目对宇宙中红移 1 以下星系样本开展流量限巡天观测，刻画气体、星系和暗物质的共动演化过程；对银河系和近邻星系中的恒星进行大规模光谱观测，研究其化学、动力学演化历程；对测光样本暂现源、高红移天体进行光谱证认等。该项目目前处于概念设计和科学预研究阶段。

第四节　发展思路与发展方向

一、宇宙学模型

1. 早期宇宙学理论

针对国际研究前沿，加强对以有效场论为框架的早期宇宙学模型（包括暴胀模型及其各种替代模型）理论研究的支持，鼓励国际交流，积极参与国际前沿的讨论与合作，紧跟天文学前沿，优先发展有望在近期被观测检验的领域。与此同时，建议紧密结合中国当前大力推进的天文大科学装置，针对这些实验项目开展科学目标的预研，在未来 10 年内完成相关理论学说的理论研究准备，并逐步完善相关的数值分析以及与各类天文学实验观测的科学衔接。

2. 宇宙微波背景辐射观测与理论

当前 CMB 探测以地面实验为主，其主要科学目标在于以探测原初引力波为目标的 B 模极化探测和以 CMB 次级效应为观测对象的小尺度温度各向异性与极化探测、CMB 能谱扭曲的观测和理论研究。在我国未来的发展方向中，建议在继续支持 AliCPT 一期项目的基础上，适时开展 AliCPT 二期项目，主要是加大巡天面积和增加观测频段，再结合南天的各种 CMB 望远镜，部分实现下一代空间望远镜的科学目标。与此同时，建议开展下一代空间 CMB 望远镜的科学与技术预研，为我国将来参与下一代的国际 CMB 研究热潮做好准备。

3. 原初引力波探测与宇宙演化

随着我国多波段引力波探测项目的逐步开展，未来的原初引力波探测将在我国占有一席之地。在此基础上，一方面，建议加强相关的队伍建设，通过项目组建并凝聚相关的科研团队［包括 AliCPT 团队、中国脉冲星计时阵列（Chinese Pulsar Timing Array，CPTA）团队、"太极"与"天琴"项目团队］，并加强不同团队之间的合作；另一方面，建议适时开展下一代望远镜（下一代空间 CMB 望远镜、SKA 等）和引力波探测器（第二代空间、第三代地面、基于原子干涉和原子钟的引力波探测器等）的理论与技术预研。

4. 基于标准烛光（汽笛）的宇宙学参数限制

根据目前学科发展以及国际趋势，建议优先开展宇宙学距离阶梯系统误差理论以及相关观测研究，具体包括：河内造父变星视差距离测定及其系统误差研究，银河系在局部宇宙环境中的本动运动研究，Ia 型超新星固有光度与宿主星系性质之间的依赖关系研究。这有助于进一步确定宇宙加速膨胀的事实，以及宇宙哈勃常数相关困难的解决。因此，建议利用国内天文观测设备，发展高效搜寻致密天体引力波源及其电磁对应体的方法，特别是有效结合引力波和多波段电磁对应体的联合观测。基于引力波"标准汽笛"的观测开展宇宙学参数的精确测量，并挖掘新的多信使宇宙学探针。

5. CMB 次级各向异性效应

建议开展 CMB 的 ISW 效应、热 SZ 效应、运动学 SZ 效应和大尺度图像与光谱巡天数据交叉关联，包括与星系、星系团、巨洞、纤维、宇宙切变等的互关联研究。同时，加强 CMB 透镜的重构技术、CMB 透镜的扣除技术、CMB 透镜与大尺度巡天项目数据的交叉关联等相关研究。结合下一代 CMB 和大尺度结构巡天相关的原初非高斯性的测量技术，开展预言原初非高斯性的早期宇宙模型构造及其可检验性等多方面研究。发展从 CMB 数据中提取再电离信息的方法，结合星系和原子氢 21 cm 发射的观测，研究电离场的形态及其与电离源的关系，并适时推动开展我国高分辨率的地面和空间 CMB 探测项目。

二、宇宙大尺度结构

立足国际研究前沿，结合我国实际情况，拟优先支持暗物质和暗能量性质、中微子质量、星系成团性及星系团、引力透镜、中性氢巡天及大规模数值模拟研究。

1. 暗物质、暗能量性质

结合 DESI 等光学和 FAST 等中性氢巡天观测及大规模数值模拟，限制暗物质、暗能量及引力模型参数，全面研究暗物质、暗能量性质；发展新的统计方法在宇宙学尺度检验引力。借助第四代大型星系巡天，暗物质、暗能量及引力性质将在更高的精度上得到检验，这对于最终揭示暗物质、暗能量的物理本质具有重要意义。结合数值模拟，引力透镜巡天和中性氢巡天将互补性地对暗物质给出限制，包括暗物质的"冷""温"属性、暗物质粒子性质等。在暗能量及引力性质研究方面，第四代光谱巡天和引力透镜巡天高度互补：BAO 测量直接限制暗能量状态方程，RSD 限制引力在宇宙大尺度的性质，而结合透镜和光谱巡天，可以通过直接对比引力质量和惯性质量精确检验"等效原理"，从而在小尺度上检验引力性质。此外，发展闵可夫斯基泛函、机器学习等新的统计方法检验引力。

2. 中微子质量

利用大尺度结构巡天观测，精确测定中微子质量，确定中微子质量序。中微子是连接核物理、粒子物理、天体物理和宇宙学的重要纽带之一，而中微子的质量问题是近年来国际研究的热点。中微子几乎影响到早期宇宙的各个方面，来自宇宙学的这一观测约束与中微子振荡实验的结果形成了很好的互补。目前对中微子总质量的最精确测量来自宇宙大尺度结构巡天。随着DESI、CSST 等深场、高密度的新一代大型星系巡天的开展，中微子质量及其有效代数将被精确测量，其质量序将有可能被确定，是大亚湾、江门等地面粒子物理实验的一个重要补充，同时也能够与其他实验进行相互验证，从而最终确定中微子的各种物理性质。

3. 星系成团性及星系团

依托多波段巡天，分析星系成团性，测量层析 BAO、RSD 信号；建立、分析高红移星系团样本，提取宇宙学信息。随着 DESI、CSST 等国内外大型光谱巡天即将陆续运行，星系成团性及星系团研究将步入黄金时代。在星系成团性研究方面，须针对第四代巡天的高红移、多源等特点，开发专门的数据处理工具（如主成分分析、红移加权、人工智能方法等）及理论模型（如非线性 RSD 模型、暗晕模型等），以分别降低观测及理论系统误差的影响，再高精度通过 BAO 和 RSD 重建宇宙的背景膨胀及结构增长历史。在星系团方面，须建立从原始图像数据到星系团样本探测再到星系团宇宙学观测和宇宙学模型限制的高质量分析管道；发挥我国科学家在星系团密度轮廓演化和红移畸变领域的理论优势，通过图像巡天和光谱巡天的互补，最大化地提取宇宙学信息；积极寻求国际合作，尤其是与国际上 X 射线和 SZ 项目的协同观测，以弥补在非光学波段和高红移星系团方面的不足。预计在 LSST、CSST、MUST 和 SKA 的配合下，将在 1 万平方度的天区内，认证超过 20 万个 $z>2$ 的星系团及原初星系团，推动从宇宙学、大尺度结构形成到星系与星系际介质的跨越发展。

4. 引力透镜

依托测光巡天，发展并完善图像处理管线，结合强、弱引力透镜的物理机制，开展全面宇宙学应用研究。作为研究暗物质、暗能量的关键探针之一，引力透镜研究将是未来15年内的重点方向。未来巡天以高精度宇宙学研究为驱动，为此，弱引力透镜剪切信号测量须达到约0.002的精度，这极具挑战性。同时，测光红移测量和校准在弱引力透镜研究中也至关重要。相比当前的观测，未来巡天统计误差将大幅降低，因此系统误差将成为宇宙学研究发展的瓶颈。深入理解、控制系统误差已成为国际上弱引力透镜领域最重要的前沿问题，这也是需要大量科学投入的重点方向。此外，将建立多种统计分析方法（剪切相关、峰值统计、空穴低密度区统计）开展弱引力透镜宇宙学研究，以及多波段、多信使的强引力透镜研究，并利用时域观测，发现并长期监测大量的透镜化类星体、新星、超新星、千新星、伽马暴、快速射电暴、引力波。面对下一代海量巡天数据，开展深度学习等人工智能技术在透镜搜索、建模等方向的应用。结合国内外大型精测望远镜开展后随观测，并发展相应的高精度建模手段，开展高精度图像模拟和数值模拟研究。

5. 中性氢巡天

利用我国在FAST、"天籁"、21CMA等21 cm巡天设备方面的优势，集中开展中性氢数据处理攻关，力争在国际上率先实现中性氢巡天的宇宙学应用。目前，氢21 cm谱线的研究持续取得进步，一些实验的灵敏度已逐步逼近中性氢信号的理论预期值。未来5～10年，很可能取得中性氢观测的巨大突破，使之成为继宇宙微波背景辐射、大尺度结构、超新星、引力透镜和引力波之后的又一宇宙学重要探针，这对我国来说是巨大的机遇。我国在这一领域有21CMA、"天籁"等前期实验的研究基础，并拥有FAST和SKA等重要观测资源，具有一定的国际竞争力，应尽早从实验和数据处理方法等方面综合布局。对现有设备的升级改造给予持续稳定的支持，并根据国内外的研究进展，部署扩大规模的实验，以及针对研究机遇开展新的实验，使我国在21 cm观测领域保持国际先进水平。积极支持21 cm数据处理分析研究，包括开发新的校准、成像、前景识别与减除、统计量分析的方法；研制和改进数据处理管线；对中性氢的分布和演化进行研究，开展 21 cm 观测端到端模拟；对 21CMA、"天籁"、FAST 等国内设备以及国外相关实验的实际数据进行处理分析；提升我国在这方面的研究水平，培养人才。SKA 是当前最大的国际射电望远镜项目，预计于 21 世纪 20 年代中期完成第一期建设，中性氢观测也是其主要科学目标之一。应积极支持国内学者参与 SKA 相关研究，为 SKA 的数据处理做好准备。

6. 大规模数值模拟

开展超大规模的 N 体模拟，为大尺度结构巡天建立模拟星表；发展并完善流体动力学模拟技术，深入研究宇宙结构形成与演化。数值模拟是实测巡天数据分析及理论研究的基础和保障。为此，拟发展基于异构的 N 体模拟程序和即时（on-the-fly）数据处理；建立超大规模 N 体数值模拟，并基于模拟数据，发展星系形成模型（半解析、暗晕占有数、条件光度函数）和光线跟踪技术，构造不同种类星系的星表、弱引力透镜成图和强引力透镜成图等；发展重构数值模拟方法，提高精度，并借助流体重构数值模拟预言多波段星系观测特性，与观测从事比对研究；发展不同宇宙学模型、暗物质模型、修正引力模型模拟；发展、完善流体模拟方法，以及构建统一的模拟数据共享、发布平台。

三、星系的结构、形成与演化

1. 宇宙再电离和第一代星系

过去 10 多年，国际上在该领域取得了瞩目的成绩，但最根本的一些问题还没有突破性进展，如宇宙再电离从何时开始、具体过程如何、到底是何种天体发挥了主导作用、早期星系形成和宇宙再电离是怎样相互作用的，等等。未来该领域的发展将依赖空间深度多色巡天［如 CSST、SPHEREx、Euclid、WFIRST］、地面深度光谱巡天［如 Subaru PFS 和 VLT 多目标光学与近红外光谱仪（Multi-Object Optical and Near-Infrared Spectrograph，MOONS）及 LOT］、下一代的地面甚大光学红外望远镜［如巨型麦哲伦望远镜（Giant Magellan Telescope，GMT）、TMT、欧洲极大望远镜（European Extremely

Large Telescope，E-ELT）]和JWST、下一代SKA来获得突破性成果。

将于2024年左右发射的CSST（主镜口径2 m），计划开展不同深度和广度的多色测光与无缝光谱巡天，包括主巡天17 500平方度大天区、400平方度深场、10+10平方度的极深场、多通道成像仪（multi-channel imager，MCI）的0.1平方度超深场，将建立世界上最大的高红移星系样本。此超大高红移星系样本可以精确测定、统计和描绘宇宙早期产星星系的多方面特性与宇宙学演化图像，研究其大尺度结构和演化，并为研究宇宙再电离这一领域提供强有力的工具。

国际上，SPHEREx（主镜口径0.3 m）、Euclid（主镜口径1.2 m）和WFIRST（主镜口径2.4 m）则是未来5年将发射的空间近红外望远镜，将对大天区进行无缝光谱巡天观测，预计将发现大批宇宙再电离时期的类星体、星系和活动星系核样本，为研究宇宙再电离提供大量的样本。此外，未来5年，现有地面大望远镜将开展深度光谱巡天，如Subaru PFS和VLT MOONS，将深入研究宇宙再电离处星系的物理性质，特别是搜寻第一代星系和第一代黑洞的特征。中国计划建造的LOT也将在这一领域开展相关研究。另外，下一代地面甚大望远镜（主镜约30 m级）GMT、TMT、E-ELT和JWST（6.5 m红外望远镜），因具有强大的聚光能力，将有望首次直接观测到宇宙再电离处第一代星系甚至第一代星族，将此领域推上新的高度。最后，结合下一代SKA的氢21 cm辐射和高红移星系样本的搜寻与研究，能更直接地刻画宇宙再电离历史及其细节拓扑结构，帮助理解宇宙再电离过程的细节。

2. 中高红移星系

过去10多年，中高红移星系的研究取得了突破性成果，在新发现的基础上逐渐又认识到更多的基本问题亟待解决。未来该领域的发展将依赖下一代大型望远镜，其中包括空间红外望远镜阿塔卡玛大口径亚毫米波望远镜（JWST、WFIRST）、下一代地面红外光学望远镜（ELT、GMT、TMT）、下一代射电干涉阵（SKA、ngVLA）、下一代大型地面亚毫米波望远镜（Atacama Large Aperture Submillimeter Telescope，AtLAST）等。LSST即将开始至少10年的超大视场全天光学测光巡天，CSST也将对超大天区进行覆盖，对它们新发现的源进行红移证认和谱线巡测必然是未来5～15年内中高红移星系研究的热点。此外，在（亚）毫米波波段，采用新的超大带宽、多波束干涉等技术（如低噪声放大器、相位阵馈源）将极大地增加现有观测能力，在不远的将来可以将现有观测能力（灵敏度、视场）进行量级的提升。基于这些新设备、新技术的发展，未来 5～15 年内高红移星系的研究有望在以下领域取得突破。①星系的性质统计分布和标度规律随红移的演化。普查中高红移宇宙中星系在宇宙网络中的分布、质量和光度函数，精确测定星系的形态结构、恒星形成、气体和尘埃特性、化学丰度、运动学特征等；从射电到 X 射线全波段的观测探测星系中不同物理过程；通过空间解析的观测，研究星系结构和运动学特性；通过 HI 吸收、莱曼 α 发射、阻尼莱曼 α 系统等探测星系中星际介质和星系周介质中的气体，通过光学红外波段精测光谱诊断恒星和气体的物理化学状态与特征参数。②星系重子物质循环和化学演化。随着灵敏度的提高，未来将实现对星系物质内流的直接探测，星系外流方面将通过理论和观测的结合进一步精确测定质量。随着观测能力的提高，星系中恒星的化学组成、金属丰度分布，以及气体中 C、N、O 元素及其同位素的演化，也将逐渐成为下一代研究的热点。③中高红移的星系气体、尘埃。系统性研究中高红移星系的分子气体是下一代大型（亚）毫米波望远镜的长期目标。一方面，通过分子和原子谱线可以较为经济地证认准确的光谱红移；另一方面，分子和原子谱线的激发、化学特性、运动学等可以提供星系中被遮挡嵌埋的星际介质和恒星形成的特性。④星系结构、暗物质晕。随着大型望远镜的建成，中高红移处星系的结构（团块化、平滑、旋臂的产生和消失，星系的核球、盘、晕等的形成等）将是研究的热点。星系结构生长的不同模型如"自内向外"和"自外向内"，星系内部主要动力学结构（如棒和旋臂）的产生和演化，将通过测量自转曲线（Genzel et al.，2017）和强引力透镜探测暗物质分布等获得重要进展。⑤不同环境中星系形成和演化。在极端的宇宙环境（如星系团和空洞）中，驱动星系演化的一些物理机制和过程会被放大而更容易观测研究。红移 2 到 3 时期是大质量星系形成、黑洞吸积增长最剧烈、近邻星系核球形成的时期，也是大尺度结构形成的关键时期。对这一时期宇宙开展类似于近邻宇宙的 SDSS 等大规模光谱和多波段巡天，能够直接观测星系如何形成，研究相关的物理过程，以及星系与大尺度结构形成关联的关键观测约束。

3. 低红移和近邻星系

未来5~15年，对近邻星系的研究将会在多个方面进一步深入。星系中的恒星形成活动和气体之间如何相互作用、相互影响？决定恒星形成定律的具体物理机制是什么？对这些问题的回答需要对星系中的（冷）星际介质进行更深入、更细致的观测。以南半球的 ALMA、北半球的 NOEMA 为代表的（亚）毫米波阵列望远镜将继续是研究近邻星系中冷星际介质成分的主要观测设备。国内多个研究机构正在积极参与 NOEMA 的建设和运行。环境因素如何影响星系的气体性质及恒星形成活动？哪些是主导的环境因素？研究这一问题的一个重要手段是原子氢气体 21 cm 谱线。原子氢气体在星系中具有比恒星和冷气体成分更加延展的空间分布，因而对环境因素更加敏感。卡尔·G. 扬斯基甚大阵（Karl G. Jansky Very Large Array，JVLA）、SKA 及其先导望远镜项目（如 ASKAP、MeerKAT）、中国的 FAST 等干涉阵列或单镜将是研究星系中中性原子氢气体的主要设备。星系相互作用对星系演化的影响究竟有多重要？全面回答这一问题需要对星系获得三维成像光谱以及在更大视场上的深度光学或近红外成像进行观测。VLT 及下一代甚大光学红外望远镜（TMT、E-ELT 和 GMT）提供的三维成像光谱数据（尤其对低质量星系）能够从动力学和星族性质两个角度限定星系相互作用的影响，而来自斯巴鲁、LSST 和 WFST 等地基大视场望远镜的深场成像数据可以用来系统搜寻星系潮汐作用的遗迹。此外，即将发射的 CSST 以及国际上的空间光学红外望远镜项目（SPHEREx、Euclid 和 WFIRST）将获得几乎覆盖全天的高空间分辨率成像数据，这些数据将对近邻星系的中心结构及星团普查等方面的研究产生重要影响。

搭载在 CSST 上的 IFU 光谱仪也将开展空间的积分视场光谱仪观测，其超高的空间分辨率和全光学波段的覆盖能力，可以帮助研究星系中心区域的动力学性质和高红移星系的气体动力学。搭载在云南丽江 2.4 m 望远镜的 CHILI 积分视场光谱仪未来投入正常运行后，可以其大视场优势，对盘星系内区及外围做长时间曝光，观测低面亮度区域的恒星运动学规律，可以对星系内暗物质分布进行测量。特别是，这些我国自主研发的设备可以针对星系动力学的一些重点难点课题做些自己主导的可能有突破性的尝试。

目前国际上通用的星系化学演化模型多以 20 世纪 70 年代开始构建的代码为基础，但已经开始使用新型编程语言并逐渐走向全面开源化，在未来 5~15 年必然成为行业规范。在多信使天文学新时代，针对当前星系领域的关键科学问题，特别是如何利用星系化学元素更准确地探索星系形成和演化的物理机制，未来星系化学演化模型需要更大程度上依赖新的三维非局部热动平衡（non-local thermodynamic equilibrium，NLTE）恒星大气模型；采用细致的尘埃形成和演化模型；考虑星系并合影响；采用随时间环境变化的恒星初始质量函数；结合星系流体动力学模拟考虑三维空间的非均匀混合。最后，预期能够在高分辨率宇宙学流体动力学模拟的框架下加入星系化学演化模型，对各种类型的星系演化进行综合全面的模拟。伴随着未来大数据时代的到来，还需要进一步探索新型的星系金属丰度、元素丰度数据拟合方式。

随着海量观测数据的出现，未来研究的重要方向之一是如何同时考虑恒星化学丰度、年龄分布和运动学信息，构建星系的化学动力学模型，其中机器学习等人工智能方法能否在此类化学动力学建模方面有所突破也是一个值得研究的问题。

四、黑洞和活动星系核

1. 黑洞基本参数测量

在黑洞质量测量方面，须发展大规模和高保真的反响映射观测，提高黑洞质量测量精度并获得更大更完备的观测样本，并基于此开展黑洞质量估计的统计关系与各波段不同观测量之间关系的系统研究，建立新的高精度统计关系，测量各红移段黑洞质量函数，研究超大质量黑洞演化历史。我国主导的科学卫星——增强型 X 射线时变与偏振空间天文台（enhanced X-ray Timing and Polarimetry Mission，eXTP）的主要科学目标之一就是利用 Fe K_a 线进行大质量黑洞的高精度自旋测量。为实现 eXTP 等下一代 X 射线望远镜自旋测量目标，需要开展自旋相关的诸如 Fe K_a 反响映射方法等的理论和数据分析先导研究。目前，国际上已启动 ngEHT 项目，并规划空间亚毫米波 VLBI 阵列，以实现对黑洞的快速动态成像。我国学者需要积极推动东亚地区（亚）

毫米波 VLBI 合作，并筹划我国自主的（亚）毫米波 VLBI 台站参与下一代亚毫米波 VLBI 国际合作。另外，也需要推动广义相对论框架下黑洞吸积的动力学、辐射等的理论研究，为利用 EHT 和甚大望远镜干涉仪上的 GRAITY 仪器（VLTI-GRAITY）的高精度数据深入研究黑洞、迎接可能的重大科学突破做好准备。

2. 黑洞吸积与活动星系核

在风的理论研究方面，需要推动利用数值模拟方法，综合考虑磁场、线力等机制研究标准薄盘与细盘风的产生机制、风的主要物理量及其吸积率等参数的变化。在观测方面，应着眼于促进对大口径望远镜配合高分辨率光谱设备、紫外波段的空间光谱设备、高分辨率的红外/毫米波和射电设备等资源的获取，同时鼓励对新视角、新方法的寻找和运用（如当前光变类星体的大量发现，已经为大样本统计分析宽吸收线类星体外流的尺度、质量流、动量和能量等属性提供了新信息），从而使多角度的认知互为补充，以期获得对活动星系中外流活动的全面认识。在喷流方面，依托 LHAASO，并考虑建立起和国际大气切伦科夫望远镜［如切伦科夫望远镜阵（Cherenkov Telescope Array，CTA)］等项目的合作，实现对耀变体研究的优势互补，充分发挥 LHAASO 国际先进水平巡天探测能力。

3. TDE 和 AGN 光变的观测与理论研究

未来 10 年内，我国将拥有一批多波段巡天或监测设备，与 12 m 光学/红外望远镜和 FAST 联合起来，国内可以对 AGN 与 TDE 进行多波段同时或准同时观测。随着时域数据的积累，观测样本、观测波段、时间采样、光变时标等覆盖显著提升，大样本统计分析和不同时标、波段、类型的对比关联研究成为可能，有望获得崭新的观测线索，进一步揭示超大质量黑洞的吸积过程，取得爆发性突破。建议把 AGN 和 TDE 的多波段、不同时标光变的观测与理论研究列入优先发展领域。

4. 大质量双黑洞系统

研究大质量双黑洞与星系的协同演化以及大质量双黑洞在演化过程中与周围环境的相互作用，预言大质量双黑洞的性质和分布以及相关的可观测现象；结合种子黑洞形成机制和协同演化模型，估计大质量双黑洞的并合率及性质，为引力波探测提供科学支撑。根据理论预言的大质量双黑洞可观测特性，考虑利用我国现有和正在建设的包括时域探测设备在内的望远镜开展大质量双黑洞的搜寻和证认观测。

5. 黑洞诞生与 AGN 演化

在黑洞诞生方面，寻找种子黑洞观测线索，甄别其形成机制，研究高红移类星体与再电离，搜寻矮星系中的小质量黑洞和中等质量黑洞。在 AGN 宇宙学演化方面，利用多波段数据构建完备的 AGN 质量、光度与密度函数并研究其演化，再现 AGN 的吸积、负载循环历史，并完整解析宇宙 X 射线背景辐射及其演化，刻画 AGN 的自旋、大尺度分布、成团性、与暗晕分布成协性及其演化，普查高度遮蔽与低光度 AGN 种群并研究其演化及其对黑洞整体吸积史的贡献。

构建超大质量黑洞和星系共同演化的完整图景，依赖于获得对黑洞质量和宿主星系恒星成分的精确测量；获得超大质量黑洞和星系质量增长的信息，即能够精确测量黑洞吸积率与宿主星系的恒星形成率这两个关键参数；获得 AGN 宿主星系气体成分的详细信息，包括原子气体、分子气体等，尤其是通过气体运动学特征测定寄主星系的动力学质量，并探讨 AGN 反馈活动的线索和机制。

AGN 宿主星系恒星成分的观测，要求望远镜具有极高的空间分辨能力。在未来的发展中，CSST 和 Euclid/WFIRST 以及 LSST 相结合将在这方面的研究中发挥关键的作用。在冷气体研究方面，FAST 结合 SKA 以及 SKA 的先导项目，将在 HI 的观测研究中起到核心作用。（亚）毫米波的观测是 AGN 宿主星系分子气体和恒星形成研究的关键。除了 ALMA 之外，中国期待通过 JCMT、QTT，以及将来可能投入建设的大口径亚毫米波望远镜等，在这一研究方向取得重要进展。此外，光学和中红外的谱线也是测量 AGN 宿主星系的恒星形成率的主要手段。CSST 的棱镜光谱可以测量［OII］3727Å 和［OIII］5007Å 两条光学波段典型谱线，而 JWST 将测量中红外波段的很多重要谱线，包括氖的精细结构谱线以及多环芳烃（polycyclic aromatic hydrocarbon，PAH）辐射等。

6. 黑洞与星系共同演化

在观测方面，注重研究星系中心超大质量黑洞和其宿主星系的协同演化，研究超大质量黑洞吸积导致的 AGN 反馈对宿主星系及环境性质的影响。利用从 X 射线到光学、红外、射电的多波段的观测数据，研究 AGN 反馈的过程、模式对星系的恒星形成率和处于不同状态的气体等星系性质的影响，包括反馈作用的尺度主要作用于星系的核心区域还是整个星系区域；反馈驱动的外流的几何形状是双锥的还是球面的；反馈驱动的外流主要是能量辐射还是动量的喷流或者风，以及外流的大小和速度是多少；反馈作用的模式是直接将气体排出星系还是阻止暗物质晕里的热气体冷却流入星系；反馈对星系的恒星形成率的影响是使其降低还是提高，是否会导致星系的最终死亡；反馈对 IGM 的热气体的温度、密度、熵、运动学状态等性质的影响等。

测量不同种类、不同性质和处于不同环境中的星系的黑洞质量、吸积率，与其宿主星系的性质，如星系中心的恒星的速度弥散、星系的恒星质量、恒星形成率、星系所处环境间的关系，以及这些关系随红移的演化。研究 AGN 反馈的过程、模式和 AGN 的性质，以及和宿主星系性质间的相互关系。研究 AGN 反馈对星系的影响，是否为黑洞与宿主星系共同演化的主要推动因素；或者黑洞与宿主星系的共同演化，是否由外部因素，如星系融合、星系所处的环境、星系形成的初始条件等所决定。同时，需要更加密切地和数值模拟的结果进行比较，用观测数据来检验和限制物理模型；使用数值模拟的预测，制订新的观测方案，帮助理解观测数据。

在理论研究方面，目前国际上绝大部分数值模拟研究都是宇宙学尺度的，由于分辨率低、采用的 AGN 反馈物理模型粗糙，很难给出对 AGN 反馈的具体物理过程有价值的信息。需要大力推动并发展星系尺度上 AGN 反馈对星系演化的大规模数值模拟研究，这将是解决 "AGN 反馈如何进行的" 这一重要问题的关键，同时该方向也是我国学者的优势领域。另一个重要方向是将研究得到的 AGN 反馈物理模型结合大尺度宇宙学模拟，改进目前宇宙学尺度星系演化模拟中的弱点，得到大样本的星系演化结果并与观测进行比较。在不同类型的星系中研究黑洞喷流、外流与星系周介质的相互作用物理过程。

第五节 资助机制与政策建议

（一）立足国内大型设备，开展原创研究

未来 15 年，FAST、CSST、MUST、LOT 等一批国内大型巡天将陆续开始运行。这为我国带来了巨大的机遇，同时也带来了巨大的挑战。我国在大型巡天数据处理方面的基础还相对薄弱，建议集中力量攻关，力争做出开创性重要成果。CSST 是未来 5～15 年我国最重要的空间天文项目之一，充分发挥其巡天能力开展前沿研究是我国在星系领域跻身国际前沿的重要机遇。建议在 CSST 发射之前加强资助，利用已有的地面和空间数据开展 CSST 科学的预研究工作，在 CSST 发射之后，加强有组织地利用 CSST 的数据开展前沿研究。

（二）积极推进国际合作，开展特色研究

随着科学技术的进步，大规模国际合作成为天文学发展的必然趋势。应鼓励深入、实质性的国际合作，特别是在 DESI、PFS 等大型国际合作组内开展有特色的研究。同时还包括利用已有的和建设中的 ALMA、JWST、LSST、eROSITA、Euclid、CSST、WFIRST、SKA 等国际设备开展相关研究，参与国际空间深度多色巡天、地面深度光谱巡天，以及下一代地面和空间光学红外望远镜、下一代射电望远镜巡天项目；资助参与或建造国际一流的亚毫米波干涉阵列，填补国内空白；通过国际合作培养高水平的科学和技术研究队伍。

（三）鼓励数值模拟、理论建模等基础研究

数值模拟和理论建模是为星系宇宙学服务的基础研究，至关重要，应加大投入，以巩固基础，推动长足发展。数值天体物理已成为天文学的一个新兴学科，国际上已成立了专门的研究所。建议加大对开展基于大数据的能力

建设和科学研究的资助。在原创代码方面，建立具有中国特色的星系化学演化模型代码库、星系的化学动力学模型、有自主特色的大规模数值模拟代码并能适用于国内建造的超算设备。在数据库方面，建立能互相移植或读取方便的大规模数值模拟数据库，提供天文学界相应的读写、分析接口，并建立友好的数据对外发布、下载界面，等等。围绕这些数值模拟，加强支持相关的科学研究和技术支撑服务。

（四）加强设备创新研究

在国内设备建设方面，建议及早资助 LOT（12 m）的终端仪器研制，提升国内观测能力；资助建设 2～3 台 4～6 m 级光学红外望远镜，开展有重要科学机遇的天体观测研究，以及有特色的大规模巡天；资助地面及空间设备 / 终端研制和科学研究；资助基于自主设备参加大规模图像巡天（如 WFIRST）和光谱精测巡天。在 2030 年左右推动 TMOST 的国家发展和改革委员会立项与研制，以推动与光谱巡天相关的星系宇宙学、恒星与银河系等研究的发展。

第三章

恒星、银河系及星际介质

第一节　科学意义与战略价值

恒星是宇宙中最常见的天体，其形成、演化、灾变爆发过程及对应的致密天体性质研究是当今天文学的核心问题。恒星是星系及宇宙的基本组成单元，在天文学研究中起着"承上启下"的纽带作用；它们也是星系和宇宙化学元素演化的"炼金炉"，以及行星和生命系统形成的摇篮。

星际介质是形成恒星的物质原料，其与电磁辐射的相互作用直接影响天体的亮度和距离测量。星际物质如何由不发"光"的弥散形态演变为发"光"恒星的形态是天体物理的核心问题。对恒星形成的物理机制的了解有助于理解太阳系的起源、恒星周围行星盘的形成和演化及其中行星的生长和演化等过程。对星际分子的探测有助于探索生命的起源。

恒星诞生后的演变由恒星的结构与演化理论进行刻画，这一理论是当代天体物理学的两大基石之一。不同初始质量的恒星演化结局差异显著。双星相互作用是影响恒星演化的一个重要因素，有助于解开恒星演化的诸多谜团。双星演化还形成了一些重要天体（如 Ia 型超新星、恒星级双黑洞等），其与宇宙学及引力波天文学的研究密切关联。星团是检验恒星演化理论的重要场所，基于星团观测性质发展起来的星族合成技术被广泛用于银河系及河外星系的形成与演化历史的研究中。

一些恒星在演化过程中其光度会发生不同程度的变化。这些变化通常伴随着如脉动、磁活动、相互作用与吸积爆发等特定物理过程，是透彻理解恒星形成、结构和演化的重要诊断依据（Eyer et al., 2012）。一些经典脉动变星（如造父变星），其脉动周期和光度之间的关系是开展近邻星系测距的主要依据，是构建宇宙距离阶梯不可缺失的一环（Riess et al., 2009）。

恒星演化末期会形成白矮星、中子星和黑洞等致密天体。白矮星是绝大多数中小质量恒星演化的归宿，白矮星双星通常被用来检验双星演化理论。中子星/脉冲星和恒星级黑洞由大质量恒星演化形成，是研究极端条件下物理规律的天然实验室。脉冲星在引力波探测、时间标准及导航等工程学上有重要应用。X射线双星是人们认识黑洞和中子星性质的主要对象，也是研究吸积和喷流等高能天体物理过程的重要场所。短周期双致密星系统是当前地面高频引力波与未来空间低频引力波探测的重要目标源。

一些恒星晚期演化伴随着超新星爆发现象，这类现象的观测研究为验证恒星形成规律、演化理论及探索极端物理过程提供了绝佳机会。Ia型超新星仍是直接测量宇宙膨胀历史及暗能量性质的最重要探针。伽马射线暴（长暴）是伴随大质量恒星爆发死亡的另一类高能现象，它们与特定类型的超新星爆发同源。伽马射线暴（短暴）也可发生于双中子星并合过程，是并合引力波事件最重要的电磁对应体。超新星爆发的残骸演化成为超新星遗迹，它是宇宙物质循环的具体体现，是调控星系化学演化和动力学状态的重要角色。超新星遗迹也被认为是形成高能宇宙线粒子的主要场所。

银河系是连接单个恒星演化和宇宙学整体演化的桥梁，也是目前唯一可利用从各类恒星的完整分布来研究其形成历史的盘星系。银河系核球、棒、银盘、旋臂和晕等形成于其演化的不同阶段；不同年龄星族所体现出的空间分布与运动特性，反映其恒星形成与结构成长的过程。阐释银河系的集成历史，理解其结构和演化，对完善星系形成理论和确定宇宙学模型有着重要意义。

第二节　发展规律与研究特点

作为 20 世纪天文学的两大基础理论之一，恒星结构与演化理论是人类认识研究银河系以及深入了解宇宙演化的基础。21 世纪的第一个 10 年，随着一批重要的地面和空间天文观测设备投入使用，大样本高精度的恒星及相关天体的测光和光谱数据使恒星物理的研究进入了一个新的高潮，在相关领域均取得重要进展：①对恒星与行星系统的形成过程的认识逐渐加深；②通过星震学大批量窥探恒星内部结构，约束恒星演化的物理过程；③双星演化关键过程的研究取得阶段性进展；④对恒星晚期灾变爆发现象和物理过程的认识逐渐深入；⑤引力波天文打开了恒星致密天体形成和演化研究的新窗口；⑥能够描绘银河系的复杂结构，其演化历史得以逐步揭开。未来 10 年，恒星（含双星）的形成、演化及灾变爆发物理过程以及相关致密天体的研究仍将持续深入，诸多疑难问题需要进一步澄清。多波段大天区银河系巡天项目的开展，使银河系的结构、形成与演化研究成为热门研究领域，并持续处于天体物理学前沿。

一、星际介质及恒星形成

（一）星际介质

广袤的星际空间充满着由气体、尘埃、辐射场、磁场及宇宙线组成的星际介质。星际介质是恒星形成的主要物质来源，也是宇宙物质循环的载体。星际中性氢原子精细结构谱线（HI-21 cm）的探测是人类认识星际气体、探究宇宙物质演化的里程碑（Ewen and Purcell，1951）。对银河系自身旋臂结构及其他动力学过程的认识主要依赖 HI-21 cm 谱线成图观测。国际上，大天区中性氢巡天的代表是莱顿/温格鲁－阿根廷－波恩（Leiden/Dwingeloo-Argentina-Bonn，LAB）巡天，是迄今最好的、带有绝对定标的中性氢巡天。

中性氢巡天每隔10～20年会得到全面升级，具有更高空间分辨率、速度覆盖、动态范围和成图质量。不断升级的中性氢巡天揭示银河系中性气体具有丰富的结构，包括标高约为360 pc的气体盘以及与超新星爆炸有关的气泡等。

（二）中性气体

随着各种天文设备的发展，人们逐渐认识到除了中性气体以外，整个宇宙空间中的星际气体还以各种分子物质的形态存在，从而催生了一门新的天文学分支学科——天体化学。星际分子的探测和研究可在射电、红外和光学等波段进行。例如，光学观测发现了太阳系行星甲烷丰度随季节的变化；空间红外设备探测到了简单氢化物；红外波段光谱观测发现了来自脂肪族、芳香族的碳氢化合物和富勒烯等特征振动谱带；毫米/亚毫米望远镜探测到大量有机分子，促进了太阳系外有机物质的搜寻和化学研究（Herbst and van Dishoeck，2009）。各种分子谱线可用来研究宇宙不同尺度恒星形成的物理和化学特征。有些星际分子会产生极端非热辐射现象——天体脉泽，它是示踪小尺度、高密度极端天文环境的有效探针。

（三）分子云

分子云是银河系冷气体的主要存在形式。从分子云到恒星形成的研究分为宏观性质研究和微观性质研究：前者主要研究分子云的内部结构和演化，以及影响巨分子云恒星形成率的物理机制和规律，关注的是星际介质中与恒星形成直接相关的气体比例、分布、物理条件，以及这些因素如何影响星团乃至星系尺度上的恒星形成特性；后者主要研究单个恒星或双星、多星系统的形成，具体关注不同质量恒星如何获得物质增长、从气体到恒星的过程中角动量和磁通量如何耗散、原恒星吸积盘以及喷流和外向流的结构和演化等问题（McKee and Ostriker，2007）。自20世纪70年代以来，银河系分子云巡天从单波束、单谱线发展到多波束、多谱线，从分子谱线发展到尘埃连续谱，为人们认识分子云的基本性质提供了日趋清晰完整的图像，同时也为理解大样本恒星形成区以及恒星形成宏观性质提供了关键的观测基础。早期，恒星形成微观性质的研究主要基于年轻恒星天体的光学、近红外波段的观测及星周盘的能谱构建。近10～20年，随着一批毫米、亚毫米波干涉阵等设备建成运行（如ALMA），原行星盘的空间结构已经能够分辨，这极大细化了原行星盘的研究。同时，数值模拟逐渐成为研究恒星形成的重要手段。

（四）星际尘埃

星际尘埃是恒星和行星系统形成的基石、星际气体加热的源泉、星际分子形成的媒介，并通过对星光的吸收、散射以及红外辐射影响天体的视面貌。尘埃在微波的转动辐射，是影响对宇宙背景辐射进行精确测定与分析的关键因素（Draine，2003）。星际尘埃研究一直是天文观测、理论计算、实验模拟的综合，其研究涉及天文学、固体材料物理学、电磁散射理论、量子化学、有机光化学等多学科交叉。一方面，基于地面光学、近红外和空间紫外、红外的多波段观测，得到各种天体环境下的星际消光（即消光量随波长的分布）及星际尘埃属性；另一方面，基于电磁散射理论和固体材料的模型拟合、量子化学计算、尘埃类比物的实验室测量、尘埃形成与演化的实验室模拟，进一步定量分析与理解天文观测信息。大型测光巡天项目全景巡天望远镜和快速反应系统（Panoramic Survey Telescope and Rapid Response System，Pan-STARRS，光学）、2MASS（近红外）、广域红外线巡天探测卫星（Wide-field Infrared Survey Explorer，WISE）和 Spitzer（中红外）等与光谱项目LAMOST、阿帕奇点天文台星系演化实验（Apache Point Observatory Galactic Evolution Experiment，APOGEE）及视差巡天项目盖亚等的结合极大地推动了星际尘埃和星际消光的研究。

二、恒星结构与演化

恒星结构与演化理论是 20 世纪天文学的伟大成就，是指导人类认识恒星、银河系、河外星系甚至是整个宇宙演化的基础。经过近百年的发展，恒星结构与演化理论已经发展成为较完善的理论体系。观测上，刻画恒星光谱类型和恒星光度关系的赫罗图可以由恒星演化理论完美解释，成为研究恒星物理的重要工具。特别地，双星演化理论框架的建立解释了恒星世界的绝大部分谜团以及星系的一些辐射特性。尽管这样，恒星（尤其是大质量恒星）的转动、磁场、对流以及双星演化依然是恒星物理研究中比较突出的问题（Ekström et al.，2012），需要通过理论模型和大样本数据的结合继续深入解决。

21世纪，两方面的原因使得恒星物理研究再次回到天体物理学的最前沿，并扮演着极其重要的角色。第一，国际上一批大型地面和空间观测设备如SDSS/APOGEE、视向速度探测卫星（Radial Velocity Experiment，RAVE）、LAMOST、Kepler、Gaia、凌日外行星勘测者卫星（Transiting Exoplanet Survey Satellite，TESS）等的成功运行，提供了数以千万计恒星的基本参数（有效温度、表面重力、视向速度、元素丰度）和数十亿颗恒星的高精度位置、距离、自行等信息，为恒星物理领域许多重要科学问题的研究带来了巨大的机遇。第二，Ia型超新星测距发现宇宙加速膨胀、恒星级双黑洞并合和双中子星并合产生的引力波信号被成功捕获。这两个在天文学和物理学领域均具有划时代意义的事件，吸引了国际上大量科研人员投身于双星演化、大质量恒星演化、超新星爆发等恒星物理学这一经典领域的研究中。

在这一背景下，当前该领域的研究重点包括：①大样本恒星基本物理参数的精确测定；②通过星震学探测不同质量、不同演化阶段恒星的内部结构特征，精确确定恒星参数和年龄；③利用更精确的恒星演化模型解释观测到的诸多特殊现象；④探索不同质量，尤其是大质量恒星的演化图景；⑤精细刻画双星演化的基本物理过程，建立重要天体（Ia型超新星前身星、X射线双星、双白矮星、恒星级双黑洞、双中子星、黑洞-中子星双星等）的形成模型；⑥理论和观测相结合，研究恒星星族的整体特征。这六个重点研究方向有较大程度的交叉和相互渗透。通过包括星震学、光谱分析在内的多种观测和分析手段，对海量恒星的年龄、质量、自转、元素丰度、同位素丰度或比例等参数进行精准测定是其他科学问题研究的基础和重要保证。星震学得到的恒星结构通常被用来约束恒星演化模型，大质量恒星演化图景又与恒星级双黑洞、双中子星等致密双星的形成密切相关。

三、变星、双星、星团和星族

（一）变星

恒星光度在不同时间尺度上会发生不同程度的变化，这种变化通常与恒星演化中出现的脉动、磁活动、吸积等特定物理过程有关，是透彻理解恒星形成、结构和演化的重要实验室（Eyer et al.，2012）。在银河系和近邻星系发现的变星主要包括脉动变星、（超）新星、耀星、激变变星、磁活动星、金牛座 T 型星、特殊化学丰度星等。早期受研究基础和仪器设备的限制，该领域的工作以发现新样本和研究经典变星［脉动变星、（超）新星、耀星等］为主。随着天文技术的迅速发展，现代的变星研究朝更深刻、更细致的方向发展，揭示在复杂变星（磁活动星、金牛座 T 型星、化学特殊星、激变变星等）上发生的一些特殊且重要的物理过程。

早期的变星观测研究主要集中在光学波段，探测手段仅限于地面的光度测量和低色散分光，分析方法相对简单。现代的变星研究已经覆盖了全电磁波段（X 射线、紫外、光学、红外、射电波段等），探测手段也日趋完善，如光学/红外高色散（偏振）分光、射电综合孔径、X 射线分光、偏振测光等。同时，研究方法也有了很大进步，包括光变曲线分析/反演、光谱综合、（塞曼）多普勒成像、X 射线和射电成谱成图等。近年来，各种地面和空间的巡天项目也促进了变星研究的发展，对变星做了一定程度上的普查。它们所释放的数据可以用来探索变星的大样本统计规律。

（二）双星

从观测角度来讲，有些双星也属于变星的一种。人们对双星类型的划分往往是唯象和物理相混合的，种类繁多，难以完备。双星的发现和轨道参数的确定，非常依赖时序测光或光谱观测，周期较长的双星监测成本非常高昂。一些关键双星演化阶段时标很短，观测非常困难。近年来，随着时域天文学的兴起，一批时域测光和光谱巡天项目（如我国的 LAMOST 光谱巡天、TESS、Kepler 测光巡天等）大大提高了双星观测的效率，提供了大量不同类型双星精确的时域数据，有力推动了双星观测研究的快速发展，并逐渐成为实测天文领域的前沿热点方向。

（三）星团和星族

星团是恒星的基本形成单元，几乎所有的恒星都在成团的环境中产生。作为检验恒星结构与演化理论的天然实验室，星团的研究极大地推动了恒星理论的发展。基于星团的研究，人们发展了星族合成技术，广泛用于研究银河系以及河外星系的形成与演化历史。人们最初认为星团中的恒星是接近同年龄、同化学组成的单星族，同一个星团中的恒星在诞生之初只有质量上的差别。近半个世纪以来，尤其在 20 世纪 90 年代哈勃空间望远镜发射入轨以后，人们发现，某些星团中的恒星可能既具有不同的年龄性，又拥有不同的化学组成，即星团可以具有多星族。多星族的发现极大地挑战了传统的恒星形成与演化理论，也动摇了基于传统单星族理论的星族合成技术所发展起来的星系演化的研究基础，是近几十年来星团及星族领域研究的前沿问题。星团和星族研究的一大特点是其分析基本建立在大量恒星样本的基础上。由于星团环境是密集星场，并且星族的化学成分需要高分辨率光谱分析来获得，因此对星团的研究依赖高空间光谱分辨率的观测。然而，以上两个条件往往难以同时满足（即在密集星场中很难同时获得大量恒星的高分辨率光谱）。在理论方面，对星团的研究主要基于数值模拟来复原星团的观测特征。

四、致密天体和高能过程

不同质量的恒星在演化后期会形成各种致密天体，它们的性质对进一步理解恒星末态演化的物理过程至关重要。中小质量恒星在抛射掉外壳层物质后会形成不同质量及化学组成的白矮星，如氦白矮星、碳氧白矮星甚至是氧氖镁白矮星。大质量恒星晚期经历铁核坍缩会形成中子星（观测上常常表现为脉冲星）或者黑洞，包含致密天体的密近双星往往伴随着高能辐射过程，这是深入理解致密天体吸积或并合机制、质量增长及演化的主要渠道。白矮星吸积伴星的物质可能形成热核超新星爆发、新星、激变变星及超软 X 射线源（Warner，2003）。致密天体及高能过程的研究可覆盖从射电到高能伽马射线的全电磁波段，受空间高能探测器的性能（包括灵敏度、空间分辨率、时间分辨率和能谱分辨率等）影响比较大。新一代高能探测技术的发展往往能够极大地推动该领域的发展，引起认识上的变革。

（一）X 射线双星

包含一颗吸积中子星或黑洞的密近双星系统通常表现为 X 射线双星，其高能辐射和爆发现象是研究中子星、黑洞性质以及吸积和喷流等高能天体物理过程的重要观测途径。自 20 世纪 90 年代以来，一批高性能空间望远镜［如 ROSAT、康普顿伽马射线天文台（Compton Gamma-ray Observatory，CGRO）、贝波 X 射线天文卫星（Satellite per Astronomia X，BeppoSAX）、罗西 X 射线计时探测器（Rossi X-ray Timing Explorer，RXTE）、Chandra、XMM-Newton、国际 γ 射线天体物理实验室（International Gamma Ray Astrophysics Laboratory，INTEGRAL）、Swift、Suzaku、全天 X 射电图像望远镜（Monitor of All Sky X-ray Image，MAXI）、Fermi、天文学卫星（Astronomy Satellite，ASTROSAT）、核光谱望远镜阵列（Nuclear Spectroscopic Telescope Array，NuSTAR）、中子星内部成分探测器（Neutron Star Interior Composition Explorer，NICER）等］的投入使用对 X 射线双星的研究产生了极大的推动作用。与此同时，多波段观测和时域观测也是研究 X 射线双星的重要手段。

（二）中子星

中子星内部的平均密度略高于饱和核物质密度，这种密度下的物质组成及状态至今成谜，它取决于基本的强相互作用特别是其低能非微扰行为。因此，中子星是检验强作用非微扰行为以及时空本质等基本物理规律的重要天体。中子星的特征是脉冲辐射，人们一般通过测量脉冲轮廓和到达时间这两种方法来对中子星进行研究。这些测量也为检验包括广义相对论在内的引力理论提供了依据，同时也协助人类打开了纳赫兹引力波的天文学研究窗口。原则上，脉冲星计时还可在进一步检验标量 – 张量理论（涉及引力常数的变化与引力波的偶极辐射）、等效原理以及洛伦兹对称性等方面发挥重要作用。

（三）黑洞

相比于中子星丰富的辐射信息，黑洞的辐射主要来自环绕其周围的吸积盘，并主要集中在 X 射线波段。相关观测始于 20 世纪 60 年代天鹅座 X-1 的发现，该发现得到了动力学方法的证实。利用多种观测方法发现黑洞并探测吸积盘的辐射性质，通过理论方法研究黑洞和吸积盘的结构，以及采用数值模拟研究吸积盘的辐射特征与演化，是当前研究黑洞的综合手段与有效途径。

（四）极短周期双致密星

这类致密双星系统包括恒星级双黑洞、双中子星、黑洞-中子星双星、双白矮星，它们是目前地面高频引力波探测和未来空间引力波探测的最重要目标源之一。自2015年人类首次实现引力波探测以来，尤其在2017年的GW 170817双中子星并合事件中首次探测到电磁辐射信号，致密天体的研究便进入了多信使新时代。一方面，电磁对应体观测有助于精确、独立地测定引力波事件的空间方位和发生时间；另一方面，由于引力波信号自身隐含着致密星并合前后质量、自旋和距离等信息，因而与电磁对应体的联合探测被认为是限制中子星物态方程的一种全新的有效手段。

（五）超新星

在恒星演化末期，伴随着中子星/黑洞形成或者白矮星瓦解的过程是剧烈的超新星爆发现象，辐射释放持续的时间从几周到几个月。超新星依据光谱观测特征一般分为Ia型、Ⅱ型和Ibc型等不同类型（Filippenko，1997）。其中，Ia型超新星在观测宇宙学中占有重要地位。目前人们对不同类型超新星的具体爆发机制、前身星性质及其宇宙演化的了解还非常有限，地面与空间的大视场多波段巡天是推动这一领域发展的有效手段。这些巡天（如ZTF）发现了一些新的超新星种类以及爆发辐射特征，改变了人们对恒星演化终点的认识。超新星发生率比较高，大样本统计也是揭示它们性质的一种重要研究手段。在理论方面，一些爆发模型的三维数值模拟可以重现超新星爆发的主要观测特征，但与精确限制各类超新星的爆发机制仍有很大距离。

（六）伽马射线暴

相比于超新星，伽马射线暴辐射持续的时间很短（如秒到分钟），但单位时间内释放的能量更高。依据辐射持续的时间分为长暴和短暴，前者与大质量恒星死亡有关，后者与中子星并合有关。由于其具有很强的时效性和机遇性，它们的观测一般以大视场伽马射线触发引导、快速响应的多波段后随观测为主要特点。目前，伽马射线暴的研究已经历了Compton、突发和瞬变源实验（Burst and Transient Source Experiment，BATSE）卫星、Swift、Fermi空间卫星的探测及几个不同的发展阶段。对它们多波段余辉辐射进行观测和理论模拟，可以确定其起源、种类、环境和主要物理过程（Zhang，2007）。当前短暴研究的最大特点是与引力波事件的成协性（如 GW 170817 事件）以及伴随发生的千新星辐射。由于千新星辐射被认为来自并合过程中产生的超重元素的衰变，因此它们也被认为是研究宇宙超重元素起源的重要对象。伽马射线暴的其他研究特点也可参见本书第六章第三节。

（七）超新星遗迹

超新星爆发后形成的残骸演化为超新星遗迹，它是由高能过程主导的星际展源，涉及高能星际天体物理多个基础问题。激波作用是各种过程的枢纽，引发热辐射与非热辐射，跨越整个电磁波谱窗口，需要高分辨率的频谱观测。受制于银道面严重消光，一般须通过射电、红外、X 射线、伽马射线波段对超新星遗迹的各辐射区进行成像和能谱观测，测定发射介质的粒子分布、温度、磁场、元素丰度等物理特性。超新星遗迹的研究过程一般较为精细、周期较长。

五、银河系结构、形成与演化

银河系是一个中间有棒状结构的旋涡星系，是太阳系和人类所在的母星系。银河系包含从中子星、白矮星到超巨星在内的数以千亿计的星体，分布在全天 4 万多平方度的天区。因此，全面了解银河系的整体结构、星族构成、动力学和化学性质，需要大样本星体的位置、光度和光谱信息。

近年来，随着多波段大天区银河系巡天项目的发展，人们对银河系的多维度精细研究成为可能，银河系研究是持续处于天体物理学前沿的研究领域。在光学和红外波段，数十亿颗恒星具有精确的位置、星等、颜色、距离和自行信息，其中数千万颗恒星具有高质量的光谱分类、视向速度和恒星大气参数（Bland-Hawthorn and Gerhard，2016）。在射电波段，中性氢、分子云、恒星及恒星形成区的分布和动力学等多个方面积累了覆盖太阳附近约 1/4 个银盘的观测数据（Han，2017）。海量高质量恒星数据以及运动学参数为银河系研究提供了前所未有的机遇，使得银河系的复杂结构得以描述。这些数据还有助于在星系尺度上将银河系与其他星系进行比较，驱动星系形成及演化理论的发展。

（一）银河系集成

对银河系整体性质的描述对理解银河系的形成和演化至关重要。观测数据描述了银河系的当前状态，但不能反映其内部恒星演化和星系演化包含的诸多复杂的历史动态过程。理论模型旨在重现银河系集成历史，其限制精度取决于银河系当前状态描述的细致程度。在观测上，需要通过多波段数据来精确确定银河系的各种参数，包括对银河系结构成分、动力学状态、化学演化产物等的精细测量。在光学波段，对银河系内恒星成员进行更大规模、更细致的普查，包括测光和光谱信息；在射电、紫外（ultra violet，UV）波段乃至 X 射线波段，对银河系晕内气体成分的状态和总量给出更好的限制；通过多波段手段对银河系核球区域做出更细致的观测限制；理论上，需要对银河系多相成分（包括磁场）的各个物理过程进行更好的物理建模，并限制原初条件（宇宙学模型）和边界条件（银河系周围环境、本地星系群乃至更大范围的环境），从而在星系尺度上检验宇宙学模型。

（二）核球和银盘

银河系的核球和银盘是银河系的重要组成部分。核球中最古老的恒星可能起源于早期气体坍缩过程且伴随着种子黑洞的形成。随后的气体吸积和恒星形成逐渐产生厚盘以及更年轻的薄盘。银盘含有丰富的气体和尘埃，为光学波段的观测带来了一定影响。在观测上，获得全天均匀分布或者覆盖范围尽可能广的恒星光谱样本尤为重要。为此，需要高精度天测卫星（如盖亚）提供距离参数，构建尽可能覆盖范围广、拥有完整相空间分布以及多种元素化学丰度的恒星样本；对核球区，利用高空间分辨率的望远镜（如中国空间站多功能光学设施）进行普查；理论上，通过核球和银盘恒星的运动特征建立自洽的动力学模型，探究核球和银盘长期演化的关联、银盘不稳定性背后的物理机制，重构银河系整体引力势及质量分布。

（三）银晕

银河系晕的研究有助于追溯银河系的吸积历史，是测量暗物质分布的关键。为了描绘恒星晕三维空间、速度与化学丰度分布，展现银河系多维空间的结构和子结构，在观测上，需要大视场深场巡天项目获得大样本晕星的多色测光或光谱，以及高精度天测卫星获得遥远晕星的位置和距离；理论上，需要利用这些恒星的参数，建立静态银河系引力势阱，结合动力学模型（如金斯模型）给出暗物质分布。更高精度的暗物质分布研究则需要借助数值模拟，这一手段可在宇宙学框架下理解银河系形成和暗物质分布以及银晕的特性。但目前的数值模拟精度有限，无法追踪单颗恒星的演化；未来模拟的规模须继续扩大，以解决气体和暗物质中更小的粒子质量，并最终分辨单个星团乃至恒星。

（四）银河系旋臂

通过中性氢、分子云、恒星及恒星形成区的分布和动力学特征，可以描绘银盘的旋臂结构。利用 VLBI 的相位参考测量技术测量太阳附近英仙座旋臂的距离，开创了银河系旋臂结构领域研究的新纪元。磁场普遍存在于行星、恒星、分子云、银河系旋臂乃至整个银盘、银晕。基于银道面偏振巡天和利用大射电望远镜对大量脉冲星、河外射电源的偏振观测，基本厘清了邻近半个银盘的大尺度磁场结构，首次揭示出银河系晕中的环向磁场结构。但是，在遥远银盘区域的观测数据依然匮乏，这妨碍了对银河系旋臂结构的准确测量，银河系大尺度磁场的测量也因观测数据覆盖范围有限而受阻。拓展观测手段从而获得高质量观测数据，是当前银河系旋臂和磁场领域的主要努力方向。

（五）银河系化学演化

恒星的化学丰度是唯一不随恒星位置分布和运动状态变化的参量，因而成为追溯银河系化学演化历史的极佳示踪体。观测上，通过获取大样本不同年龄恒星的高分辨率光谱，精确测定铁元素、α 元素和中子俘获元素等多种元素的丰度，并以铁作为宇宙演化的时钟，给出各元素相对铁的比率随金属丰度的变化趋势。它不仅展现了银河系各种物质的增丰过程，同时还揭示了元素何时、何地、以何种方式合成。理论上，通过建立合理的化学演化模型，与观测的各种元素丰度变化趋势进行对比，深入理解恒星形成率、元素核合成产率，以及超新星等不同类型的反馈机制对银河系化学演化的影响。银河系化学演化过程与动力学演化紧密相关，特别是与银晕的并合和银盘恒星的径向迁移等动力学过程交织在一起，汇成一幅既丰富多彩又复杂多变的银河系化学-动力学演化的壮丽图景（Ness et al.，2019）。

第三节　发展现状与发展态势

一、星际介质及恒星形成

　　相较于国际天文界的分工，国内中性气体的研究队伍规模较小。随着 FAST 的验收和运行，我国中性氢的观测和研究队伍正在快速成长。这一领域的研究主要包括中性氢气体的分布及其对恒星形成及星系结构演化的影响。目前的研究表明，中性氢的分布是内外物理因素共同作用的结果，内部因素包括气体内流、化学平衡、恒星和超新星反馈、磁场等，外部因素包括气体吸积、星系扰动等。银河系中性氢从内到外的面密度先是指数下降，再逐步趋于平缓。灵敏度和分辨率更高的大尺度巡天，有望测量更远处气体的动力学结构，寻找气体注入的来源，更好地测量银河系动力学质量和暗物质分布。此外，观测还发现银河系存在速度明显高于正常旋转速度的高速中性气体云，对银河系结构形成、金属丰度变化、恒星形成反馈、重子物质循环等问题的研究至关重要。更高灵敏度和高分辨率的巡天有助于区分它们的起源，如矮星系吸积、恒星形成过程、碰撞、超新星反馈以及大尺度气体注入等。

　　由银河画卷团队的 Su 等（2020）发表的论文可知，大江分子云位于天鹰座大裂谷区域，距离太阳系约 1300 光年。从形态上看，它犹如一条蜿蜒在宇宙空间中的长河，实际长度约 300 光年。

　　对银河系分子云最全面的了解来自哥伦比亚 - 智利 CO 谱线巡天（Dame et al.，2001）。Planck 尘埃连续谱巡天给出了新的全天分子气体分布，但缺乏气体运动学信息（Ade et al.，2014）。中国科学院紫金山天文台的银河画卷项目对北银道面分子云开展 CO 及其同位素三条谱线同时巡天，与国际同类巡天相比具有多维物理信息量、灵敏度高、采样均一性好等特点（图 3-1）；巡天自 2011 年至 2015 年已完成过半，并取得了一批重要成果，包括对银河系旋臂结构的新发现（Sun et al.，2015a）。

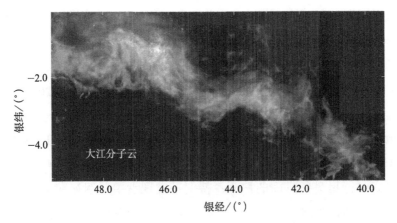

图 3-1　大江分子云（River Cloud）的 ^{12}CO 分子辐射图像

　　赫歇尔空间望远镜远红外巡天发现冷密分子气体普遍呈现出细长的纤维状形态（André et al.，2010）。有研究表明，纤维状分子云存在复杂的内部结构，并可能是分子气体到恒星转化过程中的重要一环。引力、磁场、湍动在分子云形成和演化中扮演着重要角色。早期的恒星形成标准理论认为，分子云在引力与磁场作用下缓慢演化，并最终达到恒星形成条件（Shu et al.，1987）。21 世纪初发展起来的新理论认为，湍动是分子云中致密结构产生并形成恒星的决定性因素（MacLow and Klessen，2004）。由于两种理论预示着截然不同的磁场结构，因此利用亚毫米波尘埃偏振测量分子云内部磁场结构成为近年来的一个前沿热点。从现有的观测结果来看，磁场起着不可忽视的作用（Li et al.，2017a），但真正解决磁场与湍流的争论有待于更广泛、更深入的研究。

　　依托亚毫米波阵列（submillimeter array，SMA）、ALMA 以及其他红外到射电波段设备的高分辨率观测，恒星形成微观性质的研究在多个方面取得了关键进展。最新观测逐步揭示小质量原恒星质量外流在吸积盘上的初始位置（Bjerkeli et al.，2016），并开始测量喷流所携带的角动量（Lee et al.，2017）。斯皮策空间望远镜发现一类极低亮度的天体，它们可能是有极低吸积率的原褐矮星、间歇性爆发的原恒星，或者是处于从无星核到原恒星短暂过渡阶段的流体静力学核（Vorobyov et al.，2017；Kim et al.，2019）。大质量恒星形成时标短，并且需要克服强大的辐射压和超致密电离氢区的热压力，这一直是本领域的一个难点。现有观测表明，至少 20 倍太阳质量以下的恒星形成伴有吸积盘和双极外向流（Beltrán and de Wit，2016）。近年来，搜寻最早期的大质量分子云核与原恒星并从观测上限制大质量恒星形成初始条件成为一个热点；考虑大质量恒星的成团性，分析稠密分子气体团块的碎裂，并研究大质量恒星与周围星团形成的关系也是一个发展趋势（Motte et al.，2018）。

近年来，在ALMA、VLA以及VLT的高对比度光谱比色系外行星研究仪器（spectro-polarimetric high-contrast exoplanet research instrument，VLT/SPHERE）、VLTI-GRAVITY等设备和项目的推动下，人们能够在前所未有的空间分辨率下研究原行星盘各方面的性质，特别是发现盘中普遍存在丰富的亚结构（Andrews et al.，2018）。它们以环状结构为主，也包括涡旋、旋臂和翘曲等不对称结构。这些观测对盘各演化阶段和各区域的尘埃性质、气体运动学特征、化学性质乃至磁场给出了诸多限制。对盘的理论研究重点在于盘的气体动力学，特别是角动量转移机制、长期演化、湍流强度等，以及辐射特征、结构形成、化学演化等方面。国内关于原行星盘和行星形成的研究起步较晚，但近几年发展迅速，研究人员分布在多所高校和研究所，对上述领域已实现初步覆盖，并做出有国际影响力的工作。目前，人才梯队尚未形成规模，但发展前景广阔。

目前在星际空间中已经探测到200多种分子，包括简单分子和复杂有机分子（Kwok，2016）。绝大多数分子主要在银河系各种恒星形成区探测到，可示踪恒星形成的天体物理环境研究。在恒星演化晚期，其包层分子的形成和演化反映恒星形成早期的化学条件，而原行星盘分子观测有助于理解太阳系各类天体的物质组分。得益于大带宽覆盖、高空间分辨率和高探测灵敏度，ALMA开展的一些大型观测项目开启了新的大样本天体化学研究时代。我国天体化学方向研究起步较早，多个高校和天文台都有相关的研究。但受观测条件所限，研究规模有限。目前我国在实验室天文相关分子的基本参数方面有广泛研究；在天文观测研究方面，利用各种设备在各个波段研究从行星到高红移星系宽范围内天体物理环境的化学特征。近几年开展了一些射电波段大带宽和多分子品种的观测研究。随着国际合作加强，国内人员已开始利用国内外各种先进设备进行各种天体大样本的系列谱线观测和天体化学研究。国内科研人员建立了星际分子丰度随时间演化的模型；结合动力学演化，使用更加完备的反应机理和反应网络，以期模拟出尽可能符合观测的物质分布和演化方式，为解释观测数据提供理论支撑。

自 20 世纪 90 年代以来，国际上红外和毫米波、亚毫米波天文观测蓬勃发展，为星际尘埃和消光的研究积累了极其丰富的数据，但紫外仅有 HST 和星系演化探测器（galaxy evolution explorer，GALEX）等少数设备。依托空间站 2 m 望远镜，我国在近紫外空间天文方面将大有可为。在近红外波段，平流层红外天文台（Stratospheric Observatory for Infrared Astronomy，SOFIA）和 2021 年发射 JWST 有望带来突破。当前，星际尘埃的极小（纳米、亚纳米）与极大（微米）尺度是研究重点，特别是前者的近、中红外振动辐射与微波电偶极转动辐射以及后者的毫米波辐射。另外，随着近年来国内外大规模天区天测、测光与光谱巡天（如盖亚银河系巡天、Pan-STARRS 测光巡天和 LAMOST、APOGEE 光谱巡天等）的开展，人们尝试获取数千万乃至上亿颗恒星的精确消光值（Chen et al.，2019a），从而精确确定星际消光规律（Wang and Chen，2019），以及其与星际环境的关系。结合这些恒星的三角视差距离、测光距离与光谱距离等，开始对银河系进行高分辨率的三维尘埃消光分析，并进一步研究银河系不同尺度上尘埃的特征与分布，将使人们对银河系结构和演化历史的理解有新的飞跃。

二、恒星结构与演化

过去 10 年，以开普勒巡天为代表的高精度时序测光巡天使得恒星参数精确测定研究得以快速发展。同时，国际上开展了数个相当规模的光学、红外高分辨率恒星光谱巡天，如银河系考古（galactic archaeology with Hermes，GALAH）、APOGEE 巡天，在恒星表面元素丰度及银河系的化学演化方面取得了很大的进展。未来几年，国际上将有一批大规模测光、光谱巡天和时序巡天，如威廉·赫歇尔望远镜增强型区域速度探测器（William Herschel Telescope Enhanced Area Velocity Explorer，WEAVE）和 4 m 多目标光谱望远镜（4-metre Multi-Object Spectroscopic Telescope，4MOST）等得以实施，提供海量恒星的测光和光谱数据。我国自主研制的 LAMOST 对银河系进行了 10 年巡天，得到了世界上最大的恒星光谱数据库和恒星大气参数及元素丰度星表（Xiang et al.，2017），率先在世界上获取百万量级恒星的精确年龄，发现了一批元素丰度特殊恒星。在光谱分析手段上，机器学习方法在基于 LAMOST 海量数据分析中得以广泛发展和运用。在理论研究方面，恒星演化和恒星大气模型等模拟研究也取得了重要的进展，更能反映真实状态的三维（3D）和 NLTE 恒星大气模型正在逐渐得到广泛应用。在元素丰度特殊恒星的研究中，特别是 r 过程元素增丰恒星的研究方面，国际上成立了 r 过程联盟（r-Process Alliance），已开始系统地开展这类特殊星的搜寻工作。

日震学及类太阳星震学可以精确测定下主序恒星（辐射平衡内核 + 对流包层）的基本参数。上主序恒星（对流核 + 辐射平衡包层）的星震学由于脉动频率的模式证认困难而停滞不前。上主序恒星的星震学研究是探索如对流核超射等物理过程的理想场所。巨星支恒星中心的重力波与声波耦合会形成混合模式，携带中心核的物理特征，使得对巨星的精细研究成为可能（Zhang et al.，2018）。对于巨星支上处于更晚期演化阶段的恒星，星震学可以提供准确的物理参数（Zhang et al.，2020）。开普勒太空望远镜获得了大量红巨星的脉动频谱，给出了大样本红巨星基本参数，并为探测其内部结构提供了丰富资料。处于演化较为晚期的 B 型亚矮星、红团簇星、第二团簇星的精确星震学分析，则可以为确定氦燃烧期间恒星中心对流核的大小提供关键性的证据。

2009～2018 年，开普勒太空望远镜先后对 78 万多颗恒星进行了时序测光，为星震学研究提供了前所未有的大样本高质量时序测光数据，帮助探测了大批量恒星的内部结构，包括恒星的演化阶段、内部密度轮廓和较差自转等，并据此开展了恒星对流和磁场等经典难题的研究（Barentsen et al.，2018）。美国 TESS 卫星从 2018 年开始观测约 20 万颗近邻恒星以搜寻类地行星，并为星震学研究提供数据。LAMOST 于 2012 年开始对部分开普勒天区进行大样本光谱巡天观测，迄今已观测获得约 30 万颗恒星的低分辨率光谱，并得出恒星大气参数（Zong et al.，2018）。LAMOST 从 2018 年起的二期中分辨时序光谱巡天，包括对部分开普勒天区约 5 万颗恒星进行了时序光谱观测，以结合卫星数据开展大振幅变星的星震学研究（Liu et al.，2019a）。柏拉图（Planetary Transits and Oscillations of Stars，PLATO）卫星是 ESA 用于搜寻围绕近邻类太阳恒星运行的宜居系外行星，并开展星震学研究，预计于 2026 年发射至 L2 轨道，在 4 年内先后对两个特定天区的大样本恒星进行长时间光度监测的卫星（Goupi，2017）。

　　精确的恒星演化模型需要准确描述恒星内部物理过程。恒星内部物理过程可分为微观物理过程和宏观物理过程。微观物理过程由粒子相互作用规律支配，主要包括不透明度、物态方程、核反应速率、元素扩散等。其中，不透明度对恒星内部温度的结构有决定性影响，是微观过程中最不确定的因素。核反应速率中一些重要的反应，如氦燃烧 3α 和 4α 反应，理论和实验值的不确定度比较大。宏观物理过程由流体力学规律支配，主要包括对流、振动、星风和转动等现象。对流超射是宏观过程中最不确定的因素，半对流的问题同样不清晰。这些显著增加了大质量星演化和氦燃烧阶段恒星演化的不确定性（Kupka and Muthsam，2017）。辐射压驱动星风机制虽然得到了广泛认可，但理论给出的星风物质损失率与观测存在一定的差距。恒星自转会引发环流、剪切不稳定性、磁扭矩等多种物理过程，并造成恒星内核与其外包层之间角动量的转移和物质的混合。目前无论是在理论上还是在观测上，都没有十分确切的依据用来判别该如何处理这些物理过程。

　　大质量恒星和渐近巨星支（asymptotic giant branch，AGB）恒星的演化是恒星结构与演化理论中最复杂、最不确定的部分。大质量恒星有多种可能的演化图景。这些图景主要由作用于其结构上的主导物理过程（星风、对流和自转）决定，且对不同过程的依赖程度随质量、金属丰度和多样性的不同而不同。厘清大质量恒星的演化图景，约束相关恒星物理过程，进而完善大质量恒星演化模型对天体物理学诸多领域都有着重要的科学意义（Langer，2012）。AGB 恒星中核合成种类众多、各元素分布复杂，经典的混合长理论（mixing length theory）在 AGB 恒星中不适用。合适的对流模型是研究 AGB 恒星结构演化的有力工具，有助于对热脉动详细过程、碳星的形成、内部锂和氟等相关化学元素的挖掘以及表面丰度问题、恒星表面氟－碳关系、热底部燃烧、^{13}C 和 ^{14}N 抽屉的形成和演化过程，以及中子俘获过程发生的条件等相关问题进行深入的描述（Siess，2009）。物质损失在 AGB 演化阶段扮演着极其重要的角色，不同的物质损失情景将直接导致 AGB 恒星拥有不同的演化结局。目前，观测研究中物质损失率的确定严重依赖模型，理论上对物质损失机制的认识也不清晰。尘埃对星风物质的损失举足轻重，恒星脉动被认为是超强星风物质损失的诱因之一。对后者缺乏详细的物理描述。

　　双星演化物理的两个关键过程——动力学物质交换和公共包层演化还

没有解决。自20世纪80年代末以来，人们对这两个基本物理过程的研究一直停滞不前。近10年来，人们通过建立恒星绝热物质损失模型，研究恒星快速丢失物质时的半径响应，以提供物质交换的稳定性判据，并在这方面取得了阶段性进展，即当双星间的物质交换发生在巨星支时，动力学稳定物质交换的临界质量比远大于人们普遍采用的多方模型的结果（Ge et al.，2010，2015，2020；Pavlovskii and Ivanova，2015）。许多重要恒星（Ia型超新星前身星、双白矮星、X射线双星、热亚矮星等）的形成都需要经历巨星支的物质交换过程，这一研究结果将颠覆人们对很多特殊恒星形成的认识。对双星公共包层演化的研究，关键在于公共包层的能量来源和利用效率。人们一方面通过一些巡天项目寻找后公共包层演化双星样本，对描述此过程的能量机制的参数进行限制；另一方面通过数值模拟重现这一动力学过程（Ivanova et al.，2013）。但因公共包层演化过程过于复杂、难度大，目前还没有比较一致的结论。

双星星族合成是大数据时代下研究特殊恒星和恒星星族整体性质的普适方法。我国学者对双星星族合成研究的开拓和发展做出了重要贡献，利用双星星族合成方法在Ia型超新星、X射线双星、热亚矮星、双白矮星等特殊恒星的研究上取得了重要突破，并推动了双星在星族、星系研究中的应用（Zhang et al.，2004；Han et al.，2007），但对恒星级引力波源的研究不足，需要进一步推动和发展。双星演化的基本未解问题是双星星族合成研究存在较大不确定性的关键因素之一。人们在通过双星星族合成研究特殊恒星形成时，通常只针对某一类/种特殊恒星。通过双星基本物理过程研究，结合多类恒星观测结果，发展自洽的、适用于大多数双星相关天体的双星星族合成模型将是这一研究领域发展和完善进程中的关键一步。

目前的观测表明，几乎所有大质量恒星都处于短周期双星系统（Sana et al.，2012），潮汐锁定效应可以使它们维持非常高的自转速度，进而在氢燃烧阶段均发生化学类均匀演化。两颗子星将在氢燃耗结束时同时演化成为氦星，而后各自演化，发生超新星爆炸或直接坍缩，形成恒星级双黑洞系统（Marchant et al.，2016）。此外，两颗初始质量不同的大质量恒星经过双星相互作用，有物质损失的恒星由于超新星爆炸或直接坍缩也可以演化成双黑洞系统。超新星爆发和双黑洞系统都是引力波潜在的重要来源。直接探测来自这些天体的引力波，可以提供这些天体最直接且最内部的信息，进而为现有理论模型提供依据或检验现有理论。

三、变星、双星、星团和星族

目前对变星的研究趋于对典型样本星开展深入细致的调查，以期对特定物理过程和相关物理量有比较全面的认识，从而限制和完善相关的理论模型，加深对恒星的理解。

在磁活动星领域，被广泛接受的物理机制是从太阳物理发展起来的发电机模型，它要求恒星存在对流、自转、较差自转、子午环流等运动。但是，对于处在不同演化阶段的物理参数各异的恒星来说，具体的发电机过程还十分不清晰。已建立的若干模型仍需要细致的观测数据来验证和提高，而且一些证据表明，类似于太阳发电机的模型无法解释某些恒星上的磁场活动。因此，这一领域的一个重点就是对不同物理参数的恒星开展细致的长期观测研究，积累观测依据，提供初始和边界条件来限制与完善恒星发电机模型。利用巡天数据开展的磁活动星研究，主要还是基于简单的特性分析和统计，基本没有触及内在的物理机制，这也是今后需要努力的方向之一。此外，宿主恒星磁场活动会影响到系外行星的探测和物理性质刻画。近年来，这方面的研究工作变得日趋重要，在未来的 20 年内势必会成为一个新的研究热点。

大样本双星观测参数的确定对开展双星演化模拟有着重要意义。在观测上，迄今有数百个双星系统的物理参数被测定，但样本量仍然偏小。双星的研究长期以来依赖不同级别望远镜的精测，即对某一个双星开展长周期的监测。这样的研究往往耗时很长且收效甚微，难以在统计上给出强有力的结论。开普勒卫星对一个 100 平方度的天区内的所有可观测恒星开展长期高频次测光观测，为双星观测研究提供了海量宝贵数据。同时，地面时域测光巡天观测项目如 Catalina、帕洛玛瞬变设施（Palomar Transient Factory，PTF）、ZTF、全天自动超新星巡天（All-sky Automated Survey for Supernovae，ASAS-SN）等也产生了大量时域测光数据，为双星的大样本研究提供了重要观测数据。近年来，LAMOST、SDSS-Ⅳ/APOGEE 等光谱巡天也将双星作为重点研究对象。2018 年以来，LAMOST 二期中分辨率光谱巡天已经开始了特别针对双星等目标设计的时域光谱观测，获得了不少重要时域光谱数据。SDSS-V在2020年底开始了时域光谱观测。

结合时序测光和光谱观测，双星系统以及各子星的物理参数，如质量、半径、轨道倾角、子星间距等，可不依赖任何模型假设精确测定。双星在星族中的比例同主星的质量紧密相关，大质量恒星几乎都是双星，而小于太阳一半质量的恒星只有大约20%存在伴星（Duchêne and Kraus，2013）。密近双星的比例也同金属丰度存在反相关性（Gao et al.，2014）。双星的质量比分布同样也同主星质量、金属丰度呈现一定相关性（Liu，2019）。最近还发现宽距双星中质量比为1左右的双星占有主导地位（El-Badry et al.，2019）。但是，对双星基本参数如双星比例及分布的认识还相当不成熟，双星演化中的一些关键物理过程，如质量交流、角动量传输的发生机制及其对子星结构和演化的影响等还缺乏明确的观测限制与验证，尚未达成系统性的认知。时域巡天项目为双星基本参数的大样本研究奠定了基础，为系统性搜寻研究一些特殊演化阶段（如快速质量交换阶段）的双星系统提供了可能。另外，基于Kepler、TESS等天基时序巡天观测，利用星震学方法，有可能深入研究双星内部结构，并探讨潮汐、质量交换等机制对恒星结构演化的影响。上述课题可能是未来双星观测研究的重点方向。

自"十二五"规划以来，以我国天文学家为主的团队对星团的观测研究主要通过国内外大型地面和空间设备的观测数据来完成。通过对展宽主序上的恒星和亚巨星进行观测分析，并基于不同的恒星物理基础重现观测，为恒星自转产生星团年龄弥散信号提供了证据。利用斯隆数字化巡天结合四期APOGEE2光谱巡天数据，构建出银河系疏散星团所服从的"标准平面"。基于我国郭守敬望远镜巡天数据，证认了一批氮增丰的银河系场星，并提供了其源于球状星团瓦解的证据（Tang et al.，2019）。基于盖亚数据，首次从观测上证实了年轻疏散星团存在延展的外晕，很可能属于在分子云中原初形成的结构。利用恒星化学丰度，研究球状星团在极富金属、极贫金属和极低质量端等多种边界情况下的多重星族表现，为纷杂的多重星族理论提供边界条件。利用双星模型成功解释了球状星团中多星族的钠氧反相关现象。在理论方面，主要是利用国际现有的恒星演化模型并结合多体数值模拟，来解释和预测星团和星族的行为。利用中国科学院国家天文台"老虎"小型图形处理器（graphics processing unit，GPU）集群，以及德国马普计算与数据装置的高性能 GPU 集群，首次实现了对百万恒星组成的球状星团的多体模拟。

四、致密天体和高能过程

白矮星是银河系最常见的致密天体，其研究的主要方向包括内部结构、大气成分、表面元素沉降过程、光度函数，以及作为示踪天体开展的银河系各组分的结构、年龄以及恒星形成的历史（Winget and Kepler，2008）。单样本白矮星系统的研究目前已经有较丰富的成果，可以较好地解释其辐射机制、演化过程以及最终产物。对于白矮星星族，在观测方面，主要集中在光学和X 射线波段的观测寻找白矮星系统，并给出其主要物理参数及分布（Zorotovic et al.，2010），未来大视场紫外波段巡天将是发现白矮星系统的主要手段。在理论方面，侧重建立白矮星及其星族的形成和演化模型，结合观测结果对双星演化理论做出限制。由于缺少距离与多波段观测数据，观测上还没有建立起可靠的白矮星双星（如质量、轨道周期、X 射线光度等）分布特性；双星星族合成的研究由于初始参数及演化过程的不确定而存在较大的不确定性。这两方面的原因导致目前的理论研究还不能完全解释观测量的分布。

X 射线波段是开展中子星、黑洞探测和性质研究的主要能段。自第一个中子星 X 射线双星 Sco X-1 和第一个黑洞 X 射线双星天鹅座 X-1 被发现以来，目前在银河系中已经探测到 300 多个中子星 X 射线双星和 20 多个黑洞 X 射线双星（Reig，2011）。黑洞双星大多是软 X 射线暂现源，中子星双星则表现出更多的复杂性。低质量 X 射线双星既有软 X 射线暂现源，又有明亮持续源和暗弱持续源，还包括热核 X 射线暴源。高质量 X 射线双星包括伴星为 OB 型超巨星的持续源 / 暂现源以及伴星为 Be 型星的硬 X 射线暂现源。近 10 多年来，对 X 射线双星的观测研究取得了一系列重要突破，如测量了一批黑洞的自旋，探测到不同态的高频准周期振荡现象、低质量 X 射线双星和河外极亮 X 射线源中的脉冲辐射以及辐射态演化的特殊毫秒脉冲星等。但理论研究相对滞后，对一些重大科学问题（如中子星的内部物态、黑洞的质量与自旋分布、致密星与吸积流相互作用）的研究尚未取得明显进展。与此同时，观测研究催生了一批新的问题，如超巨星快变 X 射线暂现源的爆发机制（Walter et al., 2015）、中子星与黑洞的质量间隙（Özel and Freier，2016）、甚弱 X 射线暂现源的本质等（刘佰生和李向东，2017）。

物理上，中子星内部确切的物质组分还相当不确定。部分学者认为，奇异夸克的出现能够有效降低系统的总能量，从而中子星很可能成为含有大量奇异夸克的奇异星（Witten，1984；Xu，2003）。通过天文观测检验中子星的物态，特别是区分中子星和奇异星模型，一直是该方向的一个重要目标，但还没有找到一种很好的不依赖模型的检验方法。近年来，利用测量双星轨道的夏皮罗时延（Shapiro delay）等方法，人们找到了数例具有较大质量的中子星（其中最大的质量达到 2.14 倍太阳质量），为中子星的极限质量给出了重要的下限。在 GW 170817 引力波事件中，引力波和电磁波联合探测的实现为这一问题的研究带来了新的机遇（Yu et al.，2018）。随着更多双中子星以及中子星 – 黑洞等并合事件的发现，结合各类脉冲星的丰富天文表现，未来有望确定中子星内部的物质状态（Baiotti，2019）。

对黑洞研究来说，发现黑洞是其首要的研究目标。基于伴星物质吸积而产生的 X 射线辐射特征是寻找黑洞的传统方法。目前，共在银河系内发现了约 20 颗恒星级黑洞，均是首先依赖 X 射线来筛选，其次是通过对其光学伴星的观测进行动力学证认。然而，按照恒星演化理论的预言，银河系内应存在数以亿计的恒星级黑洞，而满足上述观测条件的可能只占很小一部分。所以，目前所发现的黑洞数量太少，造成了极不完备的统计样本，严重阻碍了人们对诸多黑洞基本问题的深入理解。近年来，引力波探测器对双黑洞并合事件的探测为发现恒星级黑洞并测量它们的质量提供了一种新方法。此外，通过视向速度方法监测光学伴星的运动，也为寻找黑洞候选体提供了一种新思路。目前银河系内所发现的（可能）最小质量和（可能）最大质量的恒星级黑洞都采用了这种方法（Liu et al.，2019b；Thompson et al.，2019）。

国际上，超新星研究一直是天文学的重点研究领域，涉及恒星演化的最后环节。美国、日本及欧洲国家的高水平研究机构长期保持相当规模的研究队伍，从事超新星观测及理论方向的研究。近些年，超新星观测研究依赖专门的巡天望远镜与大视场时域巡天项目，如 ZTF、ATLAS、Pan-STARRS、ESO 扩展瞬变源光谱巡天（extended Public ESO Spectroscopic Survey for Transient Objects，ePESSTO）等系统开展的各类超新星的探测及后续多波段观测研究。理论上，国际上的研究集中在超新星爆发的三维数值模拟，以及再现超新星爆发后光谱和光度演化的辐射转移模型方面。与天文强国相比，我国从事超新星研究的队伍规模尤其偏小，亟待加强（尤其是超新星爆发模拟方向），但在一些方向上已取得具有重要国际影响力的成果。例如，基于国内自主设备的超新星巡天观测发现，数百颗近邻星系的超新星获取了它们的多色光变曲线数据及数千条光谱数据，这些大样本数据是开展超新星爆发物理、前身星性质以及超新星精确宇宙学研究的基础。在具体研究上，清华大学的研究人员发现正常 Ia 型超新星可来自金属丰度不同的通道，它们呈现不同的光谱和测光性质，这一区分可使 Ia 型超新星的测距精度提高一倍（Wang et al.，2009a，Wang et al.，2013b）。中国科学院云南天文台基于双星演化理论开展了 Ia 超新星诞生通道的研究，提出了 Ia 超新星的氦双星前身星模型，解决了占总数相当比例的年轻 Ia 型超新星的形成难题，其所预言的超高速氦星已被近来的观测所证实（Wang et al.，2009a）。

超新星的遗迹研究涉及前身恒星结构和演化、星际气体动力学、金属元素核合成、高温高能等离子体物理、致密星物理等领域，当前活跃的课题包括遗迹内等离子体电离态，粒子加速、输运过程，星际激波物理化学过程，脉冲星风云物理，超新星爆炸对星系际介质的影响等。具体热点包括：寻找各种超新星爆炸类型在银河系内对应遗迹、激波加速宇宙线质子、脉冲星风云对宇宙线电子的贡献、激波与分子云的相互作用，以及气体欠电离和过电离问题等。

伽马射线暴的多波段辐射主要来自磁耗散或相对论性激波过程。通过对观测的理论建模，人们可以对伽马射线暴的中心能源机制、喷流加速与能量耗散机制、辐射机制、高能粒子加速机制、激波物理、暴周环境等做出限制，这些均是伽马射线暴研究的核心内容（Dai et al.，2017）。目前认为，伽马射线暴的中心能源可能是处于超临界吸积状态的黑洞或高度磁化快速旋转的中子星（毫秒磁星），后者尤其利于解释暴后能源的持续活动性（我国研究团队在此课题上做出了开创性贡献）。对暴后残留致密天体性质的限制是确定能源机制的关键，同时对确定中子星的物态具有极其重要的作用（特别是对于短暴）。伽马射线暴的喷流应具有明显的集束性和方向性，这应该是喷流在前身星物质中加速和传播的自然结果，但仍需更多观测限制（Lazzati et al.，

2018）。喷流最初可能由辐射或磁能主导，它们将导致不同的能量耗散机制和辐射机制，目前尚未从伽马射线暴的瞬时辐射能谱中对这两种情况做出有效鉴别。伽马射线暴还可能存在多种不同的亚型，如具有延展辐射的短暴、超长暴、暗暴、低光度暴等，这可能意味着它们具有其他不同的起源机制或爆发机制。近年来，超高能宇宙线、中微子和引力波等多信使研究手段逐渐兴起，有望为上述伽马射线暴疑难问题提供新的解决途径。

目前，国内外对引力波电磁对应体的搜寻已经覆盖全波段。发现引力波事件后，快速、有效地搜寻电磁对应体是观测上的主要课题。这些相应的观测处置方式可以在很大程度上应用于快速射电暴多波段对应体的搜寻。对快速射电暴多波段乃至多信使对应体的搜寻和观测是研究它们的辐射性质与确定它们起源的重要手段，其中也包括对它们宿主星系的证认（Chatterjee et al.，2017）。随着 CHIME、ASKAP、FAST 等射电望远镜的运行，快速射电暴的观测进展非常迅速，目前已经发现了数百例快速射电暴，包含了非重复性、重复性乃至周期性等不同类型（The CHIME/FRB Collaboration et al.，2020）。这些观测事例使人们得以了解到它们更多的辐射特征。与此同时，高探测率也反映了快速射电暴具有极高的事件发生率，因而对其物理起源具有严格的限制。

在致密天体和高能过程领域，经过数十年的积累，我国已建立起一支颇具规模和实力的研究队伍，在诸多课题上形成了鲜明的研究特色，具备了与国际先进水平相竞争的实力。近年来，如"慧眼"HXMT、FAST 等观测设备的建成运行，使我国在此领域的观测方面也占有了一席之地，在一定程度上弥补了过去的短板。"慧眼"卫星的高能探测器和低能探测器的能量分辨达到同类仪器国际最高水平，拥有国际上在 0.2～3 MeV 能区有效面积最大的伽马射线暴探测器。通过扫描巡天，获得了 X 射线双星的大量观测数据，取得了一批重要的科学产出。

五、银河系结构、形成及演化

20 多年来，大规模巡天项目的发展驱动了银河系形成与演化领域的突破。棒和旋臂结构遗产性巡天（bar and spiral structure legacy survey，BeSSeL）历时 17 年的射电观测清晰地展示了银河系是一个具有 4 条旋臂的棒旋星系。

大视场、多波段的测光巡天项目，如 2MASS、SDSS 和 Pan-STARRS，记录了上亿颗恒星的精确位置和多色测光，在银河系星际消光图、潮汐子结构和极暗矮星系的观测发现等方面取得了突破性的进展。大视场、多目标光谱巡天项目，如 SDSS 项目的两个子项目斯隆扩展银河系探索研究计划（Sloan Extension for Galactic Understanding and Exploration，SEGUE）和 APOGEE、RAVE 视向速度巡天、GALAH 巡天等，获得了上百万颗恒星的光谱，并测量其视向速度、大气参数与化学元素丰度等，在银盘不稳定性、银河系三维结构和化学演化等领域成绩斐然。天体测量卫星盖亚以前所未有的精度测量银河系十几亿颗天体的位置和自行，与光谱巡天结合，实现了获得大样本恒星的高精度完整相空间参数的可能，极大地推动了银河系结构、形成和化学–动力学演化的发展。我国大科学装置 LAMOST 是国际上光谱获取率最高的望远镜，已经获取了上千万颗恒星的光谱，可以得到可靠的温度、金属丰度等恒星参数及视向速度；FAST 是世界上最大的单口径射电望远镜，具有最高的灵敏度，可以开展世界上最前沿的脉冲星、中性氢、分子谱线等方面的射电观测研究。这两台世界领先的望远镜已经且将持续在银河系研究领域发挥重要作用。

高品质海量数据的研究不断刷新着人们对银河系的认识。COBE 红外卫星观测清晰显示出垂直于银盘面隆起的核球的形状。核球占整个银河系总光度的 20% 左右，主要由年老恒星组成，金属丰度分布范围较广。银河系核球看上去呈盒状，体现出圆柱转动特征，是一个侧向看到的棒结构。但是，极贫金属星则构成了一个更年老的核球结构，可能对应一个经典核球。我国学者构建了银河系核球的新动力学模型，指出银河系核球是一个经典理论不适用的伪核球，同时自然解释了核球中的 X 型结构（Shen et al.，2010）。

人们通过恒星计数发现，银河系垂向密度轮廓可以分解为薄盘和厚盘的叠加。厚盘星可能在早期 10 亿年内就迅速形成，薄盘则经历了长期的、缓慢的恒星形成过程。同时，研究人员在太阳附近发现了"移动星群"及其在 V_R 对 V 相空间的成团性，较准确地测量了太阳相对本地静止参考系的速度大小和太阳的位置，发现了银盘的翘曲形态（Bartko et al.，2009）、增厚现象（Momany et al.，2006），在 15 kpc 外发现了属于银盘的麒麟环（Beers et al.，2004）。我国学者首次在国际上发现银河系外盘因为受到并合矮星系动力学扰动而产生非对称结构（Xu et al.，2015），揭示了银河系恒星盘具有进动的翘曲结构（Chen et al.，2019b），精确描绘了银盘三维恒星质量分布及银盘不同位置的恒星形成历史，给出了不同年龄星族的银盘径向和垂向金属丰度梯度和分布函数，为理解银盘的形成机制和演化历史提供了重要观测约束（Huang et al.，2018b；Xiang et al.，2015，2018）。

随着大型光谱巡天项目和天测卫星的发展，人们逐步获得了完整的晕星相空间参数，并直接观测到银河系正在吸积人马座矮星系和其他潮汐子结构（如孤儿星流等）。我国学者发现银河系恒星晕内扁外圆结构和速度椭球各向异性，描绘出延伸到 100 kpc 的银河系旋转曲线，将银河系质量值约束在 10 000 亿倍太阳质量，并给出了太阳邻域的暗物质密度的可靠估计（Xue et al.，2008，2015；Xia et al.，2016；Huang et al.，2016；Xu et al.，2018；Bird et al.，2019）。然而，大多数子结构的起源仍然是未解之谜，基于 100 kpc 以内的恒星样本预言延伸到至少 200 kpc 的暗物质分布并不可靠。尽管如此，激增的观测数据也为限制多尺度上的动力学提供了前所未有的机遇。在动力学模型方面（Binney and McMillan，2011；Binney，2012），通过金斯模型或圆环模型重构出的银河系恒星晕的六维相空间分布无法同观测完全吻合。因模型局限于球对称或轴对称的假设，无法反映真实的银河系引力势，特别是暗物质晕的分布。在数值模拟方面，星系形成的半解析模型和高精度银河系再模拟都取得了巨大的进展。借助半解析的优势，人们能够产生大样本的类似银河系系统，对其晕以及暗物质关联做出统计分析。高精度银河系再模拟是目前世界范围内的研究热点，包括欧洲的近邻环境模拟项目（A Project of Simulating the Local Environment，APOSTLE）和御夫座（Auriga）模拟计划，我国参与的 NIHAO、美国的"拿铁"（Latte）模拟和近邻宇宙模拟探索计划（Exploring the Local Volume in Simulations，ELVIS）等。这些模拟研究为理解各个巡天项目的系统误差和统计误差、校准统计方法提供了强有力的支持。

近十几年来，我国科研人员通过中国科学院新疆天文台 25 m 望远镜完成了银道面偏振巡天，通过国际上大射电望远镜对大量脉冲星和河外射电源进行了偏振观测，基本厘清了邻近半个银盘的大尺度磁场结构，首次揭示出银河系晕中的环向磁场结构。通过国际合作，我国科研人员利用 VLBI 的相位参考测量技术，精确测量了太阳附近英仙座旋臂的距离；通过 BeSSeL 计划，精细描绘了太阳附近几个 kpc 范围内的旋臂结构。截至目前，银河系旋臂结构的准确测量只覆盖了大约 1/4 的银盘区域，在第三象限、第四象限以及大部分遥远的银盘区域，数据仍然非常匮乏；旋臂示踪天体的动力学特征、旋臂结构的形成和演化等还没有被清晰揭示；银河系大尺度磁场的测量只覆盖了约 1/3 的银盘；对于银晕中的磁场，现有观测数据仅仅局限于太阳附近 23 kpc 范围等。

　　正在进行的 LAMOST、APOGEE、WEAVE 以及未来的 PFS 等大规模光谱巡天项目，将获取大天区海量有丰度信息的恒星，提供史无前例地搜寻不同类型的特殊恒星的机会，如示踪银河系并合历史的低 α 晕星、见证银盘径向迁移历史的超富金属星等，为星系等级形成理论与银盘形成机制提供关键化学证据。Kepler、TESS 等卫星提供大量恒星的星震学数据，可以将恒星的年龄与化学 - 运动学结合，真正实现追踪有准确时间轴的银河系化学 - 动力学演化历史。未来 30 m 级望远镜的建成，将使超贫金属星发现数量提升一个量级，从而可能探测到第一代恒星。通过分析它们的丰度模式揭示第一代恒星的诞生环境，并利用金属丰度分布函数的极贫金属尾部，为银河系化学演化模型设定关键限值。可以预期，未来 15 年，整个星系尺度大空间范围的、时域连续的、全面多维（包含测光、光谱、天体测量、星震等）的海量巡天数据，将为精确刻画银河系从早期到现在的化学 - 动力学演化的完整图像提供绝好的机会。

第四节　发展思路与发展方向

一、星际介质和恒星形成研究

　　在星际介质和恒星形成研究方向，国内研究团队应抓住 SKA 留给 FAST 的 10～15 年机遇窗口，凭借我国在分子谱线巡天方面的积累和优势，积极利用 ALMA 等国际大型设备,在中性氢巡天、银道面分子云巡天等方面取得历史性重大突破,在恒星形成宏观规律和微观规律等方面获得具有重要国际影响力的原创性成果。同时,应该重视我国在一些交叉学科和国际新兴热点的短板,鼓励多学科交叉和理论与观测、实验的结合,着力发展天体化学、原行星盘演化与行星形成等方面的研究,以及尘埃性质的实验室测量、尘埃凝聚与演化的实验室模拟、量子化学理论计算等,并考虑布局与尘埃表面反应相关的天体化学实验等。需要注重研究团队的培养,建议建立相应机制加强跨学科人才培养,考虑将机器学习纳入培养计划以满足未来需求。

结合国内外设备,可考虑优先支持以下发展领域。

(1)星际气体循环及银河系结构研究,包括:利用 FAST 完成世界上唯一角分量级自带绝对流量定标的大规模中性氢巡天;完成已初获成效的银河系分子云巡天;基于这些国际领先巡天,研究星系尺度的气体注入、结构形成与演化、原子到分子气体的转换、分子云的形成与演化、测量银河系物质分布和旋臂结构等。

(2)多尺度、多波段的恒星形成观测及物理过程研究,包括:大质量恒星形成的初始条件和具体物理过程;双星、多星以及星团的形成机制;磁场、湍流在恒星形成中的作用;恒星形成过程中角动量的转移、磁通量的耗散;恒星初始质量函数起源;河内与河外恒星形成规律的联系与区别等。

(3)星际分子及天体化学研究,包括:充分利用国内重要设备针对各类天体开展分子谱线观测和新分子搜寻;结合国际国内观测设备,开展大样本高分辨细致研究,并基于大样本或连续天区的多分子谱线观测,开展天体化学模型计算;探讨不同物理环境对分子合成的影响,探索用分子跃迁解决相关的天体物理问题。

(4)原行星盘的观测、理论和数值模拟研究,具体包括:利用国内已有和参与建设的大型观测设备,特别是 CSST、SKA 等,以及国际上先进的观测设备,特别是 ALMA、VLTI-GRAVITY、JWST 等,推动原行星盘的多波段、高灵敏度和高分辨率的观测研究;在掌握已有计算工具的同时,开发适应未来原行星盘研究需求的综合性计算工具,高效实现多种工具功能的融合,开展更真实的模拟计算。

(5)星际尘埃形成及星际消光问题研究,包括:针对当前理论计算中星际尘埃损坏时标远短于恒星演化晚期尘埃产生时标的问题，研究恒星尘埃凝聚、超新星爆发激波与尘埃的动力学作用、高速粒子对尘埃的溅射作用、尘埃在星际空间的吸积和黏合等物理过程，探讨尘埃的产生、生长和破坏；依托我国 CSST 在紫外空间天文方面的平台，通过紫外消光限制尘埃模型，探讨星际消光规律随环境的变化；考虑星际弥散带的观测，推进空间站较高色散光谱仪或地面高色散光谱仪研发应用；从消光改正需求的角度，推进兼顾广度和深度的测光和分光巡天。

二、恒星结构演化研究

在恒星结构演化的研究方向，未来 15 年，国内该方向的研究团队应充分抓住 LAMOST 巡天及上述其他国际大规模测光、光谱、天测和时域巡天提供的海量恒星数据带来的机遇，凭借我国在恒星物理、双星演化、化学元素丰度、星震学方面的研究积累和优势，力争在恒星结构与演化、双星演化、恒星级引力波源的形成、重元素的起源等方面取得重大进展。一方面，应依托 LAMOST 巡天项目和我国未来的 CSST，进一步壮大恒星实测研究队伍；另一方面，应注重理论与实测研究的结合，注重一些重点研究领域如恒星大气理论研究、大质量恒星演化等方面的短板。

结合国内外的研究现状和发展态势，可考虑优先支持以下几个发展领域。

（1）高精度恒星观测及高准确度恒星物理参数测量，包括：恒星年龄的精准确定和定标；极早型和极晚型恒星参数的测定；精确恒星大气模型的构建和模拟，如 3D 大气模型和非局部热动平衡的早型恒星大气模型；精确恒星元素丰度、同位素比例的测定；双星系统的恒星参数确定；富锂巨星的搜寻和物理机制研究；重元素超丰恒星及重元素的产生场所；人工智能方法的应用等。

（2）精确恒星演化模型的构建，包括：发展恒星对流模型，应用于不同恒星的演化和观测验证；大质量恒星的演化和观测限制；AGB 星的演化和结构研究；盾牌座 δ 型变星（上主序恒星）的星震学研究，探索或约束对流核超射等恒星内部物理过程；B 型亚矮星、红团簇星、第二团簇星的精确星震学分析，为氦燃烧期间恒星中心对流核的大小提供关键性证据。

（3）双星演化及相互作用双星的基本物理过程，包括：通过恒星快速物质损失模型，研究不同类型双星间物质交换的稳定性和公共包层演化过程；数值模拟星风物质交换过程；大质量双星演化；通过 LAMOST 等巡天项目，搜寻处于重要演化阶段的双星样本，精确确定样本星的物理轨道参数；发展自洽的双星星族合成模型，限制双星的两个基本过程。

（4）含致密天体双星系统的统计性质及空间分布，具体对象包含 Ia 型超新星前身星、激变变星、共生星、X 射线双星、双白矮星、恒星级双黑洞、双中子星、黑洞－中子星等。

三、变星、双星参数与星团、星族研究

变星、双星参数以及星团、星族方向的研究应充分利用未来一段时间内国内外各类大规模巡天项目产生的海量数据的优势开展，为精确模型研究提供准确参数输入。盖亚天体测量项目将延寿两年，其产生的高精度时域测光数据、天体测量数据将深刻影响未来 20 年的恒星物理研究。LAMOST 海量时域光谱巡天数据，以及未来 5～15 年我国将建成的多台专注于时域测光巡天观测的望远镜设施，包括 WFST、Mephisto、CSST（2 m 空间站望远镜）等得到的恒星测光观测数据，使得变星、双星参数、星团和星族方向的研究面临前所未有的大数据挑战，期望在这些领域获得突破性的观测结果。结合国内外巡天观测的大数据以及本领域的发展趋势，建议优先考虑支持以下方面的研究。

（1）恒星磁活动研究，包括：利用测光和（偏振）高色散分光手段，测定典型样本恒星的较差自转律、子午环流、蝴蝶图和磁活动周，准确限定其内部的发电机过程；测量恒星黑子的极性反转活动周参数，为建立可靠的发电机模型提供准确的约束条件；将恒星表面磁场、色球谱斑和耀斑、星珥的活动规律结合起来，综合考察磁场与恒星基本参数之间的关系；利用巡天资源，细致研究磁活动星的统计特性，挖掘磁活动内在的物理机制及其在恒星演化历史进程中的角色和作用；结合新一代 X 射线天文卫星 eROSITA、LAMOST 光谱巡天（特别是中色散时序巡天）、FAST 以及其他地面后随观测设备，综合考察磁活动星从光球到冕的磁场结构、磁重联、星冕物质抛射等物理过程，深刻理解磁场在恒星外层大气的物理特性。

（2）宿主恒星与系外行星的磁场相互作用，计划观测研究密近系外行星

系统（行星轨道半径小于 0.1 AU）中磁活动宿主恒星与系外行星的磁场相互作用，较为系统地研究可能存在的行星磁场的性质。

（3）大样本双星参数研究，包括：开发新型双星解轨工具，一方面提供高效、并行的解轨算法，另一方面将近年来有关双星的理论研究成果融合进来，使其不仅能处理正常双星的解轨计算，还可以应用于特殊类型双星的解轨。发展新的统计方法，适应海量数据和交错复杂的双星参数。双星统计研究一方面应关注密近双星（周期小于 100 天）的统计特征，另一方面应关注宽距双星的统计分析（距离大于 10^5 AU），其起源同双星形成的物理机制紧密相关。从大型巡天数据中搜索稀有类型双星，以及处于非常短时标演化阶段的双星，以丰富双星演化的观测数据，为双星理论研究提供更丰富观测约束。

（4）星团的多星族起源及动力学演化，包括：利用 CSST 绘制出关于星团的多星族"标准平面"；利用高精度天体测量数据，研究星团与星系之间相互作用的运动学效应，更加精确地研究银河系的动力学演化历史；利用高精度天体测量及测光与光谱数据开展大样本星团外晕及延展结构的搜寻与证认，深入理解星团中的恒星形成过程；进一步提高对多体恒星系统随时间演化的计算能力；研究超大质量星团环境中恒星的演化行为和奇异天体规律。

四、致密天体与高能过程研究

未来 5～15 年，致密天体及其高能过程领域研究将在各个方向中突起，并可能最终处于行业引领地位。这主要得益于一批我国已经投入使用以及即将投入使用的多波段、多信使、空间地面协同的巡天观测设备。例如，LHAASO 已经部分建成并开始投入科学运行，可以开展 TeV 极高能伽马射线能段的巡天观测。以引力波电磁对应体、伽马射线暴等暂现源监测为目标的 SVOM、EP 和 GECAM 卫星项目已经立项建设。中国空间站高能宇宙辐射探测设施（high energy cosmic-radiation detection facility，HERD）、POLAR-2 和软 X 射线偏振仪实验以及 eXTP 正在推动立项实施。在光学波段，CSST（2.0 m 空间站望远镜）和地面的 1.6 mMephisto、2.5 m 光学巡天望远镜等均在建设或者立项建设中。以分钟甚至秒级极短时标光学暂现源巡天为目标的小口镜光学望远镜阵地基广角相机（ground wide angle camera，GWAC）和清华大学–马化腾巡天望远镜已经投入运行。上述宽视场光学巡天观测，预期可发现大量不同红移范围的超新星爆发以及其他恒星爆发事件。在射电波段，FAST已经通过验收投入观测运行。我国还深度参与LSST和SKA等国际重大科技合作计划项目。这些装备将大幅提升我国在致密天体及高能过程领域的国际竞争力。结合上述设备优势、既有研究基础以及国际发展态势，未来10～15年应优先发展和重点扶持以下研究方向。

（1）超新星前身星物理、爆炸机制及宇宙学应用研究，包括：基于各大视场时域巡天望远镜的超新星观测数据，开展各类超新星的前身星性质的研究，以建立各类超新星与恒星之间的对应关系，进一步验证恒星及双星演化理论（Smartt，2015）；基于不同红移范围的海量Ia型超新星的观测数据，验证宇宙各方向膨胀均匀性的研究，以消除系统误差，更精确地测量哈勃常数以及宇宙状态参数（Macaulay et al.，2019），并充分发挥超新星在探索宇宙第一代恒星和宇宙再电离过程中的探针作用（Wang et al.，2017）；利用核心坍缩型超新星早期激波爆发及冷却演化的观测，获得大质量恒星爆发的关键物理参数，取得对其爆发过程认识的革命性进展。

（2）开展超新星遗迹重要物理过程及对应前身星性质的研究，包括：基于超新星遗迹全波段非热辐射能谱的探测（特别是宇宙线"膝"区PeV粒子的信号），区分轻子辐射和强子辐射，推进超新星遗迹激波加速宇宙线质子问题的研究；建立脉冲星风云的扩散（与暗物质起源模型相竞争）与太阳系本地正负电子起源关联研究（Amenomori et al.，2019）；深化超新星遗迹内部等离子体状态的研究（Sun and Chen，2020）及遗迹与分子云之间相互作用的研究（Chen et al.，2014b）；基于超新星遗迹的星周环境及元素丰度，确定各类超新星在银河系内的遗迹对应体。

（3）开展伽马射线暴多样性、中心天体及其喷流辐射机制的研究，包括：进一步厘清伽马射线暴的分类，开展伽马射线暴中心天体及其喷流辐射机制的研究；争取在引力波伽马射线和X射线电磁对应体的监测方面取得成功，开展对千新星的搜寻和深度观测，促进对宇宙中超重元素起源、中子星物态、双星系统演化等重要科学问题的研究；结合LHAASO等设备的观测，高度重视伽马射线暴的极高能伽马射线辐射和中微子辐射，推动高能粒子加速机制和宇宙线起源问题的研究；基于多信使观测，充分发挥伽马射线暴在检验等效原理、光子静止质量以及限制宇宙学参数等方面的重要作用。

（4）利用光学、紫外巡天观测搜寻白矮星候选体，构建白矮星光度函数以研究银河系各组分的结构、年龄和演化；建立各类白矮星双星无偏样本，结合双星演化和双星星族合成，研究白矮星双星星族的统计性质；研究白矮星双星（双白矮星、猎犬座 AM 变星）及其星族作为引力波源的性质，结合未来的引力波探测对它们的诞生率和轨道、质量分布等性质给出限制。

（5）在中子星研究方面，高度关注对其最大质量的多信使限制，不断深化对其内部物态的认识；特别关注脉冲星的战略性工程应用研究，即利用毫秒射电脉冲星，建立时频系统以替代目前的原子钟时间标准和 X 射线脉冲星导航在未来行星际深空探测中的作用；搜寻并定位快速射电暴，观测其多波段电磁对应体，也将是一个与脉冲星研究高度相关的课题。

（6）寻找宁静态黑洞双星，搜寻最小质量和最大质量的恒星级黑洞以及探索黑洞的质量分布，充分展现我国 LAMOST 在这一课题上的研究优势（Yi et al.，2019）；利用中高分辨率光谱对黑洞候选体开展高精度的动力学测量；利用具有高精度角分辨能力的望远镜测量黑洞光学伴星的运动轨道，搜寻轨道周期较长（几个月甚至一年以上）的黑洞双星。

五、银河系的结构形成和演化研究

在银河系的结构形成和演化研究方面，单靠北天或者南天的观测数据是无法描绘整个银河系的。未来一段时间内，国际上着眼于巡天的广度和深度，布局了一系列巡天设备，如 SDSS-V、深度巡天项目 PFS、LSST。上述对银河系的观测疆域将能够拓展到银河系边界，获得更大、更远、更高质量的数据。一方面，国内银河系领域的研究团队应充分利用国内设备（如 LAMOST、FAST、CSST），并结合上述国际大巡天项目，注重理论与实测相结合，围绕银河系集成历史、动力学模型、与附近矮星系并合历史、暗物质晕质量分布、银河系化学演化以及三维磁场结构等关键性科学问题，深入开展银河系结构、形成和演化的研究，逐渐确立国际领跑地位；另一方面，国内银河系结构及动力学研究起步较晚，应依托我国大科学装置 LAMOST、FAST、CSST 等，进一步壮大研究队伍，建设一支在银河系结构与动力学领域具有高显示度研究工作的主力军。

过去 10 年，我国天文学者在银河系结构与演化的研究中取得了长足的进步。结合国内外的研究现状和发展态势，未来 15 年具体可考虑优先支持以下几个方向的发展。

（1）银河系集成历史的研究，具体包括：晕、厚盘和核球的集成历史以及相互作用；内外晕的区分以及形成原因；晕内各相气体的分布以及集成历史等。须拓展新的统计方法、新的工具等，最大限度地从大型光谱及测光巡天提炼出信息，以完善人们对银河系各组分集成历史的理解。此外，需要拓展目前的流体模拟，考虑银河系周边演化环境，以及磁场的作用。结合对银河系现在状态的高精度观测，找到银河系的集成历史最可能的途径。

（2）银盘与核球的结构与演化，包括银盘大尺度结构、相空间结构以及化学动力学、银河系核球的结构与运动学。我国科研人员利用 LAMOST 数据在该领域取得了不错的成绩，有很好的研究基础。当前的海量观测数据和动力学理论的发展带来了系统研究银盘和核球的形成历史以及盘和晕、盘和核球的长期演化关联的机遇。

（3）银河系晕的结构和暗物质分布，具体包括：恒星晕的空间结构和运动学结构、星流的证认及其起源的追溯；银河系暗物质分布；银河系动力学模型以及高精度银河系数值模拟的建立。我国还没有自主领导的高精度银河系数值模拟项目，应积极吸引和培养相关人才，发展星系形成的半解析模型和 N 体数值模拟，开发自主软件，完成在宇宙学框架下银河系系统的高精度再模拟。

（4）银河系旋臂结构与磁场，包括：积极推动南天 BeSSeL 国际合作，极大改善南天数据匮乏的窘况；结合盖亚、SKA 和其他多波段星际气体巡天数据，逐步将银河系旋臂结构的准确刻画从北天扩展到南天，从太阳附近几千秒差距范围扩展到二十几千秒差距以至更大的银盘区域，从而系统性地精确刻画出银河系的整体旋臂结构和动力学特征，理解银河系的形成和演化；利用 FAST 和 SKA 观测的大量脉冲星，揭示银晕中的三维磁场以及银盘中的磁场特征，测定不同尺度的磁能分布等。

（5）银河系化学演化，围绕探索第一代恒星性质、重现银河系与周围矮星系的并合历史和揭示银盘恒星径向迁移过程三大核心科学问题，用前所未有的精度和维度精确描述银河系的化学－动力学演化。

第五节 资助机制与政策建议

毫米波、亚毫米波观测对星际介质、恒星与行星形成、星系结构与演化、高红移星系与宇宙学等主要天体物理领域起着关键的推动作用。在今后的 15 年及至更长时间内，ALMA 将主导这一波段的高分辨率研究，但其不具备大视场和高灵敏度总流量探测的能力。目前国际上最大的亚毫米波单口径望远镜只有 15 m 口径，并且已运行超过 30 年，远远不能满足各相关领域的发展需求。建议考虑布局建造下一代大口径亚毫米波望远镜，在亚毫米波大视场巡天和深场探测方向占据国际制高点，革命性推动中国毫米波、亚毫米波天文发展。

国内有较强的恒星物理、双星演化理论研究团队和恒星大气参数研究团队，未来可以考虑充分调动国内各单位恒星研究团队的积极性，组织理论与观测研究队伍，集中力量协同解决海量数据在本领域前沿的研究课题。同时，加大引进和培养恒星物理研究与实测相结合的领军人才，引进在恒星三维演化模拟、三维和非局部热动平衡大气模型等领域的优秀人才。在恒星内部结构研究方面，借助我国的探月计划，可择机在月球南极放置一台望远镜，并为其配备包含紫外、光学和近红外的多波段同步测光终端，以获取大样本恒星多波段光变曲线，从而为上主序恒星星震学研究的突破提供机遇。相比于开普勒卫星的白光测光数据，多波段同步测光资料不仅可为解决多重脉动频率的模式识别问题开辟新的途径，还可用于系外行星的发现和性质研究，其紫外波段资料还可使大样本恒星的耀发和黑子活动的研究获得突破。

变星、双星参数、星团和星族研究的突破高度依赖高精度测光观测数据，特别是长时标、高频次、高精度时域测光巡天数据。因此，应考虑优先支持大型时域测光巡天项目以及基于这类项目开展的各项发现性和统计性的研究。2024 年左右，载人空间站多功能光学设施实现运行后，总结其技术经验，可规划发展下一代 1 m 级空间时域测光巡天望远镜,在测光深度、天区面积覆盖、观测频次、测光波段和精度等方面全面超越 21 世纪前 20 年的时域巡天项目,并成为 21 世纪 30~40 年代的新旗舰项目。此外,变星、双星和星团的观测还需要高分辨率光谱观测作为其中重要的后随观测手段,因此 LOT (12 m)的尽快落成将极大促进该研究方向的进展。

国内目前和未来一段时间已布局一定数量的大视场地面光学望远镜以及空间高能卫星,这些设备可用于开展与时域天文学密切相关的致密天体及高能过程现象的探测和研究。这些设备目前唯独缺少大视场的紫外波段(500~3000 A)的巡天观测设备(空间 2 m 望远镜紫端只到 2500 A,且视场较小),紫外波段的观测将更高效地搜索发现白矮星系统、各类超新星爆发极早期辐射信号、伽马射线暴早期余辉、千新星以及黑洞潮汐瓦解等现象。紫外巡天也将为理解银河系各类恒星的活动性及其规律,以及河外星系的恒星形成情况提供宝贵的数据。未来可考虑优先支持研制中小口径大视场的空间紫外巡天望远镜项目及相关科学课题的预研和后续研究,同时加强支持围绕国内已有观测设备、在建有特色观测设备开展各类暂现源的探测和理论模拟的研究以及人才队伍培养。

已经建成的 LAMOST、FAST,以及正在研制和建设的 CSST、Mephisto、WFST、LOT 等设备,将是未来 10~15 年中国天文学家取得银河系领域原创性研究成果的直接驱动力。建议加强资助在研和在建观测设备的科学预研究,及早组织相关研究团队开展前沿探索;加强对利用已有观测设备进行科学研究的经费和项目支持;为充分利用挖掘这些大型高精度巡天产出的海量数据、最大化科学成果,建议进一步加大大数据、深度学习和人工智能及其在天文学应用方面的研究投入,同时通过多种筹资渠道,研制 4~10 m 级通用光学望远镜,建设我国夜天文观测基地;加快发展南半球研究中心和望远镜建设,实现我国自主获得南天观测数据;大力推进国际合作,积极参与国际重大设备研制和使用,国际合作是促进天文学发展的关键,应加强与国际上下一代巡天项目(如 SDSS-V、PFS、LSST、南天 BeSSeL 等)的密切合作;加强支持动力学模型和数值模拟研究;积极开发和建设自主的数值模拟程序与计算平台,从而完成对包含更多复杂物理过程的银河系演化的理论预测;提升更强大、更完备准确的理论模型预测能力,结合更细致的观测数据大大加速对银河系的理解。

第四章

太 阳 物 理

第一节　科学意义与战略价值

　　太阳是人们唯一可以进行高空间分辨率、高时间分辨率、高光谱分辨率、高偏振精度及立体观测的恒星。连同太阳在内的整个日球层物理参数范围非常广。从物理量分布来看，温度跨越 4 个量级，密度跨越 30 多个量级，磁场跨越 11 个量级；从能量角度来看，大型耀斑能量高达 10^{25} J 以上，而能探测到的小尺度增亮的能量约 10^{17} J。因此，太阳是一个多尺度物理过程并存的天然等离子体实验室，展现了丰富的等离子体和磁流体现象，为众多基本物理过程提供了一个可被详尽观测的范例，为磁流体力学、等离子体物理、高能物理和原子物理等多学科领域提供了重要参考。在天文学领域，太阳作为一颗恒星，其高清观测揭示的电磁相互作用规律可以推广到恒星、星系、黑洞吸积盘、喷流、中子星、分子云、活动星系核乃至星系际介质。

　　另外，太阳是距离人类最近的恒星，是太阳系的主宰，其中的剧烈爆发现象（如太阳耀斑和日冕物质抛射）会直接影响人类赖以生存的空间环境及通信、导航等高科技活动，常见的危害包括摧毁卫星、骚扰电离层以至于短波通信失效、破坏远距离传输电网及石油管道等。因此，有关太阳爆发现象的研究可以让人们理解爆发现象发生的物理规律，从而为灾害性空间天气的预报提供物理基础，为国家战略需求服务。此外，太阳磁场和光度的长周期变化对地球气候的变迁有着深远的影响，可以导致地球小冰期这样的极端气候。有迹象表明，瘟疫（包括流感暴发）的发生似乎也呈现和太阳活动相似的周期。更为重要的是，由于太阳爆发而高速抛射的大量物质及高能粒子在行星际空间传播，不可回避的一个核心问题就是太阳爆发对我国深空探测和载人航天安全的影响。

因此，对太阳物理的研究不仅是人们理解浩瀚宇宙的基石，而且是人们认识日地联系、理解系外行星宜居性的基础。太阳物理与空间天气、行星科学、等离子体物理、粒子物理及探测技术有着广泛的学科交叉，其战略地位具体表现在以下四方面：第一，太阳内部与大气的结构和演化代表的是天体等离子体的热核反应、辐射与动力学过程，而众多天体中只有太阳才能提供高精度的观测；第二，太阳爆发主要源自电磁相互作用，代表的是宇宙天体的磁能转化为动能、热能及非热能的过程，而只有对太阳才能实现清晰的立体测量；第三，日球及太阳活动在日球中造成的扰动是人类在宇宙中生存的大环境，只有对太阳及日球进行深入研究才能理解系外行星系统的宜居性；第四，太阳及日球为恒星演化、恒星磁活动、恒星风、星系和其他更大尺度的天体物理过程提供了一个高清模板。加强这四个方面的研究是人们理解天体演化及生命演化不可或缺的一环。

第二节　发展规律与研究特点

太阳为人类的生存和繁衍提供着光与热，是生命之泉，因而是人类研究最早的恒星。与天文学其他分支一样，观测发现是促进太阳物理研究的动力。望远镜的灵敏度每提高一次，时间分辨率、空间分辨率和光谱分辨率每改善一次，人们对太阳大气和爆发现象的结构及演化的认识就前进一步。400多年前，天文望远镜的发明使得研究人员可以记录太阳黑子数量的演化，从而发现了太阳黑子周期，并于 1859 年偶然发现了太阳耀斑。量子力学中的塞曼效应让研究人员发现太阳上的磁场以及太阳活动与磁场的关系，电磁波的多普勒效应让研究人员发现了太阳表面的振荡，进而和流体力学理论相结合，发展出日震学，成为诊断太阳内部结构的有力工具。太阳活动与地磁扰动相关性的发现进一步丰富了太阳物理的研究范围，使得太阳物理拓展到日地系统乃至整个日球。20 世纪中叶以来，探空火箭和人造卫星等工具成为太阳观测的重要平台。如今，太阳的观测涵盖从射电、红外、可见光、紫外到 X 射线和伽马射线全波段。结合了成像及光谱的遥感测量、中微子和带电粒子的局地测量，以及日震学中基于声波的反演等多种手段，太阳物理比天体物理其他分支更早进入多信使研究阶段。

在过去 10 年里，太阳物理研究同时朝着两个方向发展：一是宏观尺度，将日球层当作一个整体，研究人类在宇宙中的生存环境；二是微观尺度，通过逐渐提高分辨率来观测太阳的精细结构及其动力学问题，从而理解太阳内部和大气中物质与能量的传输规律。本书将太阳物理研究分成四类：太阳内部和太阳大气结构及其涉及的基本辐射与磁流体力学（magneto hydro dynamics，MHD）过程、太阳爆发活动的储能与释能物理机制、太阳风和太阳爆发对行星际空间及日球的影响、太阳活动与其他恒星活动的比较性研究，其发展规律和研究特点概述如下。

一、太阳内部和大气结构及其涉及的基本辐射与磁流体力学过程

宇宙中超过 99% 的可见物质和太阳一样处于等离子体状态，其基本物理过程是一样的。高分辨率的观测是太阳相对于其他天体观测的一大优势，可以为恒星大气中的物质和能量传输涉及的基本物理过程提供独一无二的启示，也可以为理解星冕、吸积盘冕层及星系际介质的加热及动力学原理提供借鉴。

太阳的结构通常分为内部结构和大气结构。太阳内部不可见，其密度、温度、元素丰度等物理量的粗略分布可由恒星结构理论推导得出，但细微结构必须通过日震学的反演方法来确定；太阳大气结构则主要通过其辐射的电

磁波来直接观测，一些目前不可直接测量的量（如日冕磁场）则需通过磁震学等方式进行反演。

日震学通过研究光球层的振荡来反演太阳内部的结构与物质运动状态，取得了很多成果。例如，成功地获得了太阳对流层的较差自转分布，此结果改变了人们对太阳磁场产生机制的理解，对行星磁场、恒星磁场、星系磁场产生机制的研究都具有重要的指导意义。日震学的分析方法包括全球日震学和局地日震学：前者主要研究太阳不同的振荡模式；后者则主要通过测量声波从一处传播到另一处的时间来反推声波所经过的太阳内部区域的结构和流场等性质。

日震学研究对观测的连续性和时间的规律性要求较高。通常情况下，观测需要的时间分辨率优于 1 min，观测连续性长达数小时或数天甚至数月。通过在世界的不同国家布点，可以保证观测的连续性，如美国国家太阳天文台的全球振荡监测网（Global Oscillation Network Group，GONG）联测。但地面观测受天气和视宁度等因素的影响较大。1995 年欧美发射的太阳和日球层探测器（Solar and Heliospheric Observatory，SOHO）上的迈克尔逊多普勒成像仪（Michelson Doppler Imager，MDI）和 2010 年美国发射的太阳动力学天文台（Solar Dynamics Observatory，SDO）卫星上的日震与磁成像仪（Helioseismic and Magnetic Imager，HMI）对光球振荡进行了长期、连续的高质量观测，使得局地日震学得到了迅猛发展。在此基础上，太阳内部子午流、黑子下方的结构和流场、活动区浮现之前的预报、太阳背面活动区的成像、太阳内部的罗斯贝波（Rossby wave）等方面的研究都取得了重大进展。日震学对太阳标准模型的证实与太阳中微子振荡的精确测量为基本粒子物理的发展提供了巨大的推动力。

太阳大气包含了丰富的结构。即使是在没有大尺度爆发的宁静状态下，高分辨率观测也显示太阳大气中存在大量高度动态演化的精细结构，常见的有日冕喷流、色球针状体、暗条、微暗条、埃勒曼炸弹和紫外爆发，以及黑子和暗条中的各种亚结构。最近十几年来，随着"日出"（Hinode）卫星和过渡区成像摄谱仪（Interface Region Imaging Spectrograph，IRIS）等卫星的发射和多架 1 m 级地基望远镜投入观测，人们对太阳低层大气观测的空间分辨率提高到 0.1″~0.3″，时间分辨率则达到秒量级。这些设备的高分辨率观测在很大程度上改变了人们对针状体和埃勒曼炸弹（Ellerman bomb）等精细结构的认识，使得这些传统研究课题重新焕发出生机。精细结构的形成与演化是太阳大气中物质和能量传输的重要组成部分，对理解太阳大气中的物质循环、研究色球和日冕加热问题至关重要。

在太阳大气的不同结构中，还存在大量的波动现象。太阳大气波动研究始于 20 世纪中叶，其发展与 MHD 和等离子体动力学的发展密不可分。20 世纪 70 年代之后，太阳大气的高度结构化这一特点还促成了磁流体波动理论研究的焦点由均匀介质转入非均匀介质，从而在 20 世纪 80 年代催生出冕震学。1998 年发射的 TRACE 飞船使日冕常规观测的空间分辨率提高到 1.5″ 左右，其极紫外波段观测清晰地展示了冕环中的扭曲模驻波，开启了冕震学以及推广后形成的太阳磁震学（magnetoseismology）在随后 20 多年的研究热潮。当前，磁震学已成为太阳大气参数诊断的重要工具之一。对太阳大气精细结构和波动的研究是理解色球与日冕加热这一天文学难题的关键。目前主流的日冕加热模型包括纳耀斑模型和磁流体波模型，二者都与精细结构及其中的波动密切相关。

准确理解太阳内部和大气结构的形成机制与演化规律，通常需要结合理论模型或数值实验。例如，结合数值模拟和日震学方法，人们成功反演出太阳内部不同深度处元素丰度、密度和温度的分布，这些结果也为恒星结构形成与演化的研究提供了重要参考。理论分析和数值模拟对研究太阳大气也非常重要。太阳大气不同层次的温度、密度、电离度和辐射场等特性是完全不同的，因此理论分析的方法也不一样。一般来说，日冕和过渡区对绝大多数谱线是光学薄的，观测图像来源于视向等权重辐射的积分。对日冕和过渡区的结构及其演化进行建模，通常只需考虑结合光学薄辐射的 MHD 过程。色球和光球对大部分谱线是光学厚的，辐射场的求解需要依赖辐射转移理论。同时，光球和色球也有明显不同的特性。光球的局部热动平衡条件近似成立，而色球处于明显的非局部热动平衡状态，并且在一些现象中很多原子可能处于非电离平衡状态。此外，光球和色球的大气部分电离。因此，针对低层大气的理论和数值模拟工作应该考虑辐射过程以及中性气体与电离成分之间的相互作用，这对计算能力提出了很高的要求。事实上，太阳低层大气模型的发展与高性能计算机的发展密切相关，最近 30 年人们见证了从一维辐射模型到三维辐射模型、从动力学模型或 MHD 模型到辐射 MHD 模型的发展。这些研究也为理解宇宙中其他辐射 MHD 过程（如恒星系统的形成）提供了参考。

二、太阳爆发活动的储能与释能物理机制

太阳大气中的爆发现象包括 X 射线喷流、暗条爆发、耀斑、日冕物质抛射及伴随的各种大振幅波动现象，这些现象的本质是磁能向等离子体动能、热能和非热粒子能量转化的过程。因此，磁能如何储存、爆发如何触发、能量如何释放是这一领域的核心问题。相关的研究对象及一些特殊的探测与研究手段包括磁场产生，磁场测量，暗条爆发、太阳耀斑及日冕物质抛射，射电暴，高能辐射及数据驱动的数值模拟。对这些爆发活动的研究可以为恒星爆发活动、伽马暴和吸积盘喷流等其他天体爆发现象研究提供参考。

（一）磁场产生

在空间上，磁场表现为在太阳表面零散分布的太阳黑子、活动区和遍布整个太阳表面的网络与网络内磁元；在时间上，太阳磁场具有 11 年的活动周期和 22 年的磁周期，太阳发电机是描述太阳磁场起源和演化的理论模型，其研究具有重要的理论意义和应用价值。一方面，对太阳活动周的研究是理解太阳作为一颗恒星的总体行为、理解恒星对行星系统影响的基础；另一方面，理解了磁场的产生与演化，才能真正了解磁场如何为爆发现象储能并影响空间天气和气候。历史上这方面的研究大多以太阳黑子记录为基础。近年来，太阳磁场观测数据开始大量使用，使得理解太阳磁活动周更加直接。对高纬度和极区磁活动的关注则进一步把太阳活动周从单纯的由黑子行为描述扩展到综合性描述。要在万年或更久远时间尺度上表征太阳活动的物理量，可利用的历史数据可拓展到树木年轮、海底和地层不同年代的同位素含量。

根据研究对象的不同，太阳发电机理论可分为大尺度发电机模型和小尺度局地发电机模型，前者用以解释蝴蝶图、海尔定律（Hale's Law）等大尺度太阳磁场周期性变化，后者用于解释遍布于太阳表面的网络和网络内磁场。

根据研究手段的不同，太阳发电机理论则分为平均场发电机模型和 MHD

数值模型。传统的平均场发电机模型把太阳对流层中的磁场和速度场各自分解成大尺度平均和小尺度湍动两个分量，认为小尺度的电动势是大尺度磁场演化的驱动源。其优势是：在一系列假设下，高度非线性 MHD 方程被简化成准线性方程组，这样就可以充分探讨各种参量对结果的影响。然而，这种简化假设的准确性不断受到怀疑。日震学的新结果不断迫使平均场模型改进，从开始的 α-Ω 模型发展到后来的磁流输运模型。即使在同一类型的平均场模型中，对参数值大小的选择也常常存在争议，不同参数值可能会导致完全不同的结果。研究太阳发电机的另一大类方法是直接进行 MHD 数值模拟。此模型考虑了磁场和流场的耦合，同时计算磁场和流场的演化。这种方法的困难在于 MHD 方程的高度非线性，求解需要消耗大量计算时间，所以直到近20 年随着计算机和模拟技术的不断进步才得以大力发展。数值模拟从早期的只能模拟层流，到模拟湍动对流，再到重现太阳内部较差自转轮廓和发现磁场具有等效黏滞作用，显露出方兴未艾的局面。但总的来说，即使在计算机能力已得到大力提升的今天，数值模拟中所能实现的最高雷诺数仍远远低于太阳对流层中真实的雷诺数。

（二）磁场测量

磁场是太阳物理最重要的观测量之一，其观测迄今已有 110 多年的历史，随着观测手段不断改善，取得了诸多突破性进展。借鉴太阳物理的成功经验，天文学家在恒星磁场和银河系磁场测量方面也取得了重大进展。要攻克相关的科学难题，不但需要观测资料的不断积累，而且需要新的技术方法介入，从而提供更精确、更精细、更丰富的磁场观测信息。

整个太阳的磁场分布相当复杂，每个区域都有不同起源的磁场混杂在一起。观测表明，太阳磁场有多种分布（活动区磁场、宁静区磁场和极区磁场等），横跨各种尺度（最大尺度表现为太阳的偶极磁场，在逐渐变小的尺度上表现为黑子、黑孔以及谱斑，甚至到更小的网络场以及网络内场。日面上观测到的最小尺度磁场结构已接近目前望远镜的衍射极限）。不过，目前基本上只能对光球层的磁场进行比较精确的测量，对色球及过渡区磁场可做精度较差的测量，而对日冕磁场难以进行直接测量（日珥磁场除外）。所以，目前光球以上太阳大气的磁场信息，通常是在某种模型假定下以观测到的光球磁场为边界条件，进行理论外推或数值模拟而得到的。然而，构建完整的三维磁大气模型，深入研究太阳磁场与各种磁活动现象的演化及其因果关系，需要对不同大气层次的磁场进行精确测量。因此，太阳物理学家依然在孜孜不倦地提高太阳望远镜的空间分辨率和偏振测量精度，将观测平台逐步由地基向空间迈进，观测波段从可见光拓展到红外和紫外，并发展射电技术，同时不断探索和发展新的磁场测量理论与技术方法，以实现对色球、过渡区和日冕磁场的精确测量。

（三）暗条爆发、太阳耀斑及日冕物质抛射

暗条爆发、太阳耀斑及日冕物质抛射等太阳爆发现象的研究是我国太阳物理界的一大特色，具有较好基础。国内外很多地面望远镜和空间卫星均把太阳爆发研究作为主要科学目标之一。

暗条爆发、太阳耀斑和日冕物质抛射（coronal mass ejection，CME）等现象尺度各异，但有密切的内在联系，这种联系也是这一领域的研究重点。在过去相当长一段时期，国内外同行普遍认为磁重联是这些爆发现象的中心引擎。磁重联是磁能向等离子体热能、动能和粒子非热能量转换的关键机制，也是改变磁场拓扑结构的唯一途径，在实验室等离子体、地球磁层、太阳大气和其他天体物理环境中均有其踪迹。科学家自 20 世纪 40 年代就开始意识到太阳耀斑是太阳大气与其中的电磁场相互作用的响应。随后斯威特（Sweet）和帕克（Parker）指出，太阳耀斑源于在太阳大气中发生的磁重联。然而，单纯依靠斯威特－帕克模型中的欧姆耗散机制难以解释快速磁重联过程，于是有了佩特舍克（Petschek）模型及后续的不断发展，研究重点转向微观的电流片结构及其有效电阻。在日冕这样的无 / 弱碰撞环境中，电流片中的湍流和霍尔效应（Hall effect）等因素有助于加速磁重联，太阳低层大气中的双极扩散有可能加速磁重联。磁重联是微观尺度过程影响宏观爆发过程的一个典型范例，跨尺度研究显得日益重要。磁重联在耀斑和喷流中的作用毋庸置疑，不过对于暗条抛射和 CME 的能量转换机制而言，在过去 10 余年中，部分学者比较关注理想 MHD 不稳定性（或磁灾变），如扭曲不稳定性和电流环不稳定性。这带来的问题是：如何区分理想 MHD 不稳定性和磁重联在太阳爆发现象中的贡献？ CME 加速后向行星际空间抛射，可能与地磁场相互作

用产生磁暴。研究 CME 对地球的影响不但有助于预报空间天气，而且有助于理解在太阳系外其他恒星上发生的物质抛射过程和类地行星的宜居性。

各类射电暴和高能粒子加速是太阳爆发现象伴随的观测特征，数据驱动的数值模拟是研究太阳爆发现象的重要方法，鉴于它们的复杂性，本书将它们三者单列介绍。

（四）射电暴

各类太阳活动现象均伴随着粒子加速，其非热信号在光学和紫外等波段难以直接探测到，而在射电波段非常容易被探测到。另外，由于激发能段的不同，射电与硬 X 射线等高能探测手段可形成很好的互补。在几十兆赫到几十吉赫频段，可在地面建设大规模设施开展高稳定且全天候的观测，这也是光学等其他地基观测手段所不具备的优势。

太阳射电爆发频率跨越了由数十千赫至数十吉赫的 6～7 个量级，覆盖了从太阳表面至行星际空间的广阔区域，涉及等离子体微观不稳定性、激波与磁重联、高能电子加速和传播等系列过程，尤其是能量原初释放过程。射电辐射特征丰富，对应的辐射机制种类较多。不同的爆发现象以及爆发的不同阶段、不同区域常对应不同的辐射机理，包括与热过程有关的韧致辐射和回旋辐射、与高能电子和磁场关系密切的非热回旋同步辐射，以及等离子体和电子回旋脉泽两类相干辐射。在某些特定辐射机制下，射电频率和偏振等性质对磁场敏感，可据此反演磁场等参数，是日冕磁场测量的一种重要方法。射电辐射机理是一个跨越多尺度的物理问题，须构建融合多尺度物理的大型数值模型，才能认清多尺度结构和演化对射电辐射的影响。

射电观测装置的研发及数据获取是推动相关研究不断前进的基础。其中，地基设施可在厘米至 10 m 波段进行全天候连续观测，而空基设施可在毫米 - 亚毫米波和波长超 10 m 的甚低频波段开展观测。太阳射电暴是为数不多的可进行精细观测的天体射电辐射现象，其背后的磁能转化和粒子加速均为天体与空间等离子体基础物理过程，广泛存在于宇宙空间。因此，太阳射电研究除了在太阳和空间物理、灾害性空间天气预报等方面具有重要价值外，还推动了基础等离子体物理的研究，也为行星空间物理、系外行星搜寻与研究、类日恒星和脉冲星等其他天体研究提供了重要参考。

（五）高能辐射

高能粒子普遍存在于宇宙空间，它的起源、加速和传播过程是物理学的基本问题之一，它还可能对空间中的卫星仪器和航天员造成危害。自20世纪中期人造卫星首次探测到空间高能粒子以来，高能粒子的起源、加速和与之相关的高能辐射一直是太阳物理的重要前沿课题之一。太阳是一个优良的天然粒子加速器，在各种瞬变过程中，大量粒子能够从热等离子的速度急剧加速到接近光速，并产生多波段的高能辐射（硬X射线、伽马射线等）。这些高能粒子和高能辐射为人们理解宇宙中各类爆发活动的物理本质提供了非常宝贵的机会。

高能太阳物理的研究对象是太阳爆发能量释放的高温物质、高能电子、高能离子、高能中子等，观测资料基于局地探测和遥测，研究手段包括数据分析、理论建模和数值模拟等。该方向的研究主要依赖空间观测数据和观测手段的突破，获得新的、更精确的物理特征，并结合理论模型和数值模型的发展，提高人们对爆发活动、粒子加速和高能辐射等过程的认知。该领域的发展、人才培养和研究组织都凸显出以仪器设备为引领的特点。全世界至今陆续已有几十个空间项目执行了相关观测任务，如太阳极大年使者（Solar Maximum Mission，SMM）、CGRO、阳光号（Yohkoh）、太阳高能光谱成像探测器（Reuven Ramaty High Energy Solar Spectroscopic Imager，RHESSI）、Hinode、SDO、风太阳探测器（WIND）、日地关系观测台（Solar Terrestrial Relations Observatory，STEREO）、环日轨道器（solar orbiter）、帕克太阳探测器（Parker Solar Probe）和费米卫星等。该方向还与射电等多波段观测、高能天体物理和宇宙线研究等方向形成前沿交叉。

（六）数据驱动的数值模拟

高时空及高谱分辨率观测不断刷新着人类对太阳爆发的认识，也使相应的理论研究面临越来越严苛的挑战。在太阳物理中，数值模拟研究除了像之前一样探索现象背后的物理本质之外，也开始考虑再现观测特征甚至实现太阳爆发现象的物理预报。这一需求推动了辐射MHD模拟及数据驱动数值模拟的发展，前者考虑辐射过程，将计算得到的辐射特征与观测进行直接对比；后者将观测数据作为初始和边界条件，融入基于MHD方程的数值计算模式中。

数据驱动的数值模拟起源于数值天气预报研究,其将观测数据和数值模拟相结合,在尽量接近真实的条件下求解刻画太阳大气等离子体与磁场非线性相互作用的基本方程,再现真实太阳爆发现象。因此,数据驱动模拟可以克服观测分析无法深入以及理想数值实验难再现真实的缺点,以更全面、更定量的方式分析其中的物理过程和爆发机制,最终实现对太阳爆发活动触发和传播的预测,并应用于空间天气预报。因此,发展数据驱动的太阳爆发模拟既有重要的科学意义,又有重大的应用价值。

三、太阳风和太阳爆发对行星际空间及日球的影响

太阳风携带着磁场不断膨胀,延展成 200～300 AU 大小的日球层(日球层尾的尺寸则更大),它形成了人们生存的大环境,成为人类面对宇宙射线的第一道屏障。与此同时,太阳爆发活动也会对地球附近的空间环境产生破坏性的影响。人类就是在太阳这些有利因素和不利因素的夹缝中生存的。对这种状态的研究为系外行星宜居性提供了重要参考。

(一)太阳风与日球

太阳风是由日冕膨胀而形成的高温高速等离子体流,它所充斥和支配的广袤区域被称为日球层。太阳风的理论预言和证实源于人类对太阳如何影响浩瀚太空等诸多奥秘孜孜不倦求索的成果(Parker,1958)。太阳风与日球的磁化等离子体环境一直是众多空间探测任务的主要目标之一。日球系统的内边界和外边界作为太阳风的源区与终点,是深空探测的两座高峰。太阳风作为连接日地的等离子体介质,将地球包围其中,进而影响地球空间环境。因此,一方面,持续不断的新兴深空探测任务与本学科方向的发展互为牵引;另一方面,人类太空技术的发展也支持并成为本学科发展的动力之源。

太阳风与日球的主要研究内容包括它们的起源和演化、特征结构、组成成分和动力学过程。起源与演化涉及太阳大气如何加速膨胀、如何从内日球层演化到外日球层,又如何与星际介质相互作用从而终止于日球层顶;特征

结构则包括高低速太阳风流、共转相互作用区、行星际激波与间断面、电流片和磁绳等；组成成分涵盖宽能段的带电粒子和中性粒子；动力学过程涉及宽频谱湍动（含电磁场扰动和等离子体扰动）的驱动、输运、串级、衰减、耗散，以及伴随的太阳风加热加速过程。

太阳风与日球研究的特点包括：局地探测与遥感观测相结合，磁流体和等离子体理论相结合。作为弱碰撞等离子体天然实验室，太阳风是唯一能直接进行探测的恒星风。对太阳风的研究，尤其是对其起源和加热加速机制的探索，对认识宇宙空间普遍存在的"风"现象有着重要的参考意义。

（二）空间天气

太阳活动是空间天气的源头，也是决定行星宜居性的关键因素之一。理解太阳爆发活动的产生机制、爆发结构在行星际空间中的传播以及相关的高能粒子加速、传播和扩散的机制和规律，是实现准确预报空间天气的基础。因此，对太阳活动的预报、日冕物质抛射对地有效性的预报和太阳高能粒子事件的预报是空间天气与空间气候预报的重要组成部分。

太阳活动预报按照时效可分为中长期预报和短期预报，按照物理现象可分为耀斑预报、日冕物质抛射传播预报、质子事件预报、黑子相对数预报、10 cm 射电流量预报等。对于短期爆发预报（如太阳耀斑预报），由于突发事件的随机性，预报模型通常利用统计学规律建立。随着观测数据的积累，人工智能方法在该类问题的建模中发挥着日益重要的作用。对于短期传播预报（如 CME 传播预报），经验预报模式和数值模拟预报模式均得以应用。随着对太阳爆发物理本质认识的不断深入，数值模拟预报模式受到更多的重视。对于中长期趋势预报（如太阳活动周预报），已经发展出众多统计预报模式和基于发电机理论的物理预报模式。其中，对于长周期预报，现有的数据积累不足以得到可靠的统计预报结果，因此基于发电机理论的预报模式受到广泛关注。

CME 对地有效性预报在过去 20 多年里取得了巨大进步。这些进步依赖于观测能力和研究手段的提升。已经发展出的观测手段包括：①地基和空基高分辨率日冕观测：地基的有 K 冕观测仪（K-coronagraph，K-Cor）和多通道日冕偏振仪（Coronal Multi-channel Polarimeter，CoMP），空基的有 SOHO 卫星搭载的大角度分光日冕仪（Large Angle and Spectrometric Coronagraph，LASCO）和 STEREO 卫星上的日冕仪 1（Coronagraph 1，COR1）及日冕仪 2（Coronagraph 2，COR2）；②空基的行星际空间观测，如 STEREO 卫星搭载的日球层成像仪 1（Heliospheric Imager 1，HI1）及日球层成像仪 2（Heliospheric Imager 2，HI2）；③行星际闪烁观测等。已经发展出的传播预报模型包括 WSA-ENLIL、SPM、HAF 和 iCAF 等。对 CME 能否到达地球以及到达时间，目前已有了较为准确的预报能力，但对于最关键的南向磁场分量的预报能力相对较弱。

高能粒子辐射是空间天气学的一个重要研究对象，主要包括系外宇宙射线粒子和太阳高能粒子。系外宇宙射线粒子是长期存在、入射流量稳定、能量极高但难以屏蔽的离子；太阳高能粒子则为短期的、突发的、高强度且极难预测的质子和其他粒子。粒子辐射会对生物细胞产生影响，破坏其脱氧核糖核酸（deoxyribonucleic acid，DNA）组织和生物性能，因而行星附近的辐射环境会直接影响行星的宜居性，也会影响未来执行深空和行星探索任务时航天员的安全。这一方向的研究需要结合太阳物理、空间天气预报、行星科学和辐射生物学等多个交叉学科的知识，属于新兴的交叉学科。

太阳爆发活动可能对行星的空间环境及其宜居性产生显著的影响。由于观测数据的缺失等，人们很难同时获取行星空间的天气状态及影响行星宜居性关键因素的准确数据，导致缺乏对相关问题的系统性研究。近年来，随着各种行星际探测计划的提出和实施以及对太阳爆发事件形成和传输过程认识的提升，人们已可初步开展行星际空间环境及其对行星宜居性影响的研究。例如，利用火星快车的观测数据，Wei 等（2012）发现共转相互作用区导致氧的逃逸率在火星上比地球上高一个量级。

四、太阳活动与其他恒星活动的比较性研究

太阳活动和其他恒星活动主要是指磁场在太阳／恒星大气中引发的爆发活动现象（如耀斑、日冕／星冕物质抛射等）。人类首先在太阳上发现磁场和

爆发活动，随后在其他恒星上也发现了类似的活动现象。国际上对恒星活动的观测和研究起步于 20 世纪上半叶，兴起于 20 世纪下半叶。进入 21 世纪，特别是以开普勒太空望远镜为代表的一系列空间项目投入使用以后，恒星活动观测数据极大丰富，恒星活动吸引了更多研究人员的关注，成为天文研究中的热点领域之一。国际上早期对恒星活动的观测集中于可见光波段，通过时序测光发现了引起恒星亮度变化的耀斑活动和自转调制现象，通过 Ca Ⅱ H&K 等谱线发现了恒星色球谱斑活动以及恒星活动周。之后的观测延伸至 X 射线、紫外、红外、射电等其他电磁波段，研究对象涉及与太阳活动相对应的各个方面，如黑子、光斑、星震、星冕加热、星风、星冕物质抛射等，并基于塞曼效应测量了恒星磁场。很多观测到的恒星耀斑能量比太阳耀斑高出几个数量级，称为超级耀斑。近年来的一个研究热点是这些超级耀斑对环绕恒星公转的系外行星产生的空间天气效应，以及对行星大气的物理化学效应，并据此探讨恒星活动对行星宜居性的影响。

太阳是距离人类最近的恒星。人类能够获得包括多波段成像和光谱在内的详尽观测数据，业已建立起太阳磁场和爆发活动物理框架（如太阳内部发电机模型、太阳耀斑标准模型、太阳大气各层次 MHD 耦合模型等）。其他恒星由于距离地球遥远，难以获得它们的高空间分辨率图像，但其数量众多且处于不同的演化阶段，因此能够提供大样本的活动数据，从而使研究人员建立起恒星活动性随恒星各项特征参数（如有效温度、年龄、自转周期等）变化的统计分布规律。选择不同参数的恒星进行比较，以便理解太阳磁活动的既往历史和未来演化趋势，这已成为太阳物理和恒星物理新的生长点。恒星上的超级耀斑提供了耀斑现象在极端条件下的实例。通过太阳活动和类日恒星活动的比较研究，可以了解太阳活动在整个恒星族谱中所处的位置，理解太阳活动从过去到现在和未来的演化过程。同时，太阳的精细观测和物理模型对理解其他恒星上的大气结构、分析恒星上磁场和爆发活动的物理过程、建立恒星磁场和爆发活动的物理图像也具有很强的借鉴意义。这些研究能够促进太阳物理和恒星物理两个学科的交叉融合、共同发展，也有助于人们了解宇宙中磁活动现象的一些普遍规律。

第三节　发展现状与发展态势

随着我国太阳物理研究队伍的不断壮大，中国已经成为国际太阳物理界的重要研究力量。在观测设备方面，我国目前正在常规运行的台站有怀柔观测基地、抚仙湖观测基地、明安图观测基地等。为发展下一代地基太阳望远镜，在过去 10 年里开展了西部太阳观测选址工作，在川西无名山勘选了大口径地基太阳望远镜的台址，在青海冷湖勘选了红外太阳观测的台址。在科研方面，我国每年在国际期刊发表与太阳物理相关的文章大约有 250 篇，仅次于美国，约是英国的 2 倍，是日本的 4 倍。以美国的 SDO 卫星为例，截至 2020 年初，全世界同行使用其资料发表太阳物理方面的文章总共约 1300 篇，而我国就占 500 篇左右。这些数据都显示出我国太阳物理研究队伍日益走向世界舞台的中央。中国科学院有关 2014～2018 年天文学领域的文献计量统计报告显示，中国在太阳物理领域的研究比较活跃。在全球 1% 和 10% 高引用论文中，来自中国的太阳物理论文占全球的比例均比中国天文学的平均水平高 2～3 倍。影响力指数（某国特定学科的篇均被引频次与该学科全球篇均被引频次的比值）为 0.997，表明中国的太阳物理论文在引用上已达到国际平均水平，在国内仅次于基本天文而位居第二。当然，我国的太阳物理研究也存在很多薄弱环节，如从事日震学、日冕加热、发电机理论、类日恒星活动等领域研究的人员较少，研究方向大多集中于太阳爆发现象。我国在辐射转移的计算及磁流体力学数值模拟方面取得过具有国际影响力的成果，但目前仍缺乏两者的结合，即缺乏辐射磁流体力学数值模拟方面的研究。在设备方面，我国的空间望远镜开始取得实质性突破，羲和号卫星（HASE）于 2021 年 10 月 14 日成功发射，ASO-S 于 2022 年 10 月 9 日发射，10 余个空间预研项目已被提出，地基 2.5 m 望远镜正式启动建设，8 m 级光学望远镜也在推动中。

太阳物理四大领域的发展现状与发展态势详细介绍如下。

一、太阳内部和大气结构及其涉及的基本辐射与磁流体力学过程

（一）太阳内部结构及日震学

我国在日震学方面的研究尚不活跃，这里仅概括最近 10 年国际上比较活跃的几个热点问题。

1. 太阳内部 g 模

太阳核心的大气结构以及可能存在的磁结构是日震学中未解决的问题之一。通常认为重力波（g 模波）可以用来诊断核心区结构，但是 g 模波很难传播到太阳表面。研究 g 模与其他可探测模（如压力模，即 p 模）的耦合也许提供了一个契机。Wei（2020）通过分析指出，密度分层引起的 g 模和旋转引起的惯性波（r 模）在辐射区与对流区的交界处可以相互转换，有部分反射、部分透射。

2. 太阳子午流的研究

利用 SDO/HMI 的高分辨率数据，Zhao 等（2013）发现在局地日震学的研究中存在一个从日面中心到边缘的系统偏差。将这个偏差除掉之后，他们首次发现了太阳内部从极区到赤道的子午流位于 $0.83\sim0.91\ R_\odot$ 处，这与之前太阳发电机理论的假定并不符合，促使人们开始重新思考太阳内部的磁场如何在不同纬度间输运，以及太阳的南北极向磁场是如何形成的。他们同时提出在太阳的南北半球各存在两个子午流胞，Chen 和 Zhao（2017）的结果进一步支持了这一结论。有趣的是，一些学者根据低频 p 模的研究得出单个子午流胞的结论。这一争论有待开展新的观测进行甄别。

3. 太阳背面活动区的成像

过去的研究通常利用 4 次反弹的声波，而 Zhao 等（2019b）综合了 3 次、4 次、5 次、6 次和 8 次反弹信号，再结合不同的几何位形等共 14 种组合，更加完美地绘出了背面的活动区。这类研究具有极其重要的应用价值，不仅可以帮助人们预报即将转向太阳正面的背面活动区，还有望提供太阳背面的磁场分布情况，从而提高太阳全球磁场模型的精确度和太阳风速度预报的准确度。

（二）光谱诊断与辐射转移

近年来，太阳光谱观测发展迅速。除地面观测外，最重要的是发展了众多紫外（特别是极紫外和远紫外）波段的观测设备，紫外光谱仪成为空间太阳观测最重要的载荷之一。自 1995 年以来，欧洲以及日本、美国的 SOHO、Hinode、SDO、IRIS 等太阳观测卫星相继发射，一共携带了 6 台紫外光谱仪，在 150～2850 Å 波长范围内开展了高分辨率观测。2020 年 2 月，ESA 发射的环日轨道器携带的极紫外成像日冕环境光谱成像仪（Spectral Imaging of the Coronal Environment，SPICE）从距离太阳 0.3 倍天文单位处获取太阳极紫外光谱，并首次在黄道面以外的轨道上对太阳极区进行光谱观测。通过分析太阳紫外光谱数据，人们对太阳大气（尤其是日冕和过渡区）的性质和各种动力学过程的理解突飞猛进。我国迄今没有紫外观测设备，正在研制的 ASO-S 将首次实现我国对太阳的紫外成像观测。在研究方面，中国学者近年来做出了很多有国际影响的工作，包括活动区浮现和演化动力学（Huang et al.，2015）、太阳爆发活动的动力学（Li and Zhang，2015）、磁流体波的证认和诊断（Tian et al.，2016a），计算了太阳谱线相应的原子物理参数（Wang et al.，2018b），并通过非电离平衡的数值模拟计算出极紫外光谱（Shi et al.，2019）。这些研究促进了人们对太阳爆发机制和太阳大气中能量输运规律的理解。

在太阳大气模拟中，辐射是非常重要的一个能量传输机制。严格的理论需要同时求解辐射转移方程、统计平衡方程、能量平衡方程，并考虑比较完整的谱线覆盖，目前只在一维的情形下完整实现了这些要求。对太阳大气的一维辐射动力学模拟，挪威奥斯陆大学团组开发了 RADYN 程序，曾用它成功模拟出太阳色球的 Ca II 线增亮现象，并预测色球具有一个"冷"的背景。近年来，许多团组用 RADYN 模拟，结合辐射转移程序 MULTI 和 RH，计算各种观测到的谱线（如 IRIS 紫外谱线），提供诊断依据。在三维辐射动力学模拟中，对辐射场的处理仍是近似的。在光球中，普遍采用基于局部热动平衡的短特征线或长特征线方法，而对波长采用分组处理。在色球中，辐射损失一般采用光学薄的经验公式。挪威奥斯陆大学团组增加了光子逃逸概率和电离度两个因素，使得辐射损失的计算准确度大大提高。中国学者近年也积极投身该领域，在观测和模拟两个方面都取得了重要的进展，包括冕环与磁环的关系（Chen et al.，2015a）、埃勒曼炸弹的观测特性和模型（Fang et al.，2017a；Hong et al.，2017a）、太阳耀斑的辐射动力学模拟和谱线加宽机制（Zhu and Wiegelmann，2019）、磁敏谱线对耀斑的响应（Hong et al.，2018）、白光耀斑的观测特性（Hao et al.，2017）和辐射机制（Cheng et al.，2010）等。相比而言，虽然有一些有关辐射过程的计算方法和程序，但是在国际上的竞争力还不够强。

（三）太阳大气精细结构的形成及其动力学

当前，借助瑞典 1m 太阳望远镜（Swedish 1-m Solar Telescope，SST）、德国 1.5 m 格里式太阳望远镜（the Gregorian Telescope，GREGOR）、美国 1.6 m 古迪太阳望远镜（Goode Solar Telescope，GST）和我国 1 m 新真空太阳望远镜（New Vacuum Solar Telescope，NVST）等地面大望远镜，以及 Hinode、IRIS、高分辨率日冕成像仪（High Resolution Coronal Imager，Hi-C）等空间太阳观测设备，对太阳大气多个层次的观测都迈入了亚角秒分辨率的时代。对光球和色球观测的空间分辨率达到 0.1″ 左右，对过渡区和日冕观测的空间分辨率也已达到 0.3″ 左右。观测的时间分辨率则达到了秒的量级。与此同时，为解释这些高分辨率的观测结果，一些团队开发了功能强大的辐射动力学、MHD 或辐射 MHD 数值模拟程序。例如，挪威奥斯陆大学开发的 Bifrost 程序已能较好地重现针状体、紫外爆发等现象的部分观测特征，德国马克斯·普朗克天文研究所参与开发的 MURaM 程序已成功再现了黑子半影纤维和埃弗谢德（Evershed）流等精细结构的形成。近年来，通过对太阳大气前所未有的高分辨率多波段观测，并结合数值模拟，太阳大气精细结构及其动力学的研究得到了极大的发展。

近 10 年来，我国太阳物理学者在这一研究领域非常活跃，取得了很多具有重要国际影响的研究成果，代表性成果包括：对色球小尺度磁重联过程的直接成像（Yang et al.，2015b），对暗条磁重联精细结构及其演化过程的详细观测（Li et al.，2016b），参与发现并系统研究了紫外爆发现象的发生规律（Tian et al.，2016b），深入探讨了埃勒曼炸弹和紫外爆发现象之间的关系（Fang et al.，2017；Ni et al.，2018）。在黑子动力学方面的代表性成果包括：阐明了亮桥上方色球喷流的本质（Yang et al.，2015c），发现本影振荡存在旋臂结构（Su et al., 2016），发现黑孔的旋转可触发 M 级耀斑（Yan et al., 2015b）。我国学者找到了针状体等普遍性喷流加热日冕的观测证据（Ji et al., 2012；Samanta et al., 2019b）。此外，我国学者在日冕喷流的产生机制、微暗条的演化规律（Hong et al., 2017b）、暗条结构及动力学（Shen et al., 2015；Ouyang et al., 2020；Zhou et al., 2020）、日冕亮点（Zhang et al., 2012）及部分电离等离子体小尺度磁重联的数值模拟（Ni et al., 2015）等方面也取得了重要进展。

（四）太阳大气中的波及冕震学

等离子体波和 MHD 波携带大量的能量与介质信息。近 10 年中，波动的激发、传播和耗散的观测与理论研究都取得了飞速进展，我国学者做出了有国际影响力的工作。在微观尺度，我国学者提出场向电流不稳定性、场向密度纹结构（Wu and Chen，2013）、MHD 尺度阿尔文波的模转换（Xiang et al.，2019）等机制可以有效产生小尺度动力学阿尔文波；发现动力学阿尔文波的耗散效率敏感依赖磁化大气局地参数，据此合理解释了黑子上方色球、冕环、冕羽乃至冕洞上方延伸日冕等性质迥异的等离子体环境中的非均匀加热现象。在冕环尺度，理论所预言的扭曲模、腊肠模及阿尔文波均已得到观测证认：由磁结构足部湍动或磁结构周边爆发事件外源式激发扭曲模的机制已被确认，共振吸收和相混机制已被接受为扭曲模衰减的主流解释，基于扭曲模周期推断磁场强度已成为常规操作；耀斑环中的腊肠模被视为耀斑光变曲线中秒量级准周期脉动的主因，其衰减被普遍解释为波能向周边介质的泄漏；扭转阿尔文波在光球磁亮点之上的色球中被观测证认，且其能流被发现足够加热日冕。就波动起源而言，我国学者观测证认了色球重联事件、涡旋脱落（Samanta et al.，2019b）等外源性及开尔文-亥姆霍兹不稳定性（Kelvin-Helmholtz instability）（Yuan et al.，2019）和瑞利-泰勒不稳定性（Rayleigh Tayler instability）（Li et al.，2019a）等内源性激发机制。对腊肠模的激发和传播规律开展了系列理论研究（Li B et al.，2018），提出了基于多周期信号的冕震学反演方案（Chen et al.，2015b）。在全球尺度的极紫外波方面，暗条驱动的准周期波前现象被发现（Shen et al.，2019），不同驱动源导致的波前差异（Zheng et al.，2019）被发现。发现及命名了冕流荐的大尺度横向往复运动，并提出相应的日冕磁震学方案（Chen et al.，2010）。

无论是观测研究还是理论探索，太阳大气波动研究都有一个全景化趋势，即力图构建波动激发、传播、耗散这一链条的完整图像。其中，传播特征可用来诊断大气结构，耗散则通常涉及波能由磁流体尺度向动力学尺度的传递。

二、太阳爆发活动的储能与释能物理机制

（一）太阳磁场长期演化及发电机理论

我国学者对太阳活动长周期和总体行为的统计研究颇有国际影响。例如，Zhang（2006）及 Hao 和 Zhang（2011）发现了太阳南北半球的电流螺度符号随活动周变化，为太阳发电机模型提供了很强的限制；Li（2010）发现了蝴蝶图的纬度漂移及精细结构、黑子对倾角分布的乔伊法则在南北半球上分布是不对称的、蝴蝶图的半球变化可能存在相位差等；Jin 等（2011）发现在太阳的浅表层存在一种与太阳活动周反相位的薄差层，可能是（2.9~32.0）×10^{18} Mx 的小尺度磁场的发源地，暗示局部发电机的存在。

我国关于太阳发电机理论的研究刚刚起步，虽然已有年轻学者在磁通量输运发电机和太阳活动周预报等方面发表了引起国际同行关注的原创性工作，但研究力量明显单薄，突出的研究进展包括：提出少数异常（低纬度、高倾角）活动区的浮现和演化对太阳周演化的影响，量化了随机性对产生太阳周不规则性的主导作用（Jiang et al.，2015，2018），首次给出了太阳周可预报性的概念和预报模型。近期，张枚开展了发电机模型的数值模拟研究，发现电流螺度在驱动太阳发电机中起着重要甚至主导性作用。

（二）磁场测量、外推及拓扑结构分析

磁场测量的发展可以分成两个阶段。第一阶段是视向磁场阶段。美国学者海尔（Hale）于 1908 年首次测量太阳黑子的强磁场，开创了天体磁场测量的先河。1953 年，巴布科克（Babcock）实现了对太阳弱磁场的观测，为太阳发电机问题的研究奠定了观测基础。1995 年，欧美发射的 SOHO 卫星 MDI 望远镜是首台空间磁像仪，其视向磁场观测在太阳磁场的形成和

演化方面做出了杰出贡献。第二阶段是矢量磁场阶段。矢量磁场测量始于20世纪60年代。80年代以后，各国陆续研制地面设备。中国科学院国家天文台怀柔太阳观测基地的太阳磁场望远镜建成于1986年，利用长期的活动区矢量磁场资料取得了一系列成果。例如，首次分析了磁场结构从光球到色球的变化（Zhang，1994），首次开展了太阳极区矢量磁场测量（Deng et al.，1999），发现太阳低层大气磁重联证据（Wang and Shi，1993），提出了磁非势性概念及其表征量、太阳爆发与螺度阈值的关系（Zhang and Low，2005）。此后，日本于2006年发射Hinode卫星，其光谱偏振测量仪在世界上首次于太空开展太阳矢量磁场（特别是小尺度磁场）测量，首次展示太阳极区磁场的整体图像，在宁静区发现了无处不在的网络内水平场等。美国于2010年发射的SDO卫星HMI实现了全日面矢量磁场的首次空间观测。

然而，迄今太阳矢量磁场的精确测量都局限于光球层。对于色球而言，虽然磁场测量方法类似于光球，但是色球处于非局部热动平衡状态且谱线形成空间范围大，准确测量出较弱的偏振信号并正确反演出矢量磁场仍是挑战。对于亮度和磁场强度均很弱且属于光学薄的日冕来说，无论是利用日冕仪以及日冕红外禁线的塞曼效应与汉勒效应（Hanle effect）还是另辟蹊径（如射电观测），都面临漫长的探索之路。

太阳耀斑和CME均起源于日冕，其磁场目前无法准确测量。正因如此，从20世纪70年代开始，人们借助某些物理假设和数学模型，利用光球磁场外推得到日冕的磁场分布，三种假设包括势场近似、线性无力场近似和非线性无力场近似。早期，基于光球的视向磁场，势场和线性无力场外推广泛应用于日冕大尺度结构的研究中。对于非势性强的活动区，更好的方法则是以光球矢量磁场作为边界条件，采用非线性无力场假设（Guo et al.，2017）。我国学者发展的无力场边界元外推模型（Yan and Sakurai，2000）也成为太阳物理教科书中的代表性方法之一。对宁静区和极区来说，主要使用包括磁绳插入法在内的其他磁场重建方法，尽管其精确性有待提高（宿英娜，2019）。考虑到光球并不处于无力状态，学者们提出了基于MHD静力模型或有力场模型的外推方法。该方法比非线性无力场外推更加复杂，因此目前主要应用于等离子体压力占优的低层大气（Zhu et al.，2018）。

运用这些方法，中国学者发现活动区磁自由能的积累和释放与耀斑的触发及爆发强度密切相关。三维磁拓扑结构（磁零点、脊线、扇面及准分界层）的构建和拓扑奇异性在磁重联与太阳活动机制的研究中具有重要意义。例如，耀斑结构以及触发机制与其所处区域的复杂磁拓扑结构密切相关（Guo et al.，2017；宿英娜，2019）。磁螺度作为一个描述磁场缠绕程度和拓扑属性的参量，将日冕的大尺度（湍流动量传输尺度）和小尺度（能量耗散尺度）联系在一起，为太阳耀斑过程中重联区的形成和磁场的三维拓扑结构提供必要的限制条件。我国学者提出了新的相对磁螺度计算模型，并对三维磁重联中磁螺度守恒和太阳爆发的磁螺度阈值开展了研究（Yang et al.，2018b）。

（三）暗条爆发、太阳耀斑及日冕物质抛射

暗条是太阳爆发的核心结构，其振荡可用来反演日冕磁场，其爆发与耀斑和 CME 密切相关。我国学者的主要工作如下：提出由成像观测诊断暗条磁位形的方法（Chen et al.，2014a）；提出黑子旋转是暗条磁场扭缠的一种形成机制（Yan et al.，2015）；提出准磁分界层是暗条物质发源地的观点（Zou et al.，2017b）；提出虹吸流是暗条物质补充的一种机制，并首次对暗条的形成实现三维模拟（Xia et al.，2014）；观测到磁重联释放暗条磁纽缠的过程（Xue et al.，2016）。

耀斑观测已经发展到电磁波全波段，由此导致了耀斑的多样性和复杂性。虽然耀斑已有比较成熟的理论模型，但诸多细节仍有待完善。耀斑的研究主要是围绕耀斑的触发和能量转化等相关物理过程展开，涉及耀斑多波段观测、辐射动力学模拟和磁场拓扑结构与演化等。我国学者的成果包括：对色球蒸发进行了系统的光谱分析（Li et al.，2019b），对耀斑准周期脉动开展了系统的研究（Li et al.，2017b），证实大尺度电流片中的多重结构能够加速磁重联（Shen et al.，2011；Mei et al.，2017），发现磁重联内流和电流片中的磁重联外流以及外流中的等离子体团（Sun et al.，2015b），提出重联位置靠近太阳表面可能是容易发生白光耀斑的一个因素（Hao et al.，2017），提出耀斑带最终停留在磁分界面的观点。

得益于 SDO 数据，近 10 年来中国学者在 CME 的起源、内部结构、早期演化和源区磁场方面做了大量工作（Chen，2011）：提出了等离子体团合并

形成 CME 前身结构的模型（Gou et al.，2019），首次观测到了 CME 的磁绳结构和温度分布，观测到了 CME 引发湍动磁重联的证据（Cheng et al.，2018），重建了 CME 三维结构（Feng et al.，2012a），揭示了 CME 在行星际空间的三维传播规律和相互间碰撞的物理过程（Shen et al.，2012），这些结果为空间天气预报模式的建立奠定了基础。耀斑和 CME 经常是一个爆发过程的不同表象。Lin 等（2015）为此构建了一个理论模型，在 CME 被触发之后形成的电流片中自洽地考虑了磁重联的作用，将耀斑、暗条和 CME 有机地联系起来。

国内的一些重大仪器设施，如已有的 NVST、明安图波射电频谱日像仪（Mingantu Ultrawide Spectral Radioheliograph，MUSER）和 CHASE，以及即将发射和建成的 ASO-S 与 AIMS，都将为暗条爆发、耀斑及 CME 等太阳活动研究提供丰富的观测资料（图 4-1）。通过空间先导计划资助的其他太阳爆发空间探测项目正在推进中。我国学者也正在尝试开展粒子模拟与磁流体模型相结合的混合模拟，以实现大尺度演化和小尺度动力学的耦合。

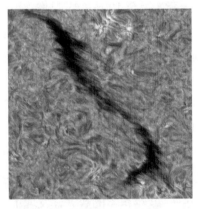

图 4-1　高分辨率观测显示暗条的精细结构（我国 NVST 拍摄）

（四）射电暴

射电观测研究推动了太阳物理学多个方向的发展，如耀斑与磁重联、高能粒子加速和传播、日冕磁场测量和灾害性空间天气等。

在射电装置方面，频谱设备已可覆盖厘米到 10 m（地基）及 10 m 到千米（空基）波段，数据处理技术相对成熟；在成像设备方面，尚处于由点频成像向宽带频谱成像的过渡阶段，主要有法国南锡（Nancy）米波日像仪、日本野边山厘米波日像仪、俄罗斯的西伯利亚太阳射电望远镜（Siberian Solar Radio Telescope，SSRT）日像仪，以及作为美国频率灵活太阳射电望远镜（Frequency-agile Solar Radiotelescope，FASR）计划先导望远镜的扩展欧文斯谷太阳射电阵（Expanded Owens Valley Solar Array，EOVSA）。在甚低频，主要基于 Wind 和 STEREO 等卫星开展 10 m 至千米波段频谱探测，用于研究行星际 CME 和高能电子传播与空间灾害预警等，我国嫦娥四号卫星也携带了射电频谱仪。此外，一些大型天文射电阵列，如 LOFAR、MWA、ALMA、SKA 和 ngVLA 等，均将太阳作为主要观测目标之一。

我国研制成功多套毫秒级高分辨宽带动态频谱仪，装备于中国科学院国家天文台、中国科学院云南天文台和山东大学等站址，并于 2016 年建成了 MUSER（400 MHz～15 GHz），具备了宽带频谱成像能力，可同时在数百个频点对爆发源区及初始传输区进行计算机断层扫描（computer tomography，CT），是近年来我国在该领域的重要进展。目前，国家子午工程 II 期正在明安图和稻城各布局建设一套米级至 10 m 级波日像仪，二者的互补观测完整覆盖 30～450 MHz 的频率范围。此外，子午 II 期将在明安图建设三站式多频行星际闪烁望远镜，通过接收和分析天文射电源信号来反演行星际物质及磁场结构与演化。

在太阳射电观测和辐射机理研究方面，我国学者取得多项重要进展：基于美国 EOVSA 和升级后的 VLA 等设施数据，探测到耀斑脉冲相期间环顶磁场的快速衰减现象，追踪到耀斑高能电子束运行轨迹和磁重联源区，并找到支持耀斑终止激波及其粒子加速效应的观测证据（Chen et al.，2015c）。基于我国宽带动态频谱仪在过去 20 年积累的数据，发现了一批独特的微波频谱精细结构，如微波斑马纹、快速准周期脉动、纤维、鱼群、带状结构和尖峰群及耀斑射电前兆，并发展了诊断爆发源区磁场和粒子加速过程的新方法（Tan et al.，2014，2016）。MUSER 已积累了大量频谱成像数据，证认出多个频谱精细结构，开展了针对耀斑准周期脉动的成像观测（Chen et al.，2019）。在 CME 与冕流作用激发射电 II 型暴方面开展了系统研究（Chen et al.，2014a）：找到了运动 IV 型暴的极紫外对应体－高温爆发结构，得到了射电源密度、温度等参数，结合质点网格法模拟提出运动 IV 型暴对应于束缚电子的回旋共振不稳定性所产生的新型等离子体辐射（Ni et al.，2020）。发展了考虑阿尔文波的新型电子回旋脉泽辐射模型，并应用于太阳射电暴，克服了传统脉泽机制遇到的一些困难（Wu，2014；Chen et al.，2017a）。

综上，我国在太阳射电探测、数据分析和理论研究三方面队伍齐备、研究基础扎实。在建的几个重大射电探测装置可推动我国射电研究步入宽带高分辨频谱成像与行星际闪烁、极紫外等多波段协同观测的新时代，实现从太阳爆发源区直到行星际空间的追踪监测。

（五）高能辐射及粒子加速

太阳高能粒子和高能辐射的观测与研究一直是太阳物理的前沿热点领域之一，这一点也体现在国内外的空间探测项目上。例如，高能粒子的起源和加速一直是空间探测计划的一个主要科学目标。此外，我国近期要发射的ASO-S 将联合环日轨道器首次进行对太阳粒子加速源区的多视角 X 射线成像及能谱观测，而嫦娥四号也搭载了中德合作的月球中子和辐射探测器。

在高能辐射方面，我国学者取得了众多创新成果，包括耀斑 X 射线源演化、准周期振荡（Ning，2017）、耀斑参数统计研究、能谱特征及非热能量计算、通过高能成像证认磁重联过程（Su et al.，2013；Gou et al.，2017）、粒子加速模拟研究（Kong et al.，2019）、伽马射线能谱和谱线计算（Chen and Gan，2020）等。在这些研究中，太阳高能数据多以重要的辅助素材出现，真正以高能现象为主体的研究尚不多，尤其是高能辐射和粒子加速理论方面的研究较少。我国在太阳伽马射线研究领域的队伍偏小，研究范围有待扩展。另外，高能观测数据的处理和图像重构繁杂，数据使用门槛较高，需要熟悉仪器原理和仪器效应，这也是制约国内高能太阳物理发展的原因之一。作为国内首个太阳高能成像频谱仪，ASO-S 搭载的太阳硬 X 射线成像仪（hard X-ray imager，HXI）及后续仪器将为太阳 X 射线和伽马射线研究带来新的契机。

在太阳高能粒子事件方面，我国学者也取得了不少成果。已有研究显示，脉冲型太阳高能粒子事件与耀斑具有强相关性，因此认为该类粒子是在耀斑中被加速。但是，Wang 等（2016b）发现脉冲型太阳高能粒子事件与耀斑的相关性弱，而与源自日面西侧 CME 的相关性高。据此提出新观点：脉冲型太阳高能粒子可能不是在太阳耀斑区域中加速，而是在与窄 CME 有关的高日冕区域中加速。研究指出，耀斑对缓变型太阳高能粒子事件也有加速作用，尤其是在事件初期的脉冲加速阶段。此外，模拟研究发现，垂直激波对电子的加速效率随着湍流强度的减小而增大，但是平行激波对电子的加速效率却随着湍流强度的增大而增大（Qin et al.，2018）。这些研究表明，缓变型太阳高能粒子事件的加速区域和机制比以往认为的要复杂很多。基于多卫星多方位角的观测，对高能粒子时空分布的研究能够深入地分析一些事件的起源、传播和局地效应（Guo et al.，2018b）。

（六）数据驱动的太阳爆发数值模拟

太阳爆发活动的数据驱动模拟源于多学科的交叉融合，其中包括太阳观测资料获取和处理、数值计算方法、磁流体力学、并行计算技术和海量数据的处理与分析技术。近10多年来，得益于高性能计算机软硬件的快速发展和高精度观测数据（特别是 SDO/HMI 的矢量磁图）的广泛应用，太阳爆发数据驱动模式的开发与相关研究开始兴起，并迅速受到学术界的关注。例如，美国多个单位近5年来联合开展了光球数据驱动全球日冕演化模型（coronal global evolutionary model，CGEM）的研究项目，欧洲和日本等多个研究组也正致力于数据驱动模式的开发。

我国学者在这方面成绩斐然，中国科学院国家天文台、国家空间科学中心、哈尔滨工业大（深圳）、南京大学、云南大学等多个单位独立或通过国际合作研发了不同的数据驱动模式，取得了一系列成果。目前我国开发的数据驱动模式主要包括：①数据驱动时空守恒日冕磁流体演化模式，实现了全日面光球综合磁图驱动全球日冕与太阳风的动态模拟（Feng et al.，2012），可以为爆发结构的演化与传播提供大尺度背景的日冕磁场和等离子参数。②将连续观测的 SDO/HMI 矢量磁图数据作为时变边界条件的太阳活动源区 MHD（data-driven active-region evolution-magneto hydro dynamics，DARE-MHD）演化模式（Jiang et al.，2016c），在国际上首次再现了日冕磁结构从初现、成形直到爆发的完整动力学过程。③基于开源程序消息传递接口 - 自适应网格细化/通用对流代码（message passing interface-adaptive mesh refinement-versatile advection code，MPI-AMRVAC）的数据驱动模式（Guo et al.，2019），适用于全日面和高分辨率的矢量磁图，能在同一个框架进行磁场外推和 MHD 模拟，数值结果能够很好地再现观测。

三、太阳风和太阳爆发对行星际空间及日球的影响

（一）太阳风与日球

在探测手段方面，位于日地 L1 点的卫星，如 SOHO、WIND 和高新化学组成探测器（Advanced Composition Explorer，ACE）等，均已经持续工作超过两个太阳活动周的时间，为揭示太阳风的演化特征积累了宝贵的资料。随着旅行者号、Helios-1&2 和帕克太阳探测器等飞船在日球层不同空域进行探测，人类已经初步获得了太阳风全距离的径向剖面。太阳极轨飞船尤利西斯号（Ulysses）太阳探测器大大拓展了太阳风探测的纬度范围，为人类揭开了极区太阳风的神秘面纱。ACE 卫星提供了迄今最完整的太阳风成分及其能谱、重离子的电离冻结状态以及不同第一电离势的重离子元素相对比值偏差，大大促进了人们对太阳风的认识。簇群（Cluster）空间探测器和多任务模块化空间飞行器（multimission modular spacecraft，MMS）等星座卫星，使得在深空中探测电磁场扰动四维功率谱的梦想成为现实。地基行星际闪烁的测量在认识全景太阳风图像及其扰动 / 湍动的输运和频谱等特征方面依然发挥着重要的作用。我国目前缺少这方面的自主观测设备。

在分析手段方面，我国学者发表了一系列成果：创建了"磁螺度谱＋角分布"的分析技术，揭示了动力学湍流的二元波动本质，即准垂直动力学阿尔文波（为主）和准平行离子回旋波（为辅）；新的数据处理技术可以从不同角度更好地反映太阳风中阿尔文波的性质（Li H et al.，2016；Liu et al.，2020）；发现内传波和外传波及其振幅比存在明显的日心距离演化效应，发现内传波主导情形下可伴有内传的质子束流（He et al.，2015b；Yang et al.，2017）；采用波模诊断技术与线性等离子体理论，在小尺度离子回旋波的鉴定和驱动源诊断方面做出卓有成效的工作（Zhao et al.，2019b）；在行星际磁绳的传播演化、行星际激波和间断面的分类证认、太阳风磁重联的二步能量转换（加热粒子和激发波动）等方面取得重要进展（He et al.，2018b）；将波场望远镜技术应用于太阳风中波湍动的四维功率谱构建，为揭示波湍动的各向异性特征提供可行的技术方案。

在理论建模方面，我国学者发展的太阳及内日球层数值模型可以包含多流体、热各向异性、波湍动谱的输运演化及波湍动对背景流的加热和加速，在内边界已经考虑了时变边界条件，达到了观测数据驱动的模拟水平；外日球层及星际介质的模型控制方程可以描述背景太阳风粒子、星际介质流、二者相互作用产物（能量中性原子和拾起离子）以及宇宙线粒子等输运和耦合过程；综合磁重联短程快加速加热和波湍动长程缓加速加热的特征，建立"磁重联＋波湍动"联合驱动太阳风的物理模型（Yang et al.，2015a）；提出低频阿尔文波的非线性波－波相互作用机制驱动阿尔文波向小尺度衰变的三种方式（Zhao et al.，2018）；基于线性等离子体理论和混合模拟，阐明了太阳风粒子束流减速与离子回旋波激发的因果联系（Li et al.，2019c；Zhao et al.，2019b）。

（二）空间天气

本方向在近 10 年获得了长足发展。国内"百花齐放、百家争鸣"的繁荣景象在国际上产生了很大的影响，逐步从跟随研究跨越到引领发展。国内多家单位成立了相应的研究团队，产出了一批高水平的科研和技术成果，培养了一大批高水平、有国际视野的年轻科研人才。在取得众多进展的同时，还面临很多挑战。

在太阳活动的短期预报方面，目前仅开展了一些基于诸多简化的数值模拟研究，多数尚无法直接应用于太阳活动的实际预报，因此目前主要依赖对太阳活动的实时监测数据。由于近年来观测数据迅猛增加，人工智能技术被用来自动提取前兆特征，并取得良好的预报效果（Huang et al.，2018a）。

太阳活动周长期预报可分为两类：一类是基于先兆特征的统计预报方法，如太阳极区磁场先兆预报方法等（Du，2020）；另一类是基于物理背景的发电机预报模型，由于这类方法在第 24 太阳活动周预报中表现杰出，近期较为活跃。

与短期和长期太阳活动预报相比，太阳 10 cm 射电流量的中期预报（27天）被认为是更加困难的任务。因此，这方面的研究不是十分活跃。太阳活动预报在业务方面已经形成有效的国际合作。国际空间环境服务组织的 11 个区域警报中心囊括了全球所有拥有重要太阳观测仪器的机构，具有 24 小时不间断监测太阳活动和连续发布太阳活动预报的能力。中国区域警报中心是其中一个重要成员。

在 CME 的对地有效性预报方面，近十几年获得长足进步（Wang et al.，2018a）。经验预报模型（Zhuang et al.，2017）和数值模拟预报模型都取得一定的效果。近期研究表明，机器学习方法对 CME 抵地时间的预报表现出色（Liu et al.，2018a；Wang et al.，2019），误差缩短到 6 小时左右，与人工预报相似（Shi et al.，2015）。对太阳爆发进行立体观测将进一步提高预报精度（Wang et al.，2020a）。

在过去 10 年里，日地空间天气的研究逐渐拓展到其他行星空间环境及系外行星宜居性等方面。我国于 2020 年首次实施火星探测计划，后续小行星、太阳系边界探测、木星探测和金星探测等计划也已被我国及各国学者提出，这些计划的顺利实施将为人们认知行星空间天气及行星的宜居性演化提供观测支持。行星宜居性相关的研究队伍已初步形成，中国科学院建立了比较行星学卓越创新中心，并启动 B 类先导计划开展行星科学的研究，中国高校行星科学联盟于 2019 年正式成立，很多单位也开始布局行星科学研究，这都为后续开展行星空间天气及其对宜居性的影响奠定了基础，而日地空间环境的研究具有不可替代的地位。

四、太阳活动与恒星活动的比较性研究

2009 年以后，随着国外 Kepler 和 TESS 等空间望远镜、国内 LAMOST 相继投入运行，恒星活动的观测数据在数量和质量上都获得极大提升，恒星活动研究发展迅速。Kepler 和 TESS 作为时域观测 / 巡天项目的代表，能提供大批量恒星的连续光变数据，使得研究人员得以建立大样本恒星耀斑数据集，并研究恒星耀斑活动特征的统计分布。LAMOST 作为光谱巡天项目的代表，能够提供大批量的恒星光谱数据，一些团队利用其中的 Ca II H&K 谱线数据，获取了恒星色球活动的统计分布。在 Kepler、TESS 和 LAMOST 等项目的引领下，传统的恒星耀斑多波段（X 射线、紫外、可见光、射电）观测研究和时序光谱观测研究得以长足发展。未来会有更多空间和地基巡天项目投入观

测，促进恒星活动性研究的持续发展。太阳活动与恒星活动的比较性研究将大放光彩。

通过多年的努力，我国学者已在恒星活动研究方面与国际主流保持同步。代表性工作包括：①基于 Kepler 和 TESS 空间望远镜的恒星光变数据，建立了恒星磁场和耀斑的活动性指标，并与太阳活动进行了比较（He et al.，2015b，2018b），构建了恒星耀斑活动数据集（Yang and Liu，2019），分析了恒星耀斑活动的统计分布规律（Li C et al.，2018；Tu et al.，2020）。②利用 LAMOST 的恒星光谱观测数据，构建了恒星色球活动光谱数据集（Zhao et al.，2015），获取了恒星色球活动的统计规律（Zhang et al.，2020），分析了恒星色球活动性与恒星年龄的关系（Zhang et al.，2019a）。以 LAMOST 为代表的自主大型巡天观测设备及其海量观测数据是我国在这一研究领域的优势所在。

第四节　发展思路与发展方向

天文学是一门观测发现驱动的学科，望远镜的发展推动科学问题的深入研究。从这个意义上讲，未来 15 年是太阳物理发展的黄金时代。从国外的发展情况来看，第一，2020 年丹尼尔·井上太阳望远镜（Daniel K. Inouye Solar Telescope，DKIST）开始科学观测，这意味着国外最大的地面光学太阳望远镜口径从 1.6 m 跃升到 4 m，其空间分辨率将在 5000 Å 处达到史无前例的 0.03″。因而，色球和日冕加热、局地发电机等难题的研究将迎来重大契机。第二，2018 年发射的帕克太阳探测器正在逐渐接近日心距 9.5 $R_\odot$ 的内日冕，其局地观测数据必将揭示日冕大气、初生太阳风以及日冕磁场的众多精细结构和动力学过程。第三，环日轨道器已于 2020 年 2 月成功发射，其偏离黄道面的轨道设计使得它能够对太阳极区和高纬区域进行首次正面观测，这必将极大推动日震学、发电机理论和太阳风起源等研究课题的发展。从国内的发展情况来看，NVST 和 MUSER 将继续开展常规观测，并有望扩大规模。我国目前最大的 1.8 m 太阳望远镜和 AIMS 即将建成，中国科学院云南天文台 2 m 环形太阳望远镜和南京大学 2.5 m 大视场太阳望远镜正式启动（方成等，2019），我国首颗太阳探测科学技术试验卫星 CHASE 已于 2021 年 10 月发射，ASO-S 即将发射。希望在未来 15 年里，太阳物理能够实现科学研究牵引设备发展、设备发展推动科学研究的良性循环。

当然，需要看到我国探测设备的短板，如尚无红外和极紫外成像光谱探测的研发基础。作为最早发现太阳黑子的国家，我国在最近 400 多年的大部分时间里，对太阳的探测落后于美国、日本和欧洲发达国家。我国的太阳物理界正在大力推动下一代大口径地面光学望远镜（空间分辨率要好于 0.03″，偏振测量精度需达到 10^{-4} 量级）及 1 m 级日冕仪，目前还有 10 多个卫星提案处于不同的预先研究阶段。为了配合地基望远镜的启动，必须精心选择台址，观测条件不但要尽量好，而且不利因素要尽可能少，以保障天文台能够长期高效运行（Liu et al.，2018b）。

太阳物理是我国天文研究的优势方向。未来 15 年，除了维持我国在太阳爆发方面的研究优势外，希望有更多研究力量布局在宁静太阳、日球以及类日恒星活动的比较性研究领域，在以下四个方面均衡配置力量。

一、太阳内部和大气结构及其涉及的基本辐射与磁流体力学过程

目前，在人才队伍方面，我国太阳内部和大气结构方面的研究人员偏少，需要更多高水平的研究人员来从事这方面的工作，并加强相关人才的培养。

在观测设备方面，需要发展各个波段的高分辨率观测设施及太阳中微子观测设备。只有不断发展包括可见光和紫外等波段在内的下一代高分辨率太阳观测设备，中国才能在国际太阳探测领域占据重要地位，为最终解决色球和日冕加热等天文学重大难题提供关键的观测证据，并且在日震学方面做出贡献。我国在太阳低层大气（光球和色球）探测方面有较好的基础，而对高层大气（过渡区和日冕）的探测力量比较薄弱。在极紫外成像方面，我国已有一定的技术储备，但极紫外光谱探测尚无任何基础。未来 15 年，中国学者需要组织团队，着手研制大型光学与近红外望远镜、日冕仪和太阳极紫外光

谱仪,迈出自主开展太阳极紫外光谱探测的第一步,并由此培养一批精通太阳光谱设备研制的人才队伍。这一跨越式发展可为我国将来实施系外恒星和行星的极紫外探测夯实基础。

在观测研究方面,帕克太阳探测器、环日轨道器和 DKIST 等望远镜相继启动,需要充分利用这些全新的观测设备和 GST 等已有设备,并结合我国自主的 NVST,深入开展宁静太阳的研究工作。对于日震学研究,一是可布局太阳极区日震学研究。环日轨道器所搭载的极化和日震成像仪将首次提供太阳极区的多普勒观测,可能首次实现极区的日震学研究,从而给出更加可靠的极区自转和子午流的图像。这方面的研究也将为多国推进中的太阳极轨探测做好科学上的准备。二是子午流对于研究太阳内部动力学结构以及发电机理论具有举足轻重的意义,但是其具体结构仍然扑朔迷离,未来几年这一领域仍将是日震学的一个研究重点。三是目前日震学关于太阳背面活动区的成像是图像化的,不具有磁场信息,如能利用机器学习的方法,把日震学图像转化成磁场图像,将会推动背面磁场数据在太阳全球磁场建模和太阳风建模等方面的应用。对于太阳大气的研究,需要不断强化对太阳紫外光谱数据的分析和解释、磁流体力学波动的理论和观测研究等方面的优势,瞄准新一代太阳望远镜获取的独特数据,为解决色球及日冕加热和太阳风起源等重大问题提供关键的观测证据,为理解小尺度活动在太阳爆发过程中的作用提供更多的线索。需要关注的研究领域包括:黑子中小尺度磁对流的规律、宁静区小尺度磁活动的特征和局地发电机、活动区浮现过程中太阳大气的局地加热、不同种类针状体及其他小尺度增亮事件的产生机制及其对日冕加热的贡献、暗条精细结构的形成、暗条的形成与消亡在太阳大气物质和能量循环中的作用、纳耀斑和阿尔文波对色球和日冕的加热率、阿尔文波的激发机制和传输特性、MHD 波与振荡及太阳大气磁震学的常规应用等。

在理论和数值模拟方面,目前我国太阳物理学者大多从事 MHD 数值模拟工作,而从事辐射动力学、部分电离等离子体物理、辐射 MHD 等方面理论和数值模拟工作的人才比较缺乏。未来 15 年,需要加快这一领域的人才队伍培养,通过结合数值模拟和观测研究,准确理解太阳大气各种精细结构及其动力学过程背后的物理机制,帮助人们准确证认波模,并发展基于太阳大气磁震学的诊断工具。辐射理论和辐射动力学是天体物理研究的重要基础之一，在太阳及其他天体上都有应用。从长远来看，需要开发出具有自己特色的计算方法和程序，包括一维至三维辐射转移程序和三维辐射 MHD 模拟程序，这是最终解决日冕加热等重大问题的重要途径。通过辐射 MHD 模拟与实际观测数据之间的对比分析，可以准确理解数据背后的物理过程。目前国际上这一领域发展的瓶颈在于三维非局部热动平衡辐射理论与三维 MHD 的耦合。未来 10 年有望突破这个瓶颈，这是我国学者的机会。

二、太阳爆发活动的储能与释能物理机制

（一）太阳发电机和太阳活动周研究

在太阳发电机和太阳活动周研究方面，建议组建理论和数值模拟队伍，规划太阳极轨卫星的长期观测，开展以下方面的研究。

（1）在平均场发电机模型方面，应改进传统的巴布科克－莱顿（Babcock-Leighton，BL）模型，发展新一代运动学发电机模型（如耦合环向磁流管浮现的三维 BL 型运动学发电机模型），以克服目前模型的诸多弊端（如对子午环流的过度依赖和不合理的磁扩散系数等）；探究太阳周不规则性的起源，确定混沌性和随机性在其中的贡献；将太阳表面径向磁图数据纳入模型；将发展的模型应用于太阳周预报。

（2）在数值模拟方面，通过国际合作，在共享的三维 MHD 程序包的基础上发展自己的程序模块；充分利用我国在太阳磁场观测上的优势，提出在物理上有创新性的概念和模型。

（二）磁场测量与分析

在磁场测量与分析方面，开展以下方面的研究。

（1）延续光球矢量磁场长期、高分辨和精细化研究。依托怀柔基地的相关设备，包括太阳磁场望远镜（Solar Magnetic Field Telescope，SMFT）和太阳磁场与活动望远镜（Solar Magnetism and Activity Telescope，SMAT），以及即将发射的 ASO-S 继续开展活动区光球磁场研究，在太阳爆发活动的储能研究上做出显著贡献。与此同时，充分利用我国米级大口径望远镜（NVST、

AIMS 和 WeHoST 等）的观测能力，发展多层共轭自适应光学技术，积极开展高时空分辨率（亚角秒量级）和高偏振测量精度的光球（含宁静区）矢量磁场测量与研究工作，有望在太阳磁场的精细结构及动力学演化、小尺度磁场的起源和色球及日冕加热等科学问题上有所突破。此外，极区磁场也是光球磁场未来发展的另一个生长点。

（2）努力推进色球和过渡区矢量磁场测量。20 世纪 80 年代至今，欧美学者始终在坚持不懈地提升色球矢量磁场的测量精度与理论研究水平。在我国，米级大口径望远镜也都具有开展近红外（如 8542 Å 和 10 830 Å 波段）甚至中远红外（如 12.3 μm）偏振光谱测量的能力，应当充分发挥和联合这些设备的潜力，开展从温度极小区到高色球的多层大气矢量磁场测量，同时加强非局部热动平衡条件下的偏振辐射转移和磁场反演技术的理论研究，考虑部分电离等离子体的输运过程，构建完整的三维磁大气模型。

（3）发展日冕磁场探测、外推及分析方法。在日冕磁场测量方面，既要利用美国 DKIST 和日冕多通道偏振仪升级版（Upgraded Coronal Multi-channel Polarimeter，UCoMP）望远镜等现有设备，又要发展紫外/极紫外空间光谱和偏振测量新设备，探索日冕磁场测量的新思路和新方法。在日冕磁场外推方面，完善现有磁场外推方法，推进其在弱场区的应用，开发并完善全日面非线性无力场的外推方法和螺度计算方法，重视磁场拓扑结构分析。

（三）太阳爆发现象研究

在太阳爆发现象研究方面，主要的研究课题包括以下几个方面。

（1）对磁重联开展跨尺度研究。宏观上，分析磁重联对应的磁拓扑结构改变与伴生的各种动力学特征；微观上，探索反常电阻的成因及电流片的跨尺度结构。利用观测与理论相结合，诊断磁重联过程中的能量转换机制。

（2）对耀斑继续开展多波段、高时间分辨率、高空间分辨率和高光谱分辨率的多维度观测，开发空间卫星、机载设备、球载设备和地基设备组合观测能力，尤其是利用探空火箭和气球观测的优势。地基设备将布局多波段望远镜，包括大口径光学、磁场测量和射电望远镜阵列等；空间卫星可以布局紫外成像和光谱、X 射线成像光谱、高能粒子等观测设备。

（3）将帕克太阳探测器等卫星的局地测量与环日轨道器、羲和号及 ASO-S

等卫星的遥感观测相结合，辅以地基设备（NVST 和 DKIST 等），对暗条爆发与 CME 的初发过程、加速机制、结构形成、热力学过程、CME 与三维磁重联的关系等关键问题进行深入研究，并将这些成果应用于恒星活动中。

（四）空间与地面多波段观测资料分析

我国空间与地面多波段观测资料分析的队伍逐渐壮大，未来 10 年可以在如下三个领域有所加强。

1. 射电太阳物理领域

在射电太阳物理领域，建议在以下几方面布局。

（1）加强地面观测设施的建设与资料分析技术的开发。发展超宽带多通道相干成像技术、超宽带低损耗信号接收和高幅相稳定的传输技术与大规模数据处理技术，实现高分辨、高灵敏、高动态的成像观测；发展高灵敏行星际闪烁探测及相应数据处理技术，如多站多频数据处理、太阳风与湍流性质提取、行星际 CME 结构反演方法等；基于 SKA 等大型阵列数据，发展由法拉第效应反演日冕及行星际磁场的方法。

（2）发展空间射电探测技术。利用毫米－亚毫米波段的空间频谱和干涉观测数据研究色球－日冕加热、太阳内部向太阳大气的物质能量传输等问题；利用 30 MHz 以下甚低频空间卫星综合孔径阵列技术研究射电辐射源区物理性质、行星际 CME 的结构和传播、高能电子的分布与传播等，提取灾害性空间天气事件的关键信息，为空间灾害监测预警提供参考。

（3）开展射电爆发机制研究。加强射电频谱成像等多波段联合观测分析，同时大力发展跨尺度数值模型，开展基于 MHD- 粒子混合模型和 PIC 模拟的大规模计算，加深对粒子加速和各类射电暴辐射机制的理解，并将太阳射电天文学的研究成果应用于行星和脉冲星等其他天体。

（4）服务于国家空间环境保障战略需求。基于覆盖日地空间的射电观测数据，获取耀斑和 CME 的前兆特征、激波速度和高能粒子的能量分布等信息。

2. 太阳高能粒子领域

在太阳高能粒子领域，随着一批重量级空间卫星［包括国外的帕克太阳探测器、环日轨道器、"阿迪蒂亚一号"（Aditya-L1）及微型太阳耀斑仪（the Micro Solar-flare Apparatus，MiSolFA），我国的 GECAM 和 ASO-S〕的陆续实施，第 25 太阳活动周将是高能太阳物理的一个黄金时代。在设备方面，需要大力发展新一代高能成像技术和高灵敏偏振探测、高能谱分辨率观测、多视角立体观测、高灵敏度和高分辨率粒子探测。在得到更高精度观测资料的基础上，结合理论模型和数值模拟，解决如下关键科学问题：①在磁重联过程中，粒子加速在何时、何地、以何种形式发生？种子粒子的来源在哪里？这些是理解太阳爆发活动产生机制的核心问题。②脉冲型太阳高能粒子和缓变型太阳高能粒子是在何处、通过何种机制加速的？电子和离子的加速之间是否有关联？③高能粒子与耀斑（尤其是白光耀斑）和 CME 的具体关联是什么？④太阳作为加速源能否产生超级耀斑？若发生，会产生怎样的极高能粒子和极高能辐射？

为解决这些问题，研究思路包括以下几个方面。①对太阳进行高空间分辨率及高能谱分辨率观测（包括射电与硬 X 射线的结合），以期揭示电流片、耀斑环及活动区中的高能物理过程。②对太阳爆发活动进行立体观测，得到辐射源区的三维性质、高能粒子的各向异性及硬 X 射线辐射的方向性。③对低日冕大气和高日冕大气进行多波段高精度成像，并结合高能辐射的观测，获得太阳高能粒子在加速源区的动态演化。对太阳高能粒子进行超低噪声、高精度局地探测，获得电子和离子的精细特征，尤其是行星际激波加速粒子的精细动态能谱图。④将 MHD 数值模拟同粒子模拟相结合，发展太阳高能粒子的加速和传播模型，系统理解太阳高能粒子的起源、加速和传播机制及其辐射过程。

3. 太阳爆发数值模拟领域

在太阳爆发数值模拟领域，可以往以下四个方向努力。

（1）在方程中融入更多物理过程，如参数化的加热、辐射和热传导等，发展辐射 MHD 模式，力求重现冕环、暗条和耀斑等现象的精细结构；发展结合 MHD 和粒子的混合模式，再现跨尺度物理过程；进一步发展磁场外推技术，反演更真实的太阳大气，完善模拟的初始条件；在边界上引入光球速度场和电场等更多观测约束；最终建成太阳大气结构和爆发过程的虚拟实验室。

（2）在硬件上配置国际一流的超算平台，在软件上发展高精度和高效率的数值算法，不断提升模拟能力。

（3）目前关于太阳爆发起源、触发和驱动的机制尚不明确，须厘清各种经典模型（如剪切重联、磁爆裂、新浮磁流和磁绳灾变等机制）的具体作用，并提出更加普适的新模型。同时，基于数据驱动模拟分析爆发的多种伴生现象，如冕环振荡、光球磁场变化、耀斑带的复杂形态与演化、日冕暗化和极紫外波等，为相关理论的进一步发展提供指导。

（4）集中相关单位的研究力量，结合不同模式的优点，并充分利用国内已有的数据积累和未来国内地面与空间太阳望远镜观测，建立自主开源的模拟统一软件共享平台，服务于国内外的太阳物理研究；将爆发过程的数据驱动模拟与全球太阳风模拟相结合，完整追踪爆发从源区到近地空间的演化过程，并与帕克太阳探测器和环日轨道器等局地测量数据进行比较，以进一步约束模型，为空间天气提供更加精准的物理预报。

三、太阳风和太阳爆发对行星际空间及日球的影响

在太阳风和日球方面，我国在研究深度和广度上与世界强国相比仍有很大的差距，主要表现在：缺乏相关深空探测任务的牵引、缺乏相关重大研究计划的支持；多层次、多方位人才队伍培养和储备不足；学科发展显著滞后于国家经济发展。建议在以下三方面布局。

（1）在探测手段方面，开展太阳系（日球）内外边界探测任务的科学和工程论证工作；论证 L1 点的近地太阳风前哨位置编队飞行计划；开展极区太阳风探测任务的科学和工程论证；研制太阳风电磁场、等离子体和粒子探测设备。

（2）在资料分析方面，将分析技术前移，并和探测能力建设结合，以便既能有效标定初级数据得到二级科学数据，又能为载荷研制提供指标依据；升级太阳风遥感观测的图像处理和反演方法；发展基于局地探测诊断多尺度太阳风结构和湍动的手段；开发场－粒子相关分析技术，促进波－粒耦合作用和湍流耗散加热机理的研究；优化针对编队飞行探测太阳风的波场测量分

析技术；发展基于行星际闪烁诊断太阳风及其湍动的分析技术；发展面向太阳风－磁层相互作用全景成像卫星（Solar Wind Magnetosphere Ionosphere Link Explorer，SMILE）科学目标的分析诊断工具等。

（3）在理论研究方面，发展太阳风起源、加热与加速的三维理论建模；发展太阳风湍流起源、输运、串级与耗散的理论建模；深入研究行星际磁结构演化及其与背景太阳风相互作用的关键机理，重点研究空间等离子体波耦合和波粒相互作用。

在空间天气方面，建议加强与空间物理、生物医学等的学科交叉，发展思路如下。

（1）在观测方面，对日地系统进行包括日地 L5 点在内的多方位空间探测，以便了解太阳黑子、活动区和冕洞从诞生到消亡的整个过程，实现对光球矢量磁场的准确观测，以及准确了解太阳风和太阳爆发结构的演化，从而提升我国的空间天气预报能力。

（2）在研究方法上，一方面，发展基于数值模拟的空间天气物理预报模型；另一方面，利用人工智能领域的数据挖掘和建模方法，特别是自 2006 年以来兴起的深度学习方法，尝试物理模型与人工智能模型的结合，并进一步探索具有可解释性的人工智能模型，这也是该领域的技术高地。对象数据不局限于太阳及日地空间的实测数据，还应包括物理模型产生的模拟数据，包括由光球矢量磁场外推得到的日冕三维磁场和 CME 三维重构。

（3）拓展到太阳系其他行星与系外行星。在以行星宜居性为主线的行星科学国家深空发展战略引领下，对太阳系其他行星空间天气进行研究（包括探测行星磁场扰动和大气逃逸等），丰富人们对不同行星空间天气环境的认知，帮助人们建立更准确的行星空间天气预报模式，为将来的行星探测计划服务，并全面理解行星宜居性的重要因素，并在此基础上确定系外行星的空间天气及宜居性。

（4）与生物医学交叉。载人深空探测的一个重要环节是航天员的生命健康，因此深空中的高能粒子辐射对人体产生怎样的影响将是我国未来发展的重要方向之一。目前，辐射生物效应的研究大多针对辐射医学，而太空中高能粒子的种类、能量和剂量与辐射医学中的粒子特征相差很大。可开展相应的研究，如分析空间高能粒子对生物组织、大气和土壤的辐射效应，建立跨尺度跨学科的辐射预测模型。

四、太阳活动与其他恒星活动的比较性研究

恒星活动比较性研究属于太阳物理和恒星物理的学科交叉领域，思想碰撞易激发创新性成果。我国未来需要更多研究人员和观测设备进入这一领域，共促学科发展。

在观测设备方面，国外的巡天卫星 PLATO 将会发射，地基射电阵 SKA 即将建成，未来对系外行星及其宿主恒星的探测和研究将进入更加精细化的时代。为此，可以做以下工作。一是，立足已有和未来即将建成的自主大型天文观测设备（如 LAMOST 和 FAST 等），对恒星活动的长期观测数据进行归档，开发分析软件共享平台，服务全球科研人员，形成具有国际影响力的数据和软件发布平台。二是，发展自主的多波段时域巡天空间项目。恒星活动的研究更关注恒星的时变信息，空间卫星观测可以获得不间断的时序数据，巡天策略可以保证数据的完备性，并且可以和其他时域的天文研究领域实现共享。除了继续发展我国具有一定基础的可见光和 X 射线等波段的观测设备外，还应该发展对于恒星高层大气探测最关键的极紫外光谱探测，与国际同类项目实现互补。

在科学研究方面，建议关注如下课题。

（1）恒星磁场整体活动规律。主要使用 Kepler、TESS 和 LAMOST 等设备的大样本数据进行统计研究，结合其他地面和空间观测设备，分析恒星光变曲线的自转调制和恒星色球谱斑等活动现象，获得恒星活动性随恒星各项特征参数（如年龄、有效温度和自转周期等）的统计分布规律，理解太阳的活动性从过去到现在和未来的演化过程。在这一研究中，突出我国在 LAMOST 等自主设备上的优势。

（2）恒星爆发活动的特征和物理机制。主要使用 Kepler、TESS 及其他地面和空间观测设备的多波段数据，利用海量恒星观测数据，研究类日恒星活动性并搜寻超级耀斑事件，研究这些超级活动的发生条件及其对行星大气的影响，进一步类比研究太阳大气发生超级耀斑的可能性。我国在太阳爆发活

动（暗条爆发、耀斑和 CME 等）的多波段观测研究和物理分析方面具有传统优势，在恒星活动领域可以延续这一优势。

（3）星震学和恒星磁场活动的起源。利用恒星光变数据和星震学等方法，分析不同光谱型和年龄恒星的对流运动和较差自转信息。同时，结合最新的观测约束，发展恒星的磁发电机模型，理解恒星磁活动的起源及恒星活动周。通过比较太阳和大量类日恒星的振荡模式，深入理解太阳与类日恒星在结构、演化以及磁场活动方面的异同，从而更好地研究太阳活动的起源及演化。

（4）星冕加热机制。类日恒星和晚期恒星通常具有温度远高于光球温度的冕层，黑洞吸积盘周围也有高温冕层。通过比较太阳和这些目标在不同波段的光度与光谱特征及时间演化，并结合数值模拟，期望在恒星和黑洞吸积盘冕层的加热机制、星冕活动区的演化规律、恒星冕洞的分布及演化规律、星风和吸积盘风的加速机制等方面取得重要进展。

（5）恒星大气磁震学。利用 Kepler 和 TESS 等光学观测卫星及 X 射线与极紫外卫星对恒星大气的观测，诊断恒星大气结构的物理参数。与日震学向星震学的拓展类似，太阳大气磁震学的探究有助于对类日恒星耀斑中脉动和波动的理解，从而间接诊断星冕参数，进而探究恒星耀斑与太阳耀斑机理和参数空间的异同。

（6）恒星活动与系外行星宜居性的关系。基于日地关系与日球物理研究成果，研究恒星系统的空间天气、空间气候及其对系外行星宜居性的影响。通过量化恒星活动性阈值，建立宿主恒星的数据库，为搜寻宜居恒星–行星系统提供重要依据。

第五节　资助机制与政策建议

一是，鼓励一定比例的重要成果发表在《天文和天体物理学研究》等国内期刊上；二是，建议在基金申请和结题考核环节全面实行 5 篇代表作评价制度；三是，建议资助建造有特色的太阳观测设备；四是，建议扶持数值模拟软件的开发；五是，建议扶持交叉研究，如将太阳发电机理论、爆发活动机制、日冕加热与太阳风起源、磁场测量等方面的研究拓展到类太阳恒星或吸积盘。

第五章

基本天文学

第一节　科学意义与战略价值

天体测量是天文学的基础，建立高精度天文参考架是天体测量的核心任务。天体测量参考架包括天球参考架（celestial reference frame，CRF）、地球参考架（terrestrial reference frame，TRF）及地球自转参数（earth rotation parameter，ERP）三部分，它们是获取所有天体位置、距离、速度的基础，对国防、深空探测、导航、全球环境变化和大陆构造运动的监测与研究等具有重要价值，天文参考架的研究也推动了引力理论、银河系结构和演化、恒星天文和宇宙学等领域的发展。在近 20 年 IAU 大会的决议中，与天文参考架理论直接相关的决议占比很大，凸显了天文参考架理论对天文学研究的基础作用。

时间是测量精度最高的基本物理量，时间频率的应用范围随着人类发展空间的扩大而涉及地面、水下到深空等大多数行业。随着基本物理量的重新定义，基本物理量都直接或间接地由时间导出，时间成为最重要的物理量，影响到科学研究、经济社会、国防建设的长远发展。

天体力学摄动理论是现代天体力学所有分支的理论基础。行星历表与相对论基本天文学是基本天文学成果的集中体现，在太阳系和行星内部动力学结构、引力理论和深空探测研究中有着重要应用。天体力学数值方法是天体系统轨道长期演化定性研究及航天器轨道、行星历表和引力波形模板高精度定量计算等的基本工具。航天器轨道是航天任务的基础，直接服务于国家航天活动，新的任务场景和需求也是其进一步发展的动力。

作为现代天文学的重要分支，行星科学拥有自身独特的学科特点和研究特色。太阳系起源和演化、行星与行星系统如何形成、行星宜居性、生命的起源和演化等是行星科学的基础前沿科学问题，也与人类未来发展息息相关。

太阳系小天体是太阳系的"时间胶囊"，保存着太阳系形成之初丰富的信息。近地小行星存在与地球相撞的可能，对人类安全构成威胁。主带小行星数量众多、类型各异，不同族群的演化可追溯主带碰撞历史。彗星富含水冰和有机物，研究彗星有助于理解地球水和生命的来源。柯伊伯带天体（Kuiper belt objects，KBOs）被认为是太阳系形成早期遗留的物质，由于处于太阳系外缘，蕴含了最原始的太阳系行星形成和演化的线索。对太阳系巨行星开展深空探测研究，可以了解其基本物质特性和结构特征。对太阳系天体开展系统研究，有助于深入了解太阳系的结构和组成，以及理解太阳系的起源与演化。

系外行星在宇宙中普遍存在，可能是地外生命的载体和地外文明的摇篮。对其研究不仅可以丰富人们对宇宙未知的探索，促进对宇宙形成和演化的全局认识，揭示地球及太阳系在宇宙中的位置和地位，而且有助于人们理解生命起源的奥秘，激发和推动人类技术的革新。

导航是指有关物体位置的确定，从古至今它都与基本天文学息息相关，如古代的北斗七星定向和现代的时空基准及卫星轨道确定等，与基本天文学的研究和应用密不可分，也与航空、航天、航海和空间飞行器等地空间目标的定位、定速、定向、定姿及人们的日常生活密不可分，在国民经济、国家安全和科学研究等方面有着举足轻重的地位，其应用非常广泛，发展前景十分广阔，是一个国家高科技水平的标志之一。

人造天体指航天活动中发射的各种人造卫星和火箭，碰撞、解体、遗弃等产生的空间碎片等，是基本天文学的重要研究对象。人造天体动力学主要面向人造天体绕中心天体的质点运动及绕自身质心的旋转运动，开展运动特征和动力学规律研究，从而精确掌握人造天体的运动轨道与姿态，其是航天工程和空间科学的基础。人造天体的监测通过大批量观测，以运动理论为基础，开展碎片编目技术和数据应用方法等研究，对保持航天活动的可持续性、保障在轨航天器的安全、规避人类社会遭受的潜在风险、维护国家权益具有重要的基础意义，既是空间大国的使命，又是重要的国家资源。

第二节 发展规律与研究特点

一、基本天文学理论

天文参考架的变革是与天体测量技术和精度的进步分不开的。随着 VLBI 技术和空间天体测量的快速发展，天文参考架的实现方法从光学波段的近邻恒星，以基本星表（fundamental catalogue，FK）系统为代表，逐渐过渡到遥远的河外射电源，以国际天球参考架（international celestial reference frame，ICRF）系统为代表。在实际的观测中，以星表来实现理论上的惯性参考系。20 世纪以来，天文参考架的研究表明，源的数量和精度不断提高。

从概念上看，FK 系统属于动力学无旋转参考架，其含义是指在参考系中描述物体的运动方程不包含任何旋转项和加速项，而其后的 ICRF，以及光学波段的依巴谷（Hipparcos）参考架和盖亚参考架则属于运动学无旋转参考架，即假设宇宙整体没有旋转，从而非常遥远的天体，如类星体和星系等在观测上不会显示整体旋转运动，它们是运动学参考架的参考基准。根据 IAU 的推荐，ICRF 的原点为太阳系质心，方向由河外源的位置确定。为了保持延续性，ICRF 与 FK 系统所确定的 J2000.0 平赤道坐标系尽量保持一致。

与 VLBI 技术不同的是，地面光学观测一般采用窄角或广角观测模式，以实现不同特点的天体测量和参考架的建立、维持及扩充。但基于地面天体测量存在的各种难以克服的困难，主要源于地球大气因素、重力和温度效应、测量原理局限等，早在 20 世纪 60 年代就有人提出了空间天体测量的设想和概念，其核心是在空间无大气的条件下实现固定大角距双视场的同时观测，探索一种新的三角视差的测量原理。该原理已经从 ESA 依巴谷和盖亚空间天体测量卫星的科学结果得到证明。这两个空间任务是人类近 20 年在空间天体测量方面的里程碑，其技术的核心内容是以广角天体测量替代窄角照相观测，以克服视差观测的解算困局；严格保持或监测双视场系统的角距，以实现空间角距的精确测定；用天体穿越视场时间的测定替代星象几何重心的测量，以提高定心精度。每一代新的空间测量系统在探测精度和深度方面均会有 2～3 个数量级的提升。例如，相较于典型的地基观测，第一代空间天体测量任务 Hipparcos（1989～1993 年）的天体观测参数测定精度提高了近 100 倍；而相较于依巴谷，盖亚卫星的位置测量精度提高了 100 多倍，在观测目标的数量上提高了至少 10 000 倍。

天文地球动力学是天文学与地球科学相互交叉、相互渗透的一门新兴的分支学科，是基本天文学对地球科学的应用。它以空间大地测量技术为实验手段，从天文的角度出发，更精确地监测地球整体以及地球各圈层的物质运动，更全面地研究整个地球系统的动力学机理。探索对地观测系统的新技术和新方法，使测量的精度、时间分辨率和空间分辨率不断提高，是天文地球动力学研究的主要目标。该领域的研究一直是基本天文学的核心内容之一，也是国际天文界关注的前沿方向。

随着各种观测技术的日益进步，对天文地球参考系统的精度、稳定性和自洽性都提出了更高的要求与挑战，如微角秒水平的天球参考架、位置精度 1 mm 和速度精度 0.1 mm/a 的地球参考架、相应精度水平的 EOP 测定与预报、一整套相互自洽的天文地球参考系统等。天文地球动力学以高精度的测量数据处理技术和观测资料分析为特色。必须提升空间对地观测资料分析的处理能力和资料的科学应用能力，促进天文参考基准的建立和维持工作的开展，这反过来又有利于研究发展空间对地观测系统的新技术和新方法。全球分布有多种技术，如 VLBI、卫星激光测距（satellite laser ranging，SLR）、全球卫星导航系统（global navigation satellite system，GNSS）、星基多普勒轨道和无线电定位组合系统（doppler orbitography and radio-positioning integrated by satellite，DORIS）、重力仪等，并置的观测台站网络是实现该目标的前提。

时间频率有着强烈的应用背景，几乎涉及人类活动的各个方面，并随着人们需求的发展而发展。

在刀耕火种的农业社会，人们对时间只是限于局部的需求，只需要进行地方时的观测；到了大航海时代，人们的活动范围逐渐扩大，航海定位和科学研究对时间精度的要求逐步提高，这促进了世界时、原子时的产生和发展。

作为时间测量基本设备的原子钟是基于原子跃迁的精密准确的电磁振荡信号源，是多学科的集成，涉及原子分子物理、量子物理、激光物理及激光技术、精密光谱技术、光学和精密机械技术、微波技术、电子技术、真空技术和自动化控制技术等学科。从原子钟到时间频率测量比对再到时间传递和应用，涉及诸多学科领域。与其他物理量分级传递不同，在长度、质量、时间、电流、热力学温度、物质的量、发光强度7个基本物理量中，时间是唯一可以直接将国家标准传递给用户的物理量，这个独特的特质使得时间的应用最为普遍，时间成为现代精密测量的基础。

2018年11月16日，国际计量大会通过决议，将千克、安培、开尔文和摩尔4个基本物理量的基本单位的定义改由常数定义，并于2019年5月20日起正式生效。7个基本物理量中，所有的定义都是直接或间接由时间的定义导出的，时间频率的重要性进一步凸显，成为最重要的一个基本物理量。时间是7个基本物理量中测量精度最高的。对物质世界认识的不断追求，驱使人们不断提高时间频率的测量精度。

不同用户对时间的精度有不同的需求，需要建立统一的标准时间，通过各种手段将时间传递给用户，满足不同精度、不同可靠性用户的需求。时间频率领域主要解决两个问题：①时间测量围绕着如何产生更高精度的标准时间而展开；②时间传递围绕着如何将国家标准时间高可靠高精度传递给用户而展开。

时间测量的发展随着社会的发展而发展，从天文观测发展到电子测量的变化，时间测量的发展历程体现了人类科学技术的发展。

早期的时间测量基于人们对天体运动规律的观测，在20世纪中后期发展成为世界时、历书时等全球统一的时间，依托地球自转、公转的周期进行时间测量。随着人们对标准时间稳定性要求的提高，到1972年以后，时间测量的主要工具成为人造的原子钟，根据天文观测的时间进行修正，这样的时间兼具原子钟稳定和天文时间准确的特点。近年来，随着基准型原子钟、光钟的发展，时间的稳定性也随之提高，协调世界时（coordinated universal time,

UTC）的稳定度已经达到 10^{-16} 量级。在原子钟精度逐步提高的同时，随着自转周期稳定的毫秒脉冲星被发现，天文时间基准又得到了人们的关注。2018年，ESA 已建成脉冲星时试验系统——"PulChron"，用于伽利略导航卫星系统时间保持中，以提高伽利略时间的稳定性、可靠性。可以预见，天文时间基准的建立和应用将成为新的研究热点。

时间最显著的计量特征是可以将国家标准直接传递给用户，时间传递和授时体现了时间发展的特色。

授时技术的发展，首要表现是授时精度的提高。从古代的晨钟暮鼓到现代的无线电授时，卫星授时精度已经到了 10 ns 量级。对于要求授时精度为纳秒级的用户来说，这些用户只能使用如共视、卫星双向等高精度时间传递系统。这些高精度时间传递系统的成本高且用户容量有限，因此，迫切需要研究更高精度的授时方法，更高精度的光纤时间传递、量子时间传递也就成为研究的热点。

在授时精度提高的同时，用时的安全性也成为研究的热点。中国于 2016年 12 月启动了国家重大科技基础设施——高精度地基授时系统，美国于半年后启动了"重启罗兰计划"，英国于 2020 年 2 月启动了"国家授时中心"建设，这些项目的建设目标就是在提高授时精度的同时，提高授时的安全性。

总体来说，时间频率领域的发展就是研究如何将更精确的、更可靠的时间标准传递给用户，这既需要基础理论和基础研究的支撑，也需要重要工程技术的支撑。

天体力学是在理解天体运行规律的过程中建立发展起来的，天文观测水平的提高和观测数据的积累，不但促使天体力学取得发现天王星等重大成果，而且推动了相关理论研究（如摄动理论）的长足进展。引力作用下的系统是典型的保守动力系统，作为一般动力系统的典型例子，天体力学与数学、分析力学共同发展，在动力系统的稳定性、混沌、相空间中轨道扩散等一般性理论研究中获得很多重要成果。人造天体和航天器的出现，对天体力学在实践领域的应用提出了新的要求；计算机技术的迅猛发展使天体力学数值方法得到了广泛应用。

太阳系是天体力学研究的起点和重点，基于太阳系天体的质量和轨道特征，摄动理论常把轨道偏心率和倾角作为"小量"，发展了长期摄动、平运动共振、长期共振等理论，解释了大行星运动、主带小行星分布、太阳系混沌运动起源等重要问题，并对太阳系的稳定性和起源等根本问题给出了重要线索。

天文观测和发现是推动天体力学发展的根本力量。太阳系内大量发现的彗星、主带小行星、半人马天体、KBOs、近地小天体等各类小天体在空间上的非平凡分布、各类天体间的相互转化，是太阳系演化的结果，也记录着太阳系形成的历史。行星轨道迁移、共振俘获、尼斯模型、大转航（grand tack）等理论模型，逐渐描绘出太阳系形成早期的完整图景，合理解释了太阳系行星轨道构型的形成、各类小天体的分布、水分输运等关键问题。

系外行星系统和太阳系内更远、更小天体的发现，不但为天体力学带来全新的研究对象，而且对天体力学理论提出了全新的要求。近年来，行星间的共振理论、高偏心率高倾角的摄动理论、各种非引力摄动等，正是应新的天文现象和观测结果而产生的。

行星运动的定量研究在观测和需求精度不断提高的驱动下持续发展。这种研究的早期发展受到了航海需求的强烈推动，同时也得益于人们对太阳系稳定性问题的普遍关注。限于当时的力学理论、观测水平和计算条件，人们只能在牛顿力学框架下研究分析理论。尽管有关研究满足了当时的航海需求，发展了经典的分析力学和摄动理论，并取得了发现海王星等具有广泛且深远影响的重大成果，但是也遗留了水星近日点剩余进动等无法解释的问题。

随着观测精度的不断提高，行星运动的定量研究需要考虑的摄动因素越来越多，其中既有牛顿引力理论本身的偏差、小天体的引力摄动，也有一些与大天体形状摄动有关的非引力摄动因素，这使得分析理论因过于复杂而难以建立。尽管为了理解不同动力学因素与行星运动现象之间的关联，仍有学者借助计算机符号的运算功能进一步发展分析理论，但其已不能满足引力理论检验和深空探测的需求。另外，计算机技术和数值方法的发展使得人们能够建立符合精度与观测精度相当的数值历表。

建立这种历表，需要在观测精度上建立完备的理论模型，即包含动力学模型在内的观测数据归算模型，进而通过拟合观测确定由模型参数构成的常数系统，并通过数值积分给出行星历表。

相对论基本天文学是20世纪90年代为适应高精度天文观测逐渐发展的

一门新兴基础学科，涵盖相对论天体力学和天体测量两个分支学科。它主要涉及如下几方面的发展。①后牛顿近似理论方法。相对论天体力学主要采用后牛顿近似方法计算椭圆双星的后牛顿轨道演化和引力波辐射，也利用双星或者多体后牛顿系统解析或半解析方法给出运动规律和引力波辐射，还发展了参数化后牛顿方法和参数化后爱因斯坦框架内包含的几种引力理论。②利用数值积分方法、与时空坐标选择无关的混沌指标和后牛顿理论研究致密双星系统的非线性现象。③以相对论引力理论框架处理天体测量资料来获得高精度数据，研究电磁信号在引力场中的传播和银河系引力场中的相对论天体测量问题。④利用高精度天体测量资料来验证引力理论的正确性。

研究各类航天器在空间中的运行规律，并以此为基础开展各类应用研究是航天器轨道理论的主要研究内容，也是现代天体力学的一个重要分支。

航天器主要包括近地空间目标和深空探测器两类。目前，近地空间航天器轨道理论较为成熟，相关研究更多关注具体应用需求，但一些新任务场景（如高倾角导航卫星）的理论尚需进一步完善。深空任务多以天文观测或太阳系探测为目标，数量较少且探测对象或任务需求多样，轨道理论不如近地空间那样完备。除飞越式探测外，深空探测器的轨道主要分为三类，即围绕大天体、围绕小天体、定位于一些特殊轨道（包括平动点）。大天体的引力位和自转速度与地球有差别，人造地球卫星的分析理论可应用于这些天体，但需做相应修正，目前已有较成熟的理论。小天体由于弱且不规则的中心引力以及强外部摄动（主要是光压），其附近完整的轨道分析理论尚欠缺。小天体尺寸和形状不一，建立普遍适用的分析理论也很困难。共线平动点的理论目前已较为成熟，但关于实际力模型下的三角平动点以及一些特殊轨道，如远距离逆行轨道（distant retrograde orbit，DRO）、地月系统中的共振轨道等理论工作尚需进一步挖掘。此外，近年来随着连续推进技术的发展和多星任务的背景注入，也需对一些相关的新问题开展研究。

航天器与自然天体的研究密切相关，如近地天体碰撞风险预警与主动防御需要近地天体完备的搜寻、编目以及精确的轨道和物理信息，近地天体的探测促成天体力学一些经典理论的改进（潮汐耗散、轨-旋耦合模型）等。尽管如此，部分人造天体所处的力学环境与自然天体有很大不同（如大偏心率、高面质比的空间碎片，J22 项与 J2 项相当且都很大、中心引力弱但光压摄动强的小天体探测器等），因此也会带来新的动力学现象，研究方法也需创新。一些应用背景（如连续推力）在经典天体力学中不会遇到，需特别对待。

天体力学数值方法是主要研究航天器和自然天体运动轨道微分方程的计算机求解方法。它直接来源于计算数学的理论和方法，又结合理论力学、非线性动力学、天体力学、行星科学、相对论天体物理等学科来发展并应用这些学科去解决实际问题，也具有多学科交叉发展的特点。类似航天器轨道那样高精度、短时间定量计算，要求发展截断误差小的高阶数值积分器，但对于自然天体长期演化的定性研究，要求发展数值稳定性好、误差积累缓慢且保持运动积分和几何结构等性质的低阶数值积分器，如辛方法。

二、行星与深空探测

太阳系中除太阳之外的其他天体自身不发可见光，通过反射太阳光而被光学望远镜观测到。由于目标距离变化大、反照率多样化、自转特性无法预知、活动性不连续等，物理特性的全景观测研究资料缺乏，进一步导致对新类型太阳系天体的甄别难度高。因此，在开展大视场广域巡天的同时，提高目标探测的灵敏度，进行合适频率的重复深场观测来搜寻移动的太阳系天体，并测定其轨道和物理特性的变化，是全面了解太阳系各类天体的关键。

（一）小行星

自望远镜发明以后，人类就把镜头对向了茫茫宇宙。第一颗小行星谷神星（现归类为矮行星）于 1801 年由意大利天文学家皮亚齐（Piazzi）发现，与德国中学教师提丢斯（Titius）预测的位置十分吻合。然而，随着观测技术的进步，目前发现的太阳系小天体总数目已超过了 93 万颗，其中包括近地天体、彗星、主带天体、KBOs 等。

近地天体是近日距小于 1.3 AU 的小天体，目前发现了 22 831 颗。在近地天体中，直径大于 140 m 且与地球的交会距离小于 0.05 AU 的天体称为具有潜在威胁天体，目前已发现 2085 颗，尚不足估计总数的 1/3。直径 40 m 以上的近地天体总数约 30 万颗，目前只发现了大约 3%。开展近地天体搜索发现进而正确评估其对地球的撞击威胁，可理解近地天体的起源和宿命，揭示近地天体动力学演化规律。

主带小行星观测研究聚焦于对小行星族群的巡天搜索和特性研究。目前,主带小行星的自转等特性数据不足总目标数的2%,开展大样本小天体的自转和多色观测研究,理解小天体的特性分布规律,统计研究小行星族群成员的物理参量,理解小行星族群成员组成和碰撞历史,可以为反演太阳系行星形成早期场景提供关键数据。

活动小行星和主带彗星是一种新的太阳系天体类型,兼具小行星的轨道特性和彗星的物理特性,目前仅发现30多颗。它们不全是冰质天体,也可能含有与其他天体不同成因和演化史的冰。对它们的搜索观测可提供太阳系广泛存在冰的间接证据,加深对太阳系形成机制和原行星盘中挥发物分布的认识。同时,对活动小行星和主带彗星的普查可为研究地球上水的来源提供关键线索。

太阳系外层新天体的搜索进程从未停止,目前已经发现了近4000颗KBOs和5颗矮行星,随着KBOs发现数量的增加,部分天体的轨道构型成团性预示了太阳系外侧可能还存在大行星。搜索发现,研究这一类天体可以为外太阳系早期的形成与演化提供极其重要的线索,这对于拓展了解太阳系的边界,整体了解太阳系的结构具有十分重要的科学意义。

小行星尺寸较小,地面望远镜无法解析观测到小行星的表面结构。在深空探测时代到来之前,小行星的研究主要集中于发现新的小行星、计算轨道演化和分析物质成分。前两者为天体力学提供了新的研究对象,推动了太阳系内轨道共振、动力学起源和轨道长期演化等的研究,这些成果也为后来的系外行星轨道动力学研究提供了工具;后者则基于地面望远镜获取的小行星光谱数据来推测小行星的表面成分,也可通过分析地面获取的陨石来推测小行星的内部构造和物质成分。随着雷达天文学的发展,特别是小行星深空探测任务的开展,人类能够真正获得小行星的图像、大小、形状甚至成分。这些数据让人们了解到:小行星的形状除了小部分为陀螺形,大部分极其不规则,且有部分小行星具有延长型结构,甚至由明显的两部分结构相接而构成的结构(简称接触双小行星);除了单小行星,还发现有双小行星甚至三合小行星系统的组成形式;自转方式大部分为主轴自转,也有大量小行星为非主轴自转,自转周期也不完全符合麦克斯韦分布,有大量小行星的自转周期快于 2.2 h 的引力束缚极限；表面存在多样的地质结构，有大量的山脊、线性结构和撞击坑；密度较低，存在孔隙，直径 200 m 以上的大多为碎石堆结构；有些小行星［如贝努（Bennu）］存在类似彗星的活动性，表明小行星和彗星的界限存在一定的模糊性。这些结果极大丰富了人类对小行星的认识，为小行星的形成演化提供了丰富而直接的约束。由于大部分小行星没有经过分异，直接保留了其形成早期的结构，因此也为太阳系早期的形成环境与大行星的形成过程提供了重要线索。除了科学方面，小行星研究还有助于开展地球安全防御和发展未来的行星际资源利用技术：前者是地球面临的现实威胁（如最近几次发生在我国的陨击事件），后者可能在解决未来地球资源危机方面发挥重要作用。

纵观小行星研究历程发现，小行星科学研究依赖地基观测（包括光学、红外和雷达等观测）和陨石分析，更多细节的小天体特征则来源于深空探测。这是由于小行星的尺寸较小，地面望远镜观测能力有限，无法获得小行星表面物理的直接数据，而地面获取的陨石是小行星碎片在经过大气层烧蚀后留下的部分物质，只保留了部分最不易烧蚀的物质成分。目前国际上各航天大国或机构，如美国、日本和 ESA 在小行星和彗星探测方面都有所作为且各有特色。美国探测任务最多且目标最广泛，日本在小行星采样返回研究方面较为突出，而 ESA 在彗星探测领域着力较多。我国在行星探测领域起步较晚，这也直接导致我国的行星科学研究基础薄弱，高端人才缺乏。目前，小行星研究领域的重要理论和研究成果绝大多数来自欧洲，以及美国、日本，中国作为航天大国应加强在小行星探测方面的投入，开展中长期规划，设计小天体探测路线图，以推动小行星科学研究的全面发展。

（二）大行星

在文明发展和科学进步的历史上，人类对行星的关注和研究是一贯的。整个近代经典物理体系的建立就是在对行星系统运动和演化规律的探索中逐渐建立与完善的。进入现代，科学技术发展日新月异，人类对宇宙了解的深度和广度达到了空前的水平。当前，天文学最前沿的问题可以概括为"一黑两暗三起源"。天体物理学利用对大量恒星、星系的统计分析研究，克服了时间跨度的困难，实现了研究大尺度和大样本中的起源与演变问题。作为现代天文学中的一个重要分支，行星科学拥有自身独特的学科特点和研究特色。"行星系统的起源与演化"和"生命的起源与演化"都是行星科学关注和研究的课题，它们既是科学价值重大的基础研究前沿，又与人类未来发展息息相关。在行星科学研究中，对象数量较少、形态各异，因此解决起源和演化的问题变得相对困难。但是太阳系行星际空间与其中的行星、卫星和小天体处于人类能够细致观察、探索的范围，因此可以通过对细节的深入挖掘和探索，理解行星物理现象的外在表现和内在驱动机制，进一步推断行星环境的形成历史和演化方向，甚至提出改造行星的可能方案。

太阳系八大行星可以分为两类，性质截然不同。一类是与地球成分和性质类似的岩石行星，包括地球、火星、金星和水星；另一类是以木星为代表的气态行星，包括木星、土星、天王星和海王星。它们都包含许多未解之谜，是人类理解更加丰富多样的系外行星世界的重要参照物。其中，对岩石行星的研究往往采用比较行星学的研究思路。气态行星在形成时大量吸积原行星盘中的氢氦气体，其内部物态和动力学性质与岩石行星差异显著。气态行星不像岩石行星那样具有清晰的圈层分异，其各种理化性质都是随深度连续变化的，因此在整个内部形成物态、平衡结构和内部动力学之间极其显著的耦合。气态行星的研究具有天文学特色，特别需要综合的视角与思路，而不可能割裂性地对某些部分开展单独考察。

由于太阳系大行星研究具有上述特点和需求，深空探测便成为相关领域快速发展的驱动因素和必要条件之一。如果没有深空探测任务和丰富的实地探测数据，人类对太阳系行星的了解将会停滞不前。

国际上的航天大国、强国或机构都对行星科学研究和深空探测计划表现出极大的重视与支持，这使得这些国家或机构在行星科学理论、行星探测技术和深空探测战略等方面拥有了巨大的话语权和影响力，也有效地向全世界展现了其经济、技术和科学实力。当前国际深空探测领域的热点包括太阳系起源与演化、生命的诞生和存在环境、太阳活动与空间环境、各类天体间的比较和拓展人类活动空间等。围绕这些需求，深空探测表现出探测对象多元、探测距离延伸、探测方式多样、探测手段扩展、国际合作广泛和科学牵引加强等特点，并强化了多目标、多任务的趋势。与此同时，科学探测载荷的小型化和智能化也是工程研究的重点内容之一。

（三）系外行星

人类对系外行星与地外文明的探索，始于公元前 4 世纪亚里士多德提出的一个哲学命题——"我们在宇宙中是否孤独？"系外行星探索历史始终伴随着人类文明和科学的发展历程，早在 16 世纪，哥白尼"日心说"支持者——意大利哲学家乔尔丹诺·布鲁诺在《论无限、宇宙与众世界》中提出了"其他恒星与太阳相似，也有行星相伴"的观点。18 世纪，英国数学家和物理学家艾萨克·牛顿在《自然哲学的数学原理》一书中也提到了类似的观点。1952 年，俄裔美籍天文学家奥托·斯特鲁夫指出：系外行星可能比太阳系行星更接近它们的宿主恒星，提出多普勒光谱测量和凌星法可以探测到短周期轨道上的超级木星（super-jupiter）。1995 年，随着高精度视向速度仪器的研发和探测精度的提升，第一颗热木星 51 Pegasi b 被发现，开创了现代系外行星探测的新时代，发现者也因"发现了一颗围绕太阳系恒星运行的系外行星"而共同分享 2019 年诺贝尔物理学奖。

系外行星研究的一个永恒主题是不断探索发现新的行星。这些新行星是怎样的新奇和独特？是否存在和地球一样有生命的行星？正是在对这些问题产生好奇心的驱使下，人类不断发明和改进各种探测技术，发现了众多丰富多样的系外行星，如热木星、超级地球、极其紧凑的多行星系统、双恒星系统中的行星、围绕脉冲星的行星甚至没有宿主恒星的"流浪"行星。这些新发现不断地刷新着人们的世界观。目前这个发现的过程正在加速进行，一个重要的目标是发现有生命甚至文明的星球，回答"我们在宇宙中是否孤独"这个基本问题。

系外行星研究的一个核心任务是理解地球和其他行星是如何形成与演化的，进而理解生命是如何从行星上起源的。行星形成和演化的理论研究起步于 20 世纪 50~60 年代。当时还未发现系外行星，理论和模型是完全基于太阳系建立的。随着系外行星的大量发现，系外行星形成和演化的理论遇到了很多挑战，也因此很多方面，如行星轨道迁移机制、星子的形成机制、行星的热演化和大气逃逸机制等得到了修改、丰富和完善。

系外行星研究是一个由观测发现引领的前沿领域，而观测发现非常依赖技术的革新。系外行星本身非常暗弱，探测它们往往采用间接观测的方法，常用的间接观测法有视向速度法、凌星法、天体测量法及微引力透镜法等。

即使用间接的方法，探测系外行星对仪器的精度也有非常高的要求（如视向速度法要求相应精度一般至少要好于 10 m/s，凌星法要求对恒星的测光精度要至少好于 1%）。再者，系外行星的搜寻本质上是时域观测，通常需要长时间基线，以及多次甚至连续不断的观测，这就要求有专用的观测设备（如微引力透镜法要求利用大视场、高时间频度的连续巡天观测）。观测精度和模式要求，天基相比地基是一个更好地探测系外行星的环境。此外，探测系外行星一般需要搜寻非常多的观测目标，积累海量的观测数据，对大数据的传输、存储和挖掘分析能力有很高的要求。目前，系外行星的探测和刻画已从地面观测发展到空间观测，而且后者的主导地位日渐凸显。

随着已知行星的数目飞速增加，系外行星研究的热门已经转移到对行星及其宿主恒星性质的研究，其中，系外行星尤其是类地行星大气的研究，是目前最热门和最具挑战性的课题之一。研究行星大气化学成分，搜寻水、一氧化碳、二氧化碳和甲烷等分子并测量其丰度，研究大气的温度结构及气候变化，寻找适合生命发展的大气，这些都是天文学家极其感兴趣的课题。

相当于恒星来说，行星尺寸小、质量很轻、亮度极低且距离恒星较近，所以行星大气的信号相对来说非常弱且淹没在恒星的辐射中。例如，类太阳恒星周围热木星的透射光谱辐射强度约为总辐射强度的 1/1000，M 矮星附近超级地球（半径为地球 2 倍）的透射光谱强度约为总强度的 1/10 000，而类太阳恒星周围类地行星的透射光谱强度为总强度的 1/1 000 000～1/100 000。行星发射和反射光谱的强度与行星的温度、行星大气的不透明度、高层云的分布、地表性质都有关系，但总的来说，类地行星相对最暗弱，是恒星辐射的 1/1 000 000 000，而热木星最高也只有千分之几。

由此可见，行星相对于恒星辐射的比值极小，行星大气研究对观测设备提出了巨大的挑战，要求其具备高灵敏度、高精度、低噪声。尽管地面巨型望远镜口径大，能够提供足够的灵敏度以及 1/10 000～1/1000 的精度，可用于研究巨行星和部分超级地球，但因为处于地球大气层，受大气和环境热辐射影响，对大部分中小尺寸行星，尤其是类太阳恒星周围的类地行星几乎无能为力。因此，研制高稳定性、低噪声的行星专用空间望远镜，是此方向下一步发展的前提条件和必经之路。

与其他学科研究相比，系外行星研究的显著特点是，它是一个多学科交叉的研究领域，涉及天体物理、天体力学、天体化学、天体生物学、行星科学以及仪器设备等众多学科，对一些问题的研究往往需要丰富的知识储备和多元化的研究队伍。

三、基本天文学在国家需求上的应用

（一）导航

随着人类对自然界认识的深入和高科技（如人造卫星技术、计算机技术、信息网络技术、人工智能技术等）的不断创新与发展，人类不断增加的各种需求对导航定位的精度、实时性、完好性、自主性、持续性、可用性和智能化提出了更高要求，因此需要进一步开展航空、航海和航天飞行器定位导航等创新性研究，为我国的国家安全和国民经济的进一步发展做出贡献。目前，我国北斗卫星导航系统（BeiDou Navigation Satellite System，BDS）研发成功，为我国增加了一种独立自主卫星导航的强大手段，为进一步组合多种导航手段提供自主、实时、高精度、智能化导航服务创造了条件。导航技术的发展呈现出手段越来越多、应用越来越广泛、影像越来越丰富的特点，在实时性、高精度、自主性、完备性及多种导航技术的组合和智能化水平等方面不断完善与充实，同时也为更远的深空探测发展新的导航手段。

导航技术早期主要靠目视和天文星表导航，20 世纪 20 年代开始发展仪表导航；30 年代出现无线电导航，首先使用的是无线电信标和无线电罗盘；40 年代初开始研制超短波的甚高频全向信标（very high frequency omni-directional range，VOR）导航系统和仪表着陆系统；50 年代初开始在飞机导航中使用惯性导航；50 年代末出现了多普勒导航系统；60 年代开始使用远程无线电罗兰 C 导航系统，作用距离达到 2000 km，为满足军事上的需要研制出了塔康导航系统，后又出现伏尔塔克导航系统和超远程的奥米伽卫星导航系统（Omega satellite navigation system），作用距离已达到 10 000 km；70 年代后发展了全球定位系统（global positioning system，GPS），随后出现了俄罗斯的格洛纳斯导航卫星系统（global navigation satellite system，GLONASS）；

21 世纪又建立了伽利略导航卫星系统（Galileo navigation satellite system，Galileo）、BDS 和一些区域卫星导航系统及增强系统等，其发展态势是精度越来越高，实时性越来越强，应用越来越广，完好性不断增强，可用性和连续性逐步提高，多系统融合越来越强。目前应用于航空、航海以及空间飞行器的导航技术，主要包括传统的无线电导航、惯性导航、天文导航、多普勒导航、卫星导航、组合导航、军用导航，以及针对空间飞行器特有的多种空间技术导航定轨。这些导航手段的有机组合及智能化水平是未来导航技术发展和研究的主要内容，其精度、实时性、完好性、可用性、连续性、组合集成度和有机度及智能化水平的提高是导航技术发展的目标，多种导航手段的优势互补是未来发展的方向。

　　传统的无线电导航是利用无线电电波的传播特性，测定飞行器导航参数（方位、距离和速度）的一种非自主性导航。目前正在使用的无方向信标中波导航台，准确性低且容易受天气影响，但其价格低廉、设备结实耐用，所以很多中小机场或者发展中国家的多数机场还在使用。我国西部地区的机场也在使用这种系统，一类是 VOR 和测距仪（distance measuring equipment，DME）组成的系统，其中，VOR 和 DME 常配套使用，提供飞行器方向和距离信息，从而确定飞行器的位置。中波导航台的 DME 配合 VOR 导航系统能保证飞机安全有秩序地飞行。但是建设 DME-VOR 航路费用很高，只能在中心城市之间或中心城市到一般城市之间设立航路，无法在大洋等无人区建设。

　　惯性导航是通过测量飞行器的加速度（惯性），并自动进行积分运算，获得飞行器瞬时速度和瞬时位置数据的一种自主式导航系统，其工作时不依赖外界信息，也不向外辐射能量，不易受干扰。目前主要分为两类：平台式惯导系统和捷联式惯导系统。惯性导航系统（inertial navigation system，INS）的导航精度与地球参数的精度密切相关，高精度的 INS 须用参考椭球来提供地球形状和重力的参数。由于地球密度不均匀和地形变化等，地球各点的参数实际值往往与参考椭球求得的计算值之间有差异，并且这种差异还带有随机性，这就是重力异常，从而影响导航的精度。重力梯度仪能对重力场进行实时测量，提高地球参数，解决重力异常问题，从而提高惯性导航的精度。

　　天文导航是根据天体（包括脉冲星）来测定飞行器位置、航向等导航参数的一种自主式导航系统，不需要地面设备，不受人工或自然形成的电磁场的干扰，不向外辐射电磁波，隐蔽性好，定向授时精度高，定位误差与时间无关。常用的天文导航仪有星敏感器、天文罗盘、六分仪等，在 CCD 的使用下，其小型化和精度方面有较大提高。近年来，脉冲星导航是研究热点，未来有可能实用化。

多普勒导航系统是利用多普勒效应测定多普勒频移，从而计算出运载体当时的速度和位置来实现无线电导航。1955 年，军用飞机开始采用多普勒导航，之后长距离、跨洋航行也采用这种导航系统，20 世纪 70 年代后又出现了多普勒导航系统与其他系统结合的组合导航系统。优点是无须地面设备配合工作，不受地区和气候条件的限制，运载体的速度和偏流角测量精度高；缺点是运载体的姿态超过限度时，多普勒雷达因收不到回波而不能工作，定位误差随时间推移而增加，而且多普勒雷达的工作与反射面状况有关。

卫星导航是采用导航卫星对地面、海洋、空间用户进行定位导航的一种被动式定位导航技术。它由导航卫星、地面台站和用户设备三部分组成，可用卫星数目超 100 颗，其精度可达厘米级，事后精密定位精度可达毫米级，可实现全球和近地空间全天候、全天时、连续、立体覆盖的高精度三维定位和测速，抗干扰能力强。与传统的陆基无线电导航系统比较，GNSS 是一个全球范围的导航系统，支持从航路飞行一直到近地着陆和地面引导，在各种增强系统的支持下，还可满足飞行各阶段的无缝导航引导系统要求。缺点是系统完好性、可用性、服务的连续性和精度不足，系统实时性难以保证，但 GNSS 广域增强和差分系统可弥补这方面的不足，不会受到地面是否建台的限制，实现了随机导航的目标，估计今后 10 年左右将取代传统的无线电导航。

组合导航是将惯性导航、无线电导航、天文导航、卫星导航等多个导航手段有机集成组合成一个优势互补和智能切换的综合导航系统，可利用多种信息源，互相补充，构成一种有多余度和导航准确度更高的多功能系统，避免单一导航系统的局限性，满足不同条件下的无缝导航，如室内室外组合导航。组合导航系统常以惯性导航为基础，原因主要是惯性导航可提供比较多的导航参数，甚至包括全姿态信息参数。组合导航是 21 世纪导航技术发展的主要方向，新的数据处理方法，特别是卡尔曼滤波方法的应用是产生组合导航的关键，组合导航实际上是以计算机为中心，将各个导航传感器传送来的信息加以综合和最优化数学处理，然后进行综合显示。

军用导航是针对导弹等武器的特别要求而建立的导航系统，主要有微波着陆系统（microwave landing system，MLS）、差分全球定位系统（differential global position system，DGPS）、环形激光陀螺捷联式 INS、INS/GNSS 组合导航系统、地形辅助导航系统、联合战术信息分发系统（joint tactical information distribution system，JTIDS）和定位报告系统（position location reporting system，PLRS）。具有自主性的惯性导航和组合导航仍是其发展的主要趋势，但对军用导航提出了更多的要求，如导航系统的电子对抗能力，高于敌方的导航信息精度、实时性、自主性、高动态、大区域导航功能等。

空间飞行器多种空间技术导航定轨主要是利用空间飞行器较大，可以搭载多个导航定轨载荷，如海洋测高卫星通常搭载 GPS、SLR、DORIS 等设备，从而通过不同手段进行测量定轨来确定卫星的位置、速度甚至姿态等。

总体而言，传统无线电导航由于技术落后，今后主要作为 GNSS 服务故障时的候补。天文导航经常与惯性导航、多普勒导航系统组成组合导航系统，这种组合导航系统具有很高的导航精度，适用于大型高空远程飞机和战略导弹的导航。卫星导航将成为导航技术发展的主要方向，其发展趋势是实现全球连续、实时、高精度和自主导航，降低用户设备价格，广布多模 GNSS 接收机，提高多个卫星系统数据融合及定轨和定位精度。同时，建立多种导航手段与通信、海陆空交通管制、授时、搜索营救、大地测量、空间天气和气象服务等的综合卫星系统和服务平台。

（二）空间目标

人造天体动力学。随着 1957 年苏联第一颗人造地球卫星发射成功，人类社会正式进入航天时代，人造卫星的运动理论也首次得以成功实践。人造地球卫星运动理论是以太阳系天体运动理论为基础逐步发展起来的，其运动方程和研究思路与传统的太阳系天体运动理论基本相同。

根据牛顿力学，可以给出由中心引力和摄动力组成的人造卫星运动方程。如果不考虑摄动因素，仅由中心引力决定的人造卫星运动称为二体问题，该方程存在分析解，此时人造卫星的运动轨道就是以地球为中心的椭圆。如果考虑了复杂的摄动因素，那么方程不存在分析解，只能通过微分方程给出数值解。

人造卫星的数值解在精密卫星轨道计算中得到广泛应用，如 GPS 的精密定轨等。但是，在研究人造卫星运动时，由于卫星（特别是空间碎片）数量很多，观测数据的精度较低，不可能也没有必要全部使用精密的数值方法。因此，现在用得最多的是运动方程的分析（半分析）解，只有在特定卫星的高精度航天任务中才使用数值解。

在人造卫星运动的分析（半分析）理论中，一般用开普勒根数（kepler element）来描述轨道变化与摄动力之间的关系（如拉格朗日方程、正则运动方程等），并进一步把轨道根数的变化区分为长期变化、长周期变化和短期变化，给出了平均根数、平根数、密切根数等定义。结合各种摄动因素的表达式，可以解出特定摄动力引起的长期摄动、长周期摄动和短周期摄动，从而得到任意时刻轨道的密切根数，这就是卫星动力学要解决的基本问题。研究初期，考虑的摄动比较简单，一般只包括地球引力场的低阶带谐摄动，这成为人造卫星运动的主问题。

在摄动函数展开时，常把地球引力场系数 J2 的影响定义为一阶小量，其他摄动按量级归算为二阶量、三阶量等。求解时，须将轨道根数的长期变率、长周期项、短周期项展开，分成一阶摄动、二阶摄动等求解。包括一阶周期项和二阶长期项的摄动理论，称为一阶运动理论；包括二阶周期项和三阶长期项的摄动理论，称为二阶运动理论。这些统称为平均根数的摄动理论。

在平均根数摄动方程中往往存在偏心率 e 和轨道倾角 i 等于 0 时的奇点，在理论和实践中都有着无法回避的困难。因此，人们研究了无奇点根数的摄动理论。对于平均根数的摄动理论，还有临界倾角的问题；对于地球引力场的田谐摄动，还有卫星运动和地球自转的共振问题。此外，如果不以二体问题的椭圆轨道为基础，而是以研究其他可积系统为基础，这就需要研究中间轨道理论。

经过多年的研究，人造天体运动理论研究取得了很大进展。对于各种摄动，建立了许多精密的动力学模型，得到了可以满足基本精度要求的解。人造天体运动理论在卫星导航、卫星测地等方面得到了广泛应用，取得了很多科学成果。

人造天体的观测。从 1957 年第一颗人造地球卫星发射成功起，人类就开始进行空间目标（碎片）的监测和编目。早期编目是通过轨道积累逐步建立编目数据库的，监测设备一般是单目标观测设备。随着空间目标（碎片）的增加, 编目数据库不断增大, 从而对探测效率和能力提出了更高的需求, 这时就研发了针对空域的多目标观测设备。此外, 从监测距离来看, 已经从低轨道扩展到中高轨道。

由于空间碎片的威胁日益凸显, 开展空间碎片监测的工作迫在眉睫, 世界各航天大国(组织)都积极采取切实可行的行动。国际上已经成立了机构间空间碎片协调委员会(Inter-Agency Space Debris Coordination Committee, IADC), 为空间碎片的国际合作(行动)提供了平台。

地基空间碎片监测的发展方向是: 从单目标跟踪监测过渡到针对空域的多目标监测, 在保证已知轨道目标的关联成功率的基础上, 具备发现新目标的能力。总之, 现在的空间碎片观测设备已经不再是一个雷达或一架望远镜, 而一定是一个观测系统, 需要硬件和软件相结合, 需要以轨道关联为核心, 这就是空间碎片监测系统的发展思路。

另一个发展方向是天基探测, 即将望远镜安装在空间平台上进行空间碎片的探测。空间探测的优点是: 白天黑夜均可观测, 不受地面天气影响, 可以进行全天时观测, 空间没有天光影响, 可以探测到较小的空间碎片。平台的轨道设计、望远镜的安装与控制、平台的组网等关键技术仍须深入研究。

在可以预见的将来, 空间碎片监测的内涵将逐步扩大。除了以轨道测量为核心的编目外, 空间碎片的可见光成像、红外成像、雷达散射截面(radar cross section, RCS)探测、星等探测、碎片物理参数(如自转周期、光谱、偏振、旋转状态)探测等, 从广义上说也都属于空间碎片监测的范畴。目前空间目标成像只能针对较大目标, 空间碎片物理参数探测现在还不成熟, 有些还有待预研。

SLR 的原理是精确测定激光脉冲从地面观测站到装有反射器卫星的往返飞行时间, 结合光束计算得出测站与卫星间的距离。该技术最早由美国国家航空航天局(National Aeronautics and Space Administration, NASA)于 1964 年提出, 测距精度由最初的米级已经发展达到今天的亚厘米级, 是目前卫星单点测距精度最高的大地空间测量技术。卫星轨道高度从几百千米到 36 000 km 的地球同步轨道, 自 NASA "阿波罗" 系列飞船登月并在月球表面的特定位置放置了激光反射器阵列后, 月球激光测距(lunar laser ranging, LLR)的兴起让月球也成为激光测距的观测目标, 使得测距量程扩大到 38 万 km。

成立于 1998 年的国际激光测距服务（International Laser Ranging Service，ILRS）是激光测距领域在国际上的最权威的组织，该组织统筹协调全球测站的运作、数据汇总与技术推进。它提出今后激光测距技术的几个发展方向包括：①在南半球新建测距站点增加测距覆盖范围，使测站的全球分布更合理；②通过低能量超高重频（100～500 kHz）测距增加数据量，进而实现毫米级高精度激光测距；③利用测距站点的全自动化与网络化来减少人力和物力的消耗。此外，激光高精度时间传输和比对、双波长测距、角反射器研制等新技术的应用也是领域的关注热点。

2002 年，澳大利亚地球观测系统（Earth Observation System，EOS）的空间系统首先实现了漫反射空间碎片激光测距，空间碎片激光测距迅速成为领域内研究的热点。如今，对碎片的测距精度［均方根（root mean square，RMS）］在 0.5 m 水平，主要的研究方向包括高功率窄脉冲激光器的研究、碎片预报精度提升及全天候的碎片测距等。

第三节　发展现状与发展态势

一、基本天文学理论

（一）天体测量

天球参考架的研究焦点主要集中在：由 VLBI 地面观测实现的射电参考架，即 ICRF，以及基于盖亚卫星空间观测的光学天球参考架。直到 2018 年之前，ICRF1 和 ICRF2 主要由 S/X 波段（2.3 GHz/8.4 GHz）的 VLBI 双频观测实现。最新的 ICRF3 第一次由三个波段的射电星表组成，分别是 S/X、K（24 GHz），以及 X/Ka（8.4 GHz/48 GHz）。主要的进步体现在：①对银河系光行差效应进行了建模，光行差自行的幅值为 5.8 μas/a（1 μas=10^{-18}s）；②天区覆盖更密，在南天极附近源的分布更加均匀；③全天的位置精度更加一致，达到了 30 μas。加入高频波段，使得源结构看起来更加致密，视自行更小，整体精度也更高。另外，盖亚卫星是 ESA 的第二代天体测量卫星，将提供 G 波段亮于 21 等的超过 10 亿天体的天体测量资料、多波段测光资料以及视向速度资料。盖亚卫星于 2013 年 12 月底发射，目前已经发布了前两期的资料。盖亚卫星与依巴谷卫星的观测原理基本一致，以固定角度（称为基本角）的两个视场扫描全天。从原理上看，盖亚卫星的观测完全脱离了地球的运动，天然地形成一个性质良好的天球参考架，精度与它的观测精度一致，将达到微角秒。由于盖亚卫星可以直接观测银河系外的天体（包括类星体、星系等），因此盖亚卫星可以直接以河外源的位置作为参考基准，从而直接实现光学波段上的国际天球参考系（international Celestial reference system，ICRS），即 Gaia-CRF。盖亚卫星将总共观测超过 50 万颗河外源，参考架密度远远超过 ICRF。

新原理和新技术对推动天体测量学发展起着关键性作用，特别是将这些技术和原理应用于空间天体测量领域。自从 Hipparcos 计划顺利实施后，许多国家和联合团体提出了多种微角秒级空间天体测量计划，有些仍在推进，多数未能实施，如全天天体测量卫星（美国，50 μas，5～15 V）、天文测绘探测器（Astrometric Mapping Explorer，AMEX）（美国，100 μas，7～15 V）、太空干涉测量任务（Space Interferometry Mission，SIM，又称 SIM-Lite、SIM-PlanetQuest）（美国，1～4 μas，20 V）、盖亚（欧洲，10 μas，6～21 G）、忒伊亚（Theia）（欧美，1 μas，7～24 R）、近地天体测量望远镜（Nearby Earth Astrometric Telescope，NEAT）（欧美，0.8 μas，11 V）、天体测量引力探测器/伽马天体测量实验（Astrometric Gravitation Probe/Gamma Astrometric Measurement Experiment，AGP/GAME）（意大利，0.1 μas，12 V）、轨道定位干涉监测天文邻域的望远镜（Telescope for Orbit Locus Interferometric Monitoring of our Astronomical Neighbourhood，TOLIMAN）（澳大利亚，0.2 μas，6 V）、系外类地行星空间探测计划/近邻宜居行星巡天计划（Search for Terrestrial Exoplanet/Closeby Habitable Exoplanet Survey，STEP/CHES）（中国，1 μas，12 V）、中国空间站光学巡天（Chinese Space Station Optical Survey，CSS-OS）（中国，50μas，18～26V）、日本小纳米天体测量卫星的红外探测任务（Nano-Small-Japan Astrometry Satellite Mission for Infrared Exploration，Nano-Small-JASMINE）（日本，10μas，12K）等。

目前，真正实现微角秒天体测量技术的只有 ESA 盖亚项目。盖亚这架望远镜设计观测寿命为 5 年，实际将至少工作 7 年。作为 1989 年同样由 ESA 发射的依巴谷卫星的后续任务，盖亚当初计划对包括银河系内外约 10 亿颗亮于 20.7 星等的目标进行扫描观测。截至 2018 年，其已观测到近 17 亿颗天体，完整的结果预计在 2025 年发布，目前多项工程的实际指标已远超设计指标。盖亚的核心为共用一个焦面的两台空间望远镜（夹角 106.5°），通过对夹角稳定性的实时监测可以获得 10 μas 精度的测量数据，并用于创建盖亚光学天球参考架。目前，星等亮于 10 mag 的位置精度约为 7 μas，对于 15 mag 天体的位置精度为 12~25 μas，至 20 mag 精度为 100~300 μas，是当前在轨航天器中高性能的代表。

发展并综合利用多种空间技术和地基测量技术，实现相互自洽的微角秒水平的天球参考架、1 mm 位置精度和 0.1 mm/a 速度精度的地球参考架以及相应精度的地球自转参数服务与研究，已成为目前及未来基本天文学和大地测量学研究的核心目标，这些工作基本上都囊括在 IAU 的基本天文学部内各专业委员会的工作中。2015 年初，联合国大会通过了关于"全球大地测量观测系统"（Global Geodetic Observing System，GGOS）的决议，其核心目标是为了社会的可持续发展建立全球空间大地测量参考框架，中国政府签署了此决议。

我国在该分支学科领域有着深厚的历史积累和实力较强的研究梯队，并且在国际上有较高的显示度。目前，我国各天文台站和大学在天文地球动力学方面开展研究的人员有 100 余人，在读研究生人数也大致相当。研究成果在国际上有一定的显示度并逐年增加，多位科学家先后担任了 IAU 相关学部和专业委员会以及其他国际组织的执行委员、主席等重要职务。近半个世纪以来，以中国科学院上海天文台为代表的研究队伍，一直围绕着天球参考系、地球参考系、地球自转三方面的理论、观测和资料分析开展工作，研究成果丰硕，具有一定的国际竞争力。同时，中国科学院上海天文台在我国的国防、航天、深空探测等领域做出了突出贡献。在观测设备和技术方面：建有 VLBI、SLR、GNSS、DORIS 等台站，是国际上七个各技术并置站之一；VLBI 方面具有软/硬相干处理机相关研发技术和台站系统集成的能力；SLR 方面具有从反射器、激光器到接收机全系统研发、集成的能力；是我国 VLBI 网和 SLR 网的牵头单位；参与了我国导航系统的核心系统建设。在资料分析技术方面：分别建有 VLBI、SLR、GNSS、LLR、GRACE 资料分析软件和历史观测数据库；自 20 世纪 80 年代以来，一直代表国家向国际组织国际地球自转服务（International Earth Rotation and Reference Systems Service，IERS）分别提交 VLBI、SLR、LLR、GNSS 年度资料分析结果，提供天球参考架、地球参考架、地球指向参数三方面的系列产品，是国际 VLBI 和 SLR 数据处理分析中心，也是中国大陆构造环境监测网络（简称陆态网）和 BDS 全球跟踪站数据处理中心；发表了多份星表。与国际相关研究机构和组织联系非常密切，是亚太地区空间地球动力学（Asia-Pacific Space Geodynamics，APSG）研究计划的发起单位。同时应该看到，我国与国际先进水平之间还有较大的差距。近年来，一部分人逐渐转向其他领域（如导航等）、学科研究缺乏新的增长点、部分单位对该领域的基础研究及其长远的学科应用价值缺乏足够的重视，这些导致这个差距越来越大。如果没有足够的倾斜政策支持，我国在该学科的地位和发展堪忧。

（二）时间频率

鉴于时间频率对国家经济、国防建设、科学研究的重要作用，各个国家和地区都非常重视时间频率学科的发展，通过国家时间频率体系的建设，促进时间频率学科的发展。在国防建设和国民经济发展的需求牵引下，我国时间频率体系的发展经历了从无到有、从初级到较高级、从局域到全局的发展过程。我国国家时频体系的建设和发展具备了一定的基础。我国的时间测量研究处于国际先进水平，但自主性需要进一步提高。UTC 是世界上通用的时间标准，但 UTC 是滞后的纸面时间尺度，不能实时应用，无法满足实际应用的需求。各个国家都由守时实验室产生 UTC 的物理实现，作为这个国家的标准时间。我国的国家时间标准是国家授时中心（National Time Service Center，NTSC）产生和维持的 UTC。由于 UTC 的秒长是原子时（atomic time，AT）的秒长，要产生独立自主的 UTC（NTSC），需要以地方 AT 为依托，我国也建立了唯一的独立地方 TA（NTSC）。

时间测量的研究是一个动态的过程，需要不断加强原子钟、测量、控制等守时方法的研究，并从工程上实现，持续提高守时水平。我国目前拥有世界第三、亚洲最大的守时钟组，研究水平和工程实现能力位居世界前列，在全球 78 个守时实验室中，AT（NTSC）稳定度在世界排名第 2～5 位，UTC（NTSC）与 UTC 的偏差控制在 5 ns 以内，在国际上位于前三名。

但是，我国守时的自主性仍有待提高，守时原子钟严重依赖进口，时频测量主要使用国外设备，缺乏自主性。另外，由于世界时不能自主测量，在"嫦娥"月球探测器发射的关键时期，国外的世界时数据无法获得，对用时安全造成了重大影响。

我国的授时能力也得到了明显发展，有些规划走在了世界前列。授时技术的发展有着悠久的历史，最近 50 年更是授时技术高速发展的时期。先进的天地结合的授时体系已经成为发达国家庞大工业、经济、军事等发展不可或缺的高科技支撑。在长波、短波、低频时码、网络和电话授时的基础上，自 GPS、GLONASS、BDS 等系统建成并投入使用以来，卫星导航系统的授时也进入应用。卫星授时具有全球覆盖、全天候、全天时、高精度等优点，是当今世界应用最多的授时服务手段，但卫星导航系统的授时服务在精度、安全性方面并不能满足全部的时间基准使用需求。

2016 年 12 月，中国启动了国家重大科技基础设施——高精度地基授时系统的建设，美国在半年后启动了"重启罗兰计划"，这些项目的建设目标就是提高授时的安全性。2018 年 12 月，美国总统特朗普签署《国家授时安全与抗毁性法案》，要求在两年内建立 GPS 地面备用授时系统，确保在 GPS 信号被破坏、降级、不可靠或不可用的情况下，能够继续为军用和民用用户提供无损、非降级的授时信号。2020 年 2 月 12 日，美国总统特朗普签署《关于通过负责任地使用定位、导航与授时服务以增强国家弹性的行政令》（定位、导航与授时的英文为 positioning, navigation and timing，简称 PNT），要求商务部在 180 天内提出研究方案，建设与 GNSS 相互独立的授时系统。同时，要求不同部门提出增强 GPS 安全性的建设和使用方案。2020 年 2 月 19 日，英国商业、能源和工业战略部发布了"国家授时中心"建设计划，为英国应急服务响应和其他关键的服务提供更具弹性的精密授时系统。英国的"国家授时中心"采用陆基技术提升国家安全性和弹性，是 GNSS 的重要备份。发达国家做的这些工作，旨在对卫星导航系统的授时进行补充和增强，发展多源授时系统，改善和提高卫星授时的可靠性、安全性与准确性，完善时频体系的服务能力。

（三）天体力学

1. 天体力学基础理论与太阳系天体动力学

当前天体力学基本理论方面主要是针对天文观测所提出的新问题开展研究。

太阳系外行星系统中常见小半长径大偏心率的行星、两个或多个行星间处于平运动共振或近共振轨道等现象。相应地，天体力学在潮汐演化、高偏心率高轨道倾角摄动函数展开、科多夫－科扎伊（Lidov-Kozai）机制、非限制性模型平运动共振、多体共振、行星与原行星盘的相互作用等方面开展了广泛的研究。这些研究常常借助大量数值模拟，采取统计和半分析的方法，有些方向上（如多体共振等）仅获得有限的一般性结论。

在太阳系内，天体力学研究一方面关注新发现的天体，另一方面针对小天体更加精细的观测数据开展相应研究。柯伊伯带是太阳系内最后被发现的小天体聚集地。根据轨道特征，KBOs 被分成经典型、共振型、散射型三类，大行星轨道迁移和共振俘获模型很好地解释了它们的来源与轨道特征。近年来，在柯伊伯带外围区域发现了近日点距离大于 40 AU 的游离型 KBOs，它们的存在以及一些轨道特征暗示了太阳系更远处可能存在一颗未被发现的行星（第九行星），这是当前的研究热点之一。在柯伊伯带还发现了一些极高轨道倾角甚至逆行的天体，是另一个值得关注的问题。散射型 KBOs 进入海王星轨道之内即被称为半人马型天体，被认为是短周期彗星的来源。这类散射天体的流量和轨道演化，也是太阳系小天体研究的重要课题。

主带小行星（以及特洛伊天体）观测数量已有 70 余万颗，其中，一些成员已有很长时间的观测数据积累，对它们的运动所做的精细分析形成了小行星族证认、族的形成与演化等研究方向，近年来的一些发现对小行星主带的形成理论提出了挑战。更精细的观测数据还使得雅尔可夫斯基效应（Yarkovsky effect）、坡印廷－罗伯逊效应（Poynting-Robertson effect）、太阳辐射压等非引力摄动必须被纳入小天体运动的动力学模型。这些非引力效应产生非常微弱的加速度，但足以在长时间尺度上驱使小天体轨道发生较大幅度的变化，是近地小天体、行星际尘埃粒子产生和输运的原因。

2. 行星历表

常用的高精度行星历表主要有美国的发展星历表（development ephemeris，DE）、俄罗斯的行星和月球的星历表（ephemeris of planets and the moon，EPM）及法国巴黎天文台的数字行星综合星历表（Intégrateur Numérique Planétaire de L'Observatoire de Paris，INPOP）三个数值历表系列，经常更新历表版本的一个原因是它们的外推精度都不够理想，因此有必要在积累一段观测数据后予以更新。这些历表都采用了一阶后牛顿框架，包括地球、月球，以及作为质点的其他七大行星-卫星系统、冥王星-卫星系统、数以百计的主带小天体和若干海外其他大质量小天体在内的动力学模型。用以拟合的观测资料既包括传统的方位观测资料，又包括各种现代雷达和激光测距资料，同时还有行星际航天器测控资料和少量的掩星资料等。历表外推精度下降较快的两个可能原因如下：一是高精度观测资料的时间跨度不够长，因此一些具有长周期或长期效应的动力学因素在拟合中得不到准确的反演；二是数值模型不够恰当，特别是主带小天体的摄动考虑得不够完备，同时地球和月球内部的动力学结构还不是十分确定。

除了短期高精度行星历表外，时间跨度为数十万年的长期地球历表在古地质和古气象研究需求的推动下也有了长足进展。目前广泛应用的长期历表是在 INPOP 历表基础上通过进一步的数值积分得到的。研究表明，地球的长期历表因为其运动的混沌属性而很难在更长的时间跨度上保持足够的精度。

3. 相对论基本天文学

由于 2000 年 IAU 太阳系内相对论天文参考架决议出台，以及近期的引力波成功探测和黑洞照片问世，国际上对相对论基本天文学的研究正处于快速发展阶段。相对论天体力学对引力波的理论模板设计起到了至关重要的作用。与国际相比，我国相对论基本天文学曾一度发展缓慢，近期才得到一定发展，从事这一领域研究的人数已达 10 余人，主要开展相对论天体力学和天体测量理论研究。我国学者在致密星系统动力学方面开展了系列工作：构造广义协变的混沌指标；完善和发展后牛顿理论：设计旋转致密双星后牛顿哈密顿的正则共轭辛圆柱旋转变量，揭示同阶后牛顿拉格朗日与哈密顿一般不等价的关系，给出与后牛顿拉格朗日系统自洽可保能量的运动方程。这些后牛顿理论为旋转体后牛顿动力学可积性提供判据，解决可能与同阶后牛顿拉格朗日和哈密顿动力学不同的多年困惑，正确反映后牛顿拉格朗日系统动力学性质，澄清国际上有关旋转致密双星混沌的 3 个争议。还有学者从事参数化后牛顿理论、极端质量比黑洞双星旋近波形模板设计和检测相对应效应研究、相对论时空电磁信号传播理论与实验研究以及弱等效原理的相对论天体测量检验工作。

4. 航天器轨道理论

航天器轨道理论受应用牵引，其发展现状是国家航天和空间实力的体现。随着人造地球卫星升空，航天器在地球非球形引力和其他摄动因素作用下的运动特征成为航天器轨道理论最早研究的问题。伴随着提高测控精度的需求，一些工作包括地球引力场、大气模型等也在不断改进。月球探测拉开了行星际探测的序幕，截至目前，人类已对太阳系内所有大行星和部分卫星开展了环绕或飞越探测。在这些任务的牵引下，针对不同大天体作为中心天体时的环绕轨道特征以及如何转移至目标天体等理论问题，目前已研究得比较透彻；深空测控网、一定精度的大行星引力场和参考系模型、高精度的行星历表等也已建立并在不断完善。为解决小天体附近独特力学环境下探测器的长期停留问题，开展了不规则小天体的引力场建模、利用光压设计稳定轨道等研究。目前围绕着双小天体探测也遇到一些轨道问题，研究者正在开展相关研究。目前已有 10 多颗共线平动点探测器，共线平动点的动力学特征和轨道设计、控制及维持等已研究得较为透彻，但三角平动点在航天应用中涉及的一些理论问题研究较少。关于（地球同步轨道之外的）地月空间内的轨道目前的工作较少，而它们可能在将来的航天活动中有所应用（目前已有两颗探测器运行在地月共振轨道之上）。随着微小卫星技术的发展，多星任务因其低成本、低风险逐渐引起人们的重视，但在摄动影响下的星间相对几何变化及维持等已有相关研究工作也有一些新问题需要解决（如各国正在论证建设的巨型通信低轨星座之间，因共享带宽而带来的星间干涉问题，涉及轨道快速预报、星座长期演化和星座构形选择等）。随着电推技术的进步，围绕利用连续推力的轨道转移和控制的优化问题已开展了很多工作，但一些理论问题（如连续推力下的轨道动力学特征改变、混沌力学环境下微小推力的累积效应等）尚需进一步深入研究。

目前我国正系统、稳步地开展月球探测，并首次实现了月球背面和火星的着陆探测，正进一步规划着小天体、木星甚至更远的探测任务。在一些有关国计民生的重要领域（近地空间的导航系统、关于空间安全的近地监测和预警系统等）也取得重大进步，在国际舞台上已掌握了一定话语权，与之相关的轨道理论也日臻成熟。但在整个地月空间的探测利用和深空探测的轨道理论、多星任务及连续推力背景下的轨道理论等方面，尚需进一步完善。

5. 天体力学数值方法

天体力学数值方法作为高精度定量计算积分器，国际上早期提出了高阶变步长龙格-库塔-费尔贝格（Runge-Kutta-Fehlberg，RKF）方法和高阶Admas-Cowell方法，近期有Rein-Spiegel IAS15积分器；定性研究太阳系天体长期演化的最佳数值积分法是Wisdom-Holman的二阶辛算法。我国曾在该领域处于领先地位，冯康是最早提出辛方法的学者，天文界前辈把辛方法引入天体力学加以发展和应用；近期有学者发展了利用已知积分或拟积分修正数值解的流形改正方法、显隐结合的辛方法、扩大相空间类辛方法和能量保持算法等几何积分算法。这些算法的构建与应用不限于太阳系，还扩展到致密双星系统。

二、行星与深空探测

（一）小行星

从国际范围来看，基于大量地面望远镜的观测（包括雷达观测）以及成功实施的多次小行星探测任务，人类对小行星的认识已大大增强。然而由于小行星数目众多，轨道分布范围十分广泛，类型多样，除了需要加强地面观测设施建设外，还需要开展大量的探测任务，增加对小行星内部结构、表面形貌、物质成分和形成演化的认识。虽然小行星与大行星在概念上同属于行星，但由于其未分异的结构、缺乏大气层、尺寸极小、极弱的引力场以及可能与地球相撞的风险，对小行星的研究还存在更多独特的地方。

在地基观测方面，目前国际上最主要的雷达观测设备是美国的金石射电望远镜（Goldstone Radio Telescope），该设备在解析近地小行星的表面特征、提高小行星定轨预报精度、确认双小行星、获取小行星自转参数等方面做出了重要贡献，国内还没有同类可用于近地小天体探测的雷达设备。当前国际上最主要的几个近地天体巡天观测计划也都是由欧美（特别是美国）主导的，用于小行星物质成分解析的红外望远镜设备也基本由其他国家运转。我国目前最主要的近地天体观测望远镜为中国科学院紫金山天文台盱眙天文观测站的 1.2 m 口径施密特光学望远镜。观测设备方面的短板显著影响了我国在小行星科学方面的研究成果产出和科研力量提升。

在空间探测方面，目前欧美日已完成了对 12 颗小行星（及 9 颗彗星）的近距离深空探测，而我国仅在 2012 年"嫦娥二号"探测器飞越了近地小行星图塔蒂斯（Toutatis）。此外，国外对小行星的探测模式已经从环绕附着过渡到更加复杂的采样、撞击甚至是采样返回，显然空间探测领域的差距进一步加大了国内小行星科学研究的滞后，也可能反过来降低了我国相关探测任务的科学引领度。未来几年，我国将实施近地小行星采样返回和主带彗星环绕探测任务，有望推进小天体研究的快速发展。

在理论研究方面，由于国外具有几十年的观测积累，多次成功实施的深空探测任务，完善的人才梯队，已经在"地面观测-探测任务-科学产出"达成了很好的互补运作，因此目前在小行星科研领域的几个重大观测和理论发现［如双小行星系统的发现、小行星的碎石堆结构、活动小行星的发现、影响小行星或双小行星轨道/自转的雅尔可夫斯基（Yarkovsky）、雅尔可夫斯基－奥基夫－莱德泽夫凯－帕达克（Yarkovsky-O'Keefe-Radzievskii-Paddack，YORP）、双星 YORP（Binary YORP，BYORP）效应等］，都是欧美日这些强国做出的，大多数重要的数值模拟软件也鲜有中国人的贡献。

综上，国内小行星领域的研究与国外整体上差距十分巨大，这是国内天文总体研究实力偏弱、深空探测起步晚、基础科学研究不重视等因素导致的必然结果。随着我国经济实力逐渐增强，为了进一步提高我国的科研软实力和话语权，提升民族自豪感，扩大我国在行星科学研究领域的话语权和影响力，助力未来经济发展，拓展人类生存空间，需要进一步加大地面天文观测设施的建设投入力度，重视小天体领域的基础科学研究，在人才培养、国际合作、基金资助等方面对小行星科学领域予以一定的倾斜支持。

（二）大行星

太阳系大行星的研究和探测是相互带动的关系。在这两个方面，现有研究力量和学科基础都十分不足。

行星的各种外部观测特征主要由内部状态决定，深空探测的关键科学目标也总是与重要的行星物理问题密切关联。与国际上数十年的研究积累和完善的人才梯队相比，我国非常缺乏在行星内部成分、结构和动力学方面的研究基础，这既是基础研究本身的不足，又制约了深空探测任务的科学引领性。随着我国持续稳步推进月球和火星的探测任务，岩石行星的内部结构、潮汐响应、地震学、热演化、地幔对流、磁场和宜居性受到越来越多的重视，部分科学研究成果达到了国际"并跑"甚至"领跑"水平。我国对气态行星的研究积累和人才积累更加薄弱，相关学科发展和团队建设对国际合作与海外引进需求较大。2017 年以来，随着朱诺号（Juno）木星探测器飞船和卡西尼号（Cassini）土星探测器飞船分别对木星与土星开展了极高精度的探测，太阳系气态行星研究取得了许多革命性的突破，形成了新的热点和学术前沿。太阳系外气态行星的观测研究也在如火如荼地开展。系内、系外气态行星研究的深度结合趋势开始逐渐显现。

我国的深空探测起步相对较晚，未来的探测任务力争做到高起点、全面统筹和跨越式发展。以火星、近地小天体与主带彗星、木星系和星际穿越等一系列探测任务为牵引，围绕行星科学和深空探测的关键与热点问题，结合科学技术和经济发展水平，带动建立完善的深空探测科学研究体系，推动科学技术应用的协调和持续发展。具体来看，通过火星探测，提高我国开展行星环绕、着陆和取样返回的工程手段与技术能力；通过小天体探测，提高我国针对弱引力天体的精细航天控制技术能力；通过木星系探测和星际穿越任务，解决我国在深远航天领域有关的通信、能源、寿命等技术问题。这些任务在技术上的关联性和继承性可以提高工程上的可靠性和可实现性。最终到2035 年左右，在有限的任务次数内使我国初步具备对太阳系天体进行探测的工程能力，为未来飞出太阳系的探测任务储备能力和基础，并以此为土壤，培育我国行星科学研究队伍提出科学问题和解决科学问题的能力。在解决工程目标的成熟性和科学目标的新颖性之间的矛盾过程中，实现科学与技术之间的相互推动与促进。可以预见，数十年后，随着我国深空探测的不断推进，行星科学的研究力量将发展壮大，最终甚至在规模上超越天文学的其他研究领域，而强大的科研队伍自然成为未来更多更高质量深空探测任务顺利开展的基础。这种行星科学研究与深空探测任务之间的长周期的相互带动正是已经发生在欧美强国的情况。

（三）系外行星

　　自 1995 年人类首次在类太阳恒星飞马座 51 周围发现行星以来，太阳系外行星的探测与研究已成为国际天文学的前沿领域之一。通过地面与空间探测，目前发现的系外行星已经超过 4000 颗。绝大部分（约 90%）是通过视向速度法和凌星法发现的，其中有 3000 多颗是采用凌星法的开普勒太空望远镜发现的。2018 年美国发射的 TESS 空间望远镜和 2026 年欧洲计划发射的 PLATO 空间望远镜，都是通过凌星法来探测系外行星。目前 TESS 发现了 1700 多颗系外行星候选体。此外，近年来微引力透镜法发展迅速，韩国在 2015 年建成的韩国微引力透镜天文望远镜网络（Korea Microlensing Telescope Network，KMTNet）、全球大视场巡天望远镜网络使搜索能力有了量级的提升，美国天文规划空间排名第一的旗舰卫星 WFIRST 将通过微引力透镜法探测系外行星。

　　系外行星的大量发现揭示了行星系统具备以下基本特性。

　　（1）普遍性。基于视向速度方法、凌星法和微引力透镜法发现的统计研究都显示系外行星是普遍存在的。例如，开普勒太空望远镜发现至少 30% 的类太阳恒星周围都有公转周期小于 400 天的行星。此外，根据行星形成理论，行星系统形成于恒星形成早期的原恒星盘。目前通过 ALMA 也发现原恒星盘是普遍存在的，这从侧面进一步证实了系外行星的普遍性。不过，对于人类最关心的类似地球可宜居行星的存在率，目前不同的研究结果有较大的分歧和不确定性。这主要是因为：一方面发现的宜居行星的样本太少；另一方面目前对宜居行星的定义本身具有很大的不确定性。

　　（2）多样性。虽然行星系统普遍存在，但是不同的行星系统可能存在很大的性质差异。例如，飞马座 51b 是一个非常靠近主星的热木星，而特拉比斯特 1 号（TRAPPIST-1）是一个紧凑的多行星系统（有 7 个地球大小的行星，最长轨道周期仅为 18.8 天）。开普勒太空望远镜发现的大部分行星是所谓的超级地球和亚海王星（半径介于地球和海王星之间），而光学引力透镜实验（Optical Gravitational Lensing Experiment，OGLE）和 KMTNet 项目还用微引力透镜法发现了数个未探测到宿主恒星的海王星质量的行星。对于行星系统多样性所蕴含的规律、太阳系是否独特等，正是当下需要进一步研究和回答的重要问题。

虽然目前发现系外行星的数目众多，但是整个系外行星样本的各项参数和统计分布是非常不完备的。例如，行星样本中有可靠质量测量的数目不到 1000 颗，而同时有可靠质量和半径测量的又只有 300 多颗。如果加上轨道偏心率的信息这个数目又减少到 100 颗左右。如果同时再加上轨道倾角（obliquity）的信息，则仅有 20 多颗，而有详细大气观测诊断的系外行星更是屈指可数。系外行星样本信息不完备，一个很重要的原因是不同系外行星参数往往是通过不同观测方法测量得到的，而不同的观测方法通常对观测目标有不同的选择效应（例如，开普勒太空望远镜发现的行星绝大多数轨道半长径在 1 个天文单位之内，而微引力透镜巡天发现了轨道在 1～10 AU 的冷行星）。另外，样本信息的完备度低，从侧面反映了目前系外行星的发现速度迅速提升，远远超过了后随的观测刻画速度。

大批丰富多样的系外行星的发现，促进了行星形成和演化理论的发展。与恒星是直接由分子云坍缩形成不同，目前一般认为行星是从小到微米级的尘埃经历卵石、星子、行星胚胎最终到行星的一个跨越超过 12 个数量级大小的循序渐进过程。在这个基本框架下，近些年取得了一系列重要进展。例如，发现流线不稳定性（streaming instability）在星子形成过程中扮演了至关重要的角色；发现新的行星生长机制——卵石吸积（pebble accretion）；揭示了多种行星轨道迁移机制，并在太阳系内和太阳系外得到应用；揭示了行星系统轨道稳定性的规律；揭示了系外行星的热演化和大气逃逸机制等。

我国在系外行星观测方面起步较晚。2009 年，利用兴隆观测基地的 2.16 m 天文望远镜，通过视向速度法发现了第一颗系外行星。丽江天文观测站的 2.4 m 天文望远镜建成后，通过掩星时刻变化的方法发现了一些围绕双恒星系统的系外行星。近些年来，利用我国在南极的望远镜、中国小望远镜阵（Chinese small telescope array，CSTAR）测光星表、南极巡天望远镜（three Antarctic survey telescopes，AST3），通过凌星法发现了一大批系外行星的候选体。此外，利用郭守敬望远镜开展了一些有特色的系外行星大样本刻画研究，揭示了系外行星轨道偏心率的分布规律，发现了一类新的行星族群——热海星。最近，用光干涉阵首次分辨了微引力透镜双像，精确刻画了系外海王星系统的质量和距离，开拓了测量透镜系统质量的新方法。在行星形成和演化方面也取得了一系列前沿性的成果，例如，发现了行星之间的轨道通约和长期共振可以作为有效的行星系统稳定性机制；系外行星观测样本轨道分布统计特征与行星形成的新机制；原行星盘精细结构刻画与演化；提出温木星形成的高偏心率轨道迁移新机制；得到行星系统稳定性的判据；对双星系统中行星系统提出了增强星子生长的多种机制等。

自从 Charbonneau 等（2002）利用 HST 第一次在系外行星 HD209458b 的大气中探测到钠吸收以来，结合空间望远镜和地基望远镜观测，该领域发展非常迅速，成绩斐然。利用凌星法、直接光谱法、高分辨率光谱法，已经在系外行星大气中探测到 6 种原子（氢、氦、钠、钾、钙、铁）和 6 种分子（水、甲烷、一氧化碳、二氧化碳、氧化钛/氧化钒、氢分子），前者主要是在光学和紫外波段，后者主要是在近红外波段，发现部分行星大气中存在逆温层、云霾、高速风。

凌星法和直接成像法是探测系外行星大气的重要手段。目前行星大气光谱观测数据的数量不多，质量也一般，对行星大气性质的限制很弱，很多结论仍模棱两可或者众说纷纭，如热木星产生逆温层的原因、不透明度的巨大差异、少数超级地球大气光谱平坦的原因等。因此，对系外行星大气的理解才刚刚起步，需要更多、更好的观测数据来支撑研究。随着波长继续增加，可以观测到更冷的系外行星，预计可以探测到更多的分子（如氨）。除此之外，多次高精度的观测，允许人们研究系外行星大气的变化，即是否存在天气变化和气候变化、大气环流是否存在和稳定等，以及行星大气逆温层的起因。另外，随着观测数据的积累和原子、分子参数的完善，人们对行星大气透射光谱和发射光谱的模拟也越来越准确。但这些行星绝大部分是有较强辐射的巨行星（即热木星），因其较大的尺寸和炽热的温度，利用现有设备较容易获得它们的光谱，暂时没有对宜居带类地行星大气进行观测研究。因此，研究宜居带类地行星、探索地外生命是未来 10~20 年最前沿、最热门的科学之一，也是系外行星领域甚至是整个天文学领域最重要的目标之一。

目前大部分已探测到的系外行星均由开普勒太空望远镜发现，NASA 发射的 TESS 望远镜计划在两年的任务期间发现约 20 000 颗系外行星，预计发现大约 500 颗 $R < 2R_{\oplus}$ 的类地行星。未来，ESA 的 PLATO 任务将探测类太阳恒星的宜居带内的类地行星，确定这些行星系统的宜居性。JWST、系外行星大气遥感红外大型巡天（Atmospheric Remote-sensing Infrared Exoplanet Large-Survey，ARIEL）等任务也将对系外行星大气进行大量观测，以更高的分辨率和更大的波长覆盖研究行星大气中是否有水或其他生命存在，了解不同类型行星大气的特征和演化，揭示行星系统的形成规律。

随着系外行星研究的发展，目前该领域研究的重点已从搜寻各种类型的系外行星转移到搜寻更小、更远、更冷的系外行星，包括宜居带类地行星，并期望研究类地行星的大气性质，判断是否可能存在生命以及能否探测到生命信号。受限于望远镜口径以及探测器的工作波段，我国科学家开展系外行星大气的研究非常有限，主要采用的观测方法是凌星（主食或者次食）法，研究目标仅限于热木星。目前国内并没有任何专用于研究系外行星大气的望远镜或设备。总体来说，我国在此领域的研发力量亟待加强。

三、基本天文学在国家需求上的应用

（一）导航

由于传统无线电导航面临淘汰，这里不再论述。自 20 世纪 70 年代后期以来，国内开展探讨适合国情的卫星导航系统体制研究，先后提出过单星、双星、三星和 3~5 星的区域性系统方案，以及多星的全球系统的设想，并考虑导航定位与通信等综合运用问题。但是最终由于种种原因，这些方案和设想都未能实现。20 世纪 80~90 年代，我国结合国情，科学、合理地提出并制定自主研制实施 BDS 建设的"三步走"规划：第一步是试验阶段，即利用少量卫星和地球同步静止轨道来完成试验任务，为 BDS 建设积累技术经验、培养人才，研制一些地面应用基础设施设备等，于 2000 年 10 月 31 日、12 月 21 日和 2003 年 5 月 25 日，中国成功将三颗"北斗一号"导航卫星送入太空，组成了完整的卫星导航定位系统，"北斗一号"导航系统可以确保全天候、全天时提供卫星导航信息，其三维定位精度约几十米，授时精度约 100 ns；第二步是到 2012 年，发射 10 多颗卫星，建成覆盖亚太区域的 BDS（即"北斗二号"区域系统），继 2007 年 4 月和 2009 年 4 月第一颗与第二颗"北斗二号"导航卫星成功发射后，目前已发射了 35 颗"北斗二号"卫星，组成区域性、可以自主导航的定位系统，定位精度达到几米，授时精度 10 ns；第三步是到 2020 年，建成由 5 颗静止轨道卫星和 30 颗非静止轨道卫星组网而成的全球卫星导航系统，目前组网已完成，即将实现 BDS 导航的全球化，BDS 定轨定位精度也与 GPS 在同一个量级水平。但是须继续加强精度、完好性和实时性等研究，不断发展我国的卫星导航技术，还需要在多导航系统融合和组合导航上有所突破，实现无缝、高精度、实时、智能导航服务。

尽管 GNSS 可以取代大多数无线电导航系统，但其仍然是非自主性的导航系统，因此单纯依靠卫星导航不能连续提供运载体的位置与速度信息，运载体不具有自主导航的能力。为此，在各大 GNSS 中，如 GPS Ⅱ R、GPS Ⅱ M 以及 GLONASS K 增加了星间链路功能来提高卫星导航的自主性，欧洲的 Galileo 和我国的 BDS 也制定了自主导航发展规划。目前 GPS 星座可每小时自主计算卫星轨道和卫星钟差，能够为用户提供自主运行 180 天用户距离差距（user range error，URE）好于 6 m 的服务。我国的 BDS 已经过模拟仿真、星座整体旋转消除和稳定、可靠、高效的自主定轨处理算法的研究论证阶段进入实施阶段。目前已可通过星间链路数据进行星地联合定轨，提高北斗卫星定轨精度和 BDS 性能，但还须继续研究如何提高 BDS 自主导航的效率和精度等。

另外，我国还自主发展了中国区域卫星定位系统（Chinese area positioning system，CAPS），它是不同于经典卫星导航系统（如 GPS、GLONASS、BDS 和 Galileo）的一种转发式区域卫星定位系统，导航信号由地面生成，经卫星转发，实现定位和授时功能，其特点如下。①空间部分由同步赤道轨道（geosynchronous equatorial orbit，GEO）卫星（可租用商用通信卫星频道）和 2～3 个倾斜轨道（inclined geosynchronous orbit，IGSO）卫星组成，以很少卫星组成的系统达到区域覆盖，显然这是最理想的区域导航系统的空间段结构，继CAPS之后，正在构建中的日本和印度区域卫星定位系统也采用类似的方式。②CAPS发播导航信号采用转发形式，卫星上不需要配备高精度原子钟，避免了研制星载原子钟的技术瓶颈，所有卫星转发的系统时间均由主控站同一台原子钟产生，避免了高精度时间同步的问题。③虚拟钟技术采用主控站的实时观测结果，把信号从地面时刻实时归算到卫星天线出口处的发射时刻，相当于在各个卫星上放置了严格意义时间同步的原子钟。虚拟钟这种差分观测方法，大大降低了星历误差的影响，使得中国区域卫星定位系统具有广域增强的功能。④采用国家授时中心提出的基于双向观测原理的转发式卫星测轨方法，测轨系统的测距信号生成和信号测量在地面进行，地面站有自校正系统实时修正仪器误差，双向观测消除钟差对卫星测轨的影响。因此，系统具有很高的观测精度，测轨站在局域分布不利情况下仍能达到很高的卫星轨道精度，解决了GEO卫星精密定轨的难题，满足CAPS对高精度卫星轨道的需求。目前，CAPS在探测应用推广、服务性能提升、观测手段提高、星座扩充论证等方面需要突破。

目前，我国在技术方面已具备进行创新研究和发展新一代导航技术的能力，不仅可为军用和民用的近地空间飞行器进行导航与定轨，还可为深空探测（如月球和火星探测等）进行导航和测定轨。新一代导航技术主力应该是天地一体化的卫星导航技术。对于特殊用户，还需考虑导航系统的自主性和结合其他导航系统（如天文导航、惯性导航等）形成更好的组合导航，实现高精度、实时性强、完好性和可用性好、自主性和持续性强的目标，为此还需进行大量研究准备工作。

（二）空间目标

1. 理论研究方面

人造天体动力学中人造卫星运动理论的研究，在我国天文界被列为应用基础研究的范畴，然而其基础研究的特性常常被忽视。因此，在很长时间内，人造卫星运动理论研究走的是"任务带学科"的道路，没有任务就没有学科。在国家高技术研究发展计划（863计划）和中国科学院知识创新工程的推动下，这种状态得到了初步改变。

在学科布局方面，各单位均根据自身的优势，凝练了自己的研究方向，学科布局基本合理。但是，研究方向仍然以"任务"为前提，纯基础研究依然没有得到足够的重视，长期研究的合力不足。

在精密定轨方面，中国西安卫星测控中心、中国科学院紫金山天文台和中国科学院上海天文台等单位均研制了软件，中国科学院上海天文台等单位参加了 GPS 和二代导航等任务的精密定轨工作，测轨的理论精度已经得到保证。

在编目定轨方面，中国科学院紫金山天文台和中国西安卫星测控中心也开发了软件系统，在未关联目标（un-correlated track，UCT）的数据处理方法研究方面，与国际水平持平，但是在系统性数据处理流层面还须进一步完善和加强。近地目标的观测系统已基本完成，而中高轨目标的观测系统还没有完成整体布局，相应的研究（如大偏心率卫星的精密定轨）也比较落后。

在人造天体轨道动力学方面，对特殊轨道的平运动轨道共振、运动参数定量变化区间、长期演化定性特征等开展了深层次研究，取得了一系列具有原创性的理论成果，并将理论成果有效应用于空间碎片搜索、编目定轨预报和空间碎片减缓等领域，拓展了人造天体轨道动力学理论研究的内涵，提升了理论研究成果的实用化水平。

近年来，在空间碎片旋转运动和物理特性领域，我国在空间环境中的重力梯度力矩、涡电流力矩、大气密度梯度力矩的建模和理论研究都取得了突破性成果，几项成果均已得到了实际应用，成功反演得到了"天宫一号"、北斗 G2、欧洲环境卫星（Environmental Satellite，ENVISAT）等的旋转状态。

根据以上分析可以得出结论：我国科技界在人造卫星运动理论研究方面已经有一定创新能力，多年来也取得了许多有贡献的成果，基本可以满足当前一段时期我国航天事业发展的需求，但是与国际先进水平相比还有一定差距。

2.天体监测

在人造天体的观测方面，进入 21 世纪以来，在国家空间碎片行动计划的支持下，空间碎片监测能力有了长足的进步，逐步建设了一批空间碎片监测设备；已初步建立起空间碎片光学监测系统，拥有分布在境内多个站点的光学望远镜，如青海德令哈、昆明、长春、江苏盱眙等观测站的空间碎片望远镜，能够开展日常的中高轨道碎片的跟踪观测。陆续投入观测后，监测的空间碎片数量已从过去的数百个增加到数千个。随着监测设备的增加，监测数量还将进一步增加。

通过多年的努力，中国科学院紫金山天文台在近地目标的光电监测系统设计方面已有一定基础。与其他设备建造单位合作，已经研制了一些有自主知识产权的、针对空域的多目标监测系统，效果较好，受到国内的广泛赞誉。近年来，在中高轨目标的监测方面，中国科学院紫金山天文台提出的建设方案已经得到了国家的支持并立项，在中高轨道空间碎片搜索发现与跟踪等关键技术上也取得了重要突破。

在激光测距方面，1975 年，我国研制成功了第一代人造卫星激光测距系统，安装在中国科学院上海天文台佘山观测站。随着技术的发展，我国的激光测距技术也得到了快速发展，目前共有 5 个 SLR 固定观测站和 1 个流动站（湖北省地震局研制），分别位于长春、北京、上海、武汉和昆明。2010年，国内各观测站均实现了千赫兹高重频卫星激光测距技术，测距精度达到亚厘米级。其中，上海站、长春站以及昆明站均已发展了空间碎片激光测距技术；2018 年初，昆明站实现了月球激光测距技术，从单一 532 nm 波长发展到 1064 nm 波长激光测距。

国际上的几个技术强国基本都在发展高重频、高精度、自动化和网络化的卫星激光测距系统。美国提出其基于千赫兹技术的下一代卫星激光测距系统（Next Generation Satellite Laser Ranging，NGSLR），以 1 mm 高精度为目标，注重全天候自动化、网络化。奥地利格拉茨（Graz）利用 500 kHz 低能量激光器达到了 1 cm 的测距精度，是目前全球具备最高测距重复频率的测站。目前，全球范围内有 40 多个持续提供数据的测距站点，为卫星准确定轨、地球动力学参数解算、地面参考坐标系确定等做出了重要贡献。

总体来看，我国的激光测距技术处于蓬勃发展阶段，但与世界最顶尖水平仍存在一定差距。

总体而言，在基础理论方面，我国天文界在人造天体运动理论研究方面，已经有一定创新能力，多年来也取得了许多有贡献的成果，基本可以满足当前一段时期我国航天事业发展的需求，但是与国际先进水平相比还有一定差距。

在观测设备条件方面，我国已初步建立了一批空间碎片监测设备，具备了一定的监测能力，能够自主管理一部分中等以上尺寸的空间碎片，并具备对空间碎片进行激光测距的能力。但受观测地域限制，难以实现全弧段监测，与国际领先水平相比，我国在监测目标的大小、定位精度等方面还存在明显差距。特别是受观测能力的制约，目前在目标物理特性的数据采集、建模反演方法以及目标识别能力方面还有很多不足。此外，有必要对激光测距数据开展更深入的研究，以扩大其应用领域，结合其他技术开展多技术数据融合应用。

第四节　发展思路与发展方向

一、基本天文学理论

（一）天体测量

微角秒精度（乃至更高）天体测量和天文参考系研究是未来发展的方向。在这种精度水平上，参考系理论和方法有望发生重大变化：人类有史以来独立实现天球参考架和地球参考架，摆脱由过去两者相互依存所带来的困局，形成各自独立且自洽的参考架体系，从而大大推动参考系理论和地球自转研究，推进动力学框架和运动学框架的统一，建立统一的时空框架以满足各种应用的需求，并为诸如类地行星探测、恒星物理、暗物质和黑洞研究等提供强有力的探测技术、方法与数据，甚至为基本物理学研究提供一种基础的探测与研究工具。

在 ICRF3 和盖亚的观测资料发布以后，河外源的物理性质与银河系光行差对参考架的系统影响是解决光学和射电波段参考架连接的关键问题。通过比较 VLBI 和盖亚数据，很多研究发现两个波段的河外源位置存在明显差异，既有可能是测量的不确定性造成的，又有可能是天体物理的因素。光学波段造成河外源位置偏差的原因可能有光学喷流、多成分的 AGN 系统、引力透镜等；射电波段可能是结构效应以及核移效应。光学-射电位置偏差和变化将影响河外源框架的稳定性以及多波段参考架的连接，是目前和将来的热点课题。另外，目前河外源框架的原点是太阳系质心，而太阳系质心的加速度将引起天球所有天体缓慢的漂移，即引起幅值约为 5 μas/a 的视自行，称为银河系光行差。在微角秒精度的天文参考架研究中，银河系光行差是最重要的一项系统效应，对参考架的维持和连接起到关键作用。

在空间天体测量方面，盖亚后的下一代天体测量卫星将瞄准 1 微角秒甚至 0.1 微角秒精度。针对前沿天文研究对微角秒天体测量技术的迫切需求，考虑我国高精尖探测技术的基础，建议空间天体测量采取分步走的策略，理论先行，随以仿真，并以方案报告、技术报告、原理样机及其测试报告的方式向国内外天文界公开共享。同时，在技术开发和新仪器概念方面制定技术发展路线图，为后续天体测量技术发展指明方向和突破要点。最终以国内联合为主导并辅以国际合作的模式，争取在 15 年内实现中国空间微角秒天体测量从无到有、从零到一的突破。5 年内开展次微角秒精度下与天体测量探测事件有关的相对论科学研究，用 5～10 年时间重点突破大角距高精度照相天体测量望远镜光机设计、微角秒级的激光干涉检测技术和焦平面检测技术，先期开展原理样机及其演示验证，力争在 15 年内制造出中国独立提出、方案创新且掌握核心技术的空间天体测量望远镜，并在工程上实现。

在天文地球动力学领域，不断探索对地观测系统的新技术和新方法，使测量的精度、时间分辨率和空间分辨率不断提高，这是天文地球动力学发展的主要目标，也是获取数据开展科学研究的主要手段。全球分布、多种技术（VLBI、SLR、GNSS、DORIS、重力仪等）并置的观测台站网络是实现该目标的前提。考虑到我国对独立自主的 EOP 参数确定与预报服务的战略需求，必须继续加强我国在此领域的建设布局。结合国家有关工程，重点发展以我国为主、国际合作为辅的多种技术并置的观测台站网络。其中，又以 VLBI 全球观测系统（VLBI global observing system，VGOS）、SLR-NG、多模 GNSS 技术为代表。另外，天文地球动力学以高精度的测量数据处理技术和观测资料分析为特色，必须提升空间对地观测资料分析处理能力和资料的科学应用能力，促进天文参考基准的建立和维持工作的开展，这反过来有利于研究发展空间对地观测系统的新技术和新方法。其中，以 VLBI、SLR、GNSS、DORIS 多技术综合地球参考架和综合 EOP 技术为重要抓手与突破口。同时，在天文地球动力学资料的科学应用研究方面，以地球自转变化的理论研究及其与地球内部结构、物理激发机制为代表。结合 IAU/IAG "地球自转理论"联合工作组的核心目标（即提出更自洽的下一代非刚体地球章动模型）以及我国在此方面的优势，抓住机会、聚焦章动模型、核幔耦合等方面的研究，以进一步巩固我国的优势并贡献更多的智慧。

（二）时间频率

时间频率领域的发展主要体现在精度提高、系统融合能力增强、对抗能力增强和服务广度扩展四个方向。

精度提高是永恒的目标，高精度的定位需要高精度的原子钟和时间同步，两者是耦合在一起的。下一代卫星导航系统的精度和可靠性都会有显著提高，实时定位精度可能突破分米级甚至达到厘米量级，这对时间频率提出了更高的要求。如何应对 BDS 下一代发展的需要和合理规划时间基准，是一个需要攻关的重点问题之一，发展精度更高的光钟，提高星上时间产生技术和星地时间比对技术，提高脉冲星时间尺度是提高时间基准精度的主要部署。

在安全性方面，首先，卫星授时由于固有的局限性，信号易受到物理遮挡，在室内、地下、水下等环境下尚不具备服务能力，在复杂电磁环境下容易受到干扰且无法为深空用户提供有效服务。因此，仅靠提升卫星授时能力无法满足用户对授时的广泛需求，需要发展地基授时系统，提高授时服务能力。其次，守时系统和授时系统的融合度需要进一步提高。时间频率体系的一些重要项目对守时系统的融合做出了规划和布局，国家重大科技基础设施也对高精度、高可靠的授时系统进行了设计，但守时系统和授时系统的整体布局大融合仍须提高，充分发挥守时实验室在 PNT 体系中的作用，从 PNT 体系融合的角度设计我国守时实验室的功能任务，提高守时系统和授时系统的融合度。

时间基准服务是一个国家综合国力的体现，涉及国家安全和利益，尤其是"导航战""授时战"的出现，对时间基准服务的对抗能力提出了新的要求。

首先，要改变的是关键设备的自主研制能力。守时原子钟等关键设备禁运、大量测量设备依靠进口，这对我国的安全形势造成了极大威胁，特别是在中美贸易摩擦的影响下，关键设备自主研制的重要性愈加凸显。其次，要改变的是世界时自主测量能力。目前由于天文测时的空缺，只能利用国际组织提供的世界时数据，在我国航天武器发射的关键时期发生的无法获取世界时的事件，需要我们重新评估国际形势，提高时间基准关键参数的自主观测技术。再次，要改变的是各种服务系统的维持能力。提高自主研制的光钟性能，实现高稳定、高可靠的星载光钟，提高时频信号性能，在异常的时候能够摆脱对外部环境的依赖，提高时间基准服务系统的自主维护能力，改善完好性识别能力，提高应对"导航战""授时战"的效率。最后，通过守时、授时和用时的有机融合，从供给侧提供多源的授时服务，从用户侧提高完好性判断能力、自主维持能力，有效应对各种干扰和攻击，实现安全的用时。

在时间服务广度方面，需要加快研究部署，满足多场景应用需求。地月空间将是未来人类发展的战略空间，地月空间科学研究、月球及空间探测任务等对精密授时服务提出了迫切需求。我国建成空间站、完成载人航天"三步走"战略后，将把地月空间开发利用作为历史性目标进行战略规划，2030年之前人类将实现数十次月球和地月空间的探测活动，抢占拉格朗日平动点、月球两极永久光照区等地月空间独特位置区域的天然资源，作为活动支撑点，这具有重要的战略意义。未来深空军事竞争与科学研究迫切需要提高时间参考架的性能，在地月空间和月球表面提供授时服务，率先构建地月空间导航定位授时系统，以满足未来我国深空探测、深空战略攻防任务需求。同时，深空探测和深空战略攻防等任务，对测控提出了更高的要求，现有的地基测控受限于地球几何尺度，测控精度有限。需要考虑利用月球建立授时基准，这不但能准确获取月球运动规律，而且可为地月空间深空探测任务提供高精度授时、导航和通信一体化服务，使深空航天器在相当长的时间内不依赖地基测控的支持。

（三）天体力学

1. 天体力学基础理论与太阳系天体动力学

天体力学基础理论研究目前主要集中在太阳系小天体动力学、系外行星系统动力学等领域，而这些研究又以观测驱动为主要特征。

太阳系小天体动力学的理论研究是我国天体力学研究的重要方向。国际上一些大型观测设备和空间探测项目即将投入运行与实施，我国在近地小天体探测设备、空间站多功能光学舱、小行星深空探测等方面也有明确规划，这些将大幅增加太阳系小天体的观测数据。在这些观测相关的领域展开针对性布局，以KBOs、近地小天体、主带小行星等为对象，深入研究太阳系的形成演化，为观测计划和深空探测项目提供科学与技术上的支持。

天体力学的研究内容贯穿于行星生长和演化的全过程，而行星科学近年来在我国获得快速发展，正在实施的火星探测以及计划中的其他深空探测必将极大推动我国行星科学的发展。天体力学研究应把握这一契机，在与行星科学的交叉领域拓展研究对象，在行星生长、行星内部结构、行星-卫星系统动力学、行星所处空间环境等方面积极参与，开展与行星科学的交叉合作研究。太阳系行星轨道可能经历过较大范围的变化，其中的具体细节仍然有非常大的不确定性，也是天体力学研究可能取得重大成果的突破口之一。

大量系外行星系统的发现使得对它们进行统计研究成为可能，也有望在高偏心率高倾角行星动力学、双星和多星系统内的行星动力学、多体共振理论等一般性理论方面取得突破。在基础理论方面，我国具有较好的研究基础，结合已经或将要建成的系外行星探测设备的观测，将有可能取得具有国际影响力的研究成果。

天体力学研究所采用的模型越来越逼近真实系统，这样的趋势一方面要求对各种非引力摄动进行更深入细致的研究，另一方面要求天体力学与流体力学、天体物理等相关领域深入交叉。考虑学科交叉融合的必然需求，一方面应注重天体力学数值方法和其他相关物理过程数值模拟的融合；另一方面应考虑吸收最新数值方法的理念，探索人工智能、机器学习在天体力学领域的应用。

2. 行星历表

内行星和月球的测距资料在提高内行星历表精度方面起到了至关重要的作用，国际上这种资料近几十年来一直在不断积累。2018年，我国在激光测月方面也实现了零的突破，当然其精度与国际水平仍有不小差距。行星际航天器测控资料的使用是近年来行星历表精度得以提高的另一原因，随着我国行星际航天事业的发展，自主的测控资料也值得期待。上述两类资料的获取和精度提高有赖于历表与相关技术研究者之间的交流合作。

基于盖亚重新处理的早期方位观测资料可用来提高外行星历表精度，在这方面国内外研究都有很好的基础。随着盖亚资料的不断释放，我国有望与国际上同步使用这种时间跨度大、精度也足够高的珍贵资料。此外，利用掩星观测获取自主资料也值得关注。

行星运动的短期动力学仍有进一步研究的必要。实际上，极高精度的观测资料需要更精确的模型，为此需要增加许多模型参数，这对整体上准确反演这些参数从而提高历表的外推精度带来了一定困难，因此在模型完备性和可反演性之间取得平衡是一个值得探讨的问题。因为存在一些尽管很小但有着长期累积效应的动力学因素，所以长期动力学模型需要更加系统的研究，其中太阳质量变化是目前受到关注的一个因素。

3. 相对论基本天文学

为适应高精度天文观测和空间实验需求及我国航天大国地位，希望在未来15年加强对该领域的持续支持。相对论基本天文学的发展涉及应用研究和基础研究两个方面。应用研究主要指高精度天体测量的科学目标和资料处理，包括地面和卫星上的高精度测量、深空探测、引力实验的资料处理等；基础研究包括太阳系和银河系引力场中电磁波的传播及引力理论的检验方案、致密双星与多体系统的理论、动力学和波形模板设计。建议关注以下课题：①银河系引力场中的相对论天体测量；②相对论时空中电磁信号传播的理论与实验；③发展致密双星和多体系统的后牛顿理论，研究轨道动力学性质；④研究波形模板、引力波传播过程物理性质，探索新的引力波测量技术。

4. 航天器轨道理论

结合我国现状以及当今国际航天的发展趋势，就单纯的轨道理论而言，有如下三个方向性建议。

（1）从近地空间向地月空间和深空拓展。近地空间日渐拥挤，地月空间内的轨道离地球的距离恰好合适，不会因为距离地球太远而造成通信难度和成本的增加，也足以避开近地空间的不利因素。将来定位于整个地月空间的任务可能成为一种常态，预先开展月球高轨、地球同步轨道以外以及整个地月空间内的轨道研究可作为一个发展方向。此外，我国的深空探测活动即将正式启动，从任务需求牵引的角度而言，目前正是深空探测器轨道理论发展的大好时机。在跟踪国外已有理论的基础上，结合我国深空任务的实际需求开展研究是一个很好的发展方向。以小天体探测为例，我国可能的探测对象2016HO3质量极小，其附近的轨道稳定性、不确定性传播等是新问题，尚无既有任务经验可借鉴，须预先开展研究。最后，除探测器的轨道动力学研究外，这里的拓展也包括轨道确定、转移轨道设计等方面的工作。

（2）从单星任务模式向多星联合任务模式拓展。随着微小卫星技术的发展以及任务复杂程度的增加，多星任务模式将会成为一种常态。对于多星任务而言，除轨道的绝对动力学外，更多须关注星间的相对动力学，包括摄动情形下的星间几何变化、被动或主动的构形保持、星间相对几何的测定与控制、星间可见性分析及链路规划、基于星间测量数据的定轨、巨型低轨星座的覆盖分析、长期演化与星座间干扰分析、一箭多星的转移轨道设计等，这些都是多星模式下出现的一些新问题。

（3）从自然力主导的动力学到人造力参与的动力学拓展。在时间允许的前提下采用电推可增加有效载荷，因此未来电推进有望成为星际航行的主流。截至目前，结合电推的研究主要体现在结合各种场景需求的优化问题，一些相关理论问题尚欠缺，如混沌动力学环境下（如与大天体低速相遇或穿越轨道共振带边界时）连续推力的累积效应问题、利用连续推力改变动力学特征形成的非自然轨道问题（如地月三角平动点施加一仅与时间有关的电推力即可由不稳定变为稳定）、连续推力作用下的精密定轨问题等。这些都是可以进一步开展研究的方向。

5. 应用系统建设

空间监测系统须拓展至近地天体（目前我国无近地天体预警中心，也缺乏相关的观测和理论研究）；除光学成像外，观测手段可进一步拓展，包括空间目标测光、近地天体雷达探测等；在现有的近地导航系统基础上，可考虑服务整个地月空间甚至行星际空间的导航系统建设，如可首先建设月球附近的导航系统（可结合载人登月计划进行）；一些与航天和空间应用有关的基础性工作，如大气模型、行星历表等也须不断推进。

天体力学数值方法建议在该领域关注以下课题：①威兹德姆－霍尔曼（Wisdom-Holman）辛算法使能量误差没有长期增长，但并非严格意义上的保能量，希望建立保能量、总动量和总角动量的辛算法，应用于太阳系行星和系外行星系统；②发展流形改正方法；③相对论系统目前大多只能构建隐式辛方法，希望解决显式辛方法构建难题；④发展涵盖更大参数空间（质量比范围、自旋、多极矩、轨道参数等）致密双星轨道演化、引力波辐射的数值方法。

二、行星与深空探测

（一）小行星

提高我国在太阳系小行星领域的基础科学研究水平，可从以下几个方面进行布局。

（1）提升我国的地面天文观测设备水平。我国的地面天文观测设备总体上比较缺乏，而分配到小行星观测研究中的比例更低。加强小行星观测中的数据积累，以为我国即将实施的小行星深空探测任务提供支持，需要加大力度提升我国的天文观测设备（包括光学和红外波段）水平。

（2）实施小行星深空探测任务。我国即将开展小行星深空探测任务，应当鼓励打破单位间的壁垒，加强工程实施人员和科研人员之间的交流合作，提高科研人员在工程实施中的参与度和话语权。小行星探测与大行星探测任务不同：对于绝大多数小行星，在探测器到达之前是不清楚其真实形状、密度、成分等参数的，这将大大增加工程实施风险，需要考虑更多的工程冗余。因此，在工程实施阶段就需要地面观测设备和相关科研人员的配合。

（3）加强小行星方面的基础研究。提高我国小行星科学的基础研究水平，除了观测方面外，还应当加强对小行星内部结构、形成演化、热物理研究、光谱分析（包括陨石成分对比）等方向的理论研究支持；需要支持国内科研人员"走出去"，利用国外已有的探测数据开展科学研究，加强与国外知名学者的合作研究；加大人才引进力度。

（4）重视近地小行星对地球的潜在威胁。近地小行星对地球的安全威胁是切实可能发生的，我国领土面积辽阔，被近地小行星撞击引起灾害事件的可能性不可忽视。有关单位应当稳定支持一部分科研人员组成"国家队"，提高我国的近地天体监测预警能力，并适时开展近地小行星防御方案研究。

（5）探索可行的小行星资源开采方案。小行星数目多，成分各异且引力场极弱，存在低成本开采利用小行星表层物质资源的可能性，以预防未来可能发生的资源危机且可将小行星作为进一步向深空拓展的中转站。因此，应当支持组织国内相关科研单位开展小行星资源开采方案的研究，并可以引入企业资本进行协作研究。国家可考虑在此领域加强投入，以实现对国外在小行星领域研究的"弯道超车"。

开展太阳系新天体、新现象的搜索发现，需要大视场、高精度、高灵敏度、快扫描频率的光学和红外望远镜。具有代表性的设备包括 Pan-STARRS、ZTF，以及我国的近地天体望远镜（China Near Earth Object Survey Telescope，CNEOST）等，未来世界上最大的 LSST 和 CSST 将成为该科学目标实现的重要设备，有望对各个距离尺度上的太阳系天体及其特征实现全景探测。同时，开展太阳系天体搜索巡天观测、观测设备优化布局组网等研究将有助于提高太阳系天体的搜索能力和效率。

（二）大行星

为了促进和壮大具有天文学特色的太阳系行星研究与探测，可以从以下三个方面进行布局。

1. 岩石行星研究与探测

类地行星研究的前沿科学问题和重要探测目标主要围绕四个方面，即内部结构、行星磁场、宜居性和资源利用。

（1）内部结构。内部结构是行星诸多外部观测现象的基础。当前对岩石行星内部结构与物理状态缺乏了解，如地壳的厚度是多少，是否存在天然的行星地震，地幔中是否含有水，核幔边界在什么深度，行星核的熔融情况，行星核中的温度与元素分布。

（2）行星磁场。岩石行星磁场的演化历史与现状是行星物理中高价值与高难度的问题，包括行星磁场发电机过程何时开始、何时结束，岩石中的剩余磁场分布特性，行星磁场条件的改变与早期大气逃逸和气候变化的关系，行星磁场条件的改变对可能存在的早期生命的影响。

（3）宜居性。太阳系宜居带行星是否曾经广泛存在宜居环境，以及是否可能保存有早期生命痕迹或生物分子是意义重大的科学问题。

（4）资源利用。行星资源对未来人类深空探测任务实施具有重要的潜在意义。目前对太阳系行星上不同类型资源的分布和储量还有待查明，对各类资源的开采利用方法也有研究的需要。

2. 气态行星研究与探测

气态行星系统内各种内部和空间物理条件存在复杂的耦合。在朱诺号和卡西尼号任务带来的气态行星高精度探测时代，气态行星研究在理论上可以更加深化。未来的探测任务则需要凝练更具有针对性的探测目标。相关研究布局领域包括行星大气、内部状态、内部动力学和卫星系统。

（1）行星大气。气态行星大气的动力学细节丰富，也与人们熟悉的地球大气的情况差异巨大。气态行星大气动力学并不仅仅限于其本身，也与行星内部热流、电导率的分布、磁场发电机性质密切耦合。因此，气态行星大气环流和涡旋的相关问题为我国未来的探测计划带来了科学机遇。

（2）内部状态。气态行星分子氢氦层、金属氢氦层、重元素富集区、内核的分层结构是一切内外部物理过程的基础，关键问题在于氢、氦和重元素的状态方程与组分变化。

（3）内部动力学。气态行星普遍拥有强大的磁场和范围巨大的磁层。对气态行星内部热对流驱动的磁场发电机动力学进行研究是长期以来的科学难题，对行星内部磁场条件的测量也是深空探测任务面临的挑战。

（4）卫星系统。气态行星的卫星和行星环是科学意义独特的研究对象。卫星的动力学潮汐、火山喷发、卫星大气、卫星磁场、卫星海洋和生命宜居性都是重要的科学问题。太阳系外卫星的研究也可以通过对太阳系内的卫星系统进行研究得到启发。

3. 天文观测/实验设施和深空探测载荷

太阳系大行星研究可以开展多种途径的观测研究，包括天文观测、实验装置模拟和深空探测。在现有的研究背景下，三类相关布局具有重要的前瞻意义。

（1）专用天文观测设施。大行星的天文观测研究往往对设备的专用性要求较高。专用的地面或空间天文设施可以长时期持续监测行星喷发、大气运动、行星振荡和卫星与磁层的相互作用等。

（2）行星物理实验设施。在地面或空间可以开展行星内部物态和磁流体动力学模拟研究。这一领域的前沿科学问题较多、国际上的研究历史悠久，但我国在这方面存在研究空白。

（3）深空探测载荷理念。我国未来的大行星深空探测将逐渐由科学目标驱动。技术上可行和科学上有价值的探测方案、相应的载荷理念和探测数据解读方法研究应当统筹协同发展。

（三）系外行星

系外行星的研究发展受观测发现引领，而观测发现的前沿已经从地面观测发展到空间观测。从近十几年和未来十几年国际上在系外行星空间观测方面的项目规划，可了解到系外行星的发展布局。2009 年，美国的开普勒太空望远镜升空标志着系外行星的探测从此开始由天基观测主导。紧随开普勒太空望远镜，2018 年美国又发射了 TESS 空间望远镜。开普勒太空望远镜和 TESS 空间望远镜，一个是固定天区凝视的凌星搜寻，另一个是全天扫描的凌星搜寻，两者互为补充。2025 年后，美国还计划发射 WFIRST 空间望远镜，进行空前庞大的微引力透镜系外行星搜寻。与此同时，欧洲在 2006 年就已经发射了一个较小的空间望远镜，科罗系外行星探测器（Convection Rotation and Planetary Transits，CoRoT）进行系外行星的凌星搜寻。2013 年底，欧洲发射盖亚空间望远镜，其中一个重要目标是通过天体测量法来探测系外行星。2026 年，欧洲还将计划发射 PLATO 空间望远镜，通过凌星法进行大规模的系外行星巡天。

瞄准这些类地行星和宜居带类地行星，天文学家提出了更多旨在探测这些类地行星大气的计划，包括专用于研究行星性质和探测行星大气的小型项目系外行星特性探测卫星（Characterising Exoplanet Satellite，CHEOPS）项目、中型项目 ARIEL 项目和预算为 30 亿～50 亿美元量级的宜居行星成像卫星（Habitable Exoplanet Observatory，HabEx）项目，以及通用空间望远镜但主要科学目标之一是研究类地行星大气、探索生命起源的 JWST，大型紫外/可见光/红外探测者（Large Ultraviolet Optical Infrared Surveyor，LUVOIR）和起源空间望远镜（Origins Space Telescope，OST）。

未来10年，系外行星研究前沿为宜居带类地行星的探测。目前我国在空间系外观测方面的布局主要有光干涉探测类地行星的"觅音"计划、天体测量法探测系外行星的"近邻宜居行星巡天计划"（Closeby Habitable Exoplanet Survey，CHES）、凌星法探测系外行星的"超级开普勒"项目、紫外波段探测系外行星大气的"紫瞳"计划等。2024年，我国将发射的CSST搭载高对比度星冕仪通过直接成像法探测系外行星。另外，基于覆盖光学紫外波段的光谱仪可用于系外行星大气精细刻画研究。此外，CSST的主巡天镜有大视场和高分辨率的特点，适合开展银河系密集星场（如银河核球、球状星团）中的系外行星凌星和微引力透镜事件的搜寻，有望在银河系大尺度范围搜寻系外行星和发现类地流浪行星（即不受恒星引力束缚的行星）等重大课题上占得先机；进而制定我国系外行星探测路线图，推动我国自主提出的系外行星探测空间计划，同时积极参与国际的系外行星空间项目（如TESS、PLATO和ARIEL等）合作，从中学习并提升我国在此方面的科学和技术水平。

虽然目前和未来（至少十几年）系外行星的搜寻由天基观测主导，但发现只是研究的第一步。对系外行星的后随观测刻画（如质量、轨道根数、大气成分和内部结构、宿主恒星性质的测量等）是研究系外行星的关键，而这关键一步的一大部分其实是由地基观测承担的。目前国际上正在布局建设的大口径光学望远镜（TMT、E-ELT、GMT）以及我国规划建设的12 m望远镜都将系外行星（如行星的直接成像、行星大气和宿主恒星的光谱诊断）作为重要的科学目标。尽管如此，系外行星的地基后随观测刻画能力相比于高速增长的系外行星天基探测，发现速度还是明显短缺的，应该抓住这个契机，加快发展系外行星地基观测。由于未来十几年系外行星的空间探测主要在凌星（如PLATO）和微引力透镜方向布局（如WFIRST），因此应该相应地围绕凌星和微引力透镜方面加快地面观测布局，具体建议如下。

首先是测光观测。Kepler、TESS、PLATO是空间高精度测光巡天，会发现大量系外行星。然而这些空间项目往往寿命较短，很多具有重要意义的发现需要长时间基线的测光观测。因此，地面测光观测无疑是这方面一个强有力的互补。具体措施是：可以在南北半球部署时域天文望远镜阵列，对全天进行系外行星的测光搜寻和后随监测。南半球可以在我国南极巡天望远镜的基础上进一步升级和加强。另外，南天时域望远镜还可以与卫星联测，提供微引力透镜视差测量所必需的地基观测。北半球的望远镜阵列可以布置在我国境内。通过地面长基线的观测（结合 TESS 等空间的观测），一方面，可以探测到更多宜居行星；另一方面，可以探测到更多凌星时刻变化，从而刻画行星系统的质量、轨道根数，进而研究其动力学构型的起源和演化。

其次是开展光谱观测。TESS、PLATO 等空间观测目标达到几百万个，这将带来与之匹配的巨大光谱观测需求。目前国际上已经注意到光谱观测的巨大需求及其重要性，因此在这方面有了一些布局。例如，坐落于夏威夷的加拿大–法国–夏威夷望远镜在 2025 年后将升级成一个 10 m 级的多目标光谱观测望远镜。欧南台（European Southern Observatory，ESO）的 4 m 多目标光谱望远镜于 2021 年开始运行。我国的 LAMOST 是目前获取光谱能力最强的望远镜，其光谱观测优势已经在系外行星研究中得到了很好的体现。因此，需要加强在光谱观测方面的布局，保持甚至扩大目前的优势。具体的实施措施可以是在北半球进一步升级 LAMOST，同时在南半球部署一个升级版的 LAMOST-South，升级的方向主要是极限星等（增加口径）、光谱分辨率、视场及光纤数。未来中国可望建成 30～100 m 级的光学望远镜，可通过这些强大的设备观测微引力透镜行星的宿主恒星，开展对微引力透镜行星系统的光谱刻画、行星的直接成像及其大气的光谱诊断，以及探测不同形成环境下的行星性质等重要课题。

最后，系外行星大气的观测和性质刻画是前沿课题之一。目前发现 4000多颗系外行星，其中约 50 颗是宜居带类地行星。美国的 TESS 卫星和 ESA 的PLATO 项目、中国正在推动的 CHES 项目和超级开普勒项目，将发现更多、更近、更类似于地球的行星，掀开人类研究系外行星的新篇章。未来需要通过发射系外行星大气空间望远镜，对各类行星（包括类地行星）的光谱进行全面普查和精细刻画，研究行星的物理化学性质和类地行星的宜居性。

在系外行星理论研究方面，我们还应该进一步优化和完善布局，须在一些研究力量较强的方向进一步加强，特别是争取在领域内一些重大的、基本的问题研究上取得突破；在一些较弱或空白但又很重要的方向要尽早布局。系外行星系统动力学是重要的研究方向之一，目前我国也具有较好的研究基础。结合我国系外行星探测计划，开展行星系统动力学稳定性、行星内部结构与动力学、行星大气模型和行星光谱模型等研究，在国际上形成有影响的研究队伍。

三、基本天文学在国家需求上的应用

（一）导航

针对我国社会发展对导航技术的需求，以建立我国独立自主的卫星导航系统为核心，结合国际导航技术发展趋势，以天地一体卫星导航系统的理论与方法为主，重点发展满足近地与深空、通信与导航相结合的卫星导航系统以及相关的高精度天文导航（包括光学、红外天文以及脉冲星导航）、自主导航、组合导航技术等。同时，探索新的卫星导航系统理论和方法，如转发式卫星定位系统（如CAPS）等，建立起多种适应我国经济社会发展需求的重要导航技术，打造在国际上有影响力的以基本天文学研究为依托的导航科研团队。建议围绕如下重点方向开展工作。

（1）导航技术新理论和新方法研究。主要研究卫星导航、天文导航（包括光学、红外天文以及脉冲星导航）、自主导航、组合导航、军用导航和多种空间技术综合导航的新理论和新方法；发展满足近地和深空导航需求的天地一体卫星导航系统理论与方法，以及融合通信与导航技术的卫星导航系统（如BDS和CAPS）性能提升、推广应用、观测手段改进及星座扩充等；探索天地一体化的网络化协同导航定位技术，引导海、陆、空、天分层化的立体交通体系的发展，改变当前地面平面化的交通出行模式，从而改变人们的生产生活方式。

（2）导航技术评估手段和评价体制建立，导航服务可信化监测评估技术研究。针对不断更新的GNSS卫星导航信号体制、GNSS卫星数量和卫星轨位、用户对GNSS越来越高的授时需求、全方位的GNSS服务精度和服务性能，研究和更新空间信号、轨道、授时偏差三位一体的监测评估技术，以确定最佳的组合导航系统和智能化的导航服务，保障我国BDS服务的可靠性、连续性、完好性和精确性。

（3）导航数据处理软件系统和平台建设。建立相应的卫星导航、天文导航（包括光学、红外天文以及脉冲星导航）、自主导航、组合导航、军用导航和多种空间技术综合导航软件，为发展新一代导航技术试验系统进行技术储备和系统建设提供参考。

（4）多模 GNSS 融合技术研究。目前卫星导航已经有 GPS、GLONASS、BDS、Galileo 导航系统、CAPS 等，每个单独系统在精度、可用性、完好性等方面都有所欠缺，因此卫星导航系统领域的发展重点是继续研发高精度的多模接收机，开发多卫星导航系统数据融合定轨和定位处理软件及误差分析研究，提高卫星导航性能，结合星间链路数据，提高卫星导航的自主性和精度。

（5）高精度天文导航技术研究。天文导航是利用天体的信息进行导航的，优先发展方向除了传统的利用恒星可见光的导航方法外，基于深空的特殊环境，还应优先发展利用红外谱段的深空红外导航技术和 X 射线探测的脉冲星导航技术，建立深空导航理论体系，开发相应数据处理软件，建立相应的试验验证技术。

（6）智能化组合导航技术研究。为了进一步提高导航精度和可靠性，须研究利用卫星导航、天文导航、惯性导航、SLR、VLBI、DORIS 等独立定轨和综合定轨原理及方法，分析其组合导航结果差异和可能机制，在此基础上建立组合导航算法，探讨不同导航系统组合对导航定位结果的影响，研究其适用性，建立针对不同导航用户选择导航方式的标准和规范。

（7）高精准军用导航技术研究。根据国家安全的需要，研究卫星导航、DGPS、红外导航、脉冲星导航、INS/GNSS 等组合导航的原理和方法，发展环形激光陀螺捷联式 INS、MLS、地形辅助导航系统、JTIDS 和 PLRS 的导航原理及方法，探讨不同导航技术在军事应用中的特点和适用性，建立针对不同军事需求的导航规范。

（8）多手段空间飞行器测定轨研究。首先，须研究广义相对论框架下的精细太阳系非线性动力学模型和时空参考系及其转换问题。其次，精化航天器轨道动力学模型，这是提高轨道精度的关键。最后，研究空间飞行器测轨技术，除了重点发展多种测量手段（如 SLR、GNSS、DORIS、CAPS、VLBI）综合测定轨外，还可在我国探月工程中地基 VLBI 测定轨的基础上，探讨其他导航技术用于深空探测的可能性和精度，如自主的 DORIS 测量、天文导航、行星际激光测量、天基 VLBI 测量的可能等，提高深空探测航天器的轨道确定精度。

（9）新导航技术任务规划、轨道设计与测定轨研究。目前导航技术还无法满足高精尖用户的需求,如秒级毫米精度态势感知需要。探索导航新技术和新手段需要进行任务规划,设计新卫星轨道和载荷,研究新的测量手段,提高测定轨精度,满足未来导航性能需要。

(10)BDS与移动通信深度融合技术研究。在城市峡谷、地下、室内等特殊环境下,BDS信号难以到达和有效使用。随着移动通信技术的发展,尤其是在5G通信新基建不断推进及6G卫星通信的发展趋势下,大带宽、多天线、密集组网、广域覆盖的技术特性为高精度室内外定位提供了有利条件。BDS与移动通信新基建的深度融合,需要从信号体制、时间、空间、信号发射、信号接收、定位解算、误差修正等多个方面开展一体化设计,实现导航通信一体化以及室内外导航定位的无缝化,满足未来导航通信多样化和应用场景复杂化的需求。

(11)天地协同智能化PNT技术体系研究。面向未来网络化、智能化社会对导航定位服务种类、服务性能、服务场景的需求日益增多,探索天地基协同的、智能化的PNT技术体系,重点研究天地协同分布式计算技术、天地协同智能化时空基准(参考源)的自主化建立与维持技术、天地协同智能化高精度PNT终端融合技术,探索天地一体化的网络化协同导航定位技术,提升卫星导航系统服务的稳健性。

(二)空间目标

重视基础研究,强化创新研究团队,在动力学理论上努力缩短与国际领先水平之间的差距,成立国家级空间目标和空间碎片监测中心,使其成为负责空间目标和空间碎片的国际合作交流的窗口;建成我国高轨空间碎片的编目监测系统,突破基于物理特性的目标识别技术,为提高我国空间碎片监测能力做出独当一面、不可或缺的贡献。

在人造天体动力学方面,开展精度更高的动力学与大气模型、人造天体轨道的长期演化规律研究,人造天体的旋转运动特征研究,以及基于物理特性测量数据(包括且不限于雷达、光谱、偏振等)开展特定目标的旋转状态反演方法研究。随着航天活动民用化和探测能力的快速提升,可编目空间碎片的数量呈剧烈增长趋势,研究适用于海量数据的高效编目方法具有重要的现实意义,具体包括半分析定轨方法、初轨计算方法和目标关联技术等。

在空间碎片探测方面，需要从以下两个角度开展研究。一是现有监测设备组网能力的优化，研究海量数据处理方法。充分利用现有监测设备的基础条件开展空间碎片常态化监测，提高设备使用效率，提高编目识别、碰撞预警等数据应用的精度水平，探测更小尺寸、更远距离的目标。二是有计划地建设一批高精度的人造天体物理特性测量设备，通过将探测数据与理论模型相结合，辅以计算机模拟和地面仿真等手段，开展碎片物理特性的探测与建模研究，如尺寸形状、旋转姿态、表面材料等，丰富空间碎片监测的内涵。

此外，近年来国内激光测距技术发展迅速，在卫星激光测距、空间碎片测距、月球激光测距方面取得了重大进展，自主研发的卫星角反射器阵列成功应用于低轨科学卫星和导航卫星。加强在这一领域的投入对空间目标的精确定轨、地球动力学及相关学科研究具有重要意义。

第五节　资助机制与政策建议

一是，加强基本天文学的经费支持，适当调整资助申请数量比例，以加强对研究队伍的支持，培养有前途的中青年研究人员，加大我国在该领域的国际话语权和国际影响力，为我国开展高水平的基本天文学研究提供坚实支撑。

二是，加强基本天文学人才队伍建设，如加强对重点、重大和国家优秀青年科学基金、国家杰出青年科学基金等研究项目和人才项目的支持。从近年来这类项目获得的支持情况来看，基本天文学难以与天文学其他学科方向相比。

三是，加大对战略高地的布局和支持力度，避免错过战略机遇。支持新兴的研究内容和研究方向，重视学科交叉在基本天文学研究中的重要作用。充分协调与凝聚国内基本天文学相关研究力量，在基础理论、实验装置、探测理念和领军人才等方面开展专门的培育或强化支持。

四是，鼓励基本天文学研究人员参与国际合作，同时应当引进更多更优秀的高水平科研人员，谋求基本天文学研究方向的跨越式发展。

第六章

新 兴 方 向

第一节　科学意义与战略价值

突破传统思维、采用新的研究方法和观测手段进一步认识宇宙，发现新天体、新现象甚至开拓新的研究领域，是现代天文学新兴方向的一个显著发展特点。按照研究性质和发展趋势，新兴天文学可分为多信使天文学、时域天文学和行星科学三个主要方向。

多信使天文学采用引力波、中微子、宇宙线等非电磁手段研究包括黑洞和中子星在内的致密天体的性质、丈量宇宙时空、追踪剧烈天体物理过程、检验基本物理规律，并包含引力波天文学、中微子天文学和宇宙线天文学三个发展迅速的子方向。这几类新兴信使的出现和使用正在改变天文学研究的方式，并将深刻影响人类对宇宙运行规律的认知。

时域天文学采用多波段、多时标方式研究宇宙的动态演化，通过时域监测宇宙中的各类天体，记录和研究其变化，并从中发现和探索新天体，揭示未知的新现象。研究对象包括引力波电磁对应体、超新星和伽马射线暴、TDE、快速射电暴、太阳系天体、系外行星等宇宙多尺度、多类别天体。作为当前发展最迅速、成果最瞩目的一个新兴方向，时域天文学不仅革新了天文学的研究方式，促进了已有多波段设备的联合观测，还将催生一批新的多波段天文观测仪器。

关乎生命起源的行星科学，不仅包含以研究行星、卫星、行星系（如太阳系）为重点的传统行星科学，还涉及对不同天体物理环境下可能的化学过程的观测和模拟研究，特别是有机分子形成过程。行星科学是集系外行星、太阳系行星、天体生物学、天体化学、地质学研究方法于一体的高度交叉学科，旨在探索行星和生命的起源与演化。这不仅具有重大科学价值，还与人类未来的发展息息相关。目前我国在这一方向的研究相对薄弱，缺乏统筹和整体规划。

多信使天文学、时域天文学和行星科学已成为天文学与相关天体物理研究的重大突破方向。我国在以上三个研究方向未来5～15年的规划和投入，将有可能决定我国能否在不远的将来引领国际天文、抢占世界科技制高点，使我国科研人员在探索宇宙演化基本规律、了解生命起源、发现新物理等方面做出与中国的大国地位相匹配的贡献。

第二节　多信使天文学

现代天文学研究已经超出了以往只能通过电磁波观测宇宙，发现新天体、新现象，揭示天体的运行、形成和演化，以及宇宙本身演化规律的范畴。引力波、中微子和宇宙线提供了不同于电磁波的探测宇宙的新手段和新方法。这些新的天文信使提供了以往用电磁波无法探知的信息，已经并将继续极大推动人类对天体和宇宙的认识。其中，引力波将会提供大量关于包括黑洞和中子星在内的致密天体的形成演化、宇宙的起源、引力本质等重要信息，同时也提供了一种丈量宇宙的新方法；中微子作为一种基本粒子，只参与其中弱相互作用和引力相互作用，可产生于宇宙大爆炸、恒星核聚变、超新星爆发等，探测不同能量的中微子可获得遥远天体源（甚至到可观测宇宙的边缘）

剧烈的天体物理过程以及中微子本身和相关基本物理的信息；高能宇宙线粒子则携带着宇宙线的起源、传播和加速机制等方面的重要信息，也提供了间接测量暗物质粒子、检验洛伦兹不变性破缺（Lorentz invariance violation，LIV）等基本物理的一种重要手段。引力波、中微子和宇宙线等新兴信使的出现深刻改变了天文学研究的版图与方式，并将促进天文学研究的进一步繁荣昌盛，推动对极端天体、极端物理过程、宇宙起源和基本物理的认知的极大进步甚至是革命。以下将围绕新兴多信使天文学的三个方向，即引力波天文学、中微子天文学和宇宙线天文学进行详细阐述。

一、发展规律与研究特点

（一）引力波天文学

引力波天文学是近年来发展起来的新兴天文学科。引力波探测提供了其他电磁观测无法获取的关于致密（双）天体形成演化、宇宙的形成演化以及相关物理过程的重要信息，有助于回答天体物理、宇宙学以及基本物理中的一些重大问题。根据探测频段，引力波可分为：①高频引力波，频率范围为 $1\sim10^4$ Hz，主要由地基引力波天文台进行探测；②低频引力波和中频引力波，频率范围为 $10^{-4}\sim1$ Hz 和 $0.1\sim10$ Hz，未来可由空间引力波探测器进行探测；③甚低频引力波，频率范围为 $10^{-9}\sim10^{-7}$ Hz，由脉冲星计时阵列探测；④极低频引力波，频率范围为 $10^{-16}\sim10^{-14}$ Hz，通过 CMB 的 B 模极化进行探测。以下分别对高频引力波、低频引力波、中频引力波和极低频引力波展开阐述。

1. 地基高频引力波

自 2015 年 9 月起，地基引力波探测器先进激光干涉引力波天文台（Advanced LIGO）以前所未有的灵敏度观测 $10\sim10^3$ Hz 的高频引力波信号，首次直接探测到引力波信号 GW150914（获 2017 年诺贝尔物理学奖），开启了引力波天文学新时代。2017 年 8 月，Advanced LIGO 和先进室女座（Advanced Virgo）天文台联合观测到首个双中子星并合引力波信号 GW170817，其电磁对应体也被多个望远镜成功观测到，开启了多信使天文学新纪元。刚刚结束的 LIGO/Virgo 第三期观测，大约每周探测到一例致密双星并合产生的引力波信号。未来第三代地基引力波探测器，将比现有探测器具有更高的灵敏度和更广的可观测频段（$1\sim10^4$ Hz），几乎可以观测到宇宙中所有的双黑洞并合和大量的双中子星、黑洞-中子星双星的并合。地基引力波探测已经并将一直是揭示致密（双）天体形成演化的利器，并为检验引力本质、探测宇宙演化提供高精度数据，带来潜在的突破性进展乃至革命。

2. 空间低频引力波

空间引力波探测早在 20 世纪末就已被正式提出，主要探测目标是低频引力波和中频引力波信号，但因探测技术难度大和费用高等问题，时至今日仍未实现。受地基引力波成功探测的推动，近几年来空间引力波探测的技术加速发展，预计在 10 年左右的时间内能实现低频引力波的空间探测。空间引力波探测主要涉及各类质量双黑洞旋近和并合、极端质量比旋近、宇宙学起源引力波背景等重大科学问题，其实现将会带来多方面的科学突破。空间引力波探测需要在深空发射多颗卫星组网，集成一系列最高标准的空间技术和测量技术，协同天文、物理、工程和航天等多方面的专业力量与研究。因此，开展空间引力波探测除了蕴含着重大的科学价值外，还将推动关乎国家重大战略的技术发展，促进相关学科发展，培养前沿科技专才，带动相关前沿产业发展。与之相随的是国际竞争激烈，迫切需要波源理论和应用研究、引力波模板建设、数据分析模拟和探测技术研发的推进以及各相关方向团队的建设。

3. 原子干涉、量子钟-中频引力波

近年来，基于冷原子干涉技术的多种引力波探测新方法逐渐被提出并开始实施。这些方法大致分为两类：其一，基于冷原子干涉技术（atomic interferometer，AI）测量多个自由落体原子干涉仪间的相位差来探测引力波信号；其二，基于超稳定光学原子钟（optical atomic clock）测量两个同步时钟的频率差别来探测引力波引起的多普勒频移效应。这两种方案的敏感频段虽然略有不同，但都集中在 $0.01\sim10$ Hz 的范围内，弥补了空间和地基激光干涉仪引力波探测器在该频段的灵敏度缺陷，为中等质量双黑洞等天体引力波源和宇宙学引力波背景等的探测提供了理想途径。同时，这些新技术也为高

精度的引力检验提供了新思路。相关的技术、科学以及数据处理研究也将成为未来几年引力波天文学的主要研究内容。

4. CMB 极化-极低频原初引力波

CMB 光子包含微弱的极化信息，根据其物理性质，CMB 极化被分为 E 和 B 两种模式。其中，CMB 的原初 B 模极化是宇宙诞生时期量子涨落产生的原初引力波在 CMB 上留下的印记，是暴胀模型的直接预言，对它的精确测量是目前探测原初引力波最有效的手段。它一旦被探测到，将是对暴胀等理论最强有力的检验，对揭示宇宙起源具有重要意义，同时对认识暗能量本质、中微子物理及基础物理学（如 CPT 对称性检验等）意义重大。然而，时至今日，原初 B 模尚未被实验观测到。随着微波探测技术的快速发展，B 模极化观测已经成为 CMB 领域的核心科学目标之一。

（二）中微子天文学

中微子天文学研究起始于 1960 年，当时苏联物理学家马科夫提出利用由中微子反应所产生的带电粒子的切伦科夫辐射（Cherenkov radiation）来研究天文学。实验物理学家于 20 世纪 60～80 年代在世界范围内建立了数个中微子探测器，不但成功探测到太阳和地球大气中微子，而且在 1998 年发现了中微子振荡的现象（获 2015 年诺贝尔物理学奖），说明微小的中微子质量不为零，这也是目前唯一确认的超越粒子物理标准模型的新物理证据。因此，对来自各种源头的中微子的观测及其基本性质的深入研究，有望为人类进一步理解物质世界打开全新的局面。当前，中微子探测器一般都是大科学装置，以大型国际合作为主要的科学研究组织方式。中微子探测实验取得的海量数据在巨大的人力和计算力支撑下，才能取得良好的科学成果。

（三）宇宙线天文学

高能宇宙线是人类探索宇宙及其演化的重要途径，它们的起源问题成为联系宇宙极小（即基本粒子）和宇宙极大（即宇宙结构）的百年难题。宇宙线主要来自宇宙中爆炸的恒星、快速自转的中子星、吸积中的黑洞等剧变天体中被加速到很高能量的一些带电粒子。广义的宇宙线还包括高能粒子与周围物质作用所产生的高能伽马射线、中微子和极高能中子。宇宙线的发现源自 1912 年赫斯（Hess）对空气电导性的研究。在大型人造加速器技术成熟以前，宇宙线几乎是研究高能粒子物理的唯一手段。20 世纪 50 年代后，大型粒子加速器开始主导粒子物理实验研究，宇宙线的研究重心则逐渐转移到相关的天体物理过程。

1. 地面宇宙线和切伦科夫伽马射线

为降低高能宇宙射线在大气层中的簇射，大型地面阵列探测器均建在高海拔地区，测量宇宙线经过大气层的次级产物。地面宇宙线实验在开展伽马射线天文研究方面具有大视场、全天候的天然优势，而且可以覆盖更高能段范围，是目前和未来探测 > 30 TeV 伽马射线的最主要探测器。伽马天文学在过去 20 年内拓展成为极为活跃的高能物理与天体物理的交叉领域，已经发现多个源天体，孕育着突破的重大机遇。将高能伽马射线观测从 TeV 能区拓展到 30 TeV 以上的超高能区是未来实验的重要发展方向，超高能区的观测将为探索天体源加速能力极限和认证宇宙线源提供关键证据。为了提升对宇宙线本底的排除能力，建设大量的地下缪子探测器，提高对伽马射线的探测灵敏度。

地面甚高能伽马射线观测作为新兴的天体物理方法，将推动天体物理、宇宙学、基础物理等重大科学问题的研究和突破，包括：①探测弱相互作用大质量粒子（weakly interacting massive particles，WIMPs；典型质量 GeV ～ TeV）因湮灭或衰变产生的宇宙线和伽马射线，从而间接探测暗物质；②探测超弦理论预言的类轴子粒子（axion-like particles，ALPs）；③检验 LIV；④揭示高能辐射和粒子加速机制，促进相关理论研究。

2. 空间宇宙线

适合空间探测的高能粒子主要是各种带电的宇宙线粒子和高能伽马射线。各种宇宙线粒子的能谱及空间分布测量可以研究宇宙线源的分布与带电粒子的扩散传播等物理过程；高能伽马射线的能谱、空间形态、时变特征等更能直接反映出高能粒子加速源的属性与源周介质环境等。更为重要的是，宇宙线和伽马射线是间接探测暗物质粒子的重要手段。与地面间接探测相比，空间探测可以可靠地区分粒子种类并精确测量能量，不足之处是受实验成本和运载工具的限制，其探测面积较小，一般只能测量 1 PeV 以下的粒子。

随着各类宇宙线空间实验在技术上的改进和规模上的提升，人类不断刷新着空间高能粒子探测的纪录。同时，由于统计量增大和探测技术进步，目前不同实验测量结果的相对偏差已经小于20%，宇宙线的实验研究进入了精确测量阶段。宇宙线观测深刻改变了人们对宇宙线的认识。例如，2011年以来，物质反物质探索和轻核天体物理研究有效载荷（Payload for Antimatter Exploration and Light-nuclei Astrophysics，PAMELA）、阿尔法磁谱仪（Alpha Magnetic Spectrometer，AMS-02）、量能器电子望远镜（Calorimetric Electron Telescope，CALET）以及"悟空"号等的精确测量表明，在数百GeV处的质子和氦核能谱有显著的变硬趋势，意味着极可能存在邻近的宇宙线源；费米大面积望远镜（Fermi Large Area Telescope，Fermi-LAT）的伽马射线数据和AMS-02反质子数据中有潜在的反常超出，可用暗物质湮灭贡献解释，虽然其天体物理起源还无法排除。人们正在积极推进新一代的高灵敏度高能空间粒子探测项目，以检验这些反常信号的可靠性，厘清它们和暗物质的关系并揭示宇宙线起源之谜。

二、发展现状与发展态势

以美国国家科学基金会（National Science Foundation，NSF）资助的LIGO和IceCube中微子天文台等为依托，人类开启了多信使天文学时代。这些大科学装置仍然在不断升级，以提升观测能力。国际空间站作为大型空间平台，正在支持运行着包括AMS-02、CALET、ISS-CREAM（Cosmic Ray Energetics and Mass for International Space Station）等多个宇宙高能辐射设施，而且仍然有多个大型实验申请搭载。可以预期，未来的10余年将是多信使天文学蓬勃发展的时期和科研成果的井喷期。

我国在引力波暴和电磁对应体、MeV能级中微子、高能宇宙线、时域天文等方向的观测和相关理论研究方面处于世界前列，包括"悟空"、"慧眼"、天极望远镜、羊八井ASgamma实验等多信使联合观测的研究结果，在国际科学界产生了重大影响，得到了广泛认可。我国科学家也发起了多项下一代观测项目提案。我国地大物博，具有建设大型高山、地面、地下、水下多信使大科学装置的良好地质条件。我国的运载、平台、姿轨控、数传等航天技术位居世界前列，具备支持大型空间多信使观测设施长期工作的能力。

（一）引力波天文学

1.地基高频引力波

引力波可以作为"标准汽笛"独立确定波源的距离，结合波源的红移信息（由电磁对应体等观测给出），就可用来测量哈勃常数，揭示宇宙膨胀历史，限制暗能量等宇宙学参数。这种方法近年来广受关注，它避免了宇宙距离阶梯测量带来的系统误差，为其他的传统方法提供了重要补充。随着引力波和电磁对应体探测实例的积累，由"标准汽笛"获得宇宙学参数的测量将会越来越精确。同时，准确的引力波探测可对爱因斯坦的广义相对论进行越来越严格的检验，从而探索超出标准模型的新物理。中子星状态方程一直是核物理、粒子物理和天体物理共同关注的热点难题。引力波及其电磁对应体的联合探测，可以进一步提升对中子星物态的限制精度。透镜化引力波作为一个独特的多信使系统也将加深人们对基础物理、宇宙学、天体物理许多问题的深刻理解。

高频引力波源主要有恒星级双黑洞、双中子星和黑洞－中子星双星系统。这些致密双星可能有三种起源：双星演化、动力学过程、原初形成，其中，双星演化可能是其主要形成过程。双星演化形成致密双星主要有两种通道，即化学类均匀演化通道和双星物质交流通道。目前人们的研究一方面是对单个双星系统进行详细演化研究，考察自转、对流、星风、金属丰度、爆炸反冲等物理过程对致密双星的形成及其性质的影响；另一方面是进行星族合成研究，给出致密双星的诞生率、并合率及其对环境的依赖。引力波探测可对不同的致密双星起源进行区分甄别，给出相关物理过程的观测限制。

除了恒星级致密双星系统的旋近－并合－铃宕信号外，高频引力波还可探测中子星自旋形成的连续引力波信号，以及短时标引力波暴信号，如超新星爆发时产生的引力波等。这些引力波爆发事件对揭示致密星形成机制、宇宙弦或其他未知物理过程有着不可替代的作用。

大量不可分辨的天体致密双星产生的引力波信号混叠形成天体起源的随机引力波背景。这类信号携带了恒星形成率和源的质量分布等信息，不仅可用来探索单个不能被探测的微弱信号，还可以在一定程度上检验宇宙中恒星形成的演化过程。

尽管目前的高频引力波探测还不能清楚识别黑洞并合和中子星并合铃宕阶段产生的引力波特性，但未来第三代地基引力波探测器的精度将足以揭示铃宕引力波的细节。届时，人类将可以通过铃宕引力波对黑洞、中子星等致密天体进行深入的观测和研究，结合这些观测对引力理论进行检验，并促进新物理的诞生。

为了保证和配合未来更高灵敏度、更宽频率范围的高频引力波探测器发展，需要建立与之相匹配的数据分析方法，包括相应的理论波形模板建设和数据处理流程开发，从而保证高效识别引力波信号，准确提取波源物理参数。LIGO-Virgo 科学合作组已研发出多套数据分析流程用于信号的识别和参数估计。但随着地面引力波探测器数量的增多和灵敏度的不断提升，多探测器联合观测成为高频引力波研究的必然趋势。因此，未来的引力波数据处理需要高度智能化，利用深度学习进行智能化数据处理将是高频引力波数据分析的一大发展趋势。

世界范围内第三代引力波探测器的建设正在开展详细的科学、仪器方案论证。欧洲的爱因斯坦望远镜（Einstein Telescope，ET）和美国的宇宙勘探者（Cosmic Explorer，CE）是比较成熟的两个计划。近期，千赫兹探测器也受到英国、加拿大、澳大利亚和中国学者的关注。探测器网络在提高科学数据可用周期、降低误报率方面有着至关重要的作用。引力波背景探测以及提高引力波源的空间定位精度等必须依靠探测器网络。在中国境内建设的地面引力波探测器可以和日本/印度引力波探测器组成类似美国两个LIGO的探测器对，大大增强对引力波极化的限制。

自 20 世纪末始，国内学者就开始了致密双星星族合成的研究，预言了由河内致密双星产生的引力波前景，研究了双黑洞、双中子星和黑洞 – 中子星双星等引力波源的形成演化，运用 N 体数值模拟了星团环境中的双黑洞动力学形成过程，在透镜化引力波信号探测概率，引力波速度，测量限制哈勃常数、宇宙几何和暗物质分布等应用，引力波干涉、衍射效应、张量特性等方面开展了系统的理论研究。发现引力波后，国内学者在磁场演化与引力波方面取得了初步成果，提出了用引力波检验引力理论（包括强等效原理、宇称守恒等）的新思考。

在引力波数据处理问题上，国内学者建立了椭圆双星并合系统波形理论模板，针对如何利用深度学习进行智能化引力波数据处理展开了较为系统的研究。另外，清华大学引力波数据分析团队等开展了 LIGO 高频引力波暴数据分析和实现低延迟实时致密双星并合信号的搜寻，给出了引力波事件的显著性和系统误差评估等，参与构建引力波数据计算基础平台，开发的数据分析软件工具为 LIGO 科学团队成员广泛使用。

2. 空间低频引力波

空间引力波探测具有丰富和独特的目标波源，不同波源与不同的天体物理过程相对应。主要目标波源包括：①大质量双黑洞并合，位于星系中心，质量为 $10^5 \sim 10^7$ 个太阳质量，是星系并合的自然产物；②中等质量双黑洞并合，质量为 $10^3 \sim 10^5$ 个太阳质量，是大质量黑洞的种子；③极端质量比旋近（extreme mass ratio inspiral，EMRI），由致密天体绕转大质量黑洞构成，质量比一般在 10^4 ：1 以上；④恒星级质量双黑洞，在旋近阶段发射低频引力波，并合阶段发射高频引力波，是实现引力波多波段联合探测的重要波源；⑤河内双白矮星，部分可作为空间引力波探测的验证源；⑥由银河系与宇宙中的致密双星产生的低频引力波背景和前景；⑦宇宙学起源的引力波背景，由宇宙在极早期经历的相变过程所释放的引力波辐射形成。

天体波源是空间引力波探测的最主要目标波源，深入理解它们的起源和演化，准确估计它们的事件率、分布等对实现空间引力波探测至关重要。国际国内学者已经开展了大量关于大质量双黑洞、大质量（双）黑洞与环境的动力学相互作用、EMRI、恒星级致密双星旋近及其引力波的引力透镜效应、新型目标波源等多方面的研究。但目前对这些波源相关天体物理过程的理解仍存在很多不确定性，导致获得的相关估计误差很大。为推进空间引力波探测的科学目标的实现，未来空间引力波天文学发展的重点之一将是全面深入理解目标波源的起源和演化，估计它们的性质、分布和引力波信号特征，进一步挖掘新的（稀有）目标波源，拓展空间引力波探测的科学价值。

准确的引力波波形模板和高效的数据处理方法是保证空间引力波探测项目完成科学目标的关键。伴随着地基引力波探测的展开，人们已经开发了数值相对论、后牛顿展开、黑洞微扰和有效单体等方法，快速产生波形模板以供在数据中有效地搜寻信号和提取波源物理参数。然而，在空间引力波领域，目前这些方法对中等质量比双黑洞并合和EMRI等波源的计算在准确性与效率上还存在一些困难。另外，空间引力波探测将面临信号持续时间长、数据不连续、非高斯、非稳态等各种复杂的特性，需要在数据处理方法中进行针对性处理。空间引力波探测还存在多个信号混叠的问题和各种复杂噪声，如何搜索辨识信号和提取对应物理参数同样面临挑战。

空间引力波探测的主要波源大质量/中等质量双黑洞并合产生的引力波信号强，可被探测红移范围广，这为揭示宇宙膨胀和暗能量早期演化行为提供了重要的观测途径。实现宇宙学应用的关键在于快速搜寻电磁对应体特征信号，但这些波源的电磁对应体有何特性甚至是否存在尚存争议，有待进一步的理论研究。同样，如何实现与未来空间引力波探测相适应的电磁对应体搜寻和观测策略也需要明确。

地基引力波探测对强场引力给出了初步的检验，得到了一些重要结论。空间引力波探测由于探测频段的不同、探测波源的差异以及引力波信噪比的改进，将会提供更全面的引力检验。不同空间引力波探测也会因灵敏度和频段差异带来不同的引力检验，多个引力波探测器的联合观测，将能提高限制精度。

早在20世纪90年代，NASA和ESA就开始提出空间引力波探测项目LISA。LISA由三颗卫星组成边长为250万km的等边三角形编队，沿地球绕太阳的公转轨道飞行，通过卫星间的高精度激光干涉测距和无拖曳技术实现引力波探测，探测频段为$10^{-4} \sim 1$ Hz。2015年发射的LISA探路者卫星已成功验证了一些关键技术，明确了LISA的发展路径和建设方向。目前LISA已开始第三阶段的任务，预计在2028～2034年发射。这对与LISA相关的各学科/环节，包括波源天文学、数据分析方法以及引力波理论等的发展提出了迫切要求。

我国科学家从2000年开始布局空间引力波探测的核心技术，2008年以来，开始探讨中国的空间引力波探测计划，分别于2014年和2016年提出了"天琴"和"太极"引力波探测计划。"太极"类似于LISA，但卫星两两间距为300万km，探测频段与LISA差别不大。"天琴"则以地球为中心，在高度约10万km的地球轨道上部署三颗卫星，探测频段略高于"太极"。"太极"计划于2019年8月发射了技术验证星"太极一号"，"天琴"计划团队在国内首次得到月球上全部 5 个激光反射镜的回波信号，并于 2019 年 12 月发射"天琴一号"试验卫星。"太极一号"成功检测了包括无拖曳技术在内的多项关键技术，为我国后续空间引力波探测的技术发展路线提供了重要参考。基于"太极一号""天琴一号"的成功发射，以及后续的二期实验卫星验证，预计在 2033 年左右发射我国主导的空间引力波探测器。

计划中的空间引力波探测计划还有先进激光干涉天线（Advanced Laser Interferometer Antenna，ALIA）、DECIGO、BBO 等。它们与 LISA 类似绕太阳运动，但臂长较短，主要探测中频引力波（0.1 mHz～1 Hz）。近年来，ESA 提出了基于原子干涉和原子钟的新型空间引力波探测（Space Atomic Gravity Explorer，SAGE）方案，我国提出了原子干涉引力波空间天文台（Atom Interferometric Gravitational-Wave Space Observatory，AIGSO）。这些新方案也可探测中频引力波（0.1～10Hz）。

3. 原子干涉、量子钟

基于原子物理和光学量子技术的引力波探测技术，主要探测 0.1～10 Hz 的引力波信号，最主要的目标波源为 10^2～10^4 太阳质量的中等质量双黑洞的并合。中等质量黑洞与第一代恒星的演化密切相关，是大质量黑洞的种子，目前尚无决定性天文观测证据。中等质量双黑洞并合的引力波探测将对理解第一代黑洞的形成演化、大质量黑洞与星系的协同演化发挥重要作用。此外，该频段的探测还可限定宇宙学引力波背景，包括宇宙早期相变和宇宙弦分别产生的引力波、宇宙原初引力波等。

基于原子物理和光量子技术的引力波探测技术，在其他物理、天文与宇宙学中的应用也非常丰富，其中最重要的是引力检验。虽然广义相对论是目前最成功的引力理论，但是其仍面临各种问题，包括理论方面的奇点和量子化问题，观测方面的暗物质、暗能量问题。因此，引力理论的观测检验一直是天文学和基础物理学研究的重要课题。利用原子干涉和光学原子钟技术对引力场中的各种引力行为进行精密测量，可以高精度检验等效原理，测量"第五种力"，检验洛伦兹对称性、宇称对称性等基本对称性，测量万有引力常数随时间和空间的可能变化等。其他应用还包括：寻找超轻的暗物质粒子，并研究暗物质与普通物质的相互作用；检验量子力学基本原理，研究不同引力势中的量子关联并检验贝尔不等式；为测绘学和射电天文学定义高精度的参考系；研究宇宙加速膨胀，区分暗能量与修改引力模型等。

近年来，多个地基和空间的基于量子技术的引力波探测与引力检验项目已经被陆续提出或正在建设。例如，基于原子干涉的引力波探测项目有物质波原子梯度仪干涉传感器（Matter-wave Atomic Gradiometer Interferometric Sensor，MAGIS-100）（美国，地基）、原子干涉仪天文台和网络（Atom Interferometer Observatory and Network，AION）（英国－美国，地基）、物质波干涉引力天线（Matter-wave Interferometric Gravitation Antenna，MIGA）（欧洲，地基）、欧洲引力和原子干涉研究实验室（European Laboratory for Gravitation and Atom-interferometric Research，ELGAR）（欧洲，地基）、沼山长基线原子干涉引力天线（Zhaoshan Long-baseline Atom Interferometer Gravitation Antenna，ZAIGA）（中国，地基）、AIGSO（中国，空间）等，而欧洲的空间 SAGE 计划将同时采用原子干涉和光钟两种引力波探测方案。这些新的探测方法可能为未来的引力波探测以及相关技术发展带来新的重大突破。

在基于量子技术的原子干涉和光钟等新的引力波探测方向，我国具有优良基础和几个优势，能让我国在短期内取得国际领先的地位。①在量子通信方面，我国依托量子科学实验卫星"墨子号"、量子保密通信"京沪干线"的实施，形成了空地一体广域量子通信网络，在安全时频技术、量子物理与广义相对论的物理检验上占据发展先机，为建设空间量子物理实验平台打下了坚实的基础。②在实验方面，几乎与国际其他项目同时，我国提出并开始建设地基的原子干涉引力波探测项目 ZAIGA，并同时提出了相应的空间项目 AIGSO 方案。在光钟引力波探测方向上，最近也提出了"基于空间平台的广域超高精密量子光频标"项目方案，发展适用于高轨空间平台的光钟。因此，在这些项目和研究中，我国与国际先进水平的差距较小。

在科学方面，我国已经组建了多个引力波科学团队（"太极"联盟、"天琴"科学团队、CPTA 团队等），可以迅速开展相关的科学预研。在数值模拟和数据分析方面，由于原子干涉探测方法与传统的激光干涉引力波探测方法、光学原子钟探测方法与传统的 PTA 方法都有很大的相通之处，我国已有的"太极"、"天琴"、CPTA 等团队正在发展的数据分析方法可以移植到新的引力波探测方案中，迅速开展这方面的模拟和预研。

4.CMB 极化

20 世纪 90 年代，COBE 卫星观测到 CMB 的黑体谱，之后的 10 年间，空间和地面实验发展迅速。2002 年初，位于南极极点的地面望远镜度角尺度干涉仪（Degree Angular Scale Interferometer，DASI）最先测量到 CMB 的 E 模极化，开启了对极化研究的新篇章。经过 20 年的发展，截至目前，对 CMB 的温度涨落及 E 模极化的最好测量来自欧洲的 Planck 卫星，它对中小尺度温度涨落的测量精度已经达到宇宙方差极限。2013 年，南极地面望远镜偏振相机（SPT Polarimeter，SPTpol）探测到小尺度上宇宙中大尺度结构弱引力透镜效应导致的 B 模极化信号。

原初 B 模至今仍未被探测到，是下一步国际 CMB 探测的重点。在空间研究领域，经过三代不同精度的卫星观测之后，由于实验技术复杂，造价昂贵，目前还没有明确的下一代空间项目得到支持，正在计划之中的有 LiteBIRD，预计在 2030 年前后发射。在地面探测方面，由于微波观测受制于大气窗口，地球上只有南极、智利阿塔卡马沙漠、中国阿里地区及格陵兰岛满足极低水汽的台址条件。在过去的 20 年间，美国几乎主导了地面及探空气球 CMB 望远镜的发展，目前正在开展的地面实验包括南极的 BICEP、Keck Array、SPT，以及智利的 Polar Bear、advACT、Simons Observatory、CLASS 等。还在筹划之中的项目有美国的 CMB-S4 实验，计划建造数台大、中型口径望远镜，集成约 50 万个高灵敏度超导探测器，在多个频段开展观测。

目前，我国正在开展国内第一个地面 CMB 实验——阿里原初引力波探测计划（简称阿里计划）。阿里计划是我国引力波探测计划中的地面实验部分，是由中国科学院高能物理研究所牵头、国内外多家单位参与的以中美合作为主的国际合作项目，计划在北天区开展对 CMB 极化的精确测量，探测原初引力波。阿里观测站建成后，将与现有南极、智利台址有效互补，两南一北，并肩成为国际原初引力波探测的三大基地，以实现地面实验对全天的覆盖。

（二）中微子天文学

太阳和超新星中微子都是由核热力学反应所产生的，能量在几个到几十个 MeV，研究这些中微子可以理解太阳的产能机制和恒星的演化进程。1987 年 2 月，日本的神冈实验、美国的 IMB 实验和苏联的 Baksan 实验共探测到

21 个来自超新星事件 SN1987A 的中微子，这是人类首次探测到来自太阳系以外的中微子，由此物理学家获得了关于超新星爆发机制和中微子基本性质的大量宝贵信息。

在 TeV ~ PeV 能区的天体中微子（又称"宇宙加速器中微子"）则与高能宇宙射线的起源密切相关。宇宙线在天体源（如活动星系核）的强磁场环境中被加速，并与周围物质对撞从而产生高能中微子，因此通过观测高能天体中微子源即可揭秘高能宇宙射线起源的百年谜题。2013 年，冰立方观测站探测到一个全天各向同性的 TeV ~ PeV 中微子流强，这是人类首次探测到高能天体中微子；2017 年，冰立方的在线预警系统探测到一个 290 TeV 的高能缪中微子，这个中微子指回 40 亿光年以外的一个正在爆发的蝎虎座天体 TXS 0506+056，这是人类首次探测到遥远宇宙深处的高能中微子源。强烈的磁化喷流是宇宙射线被加速的理想场地，对应于观测到中微子能量的宇宙射线可在几十 PeV 到几十 EeV，是部分超高能宇宙射线起源的有力证据。这个突破性发现敲开了进一步揭秘高能宇宙射线起源的大门。

2012 年，由我国主导的大亚湾中微子实验发现了中微子振荡的第三种模式，为中微子基本性质这个神秘的拼图添上重要的一块。在大亚湾探测器上建立起来的超新星中微子预警系统是我国首次在 MeV 能级中微子天文学观测方面的尝试。由我国主导，目前正在建设的江门中微子观测站（Jiangmen Underground Neutrino Observatory，JUNO），将在探测 MeV 能段的天体中微子（尤其是下一个银河系超新星爆发事件）方面扮演举足轻重的角色。然而，我国在 TeV ~ PeV 能级的中微子天文学观测方面，目前基本处于空白状态。

当下，全世界共有三个 TeV ~ PeV 能段的中微子探测器在运行中，除了冰立方建在南极冰川外，另两个为俄罗斯的 10 亿 t 体积探测器（Gigaton Volume Detector，GVD，贝加尔湖）和立方千米中微子望远镜（Cubic Kilometre Neutrino Telescope，KM3NeT，深海），都建在水里。尽管海水对切伦科夫辐射光子的吸收程度要比南极冰川高，但是散射程度远比南极冰川低。根据所探测到的切伦科夫光子的飞行方向，可以更精准地重建中微子来源方及其天体源的方向。为了提高探测灵敏度，美国和欧洲都在筹建下一代中微子探测器，以达到 10 km^3 体量为目标。我国海域广阔，非常值得探索在深海里建造下一代中微子探测器的可能性。

现代探测器技术可以观测到的天体中微子主要是：太阳中微子 / 超新星中微子（MeV）、宇宙加速器中微子（TeV ～ PeV）和超高能宇宙成因中微子（由极高能宇宙线与宇宙微波背景辐射光子碰撞产生，能量在 10 PeV 以上）。前两者已被观测到，而超高能的宇宙成因中微子尚待发现。由我国主导的巨型中微子探测阵列（Giant Radio Array for Neutrino Detection，GRAND）以发现超高能宇宙成因中微子为主要科学目标，并且由于其极具"野心"的探测器设计，GRAND 的探测灵敏度也是世界范围内同类型探测器中的佼佼者，因此值得被大力推动和建设。

（三）宇宙线天文学

1. 地面宇宙线和切伦科夫伽马射线

在过去 20 年中，地面宇宙线实验取得了多个重要进展。在极高能宇宙线观测上，以位于南美多国联合建立俄歇（Auger）实验为代表，该探测器覆盖 3000 km^2。自 2006 年开始观测以来，确认了格莱森－查泽品－库兹敏（Greisen-Zatsepin-Kuzmin，GZK）极限的存在，2017 年发现极高能宇宙线的各向异性，证实了其非银河系起源。大型成像大气切伦科夫望远镜（Large Imaging Atmospheric Cherenkov Telescope，LIACT）已经成为宇宙线和甚高能伽马射线探测的主要天文设备。德国主导的高能立体系统（High Energy Stereoscopic System，HESS）、大型大气伽马射线成像切伦科夫望远镜（Major Atmospheric Gamma Imaging Cherenkov Telescope，MAGIC）和美国主导的甚高能辐射成像望远镜阵（Very Energetic Radiation Imaging Telescope Array System，VERITAS）等窄视场定点观测装置地面切伦科夫望远镜自 2003 年以来取得重要进展，将甚高能伽马射线源数量由 10 个提升到百个以上，并取得多个重要进展。美国主导的地面宇宙线阵列高海拔水体切伦科夫（High Altitude Water Cherenkov，HAWC）实验于 2015 年初开始观测，通过巡天扫描观测了 40 多个甚高能伽马射线源，其中 9 个伽马射线超过 50 TeV。目前，欧洲还提出了更加宏伟的 CTA 计划，将耗资 3 亿欧元对现有实验进行升级换代，计划将定点观测装置覆盖宽广的能区，具备探测更宽能区（100 GeV～100 TeV）、更高灵敏度（< 1% Crab 流量）、高空间分辨率（<1′）的能力，灵敏度较现在功能最强大的望远镜提高 10 倍。CTA 将探测到更多的 TeV 伽马暴，并有望

发现引力波源的甚高能伽马辐射，将深刻影响多信使天文学的发展。另外，印度的大型大气切伦科夫实验（Major Atmospheric Cherenkov Experiment，MACE）、意大利的伽马射线天空监测（Gamma Air Watch，GAW）的计划也在进行中。

中国在高海拔宇宙线领域开展了具有中国特色、世界一流的理论和实验研究。我国西藏羊八井国际宇宙线观测站的 ASγ 实验记录到能量最高的 400 TeV 伽马射线，羊八井地面天文台天体物理辐射（Astrophysical Radiation with Ground-based Observatory at Yangbajing，ARGO-YBJ）实验发现了第一个 TeV 超泡（super bubble），首次测量到氢和氦核的 PeV 能谱，并确定位于 630 TeV 的第一个"膝"，两个实验还发现了 TeV 能区宇宙线的各向异性，并覆盖了宽广的能量范围，在《科学》（Science）等刊物上发表了一系列重要成果。刚刚部分投入观测运行的 LHAASO 是宇宙线领域支柱性的大型实验装置，瞄准寻找甚高能和超高能伽马射线源，并精确测量原初宇宙线粒子从 100 TeV 到几个 EeV 的能谱。LHAASO 实验装置的 1/2 阵列已于 2019 年底投入观测运行，2021 年完全建成。目前的初步观测已经显示其对超能伽马射线具有强大的探测能力，已成为国际上最灵敏的探测装置，预期将会打开 100 TeV 伽马射线这一新的窗口，并带来新的发现。

2. 空间宇宙线

近 10 年，国外的空间高能粒子探测实验主要有 PAMELA、Fermi-LAT、AMS-02 以及 CALET。其中，PAMELA 与 AMS-02 是磁谱仪，它们最引人瞩目的发现是正电子在正负电子宇宙线总流强中的占比在 10 GeV 以上显著上升，与理论预期的持续下降截然不同。正电子宇宙线超出曾被广泛地解读为银河系内暗物质的湮灭或衰变，但目前的证据表明它更可能来自近邻的脉冲星。CALET 的核心科学目标是精确测量 TeV 电子宇宙线的能谱。Fermi-LAT 是目前世界上功能最强大的 GeV 能段伽马射线探测器，发现了多种新型的 GeV 辐射源。在宇宙线领域，Fermi-LAT 最重要的成果是在几个超新星遗迹中探测到宇宙线粒子与周边介质相互作用产生的中性 π^0 介子鼓包，为超新星遗迹加速宇宙线的这一主流模型提供了关键证据。Fermi-LAT 伽马射线数据也被广泛地应用于暗物质间接探测研究，尤其是矮星系方向的观测数据可靠地限制了暗物质粒子的湮灭截面。对银河系中心的长期监测发现该方向上存在一个重要的 GeV 超出成分，可能来自暗物质湮灭；AMS-02 的反质子数据中也可能含有一个 GeV 超出成分。这两种可能相互关联的现象引发了广泛关注，成为粒子物理和天体物理研究领域的共同热点前沿。

中国科学院高能物理研究所等单位参加了 AMS-02 实验，在正、反物质宇宙线的精确测量方面贡献了中国智慧。与之前 PAMELA 实验相比，AMS-02 将正电子、反质子、硼碳比的测量能段提高了数倍，为研究宇宙线在银河系中的传播、暗物质间接探测等提供了前所未有的高精度数据。我国自主的空间高能粒子探测实验起步较晚，首个项目是中国科学院紫金山天文台常进研究员提出的暗物质粒子探测卫星（后被命名为"悟空"号）。经过 4 年的研制，该卫星于 2015 年 12 月 17 日成功发射，这是我国首颗高能粒子探测卫星，也是我国首颗天文卫星。"悟空"号采用高能量分辨的量能器来高效率、高可靠性地区分质子和电子。自 2015 年底投入运行以来，该探测器工作稳定，数据质量优异。利用"悟空"号的数据，"悟空"号团队获得了 50 GeV～4.6 TeV 的电子宇宙线精确能谱，首次直接探测到约 0.9 TeV 处的拐折，澄清了 TeV 能区电子宇宙线能谱形状；测量了 40 GeV～100 TeV 的质子宇宙线能谱，除证实 PAMELA 和 AMS-02 等所探测到的数百 GeV 处的能谱变硬行为外，还新探测到 14 TeV 处的能谱变软。目前"悟空"号已进入延寿运行，其积累的大样本数据将产出更精确和更完整的电子、质子以及核素宇宙线能谱，显著推动暗物质粒子间接探测以及宇宙线物理研究。例如，"悟空"号将把电子宇宙线的能谱延拓到 10 TeV，厘清 TeV 能区里是否存在由暗物质或者是邻近天体源所产生的新能谱结构。

三、发展思路与发展布局

未来 5～15 年，建成 3～5 个世界先进水平的多信使大科学装置 / 设施，并利用已有正在运行的大科学装置 / 设施，融入国际多信使观测网络，初步建立以我国为主的天地一体化多信使观测网络框架，并且相关理论研究达到世界先进水平。

加强粒子天体物理优势方向研究。支持"悟空"号 DAMPE、"慧眼"

HXMT 卫星、中国空间站"天极"（POLAR-2）望远镜、GECAM 卫星、SVOM 卫星、EP 卫星、LHAASO、JUNO、阿里原初引力波天文台等已运行和已立项建设的粒子天体物理实验和设施的科学研究和联合研究。

继续深入探索"极端宇宙"，支持"太极"、"天琴"、QTT、HERD、eXTP、全变源追踪猎人星座（Chasing All Transients Constellation Hunters，CATCH）计划、GRAND、TeV～PeV 能段深海中微子望远镜等项目的预先研究，构建以我国为主的完备的多信使和时域天文观测网络，发起和领导"探索极端宇宙"国际大科学计划。

（一）引力波天文学

1. 地基引力波

在大质量双星演化中，考虑自转、对流、磁场、星风等的影响，建议重点研究致密双星的形成及性质；研究双星物质交流的稳定性和公共包层演化，提高星族合成研究的可靠性与精确度。建议优先发展相对论性三体和多体数值模拟技术，重点研究高密度恒星环境中双黑洞、双中子星的形成、演化和并合等动力学过程。在观测方面，建议利用 LAMOST 和未来的中国空间站多功能光学设施搜寻含黑洞中子星的双星，给出其物理参量；搜寻大质量双星，给出其观测统计性质及其对环境的依赖。目前，国内虽然对黑洞的理论研究非常活跃，但是通过引力波数据的分析来获取黑洞性质的研究仍然比较缺乏。建议发展不同黑洞模型下的引力波模板，通过引力波信号来测定黑洞的主要物理参数。

未来引力波探测器将具有更高的灵敏度和更广的可观测频段，这虽是其巨大优势，但同时也对引力波数据分析提出巨大挑战。届时，第二代探测器所采用的匹配滤波技术将面临巨大困难。随着搜寻参数空间的扩大，对波形模板数量的需求将急剧增长，发展区分多种引力波信号的数据分析方法和大数据下的智能化数据处理方法、优化匹配滤波数据处理流程、提高数据分析效率，必然是未来需要重点解决的问题。高频端的改进也将提升双中子星并合过程的观测精度，要求发展数值相对论，建立双中子星并合的更准确的引力波波形模板，深入研究中子星的状态方程以及核子物理和粒子物理过程。多探测器联合观测的数据分析与传统的单探测器偶合事件分析不同，对相关观测量进行统计分析对进一步提高探测的灵敏度至关重要。非标准高频引力波源的搜寻也是未来需要大力发展的课题。

2. 空间引力波

空间引力波探测具有重大科学意义，并将于2030年左右实现。推进空间引力波探测的实现和迎接相关重大科学突破，需要在引力波天文学相关领域优先发展和布局以下几个重点方向。

（1）低频引力波天体波源的形成演化、分布和相关天体物理。结合（种子）黑洞的形成、星系与大质量黑洞的协同演化以及（双）恒星演化等，深入研究各类质量的双黑洞、EMRI、河内致密双星等的形成演化，获得它们的事件率、参数分布、寄主星系性质和环境特性，以及在宇宙中分布的准确估计，明晰不同类波源对引力波背景的贡献及可探测特征，探索未来空间引力波探测对各相关天体物理过程的限制能力等。另外，也要开展新类型非传统稀有波源的天体物理过程和探测研究，为空间引力波探测提供新的目标波源，拓展其科学价值。

（2）模板建设、数据分析、信号搜索和参数提取。空间引力波相关波形模板建设、数据分析方法/软件的开发、快速信号搜索和参数提取是未来10年需要重点发展的课题，是空间引力波探测成功的必备前提。另外，还须开展多频段多探测器联合数据分析方法研究，最大限度地挖掘联合观测的物理和天文相关信息，为未来联合观测的数据分析打下基础。

（3）电磁对应体信号预言和观测。发展理论模型研究天体环境下双黑洞的并合过程，预言或厘清其特征电磁信号。围绕我国现有和正在规划的望远镜，开展电磁对应体搜寻和后随观测设备建设、策略及方法研究，为未来的多信使观测做好准备。

（4）引力波宇宙学。研究大质量/中等质量双黑洞并合事件的引力波数据，破除红移－质量间并的可能性；模拟未来空间引力波探测器的引力波距离测量误差；结合理论预言的电磁信号，研究基于空间引力波探测的引力波"标准汽笛"的数目、质量及其红移分布，为未来的实际探测做定量预言。

（5）宇宙学起源引力波、黑洞度规测定和引力检验。研究宇宙早期演化的动力学过程，以预言其产生的引力波信号，结合天体背景等开展数据分析方法的研究，为检验在甚高能标的超出粒子物理标准模型的理论做好准备。结合模拟数据，考虑不同黑洞度规和引力理论下的引力波信号，开展从 EMRI 事例中提取（克尔）度规信息、用极高信噪比的双黑洞并合"黄金事件"限制超出广义相对论的先导研究。

3. 原子干涉、量子钟

在发展传统的引力波探测相关研究的同时，建议"十四五"期间同步开展基于原子干涉和光学原子钟的引力波探测与引力检验研究，具体包括以下三个方面。

（1）实验方面。开展基于量子传感、量子通信、量子测量等量子技术的引力波探测与引力检验新方法的研究和项目论证，充分利用我国在量子技术等方面的优势，做出国际领先水平的科学实验。

（2）科学方面。开展 $0.01 \sim 10$ Hz 频段的引力波天文学和基于原子技术的引力检验等科学目标的研究，为未来的直接探测和测量做定量预言。

（3）波形模板建设和数据分析。发展适用于原子干涉和光学原子钟的引力波探测频段的数据分析技术，开展波形模板库建设、模板匹配数据分析、各种噪声处理等方面的研究。

4. CMB 极化

CMB 极化信号非常微弱，其高精度测量对实验条件、探测技术、系统控制、科学分析、天图处理与功率谱提取技术等有非常严苛的要求。建设高精度 CMB 极化望远镜，覆盖更多的观测频段、提升探测器数量是此方向取得突破的关键。CMB 极化望远镜的核心部件是辐射热计（bolometer），当前大多数实验都是以 TES 结合 SQUID 读出组成焦平面探测器，这项技术主要掌握在美国几个研究机构手中。作为一个新兴的重要研究方向，在加强国际合作的同时，应持续加强自主研发，掌握核心技术，打破技术壁垒，建设具有自主知识产权的高性能望远镜。

B 模极化信号十分微弱，远远小于 CMB 的 E 模信号，这对 B 模实测数据处理与分析技术带来极大挑战。CMB 极化测量会受银河系辐射的污染，CMB 透镜效应产生的 B 模极化信号是原初引力波探测中的重要污染源，其在某些情况下甚至强于原初 B 模极化信号。CMB 的 B 模宇宙学研究主要依赖 B 模天图和功率谱的物理分析，因此需要优化银河系前景扣除算法，考虑对 CMB 弱引力透镜效应进行重建与精确扣除，发展 B 模天图的分析与统计技术，准确构建天图、实现最佳的无偏差功率谱统计，从而实现原初引力波探测或对暴胀理论进行限制。同时，开展相关的早期宇宙理论、CMB 极化旋转角测量与 CPT 对称性检验、E 模极化的宇宙学应用、CMB 极化与大尺度巡天关联等观测和理论相结合的研究，推动对宇宙和基本物理的深刻理解。

作为我国第一个 CMB 观测实验，阿里计划于 2016 年正式立项启动。该计划凭借西藏阿里地区得天独厚的地域优势，在海拔 5250 m 处建设具有国际一流水平的阿里宇宙微波偏振望远镜（Ali CMB Polarization Telescope，AliCPT-1），并实现北天区最精确的 CMB 极化测量，与南极、智利现有观测形成有利的互补，交叉互检，对原初引力波开展全天搜索。目前，阿里 B1 点观测站已完成验收，望远镜研制、科学模拟及预研究分析等各方面工作正按计划顺利进行。

围绕阿里计划的核心科学目标，以精确测量原初引力波为主线，目前已经在原初引力波精确测量、早期宇宙论、CPT 对称性检验、CMB 极化信号的物理分析与重建、前景分析与扣除、引力透镜效应的重建及扣除、E 模式极化、CMB 与大尺度巡天的关联、银河系磁场等方面开展研究。同时，在微波探测技术领域，如望远镜整体设计、发展高性能 TES 和 MKID 阵列技术、μMux SQUID 读出技术、发展深低温制冷技术和微波器件制备及测试技术等关键技术领域开展技术攻坚研究。

阿里计划是我国第一个 CMB 极化实验，国内在该研究领域相对缺乏经验，在望远镜多项关键技术上与国际先进水平有着相当大的差距，因此，应在人才引进和培养、关键技术研发方面加强布局。具体地，应加强对有丰富 CMB 实验经验的人才引进，加强国际合作和融合。在实验技术发展方面，应在 CMB 极化探测的关键技术方向加强布局，如望远镜整体设计、焦平面探测器技术、探测器阵列读出技术、深低温制冷技术、微波光学器件制备及测试技术等方面攻关突破；增加超导器件制备平台建设，加大对新技术的投入，如加强对新探测技术和读出方法的研发。

（二）中微子天文学

中长期（15～20年）内，在中国建立全能段的中微子天文学观测平台，包括MeV能段的太阳和超新星中微子观测站、TeV～PeV能段的宇宙加速器中微子观测站，以及超高能宇宙背景中微子观测站。目前，我国在MeV能段已启建JUNO，筹建中的有TeV～PeV能段的南海中微子望远镜（Tropical Deep-sea Neutrino Telescope，TRIDENT，又称海铃计划）及超高能段的GRAND射电阵列。建成后的JUNO（2023年）、TRIDENT（2030年）及GRAND将确保我国在2035年前后实现全能段中微子天文学的世界引领地位。另外，我国也已建成LHAASO，正在运行"悟空"号DAMPE和"慧眼"HXMT卫星等。基于中微子观测平台，通过联合国内（外）包括高能粒子和高能电磁辐射探测器在内的多波段多信使的观测，建成一个成熟的包括中微子在内的多信使天文学观测网络。

（三）宇宙线天文学

1. 地面宇宙线和切伦科夫伽马射线

聚焦探索高能宇宙线的起源这一重大科学前沿问题，可充分发挥高海拔的优势，完成已具有国际领先优势的中国大科学装置地面宇宙线设施LHAASO的建设，支持LHAASO开展相关数据分析和相关科学研究，并针对其观测到的甚高能和超能伽马射线源，联合我国的实验装置"慧眼"、FAST等开展多波段联合研究。基于LHAASO在超高能伽马射线高灵敏度优势，积极开展以我国为主的国际合作，拓展LHAASO数据的物理潜力，增强国际影响力。

在近期和中长期有序拓展与升级LHAASO宇宙线及伽马射线探测装置，提升宇宙线探测能力：2021～2023年，研制3台LIACT设备，口径6 m，视场5°，采用Davies Cotton结构，触发阈能500 GeV，在1 TeV能量，角分辨0.25°，能量分辨率15%，灵敏度10% Crab，放置在高海拔的LHAASO观测站，实现对伽马射线源的立体成像观测；2024～2025年，再研制3台LIACT设备，拓展TeV伽马射线观测阵列，在1 TeV能量，角分辨0.1°，能量分辨率10%，灵敏度5% Crab，开展国际合作，加入全球VHE伽马射线观测网；

2026～2035 年，建造十几台 LIACT 设备，构成观测阵列，在 0.5～20 TeV 能段，其角分辨率、能量分辨率和灵敏度全面超越 CTA，与 LHAASO 配合观测，在高能天体物理过程研究、基础物理检验、暗物质探测等方面取得突破。

2. 空间宇宙线

AMS-02 实验有望继续工作 5～10 年，直至国际空间站退役。Fermi-LAT 丧失了定向观测功能，但仍在做全天区的扫描观测。国外 2035 年之前的下一代高能粒子探测项目计划目前尚不明朗，但暗物质尚待发现、宇宙线起源之谜有待解开、GeV～TeV 时域天文正蓬勃发展。在相当长一段时期内，这些方向仍将是国际重大科学前沿。为取得原创性突破，我国迫切需要实施下一代空间高能粒子探测项目，并发展壮大科学研究团队。

在暗物质间接探测方面，考虑现阶段伽马射线和反质子宇宙线数据中的疑似信号都出现在 GeV 能区，有必要研发接受度约为 10 m^2sr 的 GeV～TeV 伽马射线空间望远镜，如中国科学院紫金山天文台等单位正在推进的甚大面积伽马射线空间望远镜（Very Large Area Gamma-ray Space Telescope，VLAST）。所获数据还可广泛用于伽马射线时域天文研究、解决 PeV 中微子及甚高能宇宙线的起源问题。MeV～GeV 能段的伽马射线也是为数不多的天文观测"空窗"，关键科学目标包括证认强子宇宙线的 π^0 鼓包结构、探索轻质量暗物质粒子等。该能区的探测技术颇具挑战性，我国科学家正在推进伽马射线卫星盘古（PANGU）等项目，相关的技术预研正在进行。

关于宇宙线直接探测，"悟空"号将把电子和质子宇宙线的直接探测推进到 10 TeV 以及 200 TeV 左右，更高能量段范围的探测将由中国科学院高能物理研究所等单位研制的 HERD 完成。HERD 将通过三维成像量能器等创新方案探测超高能量宇宙线、正负电子和伽马射线，对宇宙线的接受度将达到 3 m^2sr，将突破目前在轨实验"膝"区宇宙线直接测量统计量不足的瓶颈，在空间首次将核素宇宙线能谱测量至 PeV 能区，揭示宇宙线起源的世纪之谜，在宇宙线物理方面取得革命性的突破；对具有争议的空间 TeV 电子能谱和百TeV 质子能谱完成最精确测量；以前所未有的灵敏度搜寻暗物质。HERD 项目组已经完成多套不同规模的原理样机，并在欧洲核子中心开展了数次束流实验，计划于 2025 年前后发射。

未来的暗物质研究中，反物质宇宙线粒子数据是全面确定暗物质湮灭或衰变通道的必要信息。考虑高温超导技术的蓬勃发展，2030 年之后有可能具备研发空间大型高温超导磁谱仪探测器的基础，所获的数据将显著促进暗物质粒子间接探测及宇宙线物理研究。鉴于国内之前没有空间大型磁谱仪的独立研发经验，需要适时资助相关的技术预研工作。

第三节　时域天文学

天文学发展的持久动力来自观测，特别是突破性的新发现。目前观测天文学已经从刻画静态宇宙发展到认识动态宇宙，通过多波段、时域监测来揭示宇宙中各类天体的变化，并发现和探索各类新天体、新现象。时域天文学在近 10 年已经成为天文学和相关物理研究的重大突破方向，在超新星（2011 年诺贝尔物理学奖）、引力波事件（2017 年诺贝尔物理学奖）、系外行星（2019 年诺贝尔物理学奖）等重要观测目标方面，已经产出了一大批重大科学发现。未来 10～20 年，时域天文学将成为国际天文学引领性、"金矿"型的重大前沿科学领域。

一、发展规律与研究特点

随着天文观测设备在覆盖天区、灵敏度和时间采样频率方面的性能提升，以及由此带来的参数空间的大幅拓展，时域天文观测不仅能够提供已知暂现源和变源的大样本以便开展统计研究，而且能提供巨大的潜力搜寻尚未被发现的理论预期事件，揭示未知的新天文现象。

时域天文学以暂现源和变源为重点研究对象，覆盖从太阳系小天体、系外行星到恒星、星系等不同层次的天体，探索和研究引力波事件、超新星、伽马暴、黑洞潮汐瓦解事件等大量高能爆发天体，以及极短周期的系外行星、密近的简并双星、流浪行星、孤立黑洞、褐矮星等小尺度的天体活动。

不同的天体特征、事件概率、活动剧烈程度和周期等，体现了其不同的时域特征。

对于时域天文学研究，须充分考虑如何构建覆盖天体多样性的动态监测数据集，可采取如下措施：①多波段、手段联合观测，用以从不同侧面获得不同类型天体更加全面的信息；②深度的大天区面积巡天观测，用以覆盖尽可能多的天体类型和数量；③长期的高采样频率持续监测，用来探索暂现源和变源长期/短时标的变化特点，进而发现新天体、新现象，揭示宇宙中各类天体的变化规律，认识宇宙演化、探索基本物理、搜寻外星生命等。

时域天文学以揭示宇宙中各类天体的变化为目的，研究对象包括宇宙极端高能暂现源、不同尺度的天体活动、太阳系天体和系外行星等。

（一）引力波暴电磁对应体

引力波电磁对应体的理论预言始于 1998 年，在其后的 10 多年，考虑不同物理过程的理论模型不断被提出和发展，直到 2017 年人类首次探测到引力波电磁对应体（GW170817）。双中子星并合和质量比不是太大的中子星－黑洞并合产生的引力波事件预期会产生多种明亮的电磁辐射信号。黑洞－中子星并合形成的中心天体一定是黑洞；双中子星并合形成的中心天体可以是黑洞，也可以是更大质量的中子星。当中心天体是黑洞时：①黑洞吸积周围物质产生极端相对论性喷流，成为短时标伽马射线暴（短伽马暴）及多波段余辉辐射；②并合过程中抛射富含中子物质合成大量的放射性元素，这些元素衰变放热产生类似超新星过程的光学辐射，目前命名为"千新星"、"巨新星"或"并合新星"；③非相对论运动的并合抛射物与周围星际介质相互作用产生长时间（几年）、持续的射电辐射。当并合后的中心天体是中子星时，新生中子星可以成为毫秒磁星，在快速旋转过程中通过坡印廷流向外释放能量。因此，双中子星并合伴随的多波段（从射电、光学到 X 射线甚至伽马射线）辐射将变得更加丰富且明亮。

引力波源的电磁信号特征可以指引利用空间天文卫星和地面望远镜开展巡天或者引力波事件触发后的机遇观测。电磁对应体观测一方面可以用来甄别理论模型，对并合中心天体性质和爆发物理机制进行限制；另一方面发现新的观测特征也可以推动理论模型的发展。

（二）超新星和伽马射线暴

超新星是大质量恒星在演化末期经历的剧烈爆炸。作为时域天文学中的重要研究对象，超新星不仅可用于测量宇宙学参数，还能为恒星演化理论补上最后一环。超新星的光度上升很快（一般在几天到两周），越接近爆发时刻的数据，越能反映恒星演化最后时刻的空间结构和物理性质，从而对目前尚未明确的各类超新星的前身星爆发模型提供更加严格的限制。因此，利用大视场多波段望远镜，优化巡天观测策略和数据处理流程，可以发现更多处于爆发极早期的超新星信号（如出现在紫外和软 X 射线波段的激波暴），并随后触发多波段测光和光谱观测。

伽马射线暴是宇宙中最剧烈的恒星尺度爆发现象，起源于大质量恒星的核心坍缩（长暴）和双致密星的并合（短暴），其能源引擎机制、喷流的形成和能量耗散过程、高能粒子的加速和辐射机制、前身星和暴周环境等都是现阶段高能天体物理的前沿研究课题。高红移爆发源的范畴主要包括高红移伽马射线暴、第一代超新星和其他瞬变源事件（如黑洞潮汐瓦解事件），它们是研究早期宇宙的探针，可用于探索第一代或早期恒星、恒星形成历史、早期金属丰度、第一代恒星级黑洞、宇宙再电离等。

时域天文学对超新星和伽马射线暴完整的电磁信号的研究，能够区分不同超新星前身星模型，改善测距误差；捕捉极早期激波突围信号，验证恒星演化和超新星爆炸理论；发现未知的快速演化的超新星爆发；理解伽马暴前身星、探索新生黑洞或中子星、揭示极端相对论喷流等。

（三）黑洞潮汐撕裂恒星事件

星系中广泛存在中等质量以上的黑洞，当其周围的恒星受到扰动时，导致与黑洞相遇的距离有可能小于潮汐撕裂恒星的半径，恒星就被黑洞的潮汐力瓦解，称之为 TDE（Rees，1988）。大部分情况下，撕裂恒星的碎片中有一半物质落向黑洞，形成致密的吸积盘，产生峰值从软 X 射线到紫外的"闪耀"，其光度随时间大体按照 $t^{-5/3}$ 的规律衰减，衰减过程可以持续约几个月甚至几年。理论上，预言这个事件发生的概率平均为 $10^{-5}\sim 10^{-4}$/（a·galaxy），但具体每个星系的发生率依赖具体的星系性质。一般小质量星系发生的概率高，大质量星系发生的概率低。

宇宙中大部分黑洞是不显著活动的，目前主要通过测量黑洞引力范围内恒星或者气体的动力学效应进行探测。由于黑洞引力范围与整个星系相比如此之小，动力学探测方法存在黑洞尺度和距离的限制，探测和研究小质量黑洞及遥远星系中心的黑洞只能通过 TDE 来进行。对不同类型星系中的 TDE 事例进行测量，原则上能给出超大质量黑洞的统计性质，如大质量黑洞在星系中心的占有比、黑洞的质量函数等。通过观测 TDE 来寻找中等质量（$10^3 \sim 10^5$ 太阳质量）黑洞，可以构筑关于大质量黑洞的种子及其宇宙学成长历史的拼图。TDE 在短时间（月至年）内经历了黑洞吸积盘的形成和消失、喷流 / 外流的产生和消失，因此是研究吸积物理的实验室。TDE 的紫外和软 X 射线闪耀，照亮了黑洞周围气体，为此提供了探测这些宁静黑洞周围环境的机会。与 AGN 活动星系核中的黑洞进行比较，可促进对黑洞活动（吸积）触发机制的理解。

黑洞潮汐撕裂恒星事件所产生的辐射信号的探测和研究，将是限制黑洞、吸积盘、喷流等参数，探知中等质量和遥远宁静黑洞的质量分布等的有效方式。尤其是时域天文学有望发现多例毫 pc 尺度的双黑洞的潮汐瓦解事件，以及探测白矮星被中等质量黑洞潮汐瓦解事件的光学辐射，将是下一代中低频引力波多信使天文学的重要观测目标。

（四）快速射电暴

快速射电暴（fast radio burst，FRB）指具有高色散量的毫秒级别的脉冲式射电爆发现象，具有宇宙学起源，是目前快速发展的天文学研究热点，其持续时间极短，通常只有几毫秒，辐射集中在 GHz 附近的射电波段且亮温度极高。毫秒的持续时间和宇宙学距离使得 FRB 可以作为研究宇宙学与基础物理学的探针，同时在观测上 FRB 对望远镜的灵敏度、时间分辨率和空间分辨率均有较高要求。

FRB 是全新的天体物理现象。自 2007 年发现首例 FRB 以来，已陆续探测到上百例，迄今，其起源和产生机制尚不清晰。FRB 的辐射分布在很宽的射电频域内，辐射到达时间随着频率的减小而延迟，即存在色散。延迟时间与辐射频率之间基本满足负二次方关系，表明色散主要由辐射在冷等离子体中的传播所引起。观测发现，FRB 的色散量常常高达数百到上千 pc/cm^3，一般明显高于银河系在相应方向上所能贡献的数值。因此，FRB 的高色散性质和它们在天空中近乎各向同性的分布表明，这种现象很可能具有宇宙学尺度上的起源。除色散量外，人们还在一些 FRB 观测中成功实现了对偏振的测量，进而对法拉第旋转量进行测量，一些较高的法拉第旋转量强烈表明 FRB 源区附近或其寄主星系内具有很高的磁场。除了单次暴发，人们还在 FRB121102 中发现了重复暴发现象，这个重复行为为后续研究提供了极其重要的机会，包括确定宿主星系、确定宇宙学起源、探测到极高的磁场等。

目前，对于 FRB 有上百个理论模型，其是否存在多种起源、在其他波段是否有伴随辐射，仍有待观测揭示，其研究的核心问题在于 FRB 的起源、环境、应用科学和辐射机制。同时，FRB 也是多波段从无线电到高能伽马射电，甚至中微子、引力波天文台的探测对象，是从时域天文学到干涉成像多课题的研究目标，对其进行探索必将带来巨大的理论进步、空前的研究机会和宽阔的研究领域。

（五）X 射线暴

目前已经发现确认的 X 射线双星系统，只有 300 多个中子星系统和 20 多个恒星级黑洞系统。至今在中子星双星中观测到的 X 射线超级暴和中级暴数目分别只有约 30 个与 70 个（我国发现一例），其中有些爆发事例具有极强的硬 X 射线辐射（＞15 keV），并能触发当前的伽马射线暴监视器。这些长暴是研究中子星物质吸积和极端热核燃烧物理的重要工具。其中，极亮 X 射线暴（ultraluminous X-ray burst，UXB）样本更少，仅有 7 个，最具有代表性的是 Irwin 等从 Chandra 和 XMM-Newton 档案数据中发现的两个源。

超亮 X 射线暴是指 X 射线峰值光度达 $10^{40} \sim 10^{41}$ erg/s 的耀发事件，其上升时标短于 1 分钟，下降时标约 1 小时，其峰值光度远高于一般 X 射线暴，无法用 X 射线暴的一般性理论解释。目前有多种理论模型，包括：中子星吸积伴星氢/氦元素并在表面发生的爆发燃烧现象，吸积率突然增加引起的爆发现象，中子星磁场的不稳定性，辐射来自窄区域的束状辐射的波束效应，中等质量黑洞潮汐剥离白矮星等。

（六）太阳系天体和系外行星

近地天体发现和监测对规避其对地球与人类生存环境的威胁具有重要意义。目前人类已经探测到约 5000 个直径 30～100 m 的小天体。由于近地天体具有全天域随机出现、运动速度快、可视弧段短等特点，仅当其距离地球足够近时才能被探测到，观测窗口期短于天的时标，因此还有 99%～99.9% 没有被探测到。开展近地天体，尤其是 100 m 及以下小天体的搜寻、监测和精确定轨，将是时域天文学研究的重点之一。同时，开展 KBOs 掩食观测，由此发现未知天体，获得该天体的轨道、形状、大小等信息，描绘人类星际航海时代的航路图，也是时域天文学的关注重点。

对太阳系外行星（系外行星）的观测与研究，将帮助人们建立起完善的行星形成与演化理论，这是回答"地球的形成""生命的起源"等人类最关心的问题所不可或缺的理论基础。时域天文学所关注的动态宇宙的监测与刻画，将为行星科学研究提供更加丰富的机会（详细参见第六章第四节"行星科学"）。

（七）其他不同尺度的天体活动

活动星系核是宇宙中活动最剧烈的天体之一，其能源来自星系中心巨型黑洞吸积气体并释放的引力能，是检验引力理论、刻画星系形成与演化、精确测量宇宙学参数、探测中微子和引力波辐射不可或缺的研究对象。时域天文学长时间连续的动态监测，将发现大批的态转变和剧烈光变的活动星系核，对理解其物理机制具有关键性作用。通过考察光变与黑洞吸积盘系统物理量之间的因果联系，由时间和空间这一独特的新角度分辨吸积盘，开展不同波段连续谱光变联系的研究，有助于了解超大质量黑洞及其吸积盘、辐射区物理过程和特性，发现超大质量双黑洞系统及其旋近、并合信号。

处在赫罗图同一位置上具有相同温度、光度的恒星，由于内部结构的差异具有不同的光变特性。长期的研究已经揭示了数十种具有较大幅度光变的变星，并在部分恒星中揭示了不同的星震行为，然而大多数的恒星并没有进行光学变化方面的研究。时域天文学将通过长期动态监测，统一研究恒星的光变行为，从而把二维赫罗图上相同的恒星，在光变维度上分离开来，打开新的发现空间。

引力透镜系统中的时变系统，特别是银河系天体的微引力透镜现象和透镜化的超新星、类星体，也是时域天文关注的研究对象之一，是研究天体质量的重要工具，也是研究宇宙学的重要工具。

二、发展现状与发展态势

过去 10 年，人们见证了时域天文学的飞速发展，其在诸多领域已经取得了重大突破，如超新星、引力波事件、系外行星等，了解其发展现状，分析其发展态势和趋势，有助于人们开展系统的学科布局，推进天文研究达到国际一流水平。

（一）时域天文学各方向发展现状

1. 引力波暴电磁对应体

LIGO/Virgo 国际科学合作组和 Fermi 卫星于 2017 年 8 月 17 日同时分别探测到首例由两颗中子星并合产生的引力波事件 GW170817 和短伽马暴 GRB 170817A。随后，全球几十台地面和空间望远镜更是成功捕获了该双中子星并合产生的多波段（X 射线、紫外、光学、近红外、射电）电磁对应体，包括首次明确探测到理论预言的千新星信号 AT2017gfo，证实了双中子星并合同时产生引力波事件、短伽马暴、千新星，给出了该过程是宇宙中超重元素（重于铁元素）主要起源的直接证据，并限制了中子星物态方程。引力波事件 GW170817 及其电磁对应体的成功探测，使人类研究宇宙同一天体的信息载体从电磁波延伸到引力波，标志着天文学研究跨入多信使时代。

引力波电磁对应体研究的中国力量也在这次历史性事件中得以体现。在观测上，中国科学院紫金山天文台牵头的中国 AST3 国际合作团队捕捉到"千新星"信号。同时，中国科学院高能物理研究所牵头的 HXMT 团队对引力波事件的高能伽马射线辐射给出了限制。理论上，中国学者最早提出的 Li-Paczynski 新星模型经发展完善为"千新星"理论模型，已为这次双中子星并合事件的观测所验证；国内多家单位的学者提出和发展了双中子星并合产生引力波事件电磁辐射的磁星模型与并合新星模型，并通过分析伽马暴的历史数据，发现了数例与千新星/并合新星理论模型预言一致的信号。

在迄今已公布的约 80 例 LIGO/Virgo 引力波事件中，仅 GW170817 事件的电磁对应体被发现和确凿证实。自 LIGO/Virgo 的 O3 阶段运行以来，仅观测到 1 例置信度与 GW170817 相当的双中子星并合事件——GW190425，并未发现成协的短伽马暴或千新星等电磁对应体。另一例在亚阈值置信度水平的引力波事件和与其关联的短伽马暴 GRB190816，更增添了致密星并合事件，特别是黑洞和中子星并合的更多理论可能性。因此，观测上急需发现新型的引力波事件或电磁对应体，以及更多的引力波电磁对应体，从而建立起可观的样本，解决重要科学问题，如新生致密天体的形成、物质吸积及辐射过程是什么，黑洞与中子星的质量分界是多少，中子星内部的物态方程是什么，宇宙中超铁元素的起源等。同时，利用大样本的引力波"标准汽笛"来测量基本宇宙学参数是一种期待已久的新途径，也是未来宇宙学研究的重要方向，有望解决目前宇宙学参数（如哈勃常数等）测量中的各种不自洽问题。结合引力波和电磁多信使信号，可以高精度地检验等效原理和洛伦兹不变性等基本物理原理，精确测量引力波速度等基本物理量甚至可以发现新物理。

2. 超新星和伽马射线暴

超新星和伽马射线暴的研究由来已久，从 20 世纪 60~70 年代就有所探测和研究，但仍旧是新发现和新成果频出的领域。例如，清华大学王晓锋教授于 2017 年发现一颗持续爆发并幸存的恒星，即多次爆发的"僵尸"超新星。与一般超新星只有一个能量峰且大概只持续 100 天的演化不同的是，该超新星在被发现后的近 600 天内一共产生了连续 5 次的大规模能量释放，总爆发能量是一般超新星的上百倍。该发现所使用的数据持续数年，提示了人们应该如何在超新星研究中取得新的突破。目前在超新星领域的热点方向包括：寻找与超新星成协的长时标伽马射线暴、引力波事件；探测超新星爆发极早期的辐射；超新星爆发后的激波突围（shock breakout）和冷却研究；寻找第一代恒星死亡产生的 Pop Ⅲ 超新星；发现更多超亮超新星、快速演化超新星、多次爆发"僵尸"超新星等特殊群体；探测更多高红移 Ia 型超新星及开展宇宙学定标；观测超新星进入星云相后的光变和光谱演化；吸积坍缩型超新星的探测等。

在伽马射线暴领域，近年来引力波、中微子、超高能宇宙线等探测技术的快速发展开启了伽马暴多信使研究的新时代，为研究广义相对论、超重元素起源、中子星物态等前沿基础问题开辟了新路径。伽马射线暴热点研究课题包括：长暴的先兆光学信号、早期光学辐射探测，能够限制伽马暴的喷流组分、辐射机制和正反激波物理等；组织伽马射线暴光学余辉巡天，开展孤立余辉的多波段观测与研究；探索光学暗暴的起源；搜寻探测高红移伽马射线暴等。搜寻第一代恒星死亡产生的能量更高的 Pop Ⅲ 伽马暴，也是该领域当前的关注热点。

近些年，在各项瞬变源巡天项目的推动下，超新星和伽马射线暴观测研究进入一个光谱相对匮乏的时代，候选体数量持续增加，错误事件率增高，但用于深入研究的光谱数据相对匮乏，10 年间超新星候选体的光谱证认率从80% 下降到 13%。对于新一代巡天项目的布局和开展，如何降低候选体的错误事件率，对海量的候选体进行初筛，有效利用后续光谱证认设备和机会，是超新星、伽马射线暴与相关瞬变源研究的关键之一。

3. 黑洞潮汐撕裂恒星事件

黑洞潮汐瓦解事件领域仍处于早期发展阶段，发生率低，目前探测少。20 世纪 70 年代开始，理论上就已经推断出 TDE 的存在，并且猜测这是类星体和活动星系核的燃料供给方式，预测了 TDE 的光变曲线、辐射峰值位置，估计了发生概率以及可能对星系星际介质能量平衡的影响等一系列观测性质，这些成为 20 世纪 90 年代后期到 21 世纪最初 10 年寻找 TDE 的基本依据。直至 21 世纪初，人们在 ROSAT、XMM-Newton、Chandra 和 Swift 卫星相关观测和巡天中探测到十几个新的 TDE 候选体，但缺少其他波段的跟随观测，观测采样覆盖严重不足，限制了人们对 TDE 的深入理解。

SDSS J120136.02+300305.5 是一个特殊的 TDE 事件，对其详细的分析认为其中心是相距仅毫秒差距的双黑洞，这是首次在正常星系中发现双黑洞，为观测正常星系中的双黑洞开辟出方法 Swift 卫星的 BAT 巡天于 2011 年发现了一例非常奇特的 TDE 候选体——Sw J1644+57，其各向同性峰值光度比典型 TDE 的 X 射线辐射亮得多，后续从射电到伽马射线多波段的观测和研究揭示这是一类新的 TDE，其非热辐射来源指向相对论性喷流，将有助于人们理解黑洞喷流的产生机制。

按照经典的理论，由于TDE中的吸积盘很致密，光变曲线峰值吸积率高，吸积盘温度很高，辐射的峰值在极紫外到软X射线波段，光学的辐射流量应该很低，因此在早期研究中人们不太关注从光学波段寻找TDE。然而，近年来的探测研究在SDSS Stripe-82的重复观测天区中，在排除宽线AGN的基础上，证认了两个候选者，发现了TDE的强光学辐射。随着各类光学巡天计划的开展，亮TDE的后续光谱和其他波段观测，获得了多个波段的光变曲线、光谱演化信息，揭示出TDE有别于超新星和AGN的特点。在光学光谱证认TDE中，发现了宽发射线的产生和消失。发射线的强度比值很好指示了相对元素丰度，而对其他的物理条件不敏感，给出了恒星撕裂的明确证据，同时对撕裂恒星的质量进行了限制。TDE中探测到窄发射线的响应和红外的响应，进而从这些辐射变化给出环黑洞pc尺度的介质分布等。

目前，TDE研究中的关键问题包括：通过观测限制TDE光学波段发生的事件率、TDE光学和紫外辐射的产生机制、TDE的关键观测判据、TDE喷流／外流的形成机制、通过TDE寻找中等质量黑洞等。根据这些关键问题，梳理出主要的潜在科学课题包括：捕捉TDE的早期光变曲线，探索星系中心超大质量双黑洞，探测中等质量黑洞TDE，潮汐瓦解白矮星事件的光学对应体搜寻，以TDE为探针研究超大黑洞周围环境及其寄主星系，在光学波段探测TDE喷流现象，"变脸"AGN的探测等。总之，星系中心超大质量黑洞的耀发事件（不管是TDE还是其他过程触发的）为人们理解吸积物理、超大质量黑洞的起源及其宇宙学演化提供了一个有效路径。特别是未来大视场巡天望远镜［兹威基暂现源设施（Zwicky Transient Facility，ZTF）、LSST、WFST、Mephosto等］的投入使用，以及eROSITA多波段巡天、EP卫星的实施为这个领域的研究带来了极大的机会。

4. 快速射电暴

快速射电暴（FRB）是2007年Lorimer等对Parkes小麦哲伦巡天数据做处理的时候，偶然发现的一个具有高色散量的无线电暴发信号。之后陆续在Parkes望远镜历史数据搜寻、阿雷西博（Arecibo）和绿岸望远镜探测上取得了突破，明确地将FRB和无线电干扰区分开来。

近些年，FRB的理论研究如火如荼，已有上百个理论模型，其中包括超新星遗迹和磁层相互作用、中子星坍缩成黑洞、白矮星并合、双中子星并合、带电黑洞并合、恒星耀发和磁星耀发、黑洞吸积、宇宙梳子、致密星星震、脉冲星的极亮巨脉冲、软伽马射线重复暴的射电暴发、毫秒磁星的诞生、脉冲星和小行星碰撞、宇宙弦、同步脉泽、轴子星等。FRB200428 的观测证实了 FRB 与磁星的 X 射线爆发活动相关，但其辐射机制尚不清楚，FRB 是否存在多种起源有待进一步研究。

理论研究的同时，FRB 的搜寻和红移测量也是其研究重点之一。近年来，随着 CHIME、ASKAP、FAST 等射电望远镜的运行，已经发现数百个 FRB，其中一部分呈现出重复爆发的特性，如成功搜寻到 FRB121102 光学对应体为一个具有持续光学辐射的矮星系，通过精确定位发现了 FRB 宿主星系，并证实其宇宙学起源。

在获得一定数据积累的基础上，着重开展了 FRB 色散测量。通过 FRB 的色散量推算其光路上星系际介质的柱密度，进而推算其距离和宇宙学红移，利用 FRB 来研究星系际介质中的重子含量及其电离历史。除色散量外，人们还在一些 FRB 观测中成功实现了对偏振的测量，进而对法拉第旋转量进行测量，如从 FRB121102 中测量到 100% 的线偏振和 $10^5\ \mathrm{rad/m^2}$ 量级的法拉第旋转量。色散量和法拉第旋转量的结合为人们进一步了解 FRB 源区及光路上的磁场情况提供了重要线索。

这一系列重要进展进一步表明，FRB 的研究正处于快速发展阶段，需要迫切地跟进这一领域。事实上，目前各大望远镜包括国内的新疆 25 m 望远镜、云南 40 m 望远镜和 FAST 都在开展 FRB 的搜寻和观测，甚至地外文明探寻（Search for Extra Terrestrial Intelligence，SETI）等独立私人支持的研究计划也将暴发类射电观测作为其技术发展的重要驱动力。然而，上述研究基本上是射电天文成就。更好地利用时域天文多波段、动态持续监测宇宙的优势来获得其在其他波段的图像和信息，将对 FRB 起源、爆发机制研究起到巨大的推动作用，也会为解决光子质量问题、重子丢失疑难等物理、天文基本问题提供帮助。

5. X 射线暴

对于 X 射线暴，最近的观测发现，热核暴期间的能谱不一定是黑体谱，有些具有软 X 射线超、在硬 X 射线有缺失，并存在铁发射线。X 射线暴中的Ⅱ型暴在银河系内仅有两个源，其频繁爆发被认为是吸积率增加而导致的。最近发现其有些光变特性和黑洞双星中的"节拍"光变模式类似，可能与吸积盘向冕输入能量的过程相关。部分极亮 X 射线源有剧烈的光变，一类是极亮 X 射线脉冲星，因为螺旋桨效应，这类源会在高态和低态间振荡，呈现出超过一个量级的光度变化；另一类由于吸积的不稳定性，在宁静态到爆发态的转变过程中，可能会短暂地处于极亮状态。对这些天体的监测，有助于研究强磁场、高吸积率环境下的物理过程，从而在一个大的动态范围内理解吸积的机制。

目前已知的超亮 X 射线暴有 7 个，部分存在重复爆发现象，多数位于椭圆星系的球状星团中，但具体的物理起源和本质都不清晰，很难用已知的模型来解释。为什么 UXB 只在星团或矮星系核中被观测到？中心天体是中子星还是黑洞？爆发机制是什么？是否存在超爱丁顿吸积？伴星为主序星、巨星还是白矮星？其他波段是否也有明显的辐射？截至目前，现有样本还很少，这极大地限制了对上述问题的理解。近年来，eROSITA 将进行 X 射线的全天巡天；EP 将进行约 3600 平方度的巡天，并发现大量的瞬变源和变源。在这些 X 射线卫星发现 UXB 后，通过天体一体化网络，将及时通过地面多波段观测数据，两者结合共同揭示 UXB 的爆发机制，并对 X 射线暴理论模型提供约束，推进该方向的研究进展。

6. 太阳系天体和系外行星

太阳系天体的研究关系国家空天安全、搜寻地外生命、抢占航天时代的制高点等，近年来成为研究热点，主要研究集中于：近地天体的搜寻与动力学演化规律研究，正确评估地球的撞击威胁；主带小行星族群的巡天搜索和特性研究，反演太阳系行星形成早期场景；搜索和研究活动小行星及主带彗星特性，探索地球上水的来源、生命的来源等关键问题；搜索太阳系外层新天体，探究外太阳系早期的形成与演化等。这些研究为整体了解太阳系的结构、演化，以及生命的形成与演化等提供了重要的线索。

2019 年，诺贝尔物理学奖授予系外行星的研究成果，这进一步推动了行星研究热潮的到来：国际上已经新建或计划新建一批空间、地基的大型设备，搜寻系外行星，并对其大气等进行光谱观测，开展大气成分分析和动力学研究。

我国在系外行星研究领域起步较晚，自 2009 年中国科学院国家天文台的科研人员利用兴隆 2.16 m 望远镜发现了第一颗系外行星以来，越来越多的研究团队进入系外行星研究领域，采用的探测方法涵盖视向速度、凌星、计时和直接成像等，开展了包括行星大气模型、动力学模拟、参数测量和统计分析等方向的研究。其中最突出的成果是利用 LAMOST 光谱数据发现了一种系外行星的新类型，称为"热海王星"，提出系外行星的不同轨道偏心率分布模式等。

7. 其他不同尺度的天体活动

作为目前的新兴领域，观测发现极端亮度变化活动星系核的年时标的吸积率跳变对传统的吸积理论提出了挑战。最新研究发现，中微子辐射与活动星系核喷流耀发成协，暗示后者是重要的中微子辐射源，其光变研究对揭示中微子产生机制有重大意义。研究的主要科学问题集中于：态转变和剧烈光变活动星系核的产生与演化；活动星系核中吸积盘扰动和吸积物理；超大质量双黑洞系统的光变特征；活动星系核中宽线区尺度和黑洞质量；喷流的结构、磁场大小和辐射区域的关系；高能伽马射线的辐射机制和高能中微子源的光学辐射等。

恒星光变研究是恒星物理的传统研究方向，一直保持有持续的成果和产出，尤其是 SDSS、LAMOST、Kepler 等望远镜运行以来，更是获得了巨大进展。其中，开普勒卫星具有时间分辨率为半小时的高采样频率，并对近 20 万个天体进行了持续数年的监测，其数据在星震研究领域有着重要贡献。例如，利用星震信息准确判定红巨星的演化（燃烧）阶段，利用星震给出红巨星不同大气深度的自转信息，发现类似于太阳星震与活动周的关系，发现混合星震模式等。这些对于人们理解恒星的结构和演化有着十分重要的作用。同时，开普勒卫星对耀发的探测、自转周期的测量、各种快速光变现象的观测都向前迈出了一大步，对于理解恒星的活动性及其与大气结构、磁场、年龄和发电机制的关系有着非常重要的意义。

（二）发展态势分析

目前空间、地面天文设备的巨大进步，促生了发现–后随的观测模式，推动了一系列重要发现和成果。ROSAT、XMM-Newton、Chan-dra、Swift、HXMT 和 DAMPE 等诸多天文卫星的发射，发现诸多类型的变源和暂现源信号；地面大型光学红外和射电望远镜、巡天设备的投入使用，使得变源 / 暂现源在发现之后得以开展多波段和光谱的后随观测，推进更加细致的研究。这种新的观测模式，促使一批新的研究方向和领域，如引力波暴电磁对应体、快速射电暴等产生，也使得一些传统研究方向如超新星、伽马射线暴等的研究水平得以迅速提升。

由于设备间的优势互补，国际上很多项目和设备都采用了发现 - 后随的观测模式。但除了统筹现有设备进行发现 - 后随观测外，时域天文学还有其自身的特点，需要充分考虑巡天面积、体积和周期等，国际上即开始推进建设一系列专门的时域巡天项目，主要包括以下三类。

（1）ASAS-SN 是美国俄亥俄州立大学牵头、中国（北京大学 KIAA 为主）参与的国际合作项目。该项目的小望远镜阵列持续不断地对整个夜空拍照，对全天亮于 18 星等的天体进行巡天观测，旨在搜寻突然变亮的、主要包括超新星的"暂现天体"。ASAS-SN 目前有 24 台望远镜共计 6 个节点，遍布拉斯坎布雷斯天文台（Las Cumbres Observatory，LCO）全球多个台址，每个节点由 4 台 14 cm 全自动望远镜组成。我国 GWAC 与其类似，该类巡天的主要特点在于巡天面积足够大，保持一定的巡天时间间隔和足够长的巡天时间跨度，但望远镜口径小、观测深度不够，仅能用于搜寻和发现亮超新星等暂现源，对更多时域目标的探索能力不足。

（2）LSST 是一台广视野巡天反射望远镜，于 2015 年开始建造，位于智利薇拉·鲁宾天文台（Vera C. Rubin Observatory，VRO），计划 2022~2023 年开始运行。LSST 口径 8.4 m（有效口径 6.7 m），视场 9.6 平方度，观测波段 0.3~1 μm，分辨率达 0.4″。LSST 每晚可观测 1 万平方度天区，巡天覆盖整个南天 2 万平方度天区，为期 10 年，科学目标包括暗能量、银河系结构、太阳系天体和暂现源。作为时域巡天最知名的国际项目，其主要特点在于巡天面积大、探测能力强，能够对其所观测天区的变源一网打尽。但其也有美中不足之处，如巡天周期长，无法得到 1 周以内发生光变的暂现源或变源的完整时间演化；探测能力过弱，大多数望远镜不能进行后随光谱观测，难以开展深入研究。

（3）ZTF，结合上述两种时域巡天项目的优缺点，进行巡天面积、探测深度和巡天间隔的优化配置，采用一台 1.22 m 口径的望远镜配置由 16 个

6K CCD 芯片组成的拼接相机，视场 47 平方度，巡天面积达 3 万平方度天区，巡天间隔为 2 天。主要特点是在保证一定的巡天面积和探测极限的情况下，保证更短时间的巡天间隔，有利于更快更及时地发现新的变源和暂现源。

针对时域天文学，虽然国际上已在建或计划有不同侧重点的大视场瞬变源巡天项目，以单位时间内多次扫描大面积的天空区域来更快更多地发现亮度和位置变化的天体，但上述项目均在巡天面积、深度、巡天间隔上有所取舍，难以兼顾。从概率上来讲，覆盖面积越大，探测深度足够，扫描次数越多、间隔越短，越有机会获得诸如引力波电磁对应体等重大天文发现，如何兼顾这些影响因素，将是布局我国时域天文设施的重要参考。

三、发展思路与发展布局

面对如此丰富的变源天体和瞬变现象，我国目前已有一系列观测设施设备，能够从射电、红外光学紫外、X 射线和伽马射线等波段进行观测，从而让天文学家了解极端条件下在致密天体中发生的物理过程。这些项目主要包括：射电波段的"天籁"望远镜阵，FAST，中国科学院上海天文台 65 m、云南天文台 40 m 和新疆天文台 25 m 望远镜等；光学红外和紫外波段的 LAMOST、中国科学院国家天文台兴隆观测站 2.16 m 和中国科学院云南天文台丽江观测站 2.4 m 望远镜、GWAC、近天体望远镜（NEOST）、AST3 等；"慧眼" HXMT，伽马射线能段的"悟空"号 DAMPE 和伽马射线暴偏振探测器（POLAR）等。

GWAC 系统由 40 台口径为 18 cm 的小型望远镜阵列组成，视场约为 5400 平方度，曝光时间间隔 15 s。该项目是为中法合作的 SVOM 做伽马暴的搜索发现和后随观测。GWAC 目前主要的科学目标包括伽马暴的光学辐射探测和后随观测、引力波事件的光学对应体、恒星的耀发活动、长短周期变星等。NEOST 是由中国科学院紫金山天文台和中国科学院国家天文台南京天文光学技术研究所共同研制的 1 m 级光学望远镜，是中国加入国际小行星预警网的主力设备，配备了高性能漂移扫描 CCD 探测器，长期开展近地小行星的监测预警工作，是中国目前近地天体探测领域探测能力最强、效率最高、性能最好的望远镜。NEOST 可在短时间内拍摄到大面积星空照片，有助于研

究动态宇宙，服务于时域天文学。AST3 是位于南极冰穹 Dome A 上的 3 台
50～70 cm 口径光学红外望远镜（AST3-1、AST3-2、AST3-3），由中国科学
院紫金山天文台、中国科学院国家天文台南京天文光学技术研究所、中国科
学院国家天文台、清华大学等合资建造。其中，AST3-3 是一台大视场红外
测光巡天望远镜，可远程遥控跟踪、自动观测和数据处理。GWAC、NEOST
和 AST3 的小口径光学红外望远镜将是未来我国时域天文学研究的关键地面
设备。

与此同时，我国也正在推进诸多空间和地面观测设备的建设，以期在较
快的时间内形成先进的天文观测网络，主要包括：HERD、GECAM、SVOM、
EP、CSST 2 m 望远镜等空间项目和设备，以及慕士塔格 4 m 光学红外望
远镜、WFST（中国科学技术大学和中国科学院紫金山天文台共建）、1.6 m
Mephisto、北京师范大学 1.93 m 光学望远镜、SKA 和 QTT 等地面光学射电大
型观测设备。未来我国还将建成 12 m 大型光学 / 红外望远镜。

如何在这些设施设备的基础上进一步发挥设备潜能，布局新设备以弥补
现有设施设备的不足，是研究人员在时域天文学领域接下来需要重点考虑的
方向。根据发展现状和态势分析，发展思路应集中于推进新一代设施设备和
技术的进步，布局未来热点方向的理论与观测研究，在新的研究领域竞争下
占得先机。主要包括：深度利用现有设备，组成天地一体化监测和后随观测
网络；发展新一代多波段设备并发展核心技术；针对时域天文学需求建设新
的项目。

发展目标是：继续深入探索"极端宇宙"，支持相关科学装置的预研究，
构建以我国为主的完备的多信使和时域天文观测网络，发起和领导"探索极
端宇宙"国际大科学计划。未来 5～15 年，建成 2～5 个世界领先水平的多信
使、多波段、大视场时域天文大科学装置，在我国建成完备的多信使和时域
观测网络，引领国际该领域的前沿科学研究。

（一）基于现有设备的多波段天地一体化观测网络

近年来，我国空间天文研究发展迅速，已发射运行了"慧眼"HXMT、
"悟空"号 DAMPE、POLAR 等卫星和探测器，HERD、GECAM、SVOM、
EP、CSST 2 m 空间站望远镜等也已立项，正在加紧建设中。未来我国运行的

多个空间天文卫星将能够大幅度提高变源/暂现源和新天体、新现象的发现数量与速度,急需地面多波段望远镜的协同观测和后随观测,从而对后续的细致观测和深入研究提出了更高的要求。

为了更大限度地发挥空间天文卫星的作用,显著提升我国在时域天文学领域的研究能力和水平,面对空间天文项目的布局、我国现有和在建地面观测设施设备与国际合作项目等,着力建设多波段天地一体化观测网络。主要思路是:以现有和即将发射的天文卫星所组成的空间网络,配合 LAMOST、AST3、GWAC、FAST 等地面巡天/专用设备组成发现网;以中国科学院国家天文台慕士塔格 4 m 光学红外望远镜为中心,布局兴隆 2.16 m 望远镜、丽江 2.4 m 望远镜等光谱观测望远镜,80 m 清华大学 – 国家天文台望远镜(Tsinghua-NAOC telescope,TNT)等测光望远镜,以及中国科学院上海天文台 65 m 等射电望远镜作为后随证认设备,配合组成地面后随观测网络,保证获得较高质量数据来计算瞬变源的相关参数;通过开发统一的资源调配、预警触发、数据共享等技术,建设时域天文多波段天体一体化观测网络。同时,拓展海外站点建设 2 m 级光学望远镜,并积极参与恒星观测网络(Stellar Observations Network Group,SONG)、拉斯坎布雷斯天文台全球望远镜(Las Cumbres Observatory Global Telescope,LCOGT)等既有国际联测网络,提高国内天地一体化网络不间断后随观测的能力。

(二)发展核心技术,推进未来大型设施设备建设

发展自身核心技术并推进未来大型设施设备的建设,是在未来时域天文学领域占得研究先机、取得突破性成果的助推器。

天文观测的一系列关键技术一直被国际上部分国家所垄断,造成了技术的"卡脖子"问题,购置价格昂贵或被禁运,使得国内建造先进的未来设备困境重重。针对时域天文学发展,这类核心技术主要集中于:射电天文的数据处理技术,海量数据人工智能方法和技术;天文探测器芯片制备技术,大靶面 CCD/互补金属氧化物半导体(complementary metal-oxide-semiconductor,CMOS)相机拼接技术,智慧相机技术;大面积、高角分辨率 X 射线望远镜相关技术(龙虾眼微孔光学技术),以硅漂移探测器(silicon drift detector,SDD)为代表的高能探测器相关技术等。

1.海量数据处理分析相关的方法和技术

现有和在建的大型天文观测设备的陆续投入使用，以及时域天文所要求的大巡天面积、足够的巡天深度、巡天间隔周期和长时间的巡天时间跨度，均带来了海量的数据，天文学已经进入了海量数据时代。

大视场射电望远镜将会发现大量候选天体，须发展先进数据处理技术，包括射电信号干扰削减技术；候选体搜寻和筛选的人工智能技术；实现对瞬变源的快速搜寻和精确定位，基于瞬变源的实时探测事件触发终端，获得高精度时域原始数据并行存储；基于空间（多波束）和时域特征的优化信号筛查选技术等。

光学红外波段的大视场巡天观测模式、数据处理方法和技术相对成熟，但面向时域天文学海量数据的需求，仍须考虑人工智能相关技术方法，达到观测策略和数据处理的最优化，包括：观测环境仿真模拟与智能化设备控制技术；自动化仪器改正方法和技术；海量观测数据研究人工智能处理方法和软件；大型数据库和数据预警系统的建立等。

2.地面巡天设备相关的硬件技术

大靶面拼接相机是时域巡天望远镜的核心设备之一，国际上已有诸多采用 CCD 芯片的成功应用，我国目前也在开展相应的关键技术攻关，但在焦面拼接制冷收缩匹配、非接触式低温工况面型检测、杜瓦真空长效维持、焦面均匀稳定制冷、密集通道电子学、智能化控制与故障排除方面均无研制标准和成熟工艺，需要尽快开展技术攻关和突破。同时，对比 CCD 芯片，CMOS 系统成像速度快，无需机械快门，外围电路规模小，功耗低，系统更为简洁，是未来天文探测器的发展方向，也是需要着力推进的方向之一。

3.空间天文的相关软硬件技术

随着空间 X 射线探测对观测灵敏度需求的不断提升，X 射线探测需要更大更有效的灵敏面积、更高的角分辨和更小的单位质量有效面积的镜子。目前主要的推进方向包括：龙虾眼微孔光学技术兼顾了大视场和高灵敏度，是全天监测设备的理想选择；基于微通道技术的微缝光学系统，也是轻型后随观测望远镜（或观测星座）的理想光学系统。

在 X 射线焦平面探测器方面，目前技术发展方向主要包括高能量分辨、高角分辨以及高时间分辨。主要的方向与技术包括：SDD 探测器兼具高能量分辨和高时间分辨，须尽快布局国产化，并实现 SDD 从单像素到多像素阵列的过渡；以 CCD 为代表兼具高帧转移速率的多像素型探测器，如 PN-CCD 的技术突破和国产化；微量能器的国产化研制；噪声水平低、像素尺寸小的 X 射线偏振探测器等。

在伽马射线能段，探测技术成为制约 MeV 天文发展的主要因素，须尽快推进技术优化与更新：发展高光产额的闪烁体、基于位置分辨型探测器、高密度的无机晶体探测器、基于二维或三维位置灵敏探测器和量能器等，从而实现伽马射线能段高角分辨、高能量分辨、高偏振精度的测量。

在上述核心技术方向布局和突破的基础上，考虑推进未来可用于时域天文学研究的大型天文设施设备的建设，提升整体观测能力，推动重大科学产出。计划和推进的大型天文观测设施包括：LOT 12 m、南极昆仑站 2.5 m 光学红外暗物质巡天望远镜（Kunlun Dark Universe Survey Telescope，KDUST）、eXTP、宽视场 MeV 伽马射线天文台、VLAST、CAFE 等一批地基、空间项目。

（三）针对时域天文学需求的终极观测网络——司天工程

时域天文学的主要研究对象包括引力波暴电磁对应体、快速射电暴、黑洞潮汐撕裂恒星事件等，事件发生概率很低，呈现短时标剧烈变化。目前，国际上在建和计划的巡天项目，如 LSST、ZTF、ASAS-SN 等，或由于单镜视场限制，监测时标在数天的量级，缺乏小时量级或者更长时标；或由于单台设备的口径限制，难以探测更暗的天体，均很难满足时域天文学的研究需求。为布局针对时域天文学需求的终极观测利器，需要考虑更大的巡天面积与时间跨度、更深的巡天深度和更高的时间分辨率等。

司天工程是我国天文学家基于现有设施设备和研究水平，面向推进国际高水平研究所提出的时域天文专用设备。它将利用多个望远镜以小拼大建设大天区面积（一次性覆盖 1 万平方度）、高采样频率（30 分钟，提高两个量级）、快速反应（短至分钟）的多波段光学监测网络。每 30 分钟完成 1 万平方度天区的高精度多色"凝视"巡天，采样频率比全球其他巡天项目高近两个量级，全年巡天 3 万平方度，将开辟新的发现空间，发现大批新天体、新现象。它能够与国内外空间和地面的电磁波、引力波等观测设备组成天地一体化多波段、多信使联测网络，形成更加完备的覆盖射电到高能、地基到空间的全波段天文观测能力，全面带动国内太阳系天体、系外行星、恒星和致密天体到星系、宇宙学等各个方面的研究，解决暗能量、极端物质状态、文明灾难等重大问题中的关键问题，有力推动我国天文学发展。

司天工程第一期计划建设由 72 台 1 m 光学望远镜组成的司天阵和 3 台 4 m 精测望远镜，兼具天体发现与证认功能。未来计划将标准化量产的 1 m 级超大口径望远镜扩展到数百台，以真正实现南北半球天区 24 小时不间断观测。在技术上，司天工程的建设还可以有效促进我国在大视场天文望远镜、大靶面相机和光谱仪等天文终端仪器研制等方面的技术进步，解决部分"卡脖子"技术问题，降低建设成本。尤其是司天工程的中枢调度系统——司天大脑的建设，其着力实现司天阵望远镜的常规集群规划、控制，观测数据的在线、离线自动智能化处理，对突发天体进行实时预警，完成对百 PB 的大数据的人工智能处理、分析、管理和应用，将促使天文观测进入自动化、智能化的时代。

国际上公认的具备一定巡天体积和高采样频率的标准化地面观测网是时域天文学所需的终极观测网络，配合空间天文卫星形成天地一体化观测能力，必将推动天文学研究到达崭新的高度和水平。司天工程的主体包括由近百台 1 m 超大视场望远镜组成的司天阵、3 台 4 m 望远镜组成的后随观测证认系统和司天大脑，其设计与研制基于我国现有仪器设备研制水平，在大靶面拼接 CMOS 相机计划、大规模设备调度与智能化控制、海量数据智能化处理与分析等关键技术突破的基础上，完全具备我国独立研制和建设的能力。在完成技术攻关、解决设备量产化问题后，建设经费将大大降低，但仍旧为一项天文大科学工程的投资水平。欧美等天文研究强国由于 LSST、TMT、E-ELT 等大型观测设备的规划与建设，难以承担类似大科学工程经费，仅能依靠现有观测设备建设小规模时域巡天网络，设备的视场、探测极限、观测时间、采样频率等的不一致将大大降低巡天能力。这将为我国创造巨大的发展空间，我国将在时域天文学设施建设和研究水平上赶超欧美等传统强国，推动重大科学产出，满足国家战略需求。

第四节　行星科学

行星科学是现代天文学的基础、前沿、热点研究领域，探讨的科学问题可归结为"行星的起源和演化"和"生命的起源和演化"。传统的行星科学重在研究行星、卫星和行星系（特别是太阳系）的形成过程（见第五章"基本天文学"）。然而，要想理解生命的起源和演化，充分认识人们在宇宙中的位置，从而回答"我们在宇宙中是否孤独"这一终极问题，则不仅要深入研究行星（特别是作为生命载体的地球与类地行星）的形成和演化、搜寻宜居系外行星，还须在各个层面探索生命的起源和演变，以了解不同天体环境下有机物质的组成和形成条件。这不仅需要多学科（行星科学、天体生物学、地质学、天体化学和物理学）的交叉融合，还要求研究方法的创新和技术的突破。因此，现代行星科学应该是结合多学科研究方法的行星科学。

一、发展规律与研究特点

（一）系外行星

过去25年可以称为是系外行星系统样本的积累期。通过视向速度方法、掩星法、直接观测法和微引力透镜等，人们已经发现了超过4000颗系外行星。基于对这些样本进行的动力学研究，已经将基于太阳系的行星形成与演化理论逐渐拓展至系外行星上，并解释了诸如热木星的形成、行星系统轨旋指向不重合等问题。随着研究的不断深入，未来10~20年，人们希望对系外行星系统"既看得更广，又看得更细"，既要在统计学上研究行星系统多样性的起源，又要在细节上深入刻画行星系统，了解各种行星的大气成分与内部结构。具体而言，这些趋势表现为以下几个方面。

（1）从"单纯研究行星"向"行星与其周围环境的联合研究"发展。这方面重点关注的是宿主恒星的类型（特别是红巨星、褐矮星、白矮星等特殊类型）、年龄、有效温度、金属丰度对行星出现频率的影响。近些年，随着中远红外和亚毫米波观测技术的突破，原恒星盘、残余盘对行星系统形成与演化结果的影响成为热点。

（2）从"研究行星的动力学特征"向"深入刻画行星的物理学性质"发展。人们通过多波段、多方法联合观测，从多个角度研究行星系统。除传统的光学、红外波段以外，紫外与射电波段也逐渐成为观测系外行星的重要窗口。紫外波段可以提供系外行星高层大气中云霾的结构，以及行星大气发生光致蒸发过程的详细信息。射电波段是目前人们探测和研究系外行星磁场唯一可行的方法，行星磁场特别是行星磁场的时域变化，则是直接关系行星宜居性的重要物理参数之一。

（3）从"研究静止的行星参数"向"考虑行星物理学性质的时域变化"发展。得益于近年来高精度测光、高色散光谱技术的发展，已经可以精确地测量行星系统物理学参数随时间的变化。在时域测光领域，除了传统的凌星时间和凌星时长变化外，还可以通过行星反射光度随其轨道相位的变化研究行星的表面成分和温度分布等。在光谱观测领域，一方面，可以通过透射和反射光谱分别分析行星大气的吸收线与发射线，从而测量不同成分的相对丰度；另一方面，可以通过高色散分光获得这些谱线的深度（或强度）、展宽与视向速度的时域变化，从而精确建立行星大气环流、温度分布等随行星自转或公转的变化模型。

（二）天体生物学

天体生物学的研究高度依赖技术的进步和设备的更新。生命主要存在于类地行星上，而组成生命的有机分子主要合成于恒星与行星形成的早期阶段。赫歇尔空间红外望远镜已经在宇宙各个层次探测到生命分子水和重水分子，而且在彗星上探测到的重水和水分子的丰度比与地球海洋的丰度比一致，用另一种方式证明了地球生命可能来自星际空间。原行星盘（proto-planetary disks，proplyds）及行星形成和演化研究、地外文明信号探测见第三章第二节中"星际介质及恒星形成"和本章本节（六）"系外生命信号探测"部分。各种空间和地面设备的多波段观测，可用来研究原行星盘的分子物质组分及行星的形成和演化。对地外行星及其宜居性的研究主要集中于对太阳系中火星和地外行星的液体水与岩石及大气组分的探测，研究其是否具有与地球类似的分子、元素组分和有足够的时间形成生命。

现已在星际空间中探测到 200 多种分子，其中大部分为有机分子，尤为重要的是生命分子（biogenic molecules）和生命前分子（prebiotic molecules）。生命分子是指能维持生命和在有机体中或在生物过程中产生的分子，除了有机分子外也包含无机分子，如水分子、氧分子、甲烷等。生命前分子是指涉及生命起源，特别是可能进一步演化为核糖核酸（ribonucleic acid，RNA）和DNA 或蛋白质的分子，这些分子和生命有机体具有相同的结构元。地球生命有机体由单手性分子（chiral molecules）组成，而非生物自然存在的手性分子是消旋的，即手性异构体是等量的。如何从非手性分子演化为手性分子，又是如何在生物有机体中进行手性选择和放大的，是阐释生命起源的关键。因此，在星际空间探测手性分子，特别是发展具有手性识别能力的观测技术，以追踪星际空间手性的不对称性，有助于揭示生命形成前的化学演化过程，是研究生命空间起源的关键。

（三）太阳系新天体的搜索

太阳系天体由于距离观测者相对较近，在观测学上呈现出相对恒星运动，同时还包括多种因素耦合引起的光度变化的天体。太阳系出现的范围近至地球邻近空间，远至奥尔特云，其视运动数据变化范围宽、可观测窗口大小各异、光度变化复杂等原因导致它们的完备性探测非常困难。太阳系中除太阳之外的其他天体自身不发可见光，通过反射太阳光从而被望远镜观测到。目标距离变化大、反照率多样化、自转特性无法预知、活动性不连续等，导致物理特性的全景观测研究资料缺乏，进一步导致对新类型太阳系天体的甄别难度高。因此，在开展大视场巡天的同时，提高目标探测的灵敏度，进行合适频率的重复深场观测来搜寻移动的太阳系天体，并测定其轨道和物理特性的变化，是全面了解太阳系中各类天体的关键。

（四）太阳系天体有机物质的化学结构与星际物质

太阳系天体如小行星、彗星、陨石、行星际尘埃以及一些行星（如土星）的卫星，其近红外光谱均呈现一个中心波长为 3.4 μm 的吸收特征，由链状脂肪性（aliphatic）碳氢物质的 C—H 键的伸缩振动所导致。这些天体往往还有一个较弱的、峰值波长为 3.3 μm 的吸收特征，由苯环状芳香性（aromatic）C—H 键的伸缩振动所引起。太阳系天体的碳氢有机尘埃既有脂肪性的 C—H 链，又有由苯环构成的芳香性的环结构。这两个（3.3 μm 和 3.4 μm）光谱特征也普遍存在于恒星演化晚期（如原行星状星云）、星际介质、河外星系的红外光谱。太阳系的芳香和脂肪有机物质，最初是在恒星演化晚期的星风中凝聚形成的，继而被抛射到星际空间，最终卷入太阳系。这些碳氢有机物质参与星际介质的演化和太阳系天体的形成，其本身也会经历一系列物理、化学过程。它们作为彗星、小行星、卫星的组成部分，包含从星际空间到太阳系形成和演化的重要信息。另外，由小行星碰撞产生并进入地球大气的陨石以及彗星抛出的尘埃，是行星际尘埃的重要来源。通过实验室分析陨石和行星际尘埃的红外光谱与质谱，可探究这种太阳系有机物质的化学成分。

许多行星际尘埃粒子是不规则的多孔聚集体，其来源主要是短周期彗星（以及一定量的小行星间的碰撞）。主序星星周碎片盘中的尘埃在起源上与星际尘埃粒子相似，一般认为也是由小行星间碰撞或彗星升华产生的。模拟早期太阳系环境的微重力实验也表明，尘埃粒子通过弹道聚合形成多孔的分形结构。类似的聚合过程很可能也发生在星际环境中，微小的星际粒子在低温（约 10 K）、稠密的分子云中凝结生长，产生蓬松多孔、不均质的结构。因此，计算多孔尘埃从紫外到远红外和毫米波各种波长的吸收与散射特性，不仅是研究彗星尘埃，还是研究分子云尘埃和行星尘埃盘的关键。

（五）系外行星物理与化学实验室研究

系外行星大气中可能会产生何种有机分子及何种尘埃，当前国际上主要从理论上加以预言，光谱观测仅限于少量简单分子，尘埃的吸收或红外辐射谱的观测更是欠缺。然而，光谱观测恰恰是证认行星大气分子和尘埃最有效的手段。分析和解释观测光谱的前提，是对有机分子和尘埃的光谱、光学特性进行充分了解。实验室测量在系外行星大气中可能出现的各类有机分子、尘埃物质的光谱和光学特性及其光物理和光化学过程已然成为行星科学中的一个新兴研究方向。

（六）系外生命信号探测

对系外行星进行高对比度成像能够直接获取来自行星的光子，进而通过光谱研究行星大气成分。这是确认系外生命的关键，以确认是否同时存在大量的氧气（或臭氧）和微量的甲烷（或一氧化碳），进而确认该类行星上是否存在生命。结合传统的 SETI 方法，在射电、光学等电磁波段进行宽带监测，结合系外行星的观测研究，利用机器学习等现代计算手段分析提取具备可能地外文明特征的信号。

二、发展现状与发展态势

（一）系外行星

基于上述的研究趋势，国际上已经新建或计划新建一批大型设备。在空间上，有光学波段巡天搜寻更多系外行星的 Kepler、TESS 以及未来的 PLATO 2.0，有通过光谱观测刻画行星大气的 ARIEL 和未来的 JWST。在地面上有搜寻系外行星射电信号的 LOFAR 和未来的 SKA，有在亚毫米波波段研究原行星盘的 ALMA，有在光学、红外波段利用高色散光谱研究行星动力学与大气成分的高精度径向速度行星搜索器（high accuracy radial velocity planet searcher，HARPS）、恒星阶梯光栅分光镜装置（echelle spectropolarimetric device for the observation of stars at CFHT，CFHT/ESPaDOnS）、岩质行星和稳定光谱观测的阶梯光栅分光仪（echelle spectrograph for rocky rxoplanet and stable spectroscopic observations at VLT，VLT/ESPRESSO）、卡拉尔阿尔托山搜寻带有地外行星的 M 型矮星的高分辨率近红外和光学阶梯光栅光谱仪（Centro Astronómico Hispano-Alemán/Calar Alto high-resolution search for M dwarfs with exoearths with near-infrared and optical echelle spectrographs，CAHA/CARMENES）和未来 30～40 m 级的 TMT、ELT 等。

我国在系外行星研究领域起步较晚。自 2009 年中国科学院国家天文台的科研人员用兴隆 2.16 m 望远镜发现了第一颗系外行星以来，我国已取得一批高显示度的原创性研究成果。在系外行星搜寻方面，相关研究团队不断壮大，采用的探测方法涵盖视向速度、凌星、计时和直接成像。在系外行星研究方面，我国已开展包括行星大气模型、动力学模拟、参数测量和统计分析等一系列研究。其中，最突出的成果是利用 LAMOST 光谱数据发现系外行星的新类型——"热海王星"，提出系外行星的不同轨道偏心率分布模式等。

在观测设备发展方面，我国目前仍缺乏大口径光学、红外设备，也没有用于系外行星观测的空间望远镜，但 LAMOST 提供的海量恒星光谱，在统计研究系外行星系统与宿主恒星性质方面发挥了巨大作用；世界上最大的单口径射电望远镜 FAST 也将为我国开展系外行星射电信号与磁场研究提供支持。在研的 CSST 将部署冷行星成像日冕仪（Cool Planet Imaging Coronagraph，CPIC）。在西班牙 10.4 m 加那利大型望远镜（Gran Telescopio Canarias，GTC）上的高分辨率光谱仪研制成功后，光谱分辨率可达 $R \geqslant 100\ 000$，天体视向速度测量精度有望达到 10 cm/s，可开展一系列最前沿的系外行星研究，包括寻找地球 2.0、行星大气性质的分析、测量系外行星质量和公转轨道倾角。

（二）天体生物学

国际上发达国家和地区（如美国和欧洲）以空间和地面观测为主导，联合多学科研究人员，启动了天体生物学研究（如 European Astrobiology Roadmap）。这些研究主要是将地面试验、地球考古、地质学研究与天文观测相比较，综合研究系外生命起源，和天文相关的主要是原行星盘、行星形成和演化、星际生命分子的观测研究。目前国际上的火星探测、系外行星宜居性研究已经取得了一定进展。星际生命分子水分子、氧分子以及最简单的生命前分子——糖分子乙醇醛也已发现，并且已经相继探测到乙二醇、甲酰胺、乙酰胺、氨基酸前身氨基乙腈以及最简单的手性分子。包含原子数越多的有机分子，柱密度越低，分子线发射也越暗弱。因此，对生命起源前分子的探测需要高灵敏度观测。从彗星上发现的氨基酸踪迹表明，星际空间中确实可能在一定的条件下产生生命物质，但目前尚未在星际空间确定探测到任何一种氨基酸分子。环氧丙烷是目前唯一探测到的具有手性的星际分子。探测星际空间中的含氮氧手性分子将是本领域的重大突破方向。

（三）太阳系新天体的搜索

近地天体是近日距小于 1.3 个天文单位的小天体，其中直径大于 140 m 且与地球的交会距离小于 0.05 AU 为潜在威胁近地天体，截至目前发现 2085 颗，尚不足估计总数的 1/3。直径 40 m 以上的近地天体总数约 30 万颗，目前只发现了大约 3%。开展近地天体搜索并确切评估地球的撞击威胁，有助于理解近地天体的起源和归宿，揭示近地天体动力学演化规律。

主带小行星观测研究聚焦于对小行星族群进行巡天搜索和特性研究。目前主带小行星的自转等特性数据不足总目标数的 2%，开展大样本小天体的自转和多色观测研究、理解小天体的特性分布规律、统计研究小行星族群成员的物理参量、理解小行星族群成员组成和碰撞历史，可以为反演太阳系行星形成早期场景提供关键数据。活动小行星和主带彗星是一种新的太阳系天体类型，兼具小行星的轨道特性和彗星的物理特性，目前仅发现 30 多颗。它们不全是冰质天体，也可能含有与其他天体不同成因和演化史的冰。对它们的搜索观测可提供太阳系广泛存在冰的间接证据，加深对太阳系形成机制和原行星盘中挥发物分布的认识。同时，对活动小行星和主带彗星的普查可为研究地球上水的来源提供关键线索。

太阳系外层新天体的搜索从未停止，目前已发现了近 4000 颗 KBOs 和 5 颗矮行星；部分 KBOs 的轨道构型成团性预示了太阳系外围可能还存在大行星。搜索和研究这一类天体可以为外太阳系早期的形成、演化提供重要的线索，这对于拓展太阳系的边界、从整体上了解太阳系的结构具有重要科学意义。

（四）太阳系天体有机物质的化学结构与星际物质

研究太阳系天体的碳氢有机尘埃物质中有多少比例的碳原子分别属于脂肪链和芳香性苯环，有助于深入了解有机物的化学结构。尽管国际上的天文观测和实验测量数据已有相当积累，但在恒星晚期演化、星际介质演化、太阳系形成与演化这一大的背景下，定量研究太阳系天体中碳氢有机尘埃的芳香性与脂肪性尚属空白。

多孔尘埃的研究主要包括尘埃颗粒建模和尘埃光学性质计算。尘埃颗粒建模涉及粒子聚合算法、粒子尺寸分布、元素丰度、水冰形态等。粒子聚合算法模拟粒子的随机聚合过程，生成与星际和星周尘埃颗粒相似的不规则多孔结构，但目前已有的算法不适用于大规模的多孔尘埃建模。目前计算尘埃光学性质的最精确方法为离散偶极子近似，但需要大量的计算资源。国际上关于多孔聚合体的研究主要集中于彗星尘埃，而且受粒子聚合算法和计算能力的限制，尚未有大规模的、系统性的多孔尘埃研究。

（五）系外行星物理与化学实验室研究

近 20 年来，国际上关于系外行星的研究集中于系外行星的发现、动力学模拟以及最近的光谱观测，尚未有系统的实验室合成与光谱测量研究。

（六）系外生命信号探测

目前已发现的 4000 多颗系外行星中，探测到大气成分的约 90 颗，主要是行星的透射光谱。现有的地基大口径望远镜都配备了系外行星成像和光谱分析仪器，以双子座行星成像仪（Gemini Planet Imager，Gemini/GPI）、VLT/SPHERE 为代表，现有探测能力只能用于对正在形成中的系外行星进行成像和光谱研究。太阳系外行星空间天文成像研究竞争激烈。近几年，NASA 先后资助了若干中小规模的空间先导计划，在类地行星成像和大气探测技术方面有了长期的积累。2021 年发射的 6.5 m JWST 将分别采用凌星二次掩食方法，获取 M 型矮星周围行星的透射光谱以及进行年轻系外行星高对比度成像研究。CSST 系外行星成像星冕仪将于 2023 年左右发射，用于开展成熟的系外行星大气光谱研究。

FAST 已经配备专门的 SETI 终端，可与大多数常规观测模式并行。在不占用望远镜时间和资源的前提下开展相关探索与技术发展。SETI 的数据边界相对模糊，需要发展实时的干扰排除和大通量数据处理技术。国际知名的 SETI@Home 网络，将天文大数据分散于个人电脑或手机，进行分布式地外文明信号的搜索和分析，构建了世界上最早的超算网络之一。民间资本资助的"突破聆听"（Breakthrough Listen）项目则利用 GBT、Parkes 等多个国际先进射电望远镜开展地外文明搜寻。

三、发展思路与发展布局

（一）系外行星

积极推动发展我国地面大口径光学、红外观测设备，着重发展高精度测光与高色散光谱观测能力；推动发展专用的系外行星探测空间望远镜；充分发挥现有观测设备在系外行星研究方面的潜能，利用 FAST 在射电波段开展系外行星信号搜寻与观测，并结合国内光学设备开展系外行星磁场的协同观测；进一步提高 LAMOST 中高分辨率光谱观测能力，充分利用 LAMOST 的海量恒星光谱数据，深入开展行星系统动力学特征与宿主恒星物理学性质之间的统计学研究；深入挖掘机器学习等新方法在微弱信号处理、大样本分类统计方面的应用。

（二）天体生物学

国内相关单位开展了星际分子、原行星盘、行星形成和演化、行星大气物质成分以及行星化学的观测与模型研究。正在运行的探月及火星探测计划为天体生物学研究提供了契机。生命起源前分子和生命分子主要是由具有高探测灵敏度的望远镜发现的，如单天线望远镜 GBT、毫米波射电天文所（Institute de Radioastronomie Millimétrique，IRAM）30 m 以及干涉仪 ALMA、NOEMA 等。世界最大单天线望远镜 FAST 具有极高灵敏度，其分子探测的主窗口在 3 GHz。SKA 将具有前所未有的高空间分辨率和探测灵敏度，有希望在宇宙各个尺度，尤其是行星盘和系外行星中探测生命分子。对生命分子和生命前分子的证认与探测需要跨越大的波长范围，从厘米波段、毫米波段到红外波段。

分析星际复杂有机分子和生命前分子在恒星形成区域与原恒盘、原行星盘的形成机制，研究这些分子的物理、化学性质，为探索可能的地外生命提供理论支持。通过模拟和观测相结合的手段，研究不同类型、不同演化阶段的星周分子的分布和化学组成，推测其周围环境的物质和能量分布；综合多时相、多源遥感探测数据和数值模拟分析，探测不同天体的物质成分分布特征，探测水、能量的分布和运移特征，追踪生命可能的存在环境。根据天体化学和行星科学研究中获得的与生命活动相关的环境参数，设计并模拟行星表面环境，开展地球极端微生物仿真培养实验，为地外生命的可能存在提供实验支持。结合天体化学、天体光谱学和大气科学，建立有生命存在的行星理论光谱，为天文观测提供理论依据和参考。

（三）太阳系新天体的搜索

开展太阳系新天体、新现象的搜索发现，需要大视场、高精度、高灵敏度、高扫描频率的光学和红外望远镜。代表性的设备包括 Pan-STARRS、ZTF，以及我国的 NEOST 等；未来的 LSST、我国的 WFST 和 CSST 将成为实现该目标的重要设备，有望实现对各个距离尺度上的太阳系天体及其特征的全景探测。同时，对太阳系天体搜索巡天观测策略、观测设备优化布局组网等研究将有助于提高太阳系天体搜索的能力和效率。

（四）太阳系天体有机物质的化学结构与星际物质

从实验室模拟、天文观测和尘埃理论着手，系统性地研究太阳系各类天体以及晚期演化恒星的星周包层、银河系和河外星系的星际空间的有机碳氢尘埃的芳香性与脂肪性，并在恒星晚期演化、星际介质到太阳系形成这个大框架下，探讨太阳系各类天体有机尘埃的起源、演化与所处环境的关系。

从多孔聚合体建模和光学性质计算两方面着手，在国际上率先系统性地研究多孔尘埃。设计新的粒子聚合算法，使其适用于大规模的多孔尘埃建模；分析尘埃的化学组成，估算星际元素丰度，确定硅酸盐、非定形碳、水冰等成分的占比；模拟和分析尘埃颗粒中水冰的形态；充分利用我国现有的丰富的超级计算机资源，从紫外到远红外和毫米波，计算不同组成、尺寸和孔隙率的大样本多孔尘埃；探索尘埃的吸收截面、散射截面、反照率、非对称因子、相位函数等对波长、粒子尺寸、几何形态与成分的依赖性；构建一个多孔尘埃的物理结构、化学组成及光学性质的大规模数据库。

（五）系外行星物理与化学实验室研究

建议创建国际上首个实验室，开展系外行星天文学的实验室研究。一是，测定在各类系外行星系统中可能出现的有机分子的紫外和红外光谱，模拟这些有机分子在恒星紫外辐射作用下的光物理过程、光化学过程，并分析其产物；二是，测定在各类系外行星系统中可能出现的固体尘粒的紫外和红外光谱，模拟其在行星大气、星际空间以及恒星演化晚期星周包层等不同环境下的凝聚过程。拟建实验室，将是国际上首创，研究成果将是未来系外行星研究特别是 JWST 红外光谱观测的基础，有望在系外行星的化学构成、形成与演化历史等方面取得突破。

（六）系外生命信号探测

未来 5～15 年，基于空间站系外行星探测项目，开展类太阳恒星周围成熟的冷行星的成像探测和大气研究；建设地基大口径望远镜系外行星探测大科学装置，与空间站项目开展联合科学观测；建设中国系外行星空间探测网络，"领跑"系外行星成像和大气科学。建设和提升射电 SETI 终端技术能力，发展宽带、多通道、高时频天文大数据的实时分析、分布式计算以及并行观测能力。

未来 5～15 年，做好太阳系外类地行星成像和系外生命特征信号探测的关键技术攻关与储备，规划和建设更大口径的空间望远镜、超高对比度的成像和大气光谱观测设备，引领宜居带内类地行星的成像探测和系外生命信号的探测研究。建设我国和国际望远镜联合观测、联动能力，全时域触发及处理信号，建造全面数字化的射电望远镜。

第五节　资助机制与政策建议

多信使天文学、时域天文学和行星科学均是目前国际上热门的新兴研究领域，大多数课题处于研究起步阶段，是我国天文学研究快速缩小与世界强国差距的重要方向，需要把握时机，充分考虑其人才培养、科学研究、先进技术和设施设备的资助与布局。主要资助方式是设立重大项目和项目群，支持核心技术突破，引导和培育新兴方向，实现我国在上述领域获得原创性成果和重大发现。

一、多信使天文学具体资助建议

（1）资助设立基于引力波和电磁波等观测与理论研究的多信使天文学研

究中心，培育相关人才和创新团队，设立围绕我国引力波、中微子、宇宙线等大科学装置计划展开的新技术、理论和数据分析重点项目群，促成此类装置的成功建设和重大科学产出。

（2）设立引力波、中微子、宇宙线探测专题的双边和多边国际合作项目，支持多种形式深度参与国际相关项目，推动我国主导的引力波探测、中微子和宇宙线等大科学装置建设的快速发展。

二、时域天文学具体资助建议

（1）设立基于天地一体化的重大项目或重点项目群，深度利用现有和在建设备，推动 EP、SVOM、GECAM 等重大科学设施的科学产出最大化。

（2）对时域天文学领域的核心技术予以各种规模的支持，关注"卡脖子"技术问题，实现核心技术的突破和国产化，为重大科学设施和装置的建设奠定技术基础，如大靶面拼接相机、高能探测器、海量数据处理分析方法和技术等。

三、行星科学具体资助建议

（1）大力支持系外行星、宇宙有机分子探测（即"从下往上看"的天文学研究方法）和太阳系内各类天体、有机物探测（即"从上往下看"的地质考古研究方法）相结合的研究项目，促进多方向的交叉融合；鼓励相关科研人员特别是青年科研人员开展交流合作。

（2）围绕基于天文设备的天体生物学设立重大项目或重点项目群，利用现有和在建的观测、计算设备以及观测、理论数据库，开展系外行星搜索、太阳系天体探测、天体物理环境的实验室模拟、分子模型计算等前沿课题；利用 3~5 年时间，初步建立类地行星天体生物学重点实验室；为我国相关领域的发展培养青年研究人员。

第七章

天文技术方法

第一节　科学意义与战略地位

　　天文学是一门观测和理论紧密结合的科学。观测仪器、技术和方法的进步是天文学取得突破性发现的先导。现代天文观测和研究追求极高灵敏度、极高空间分辨率和时间分辨率、极精确的空间导向和定位以及极精密的计时。应运而生的各种天文技术与方法在天文学领域之外也具有广阔的应用空间，例如，无线局域网核心技术就源自 1977 年天文学家对改进射电望远镜解析能力的尝试，X 光成像技术的最初发明源自研制第一颗 X 射线天文卫星。在我国，天文技术方法在支撑国家安全、载人航天、激光通信等战略需求方面也发挥了巨大的作用。

　　传统的天文观测收集的是电磁波信号，相关的技术可以分为光学天文技术、射电天文技术以及紫外、X 射线、伽马射线天文技术。后三者通常需要在太空中进行，进而产生了空间天文技术。近年来，非电磁辐射信号受到了广泛关注，相应的宇宙线、中微子及引力波探测技术得以蓬勃发展。随着探测效率的不断提高、巡天观测模式的改变以及大规模计算机模拟的开展，天文学家需要处理海量数据，信息技术在天文研究中发挥着越来越重要的作用。此外，一些科学家致力于在实验室创造与一些天体类似的物理环境，这催生了实验室天体物理技术。

　　光学天文不但发展得最早，而且是积累信息最多、使用最成熟的波段。随着探测技术的发展，红外天文日益成为研究不同层次天体的重要手段。进入多信使天文学时代，光学红外天文观测以其成熟的应用和丰富的观测手段，依然占据着观测天体物理学领域最重要的地位。光学红外天文技术方法包括地面和空间光学红外望远镜、仪器、数据及其所需的各项技术，有力支撑着光学红外波段天文观测发展。射电天文观测覆盖米波到亚毫米波及远红外，具有可达宇宙微波背景辐射源头的探测范围、微央斯基的高探测灵敏度、超过光学红外的高空间分辨率及高光谱分辨率等特点，在宇宙学、天体物理及天体化学等前沿领域发挥着不可替代的作用。射电天文技术方法的持续发展，使得射电天文望远镜的观测能力不断提升，是实现诸多观测突破的关键。空间天文学是利用空间平台在空间进行多波段、多信使的天体观测，相关的技术包括空间高能天文技术、空间光学红外探测技术、空间太阳探测技术、空间高能粒子（伽马射线、宇宙线）探测技术、空间引力波探测技术等。在空间天文学中，鉴于太阳的特殊性，往往将空间太阳物理单列，除了涉及上面提到的空间天文技术外，它本身还有一些特殊性。地面的高能探测技术主要包括宇宙线探测技术、甚高能伽马射线探测技术、高频引力波探测技术。正是基于这些蓬勃发展的技术，科学家才发现了宇宙中存在大量的暗物质与暗能量，成功"拍摄"了黑洞的照片，实现了引力波的直接探测，发现了宇宙深处的中微子等。解决暗物质、暗能量的本质问题，全面揭示宇宙大尺度结构、星系、恒星、太阳系的形成和演化，深刻理解极端条件下的天体物理过程，更加准确地预报灾害性天气，亟须全面发展多波段、多信使的天文技术方法。

第二节　发展规律与研究特点

一、光学红外天文

光学红外天文技术是包括天文、物理、光学、力学、精密机械、自动控制、计算机和数据处理的综合和交叉学科。天文观测总是追求观测最暗弱、最精细、最深远、最多的目标，其特有技术的发展也总是走在最前沿，产生了大量的技术创新。当前光学红外天文技术的发展特点表现为：追求更高的空间分辨率、时间分辨率和光谱分辨率；追求更强的集光本领；追求更大的视场，即以更高的观测效率获得海量天体的信息。现代光学红外天文技术大致可分为大口径光学红外望远镜核心技术和先进光学红外科学仪器核心技术。

（一）大口径光学红外望远镜核心技术

1. 主动光学技术

主动光学技术是当前和未来建设大型光学红外天文望远镜的关键技术，包含多个学科前沿技术的复杂系统。随着天文学对天文望远镜口径需求的增加，主动光学技术已成为大口径望远镜必备的核心技术之一。20世纪末，通过数架8～10 m望远镜的建设，主动光学技术趋于成熟，当前正朝着高效率、高精度、高可靠性、智能化等方向进一步发展。

2. 自适应光学技术

地基望远镜显著受限于大气湍流的影响，自适应光学技术可以有效减小或消除大气视宁度对科学观测的影响，实现高分辨率甚至衍射限观测。目前国际上的地基大口径光学红外天文望远镜基本都配置了自适应光学系统，自适应光学技术已经从视场只有角秒级的经典自适应光学技术发展为视场达角分级的多重共轭自适应光学（multi-conjugate adaptive optics，MCAO）技术、多目标自适应光学（multi-object adaptive optics，MOAO）技术和可在更大视场（约 20′）改善视宁度的近地层自适应光学（ground-layer adaptive optics，GLAO）技术等；相关的导星技术也从自然导星（natural guide star，NGS）发展到多颗激光导星（laser guide star，LGS）的技术，校正波段从红外波段逐渐扩展到可见光波段。自适应光学系统是一个集大气、望远镜、激光器、波前传感及高速处理和控制等于一体的复杂系统，是光、机、电、算及数据处理等交叉的技术。

3. 光干涉技术

光干涉技术在天体目标高空间分辨率观测上无可比拟，是更长基线、更多单元数目、更大口径和宽波段以实现更高灵敏度与更高测量精度的主要技术途径，微角秒测量是主要方向之一。欧南台 / 甚大望远镜干涉仪（the very large telescope interferometer，VLTI）为大型光干涉装置的典型代表，是描述宇宙中不同尺度天体精细结构的利器。

4. 高精度大口径大批量镜面研制

与传统望远镜相比，当代天文望远镜除了在口径上有大幅提升外，大量新技术如主动光学技术、自适应光学技术也将得到广泛应用，这要求光学镜面采用相应拼接形式、快焦比结构以及超薄超轻结构等。拼接镜面将 30 m 量级的镜面划分成数百块 1~2 m 级的子镜，解决了镜坯制造难题，但同时带来了镜面加工周期及各子镜拼接参数一致性要求高等问题。为了减小望远镜的几何尺寸，从而减轻望远镜的转动惯量，现代大口径望远镜的主镜普遍采用快焦比（焦距和口径之比），如 $F/1$ 甚至 $F/0.7$。但由于镜面非球面度大幅增加，加工难度倍增。

5. 大惯量高精度望远镜跟踪技术

国际上，20 世纪 90 年代至 21 世纪初相继成功完成了以 VLT 和凯克望远镜为代表的多台 8~10 m 级大型天文望远镜，大惯量高精度望远镜跟踪技术也随之跨上了一个新的台阶，并使大型望远镜的跟踪指向精度得到了数量级的提高。随着相关高科技工业产品和技术的应用，大直径、大扭矩、高精度电机技术的发展使得大型望远镜实现了直接驱动，大大提升了望远镜的驱动刚度、快速响应能力和运行精度，VLT 和正在研制的 E-ELT 望远镜均采用了直驱技术。

大口径太阳望远镜是一类比较特殊的天文望远镜。人类需要发展大口径光学和红外太阳望远镜，以探测太阳大气的基本结构，精确测量太阳光球、色球和日冕的磁场。1908 年，海尔首次测量太阳活动区磁场，是现代太阳观测和研究的起点。随着自适应光学技术及斑点成像技术的发展，当代地基大口径太阳望远镜已能克服地球湍流大气对成像分辨率的影响，承担探测太阳磁流体精细结构的任务，其核心功能为高分辨率和高精度。高分辨率不仅指空间分辨率，还包括时间分辨率和光谱分辨率；高精度主要指磁场测量精度（偏振测量精度）。太阳望远镜的关键技术是热量控制和偏振测量。口径 1 m 或更小的太阳望远镜可采用真空镜筒解决热问题。当太阳望远镜有效口径显著超过 1 m 时，只能采用开放式结构。离轴开放式太阳望远镜易于热控，但非对称光学系统将产生偏振状态（斯托克斯参数 I、Q、U、V）的串扰。因此，设计并研制易于热控且能保持高偏振测量精度的地基大口径太阳望远镜，才能进行高分辨率、高精度太阳观测。大口径的地基日冕仪也应当得到足够重视，其核心科学目标是日冕磁场测量。

南极光学技术是针对南极优良台址而发展的在极端台址条件下的天文仪器技术，南极内陆冰穹是天文观测的珍稀台址资源，高原冰盖上呈现出独特的大气特征，具有低温、干燥、观测窗口宽、少风等特点。一些特定的位置（如内陆冰穹 A/C 等）都具有极好的自由大气视宁度，同时可以在南极极昼和极夜期间对不同的天体开展持续观测，这些特征为各类天文观测设备提供了理想的环境，其在红外背景方面的显著增益也为中国红外天文的发展提供了契机。南极内陆独特的地理位置和气候环境给天文仪器的研制与运行带来巨大的挑战，具有一些有别于常规台址乃至空间的独特需求。

（二）先进光学红外科学仪器核心技术

1. 天文光谱及高精度定标技术

光谱是天文学研究最基础、最重要的技术之一，可以帮助人们深入了解天体的化学组分、动力学、年龄、温度、质量等物理属性，是探寻"两暗一黑"、恒星行星系统和地外生命的核心技术之一。天文光谱及高精度定标的发展推进了衍射光栅、阵列探测器、光子学、光纤和激光频率梳等技术的进步。天文光谱技术在核心器件、高精度定标方法、先进焦面接口技术、光谱数据定量处理等各方面取得了巨大的进步，但现代大型望远镜需要科学配置更大规模和更高精度的仪器，未来超大规模光谱巡天需要解决多目标天文仪器的规模、质量和成本问题。系外行星探测科学对高分辨率光谱超高精度定标提出了更严苛的要求，传统的碘吸收盒定标和阴极射线灯同步定标技术使视向速度精度提高到几米每秒，而亚米级视向速度测量需要新的天文光梳定标或者宽带法布里－珀罗标准具（Fabry-Perot etalon）有高精度定标技术。积分视场光谱（又称三维光谱）可同时提供天体目标的二维空间和光谱信息，其像切分单元加工集成是主要的技术难点。

2. 系外行星直接成像技术

高对比度成像技术直接探测类太阳恒星宜居带内的类地行星，通过光谱分析其大气组成，以确认系外生命特征信号解答"人类在宇宙中是否孤独"这一基本科学问题。高对比度成像技术能够直接获取来自行星的信号，进而获取行星大气、表面温度、质量等重要物理参量，是未来确认系外生命信号的关键技术。空间高对比度成像星冕仪技术在可见光至短波红外成像对比度可达，获取行星光子信号后通过低分辨光谱仪（$R=50\sim100$）研究行星大气成分。地基大口径望远镜主要针对年轻的木星质量系外行星，而成像探测成熟的冷行星系统需要极大口径望远镜。

3. 多目标光纤定位技术

光纤定位单元由精密、微小的机械结构组成，实现高集成度驱动控制和视觉伺服闭环，结合了光学、精密机械、高密度无线网络、精密测量技术和复杂数据路径规划等多个学科的技术。高密度小型化、高集成度、高精度是其发展方向。研制直径在 8 mm 以下、运行稳定、精度可靠的大批量光纤定位单元，同时探索新的分区定位方式是天文观测的新需求。未来还须结合小范围内高密度无线、有线驱动等控制技术，保证 1 m 范围内有 5000 个以上的通信节点，从原理设计上降低驱动发热，优化控制网络节点，要求微米级精度检测系统可在 1 m 范围内同时精确检测出数千根光纤。

4. 计算成像

天文学的持续发展不断对天文成像的高分辨、高灵敏度、多维度和高速度等性能提出更高要求，传统光学成像思路通常带来硬件成本的急剧增加。计算成像依靠光学物理器件、前端光学和后端探测信号处理的联合设计，为突破传统望远镜成像探测中的诸多问题提供了新手段和新思路。计算成像是集光学、数学、现代信号处理于一体的新兴交叉技术研究领域，以几何光学、波动光学甚至量子光学为基础，建立成像目标与观测图像之间的变换或调制模型，利用逆问题求解数学手段，通过计算反演获得成像。典型应用包括无透镜成像、超衍射极限及探测器分辨极限成像、仿生光学成像、非完美成像系统高分辨成像、通过散射介质成像、基于光子计数成像、多维成像（三维空间、光谱、偏振、时域等）、低分辨图像实时重构等。天文计算成像需要考虑天文成像中的实际问题，如成像目标遥远、接收信号暗弱、望远镜成像系统巨大且昂贵、大气湍流影响等。

5. 天文光子学

天文光子学是一门天文与集成光子学的新兴交叉学科。天文光子学的发展受天文观测对高分辨、高精度、多目标、高稳定、小型化、低成本仪器的内在需求驱动，也受集成光子技术水平制约。集成光子器件/仪器能以紧凑结构、精确布局对光的操控做到史无前例的高精度及高效率，传统光学器件所具有的功能，如光的耦合、传输、合束、分束、色散、滤波、定标等，集成光子器件均具备，而且结构更加紧凑，易实现三维高集成度，可与微电子器件无缝对接。未来须积极发展微纳加工与集成技术，构建天文仪器微纳制造平台。

6. 探测器技术

直至 20 世纪 80 年代，天文望远镜一直使用感光胶片记录影像。硅半导体的固态图像探测器 CCD 出现后很快被应用于天文观测，并成为主流天文探测器。基于标准集成电路技术的 CMOS 图像传感器（CMOS image sensor，CIS）成本低，性能极大提升的科学级 CIS 与科学级 CCD 将是天文光学探测器的主角。红外天文探测器是由半导体红外感光层与硅基 CMOS 像元读出电路构成的光量子型复合探测器。波长 14 μm 以下的波段，碲镉汞（HgCdTe）红外探测器占据绝对优势。仅有铟镓砷（InGaAs）器件在 0.7~1.7 μm 波段范围显现出较强的替代趋势。天文探测器的灵敏度提高、动态范围扩大、传函以及阵列规模加大都是追求的主要目标，更高的量子效率、低噪声、低暗流、大满阱容量、高线性度、提高阵列规模等都是其研究和发展的主要内容。

7. 太阳观测仪器

采用特殊测量方法的科学仪器是太阳望远镜实现高分辨率、高精度观测的保障。除了太阳自适应光学技术外，以斑点掩膜法为代表的高分辨率成像技术也是不可忽视的。太阳光谱测量技术与成像技术的结合是一个重要的发展方向，其典型代表是场积分单元和多狭缝快扫光谱仪。多波段成像以及广义的光谱成像技术将为分层测量太阳大气提供更翔实的观测数据。磁场测量仪器始终是现代太阳观测仪器中最重要的部分，已从早期的偏振光谱观测逐渐发展为可同时对线心至线翼进行多点采样的偏振成像观测。由于红外谱线对磁场更为敏感，随着红外器件的逐步成熟，更多仪器将选择在近红外至中红外波段测量太阳磁场。此外，高分辨率成像技术与现代磁场测量技术的结合将是最值得期待的研究方向之一。

二、射电天文

伴随着科学研究需求的不断提升，一方面，射电天文技术方法的发展始终追求更高探测灵敏度、更高空间/频谱/时间分辨率、更宽谱段、更大视场等；另一方面，射电天文技术方法的发展又与物理、材料、电子、信息和人工智能等领域的突破密切相关。射电天文技术方法主要包括：射电望远镜天线技术及方法、射电天文探测技术及方法、射电天文后端信号处理技术及方法、射电干涉阵技术及方法等。针对太阳射电观测和射电波段特殊事件（如引力波和快速射电暴等）观测，需要发展相适应的技术方法。此外，射电天文望远镜台址及电磁环境、低温制冷、望远镜（远程）控制、海量数据信号采集与处理等共性技术也具有重要作用。

（一）射电望远镜天线技术及方法

提升射电望远镜在全频段的灵敏度和空间分辨率通常采取两条路径：一

是建设单口径大型射电望远镜，二是建设小口径阵列式望远镜。此外，通过大视场光学设计和大规模阵列接收机的应用，单口径天线还可实现强大的大视场巡天观测能力，从而与阵列天线形成优势互补。无论采取哪种路径，天线结构设计、运行控制、高精度测量以及数据处理技术都是保障天线性能的关键。随着天线口径的增大，须以天线面形和指向精度的保障为出发点，更加注重机电集成设计，应用新型材料及制造工艺，并重点考虑环境载荷对大型天线结构的影响。在控制方法上探索新的主动控制策略和技术，在测量方法上发展高精度快速面形和指向测量方法。

（二）射电天文探测技术及方法

射电天文探测一般对应三种科学需求，即高光谱分辨率谱线探测、大天区连续谱成像探测和宽频带中低分辨率光谱成像探测，近年来引入的偏振探测功能正显现出越来越重要的作用。射电天文探测技术及方法始终追求更高频率、更宽处理宽带、更高灵敏度、更高光谱/时间分辨率、更多像素等核心指标。迄今，射电波段探测器主要有两种，即半导体低噪声放大器和超导探测器，前者主要工作在微波至毫米波频段，后者主要工作在毫米波至太赫兹频段，两者均须工作在低温环境。为适应 SKA 等应用需求，常温工作半导体低噪声放大器正成为研究热点。此外，亚毫米波段半导体低噪声放大器也是一个研究热点。总体而言，微波至毫米波波段的低温制冷低噪声放大器和毫米波至太赫兹波段的超导探测器仍处于不可替代的地位。针对科学探测需求，宽带馈源、相位阵及多波束接收机、类光学 CCD 的大规模阵列相机、3D 单片成像光谱仪、新型偏振仪（polarimeter）等都是射电谱段探测仪器研制的主流方向。近年来，基于新材料和新物理机制的探测器与参考信号源技术以及新功能器件（如超材料平面透镜等）不断涌现，丰富了射电天文探测技术及方法。

（三）射电天文后端信号处理技术及方法

后端信号处理技术经历了模拟、模拟数字混合，并向全数字化方向快速迈进，主要追求更宽处理带宽、更高频谱分辨率、更高时间分辨率。更宽处理带宽获得更多的探测信息量，更高频谱分辨率获得更精细的谱线结构，更高时间分辨率捕获更快的瞬态信息。当前，后端数字信号处理采用软件无线电、高速模数转换器（analog to digital converter，ADC）、现场可编程门阵列（field programmable gate array，FPGA）、通用中央处理器（central processing unit，CPU）、GPU 技术和高性能计算技术，完成对接收机收到的模拟信号进行数字化采样、信号处理、存储和传输，并越来越趋向于采用商品化组件发展多功能的通用化平台。高性能后端数字系统在射电分子谱线巡测、VLBI 精确测轨、毫秒脉冲星、快速射电暴探测等应用中扮演着越来越重要的角色。

（四）射电干涉阵技术及方法

射电干涉阵主要针对观测暗弱致密天体和遥远天体，提升空间分辨率和探测灵敏度。先进的射电干涉阵也都着眼于更高的谱线分辨率，以利于发现和研究更暗弱的天体、更精细的结构和更丰富的光谱信息。对极高分辨率的追求还催生了 VLBI 技术，其不但在黑洞等致密天体的高分辨率成像研究中占有一席之地，而且是高精度天体测量的必备技术手段。进入 21 世纪后，射电干涉技术主要集中在高、低两个频段发展，分别形成了以毫米波 / 亚毫米波段 ALMA 为代表和以米波到厘米波段 SKA 为代表的两个旗舰级干涉阵，在集光面积、灵敏度、空间分辨率、光谱分辨率、时间分辨率、成像动态范围等关键性能上达到了一个时代的巅峰水平。此外，射电干涉阵产生 PB 级乃至 EB 级海量数据，数据处理的体量、复杂度和方式均颠覆了射电天文学的传统手段。

（五）太阳射电观测技术及方法

太阳射电主要针对太阳这一强射电展源，其信号具有宽带、快变、大动态范围的特点，尤其在米波和 10 m 波波段，太阳宁静与爆发的动态范围变化可达 50 dB。相应地在信号接收技术上要满足超宽带（可达 10 倍频程以上）、高时间分辨率（通常为毫秒级）和高动态范围的需求，在图像处理技术上要满足高图像动态范围和展源结构的需求。从 20 世纪 40 年代开始，太阳射电观测技术的发展总体上经历了从单频流量观测发展到宽带动态频谱观测；太阳专用成像观测则从 20 世纪 60 年代开始的澳大利亚库存尔古拉（Culgoora）米波日像仪、日本野边山厘米波日像仪等代表性的点频成像，发展到现在的具备宽带数百通道成像能力的 MUSER，以及美国正在推动的类似观测设备

FASR。未来针对太阳爆发过程中时间尺度和空间尺度更小的元爆发过程的研究，需要在更宽的频率范围内对太阳进行更高时间分辨率和空间分辨率的观测。此外，行星际闪烁探测的发展趋势是结合单站高灵敏度观测（20 世纪 80 年代的印度乌塔射电望远镜）和多站干涉测量观测〔20 世纪 90 年代的日本国际日地探险者卫星（International Sun-Earth Explorer，ISEE）阵列〕的优势，发展高灵敏度的多站干涉观测系统。

（六）射电波段特殊事件观测技术及方法

引力波是人类认识宇宙的全新窗口，目前高频引力波已经被 LIGO 探测到，世界各国正努力开发直接探测其他波段引力波的技术。在毫米波及亚毫米波段探测 CMB 光子 B 模式偏振（即原初引力波）被认为是宇宙学领域下一个将取得重大突破的方向。由自转极其稳定的毫秒脉冲星组成 PTA 则可以直接探测极低频引力波、检验广义相对论，以及搜寻太阳系内未知天体和建立脉冲星时空体系等。FRB 自 2007 年发现、2013 年确认后，成为射电天文学领域最热门的一个重要前沿。2017 年，对第一例重复暴 FRB121102 的精确定位被称为是"自 LIGO 之后天文学最重要的发现"。FRB 是目前已知的宇宙中射电波段最明亮的瞬时爆发现象，起源完全未知，处于从发现到理解的早期过程中。中性氢 21 cm 谱线是宇宙黑暗时代和黎明的主要观测手段，其全天平均谱的高精度测量可行性较强，而超长波（波长＞10 m）天文观测仍几乎是空白。探测高红移中性氢需要将其 21 cm 谱线信号从巨大的前景辐射中提取出来，具有很大挑战性。总体而言，射电波段特殊事件观测依赖测量精度的持续提高，相关探测技术及后端信号采集与处理方法的提升至关重要。

三、空间天文

根据探测的不同能段，空间天文技术方法主要包括空间 X 射线天文技术、空间硬 X 射线和软伽马射线技术、空间高能粒子探测技术以及空间光学天文技术，根据不同的探测对象还包括空间太阳物理技术、空间引力波探测技术以及关键辅助技术。

（一）空间 X 射线天文技术

1. X 射线光学技术

X 射线光学基于 X 射线光子在光滑物质表面发生掠射的现象，通过一定的反射面面型及其排布构形，收集 X 射线光子，可以直接在焦面上成像。正是如此，使用 X 射线光学的设备是目前灵敏度最高的高能空间仪器。在软 X 射线能段，还能通过光栅利用干涉测量 X 射线光子的能量。X 射线光子由于波长极短，对反射面光洁度的要求达到了亚纳米量级。由于掠射即入射光和反射面几乎平行，有效面积是反射面在光传播方向的投影，面积利用效率极低，因此需要几十甚至百万量级的反射面的重叠、嵌套。对于 X 射线光学而言，其研制难度表现在：①亚纳米表面加工及其相关的镀膜技术（单层和渐进多层膜）；②嵌套需求的大量、高面积厚度比（薄板）生产、装调；③ X 射线光学性能测量及其与可见光设备表征之间的关系。

空间高分辨 X 射线晶体谱仪由两部分组成：嵌套式掠入射 X 射线聚焦望远镜和椭圆柱面弯晶谱仪，聚焦望远镜使天体源辐射的 X 射线聚焦到椭圆弯晶的一个焦点上，在另一侧使用 CCD 等成像探测器探测被弯晶分光的 X 射线光子，从而实现高分辨的能谱测量。它工作在 X 射线能段（1～10 keV），能量分辨理论上可好于 1 eV。

2. X 射线探测器技术

X 射线探测器技术主要有 X 射线半导体探测器（包括 CCD 和 CMOS 两种）、X 射线微量能器和 X 射线偏振探测器。

CCD 是一种半导体硅光电探测器，可用于高能量分辨的 X 射线成像探测，在空间 X 射线天文上有着广泛应用。CCD 通常与掠入射聚焦镜搭配组成 X 射线成像望远镜，也可以和 X 射线光栅组合形成高分辨光栅谱仪。1993 年发射的日本宇宙学与天体物理学高级卫星（Advanced Satellite for Cosmology and Astrophysics，ASCA）是最早应用 CCD 技术的高能天文卫星。其后，国际上很多卫星都采用 CCD 技术，如 Chandra、XMM-Newton、Swift、Suzaku 和 eROSITA 等。我国"慧眼"卫星的低能 X 射线望远镜采用了一种特殊类型的 CCD 探测器——扫式电荷器件（swept charge device，SCD），实现了较好的能量分辨和时间分辨。目前，EP 卫星的后随 X 射线望远镜（the follow-up X-ray telescope，FXT）采用了德国马克斯·普朗克地外物理学研究所半导体物理实验室研制的 pnCCD。pnCCD 是背照式全耗尽 CCD，耗尽层厚度达 450 μm，用互补金属氧化物半导体多路放大器（CMO amplifier and multiplex，CAMEX）特殊应用集成电路（application specific integrated circuit，ASIC）读出，已成功应用于 eROSITA。这些年来，CCD 技术向更高能量分辨、深耗尽层、多通道快速读出的技术方向发展。

科学级 CMOS（sCMOS）半导体探测器 / 传感器，是基于标准 CMOS 半导体工艺生产的光电转换器件，可用于光学、紫外、X 射线的成像及荷电粒子的探测。

X 射线微量能器是单光子探测器、吸收体、测温仪及热连接。当一个 X 射线光子的能量（E_0）被吸收了，吸收体（其热容为 C）的温度升高（$T=E_0/C$）。用测温仪精确地测量 T，可以获取入射光子的能量。吸收的能量通过热连接（其热导为 G）传出，为探测下一个光子做好准备。探测性能主要由两个参数决定：①能量分辨率，基于半导体材料的测温仪的灵敏度不到 10，而基于超导材料的测温仪能超过 1000；②速度，由热脉冲的衰减时间常数而定。

X 射线微量能器的非色散和高效率特性使其成为 X 射线天文下一代高分辨率光谱仪的首选技术，其能量分辨率比半导体探测器高近两个数量级，关注点已从基于半导体材料的器件转移到基于超导材料的器件，从小阵列到几千像素的大阵列。

软 X 射线偏振测量有两种方法，在 2～10 keV 能区使用光电效应法，在亚 keV 能区使用布拉格衍射法。前者需要二维位置灵敏气体探测器，后者需要多层膜反射镜进行 45°角反射聚焦。偏振作为一个新兴天文观测手段，预期将成为高能天体物理的主要探针之一。

（二）空间硬 X 射线和软伽马射线技术

对于能量在几十 keV 至 MeV 范围内的硬 X/ 软 γ 射线光子，其与物质的相互作用方式主要是康普顿散射。因此，硬 X/ 软 γ 射线偏振的测量采用基于位置灵敏型的探测器（如闪烁体棒阵列或者硅像素 / 硅微条探测器），重建康普顿散射光子的散射方向，统计散射角度调制曲线，实现硬 X/ 软 γ 射线偏振测量。探测技术成为限制硬 X/ 软 γ 射线偏振测量的主要因素，而天文观测为机遇型学科，技术改进、新技术新方法的采用总会产生新的发现，引起新的观测热潮。例如，50～500 keV 范围的软 γ 射线偏振测量相对成熟，使得对伽马暴的偏振测量成为研究热点，相关的实验有伽马射线偏振仪实验（Gamma Ray Polarimeter Experiment，GRAPE）、GPA、POLAR 以及偏振伽马射线观测者（the Polarised Gamma-ray Observer，PoGOLite）等。

康普顿伽马射线望远镜是基于伽马射线康普顿散射原理，通过测量散射光子和反冲电子的能量、径迹或作用位置，同时重建出伽马射线源的方向、能量和偏振信息。该技术是实现百 keV 至 MeV 伽马射线天体源大视场、宽能段、多信息同时探测的关键。

（三）空间高能粒子探测技术

空间高能粒子探测设备一般集成几种探测器来实现对空间粒子各种参数的精确测量，总体上可以简单地分为磁谱仪和非磁谱仪方案。磁谱仪的典型代表是国际空间站上的 AMS-02，它由穿越辐射探测器、飞行时间探测器、磁谱仪（磁铁＋硅微条径迹探测器）、切伦科夫探测器、电磁量能器构成，可以精确区分正、负宇宙线粒子以及同位素。非磁谱仪方案一般以量能器为主探测器，技术相对简单，工作能段和探测器接受度与同等重量的磁谱仪相比有显著优势，适合高能伽马射线与宇宙线探测。

（四）空间光学天文技术

空间光学天文技术与方法主要利用光学原理，在空间环境下，采集天体、天空区域等目标的图像、光谱数据和定标数据，用于开展天文前沿研究。本学科方向得益于相关地基工作的积累，在诸多方面具有良好的继承性，发展了丰富的探测手段。同时又得益于空间环境下优异的观测条件，可以规避大气扰动和吸收对观测的影响，从而拓宽工作波长，大大提升探测能力。这里广义地将空间远紫外至远红外波段观测的相关技术纳入空间光学天文技术的范畴。

HST 可以说是空间光学天文技术的标志性项目。从 HST 和其他成功实施的项目来看，本学科的发展需要长期积累和项目驱动相结合。前瞻部署和持续的投入解决共性技术、研发周期长的关键技术以及新技术新方法的突破，得以立项的空间光学天文项目则可通过大力度的攻关，迅速突破关键技术，实现相关技术的工程化。

（五）空间太阳物理技术

空间太阳物理技术除了包含空间天文典型的不同波段观测所涉及的技术外，本身还具有一系列特定的技术，如空间日冕仪技术、空间磁象仪技术、高能辐射与高能粒子同时探测技术、高分辨高能辐射成像技术、高分辨紫外像谱技术、高分辨紫外和高能辐射偏振探测技术、太阳风等离子体及中低能粒子和成分探测技术、近日轨道探测技术、编队飞行探测技术、多视角立体（含偏离黄道面）探测技术。太阳空间探测特别强调多波段联合观测，以及与地面太阳观测设施的配合，研究太阳运行机制和规律，一方面为理解宇宙类似现象提供一个独一无二的样本，另一方面为空间天气预报和保障人类空间安全服务。

（六）空间引力波探测技术

自然界中可探测的引力波频率覆盖 $10^{-16} \sim 10^3\,\mathrm{Hz}$（宇宙年龄尺度）约 20 个量级的跨度。引力波的频率越低（波长越长），所需要的探测器尺寸越大。为了探测频率在 100 Hz 附近频段的引力波，LIGO 等地面引力波探测器采用了千米尺度的激光干涉仪。在毫赫兹（$10^{-3}\,\mathrm{Hz}$）频段，分布着天文上极其重要的大质量黑洞等奇特的引力波源，对它们的观测需要在太空中进行。国际上主要的空间引力波探测项目是 20 世纪 90 年代开始 NASA 和 ESA 合作发展的 LISA 项目。20 世纪 70 年代末，陈嘉言等科学家开始了我国的引力波探测工作。进入 21 世纪后，华中科技大学、中国科学院的一些高校和科研院所开始布局空间引力波探测的核心技术研发，并开展了一些搭载飞行实验。2008 年，我国科学家开始酝酿自主的空间引力波探测计划。

（七）关键辅助技术

包括空间高能天文、红外天文和微波背景等在内的空间天文项目的实施需要一些关键辅助技术，主要包括制冷技术和特殊信号读出电子学技术。极低温空间制冷和SQUID/ASIC芯片的设计、制作与集成是"卡脖子"技术，对空间天文领域的发展极其重要，所以不能完全依赖国外提供。

1.制冷技术

为了压制热噪声、暗电流等影响探测灵敏度的本底，经常需要用制冷系统降低探测器的工作温度。对于半导体探测器（包括CCD/CMOS），所需温度通常在-100°C左右，所以相对容易实现。但是，X射线微量能器需要工作在<100 mK才能达到eV量级的能量分辨率，所以需要极低温制冷机辅助实现。极冷级（<100 mK）可以采用绝热去磁或稀释制冷方式实现，但前者更适用于空间应用，因为它不受微重力环境影响。无论哪种方式都需要一个能够达到几开尔文温度的预冷系统，其通常由超流液氦或机械制冷机组成。

2.特殊信号读出电子学技术

X射线微量能器的应用需要特殊信号放大及复用电子学辅助。基于超导材料的微量能器是低阻抗器件，所以信号读出电路的预放大级不能采用传统的半导体放大器，而SQUID具备很好的匹配度。同样作为超导器件，输入SQUID可以与探测器一起处于<100 mK温区，以减少噪声拾取。另外，通过集成电路，多路复用读出可以实现，大幅减少导线数目，降低热负荷，提高制冷系统的工作效率（及观测效率）。此外，许多应用需要特制的ASIC芯片。

复用信号读出超导电子学方案包括时分、频分、码分及微波，各有利弊，但未来的发展趋势是微波复用读出技术（可达近千路读出）。ASIC读出技术的应用越来越广。

四、地面多信使探测技术

（一）地面伽马射线探测技术

地面伽马射线探测器主要有成像大气切伦科夫望远镜（Imaging Atmospheric Cherenkov Telescope，IACT）和广延大气簇射（Extensive Air Shower，EAS）两类。伽马射线在大气簇射产生大量的次级粒子，相对论性的次级粒子在空气中传播产生切伦科夫光。IACT 技术依赖探测切伦科夫光子分布的图像来估算电磁簇射的纵向发展和横向发展，进而重建原初伽马的方向和能量。由于能观测电磁簇射的发展过程，IACT 相当于与大气层合成了量能器；相比于 EAS 实验只能观测到达观测面的次级粒子，IACT 实验拥有较高的角分辨、能量分辨和本底排除能力。1983 年，第一台 IACT 望远镜惠普尔（Whipple）完成。1989 年，IACT 成功观测到来自标准烛光 Crab 在 0.7 TeV 上的伽马辐射。第二代 IACT 实验以高能伽马射线天文（high energy gamma ray astronomy，HEGRA）、澳大利亚和日本合作的在内陆地区建立的伽马射线观测站 [collaboration of Australia and Nippon（Japan）for a gamma ray observatory in the outback，Cangaroo] 为代表，逐步发展并确立了大面积反射镜、簇射成像观测、多台望远镜联合立体观测的技术。

　　EAS 实验测量到达观测面的次级粒子。第一代 EAS 实验大多采用放置地表的计数探测器，如闪烁体探测器、气体探测器和水切伦科夫罐体。第二代则拥有鉴别缪子的能力，大大排除了宇宙线本底，这类实验一般为大型切伦科夫水池或者增加了埋于地下的缪子探测器。EAS 实验具有全天候、宽视场的优点，在瞬变源和扩展源的观测上有优势。例如，2019 年中日合作的 ASγ 实验成功观测到首个 100 TeV 伽马射线源，并记录到能量最高的约 450 TeV 伽马射线。

（二）地面宇宙线探测技术

　　地面宇宙线探测器主要有 EAS 和大气荧光探测器两类。宇宙线粒子的能量主要分布在 $10^9 \sim 10^{20}$ eV，能谱基本表现为幂律谱，在约 4 PeV 附近有"膝"，在约 400 PeV 有第二"膝"，在约 4 EeV 有"踝"，在约 60 EeV 有 GZK 截断等结构，蕴含着宇宙线起源和传播信息，是地面宇宙线实验的主要研究对象。地面宇宙线实验通过探测宇宙线在大气中簇射产生的大量次级粒子来重建原初方向和能量，有 EAS 阵列和大气荧光探测器两种类型，前者测量簇射在地面的横向扩展，后者可以测量簇射的纵向发展过程。宇宙线流强随能量升高呈幂律快速降低，针对不同能量的宇宙线需要设计不同面积规模的探测器阵列进行探测。羊八井中日合作 ASγ 实验采用闪烁体探测器，间距 7.5 m，总面积近 4 万 m^2，主要测量"膝"区附近宇宙线。世界上最大的 AUGER 阵列采用水切伦科夫探测器，总面积接近 3000 km²，探测器间距 1.5 km，主要测量极高能宇宙线。AUGER 同时采用大气荧光探测器，主要探测次级粒子在空气中产生的荧光，由于能探测簇射的整个发展过程，有较高的能量分辨，可以和阵列相互定标。在方向分布上，中日 ASγ 实验首次在 2006 年给出了 TeV 上两维各向异性天图，"米拉格罗"（MILAGRO）实验和 ARGO-YBJ 实验还观测到中小尺度上的各向异性。近期 ASγ 和 ARGO-YBJ 都观测到在 100 TeV 以上，宇宙各向异性结构相对于 TeV 存在明显变化，可能与"膝"区宇宙线起源相关。AUGER 在 2017 年发表了 8 EeV 以上的宇宙线各向异性分布图，揭示了超高能宇宙线的河外起源。

（三）引力波（地面）探测技术

引力波探测器主要有棒状探测器和激光干涉仪两类。最早实际运行的引力波探测器是 20 世纪 60 年代马里兰大学制造的铝质实心圆柱（棒状探测器），是一种共振质量探测器。1962 年，苏联学者提议建造干涉仪来探测引力波。1969 年，美国的韦伯（Weber）教授宣称成功地探测到引力波，但未被证实。1971 年之后，欧美多家机构分别建成并运行雏形引力波干涉仪，特别是加州理工学院于 1983 年建成一台 40 m 臂长的引力波干涉仪。1984 年，加州理工学院与麻省理工学院决定合作设计和建造 LIGO，于 1999 年建成，2002 年正式运行。2003 年，法国和意大利合作建造的室女座干涉仪（Virgo interferometer）开始工作。2010 年，LIGO 与 Virgo 结束搜集数据，并未探测到引力波，但获得了宝贵的实践经验，为后来的升级改造和探测突破奠定了根基。2010 开始建设的日本引力波地面实验装置神冈引力波探测器（Kamioka Gravitational Wave Detector，KAGRA），到 2020 年进入可观测状态。KAGRA 和 LIGO、Virgo 联合形成联合实验组 LVK collaboration，进行协同实验观测。2020 年 11 月开始，KAGRA 观测数据与 LIGO、Virgo 数据进入可联合分析状态。

（四）中微子探测技术

中微子在液体或水／冰中反应产生高能次级带电粒子会发射切伦科夫辐射，可以用光敏探测器阵列来探测。1968 年，美国建造了装有 38 万 L 四氯乙烯溶液的霍姆斯坦克（Homestake）探测器，发现了著名的太阳中微子缺失问题。建于 1982 年的日本神冈探测器与 Homestake 探测器同时接收到来自太阳系以外（超新星 SN 1987A）的中微子。1998 年，升级而成的超级神冈探测器发现了中微子振荡的确切证据，为解决太阳中微子缺失问题指明了道路。2001 年，萨德伯里中微子天文台探测到太阳发出的全部三种中微子，证实了中微子振荡效应，解决了太阳中微子缺失的问题。水下中微子望远镜有地中海中微子望远镜天文学与深渊环境研究（Astronomy with A Neutrino Telescope and Abyss Environmental Research，KM3NeT）、贝加尔湖深水中微子望远镜（Baikal Deep Underwater Neutrino Telescope，Baikal-GVD）。冰下的中微子探测实验则始于南极 μ 子和中微子观测阵列（Antarctic Muon and Neutrino Detector Array，AMANDA），并于 2010 年升级为冰立方。这些项目的探测对象主要是核热力学反应的 MeV 量级的中微子或宇宙线强子过程（hadronic process）产生的 TeV ~ EeV 中微子。这两类探测器的共同发展趋势是工作能段越来越宽、灵敏度越来越高、团队越来越国际化。

五、天文信息技术与实验室天体物理

（一）天文信息技术

在天文大数据和信息技术双双快速发展的背景下，天文信息技术呈现出如下几个规律和特点。

1. 数据规范化管理和开放共享成为趋势

随着国际大科学合作与天文观测计划项目的发展，建立满足学科领域和区域使用的数据中心，利用成熟的云计算环境与分布存储，提供数据处理与分析能力打造科学研究平台，以满足科学家的需要，成为一种重要的趋势。依托这些数据中心，新的数据管理与使用模式改变了传统天文数据存储管理的思想，朝集中化、规模化、规范化方向发展。国家高度重视科学数据的规范化管理和开放共享，如 2018 年国务院办公厅印发了《科学数据管理办法》，2019 年中国科学院印发了《中国科学院科学数据管理与开放共享办法（试行）》等。

2. 以虚拟天文台为牵引的标准化体系建设

2002年成立的国际虚拟天文台联盟（International Virtual Observatory Alliance，IVOA）一直致力于为实现天文数据的互操作而制定相关的标准和规范，使数据的生成、发布、知识发现、访问和获取都可以在标准的框架下进行。截至2020年底，IVOA已经推出了40多项互操作技术规范，涉及元数据、数据格式、数据访问、数据模型、资源注册、语义、消息机制等多个方面。如果天文数据都在IVOA的标准下进行统一管理，天文学家只需掌握IVOA的一些工具，即可调动所有的天文数据资源开展科研工作。

3. 人工智能技术广泛应用于数据处理分析中

针对天文数据开展数据挖掘与知识获取，通过机器学习等人工智能技术开展天文研究正在快速发展，为天文学研究带来了新的推动力。机器学习技术是对一类算法的总称。这类算法从海量数据中挖掘隐含规律，并进一步用于预测和分类。

4. 时域天文学成为科学与技术发展的双引擎

时域天文学的发展主要依赖大视场巡天技术、大数据处理技术、协同后随观测能力和快速稳定的网络响应能力，以及多源海量数据和数据流的快速融合与处理能力。天文信息技术贯穿于上述整个过程，同时时域天文学成为天文信息技术发展的需求引领者。随着科技和装备的发展，专业天文学与业余天文学的交叉越来越多。业余天文学是时域天文学观测与发现必不可少的力量，业余天文观测可以大大提升时域天文学的观测时间与天区覆盖范围。通过天文信息技术方法研究与整合，让业余天文学家甚至公众参与到天文探索和发现中，是一个非常值得发展的方向。

5. 天文观测朝智能协同方向发展

时域天文学、程控自主天文台的发展需要随动望远镜和观测系统组网协同观测，对传统的观测时间分配、作业调度提出挑战。智能控制和观测是将天文观测业务需求与天文设备紧密结合，高效可靠地整合软硬件资源，管理、协调和控制各子系统模块操作，使整个观测系统按计划有条不紊地完成观测任务。将人工智能技术和望远镜控制与观测相结合是发展的必然趋势。

6. 高性能的大规模数值模拟是精确宇宙学研究的利器

精确宇宙学需要在 1% 的精度上限制暗物质和暗能量的分布与性质。星系、气体等重子物质作为宇宙大尺度的基本观测载体，理解它们的形成演化历史以及对环境的影响，是理解宇宙大尺度结构不可或缺的一个部分。由于物质演化的高度非线性和重子物理过程的复杂性，传统的解析方法已经不能满足精度需求，取而代之的是需要借助高性能的大规模数值模拟。这些模拟在大尺度结构巡天和星系形成的研究中发挥了非常重要的作用。

（二）实验室天体物理

随着现代高能量密度物理大科学装置的出现，科学家可以在实验室创造与一些天体或天体周围相似的物理环境。例如，利用高功率激光或箍缩装置产生极端天体等离子体物理条件，利用重离子储存环设备获得天体环境下原子重要截面数据等。这样的实验条件前所未有，而且与天体物理中诸多关键的物理现象、重要的物理参数直接对应。实验室天体物理是除观测和数值模拟之外的另一条研究天体问题的创新与探索之路，可以极大地促进天体等离子体物理和实验室等离子体物理两个领域之间的融合。实验室天体物理在其发展历程中取得了许多重要的成果，包括利用实验测量得到的不透明度数据，成功解决造父变星光变周期问题；利用电子束离子阱光谱实验证实了太阳风离子与彗星中性分子电荷交换导致 X 射线辐射的产生机制；通过实验解决了数十年来的类氖铁离子线比值差异的本质问题；通过实验成功模拟了行星形成动力学、超新星遗迹中的 RT 不稳定性、太阳耀斑环顶源；通过实验成功利用惯性约束聚变探测恒星核条件下的热核反应等。与远距离、长时间的被动观测相比，实验室研究具有近距、瞬态、可控、主动、可重复等特点，因而能够更加准确、细致地对相关物理过程进行研究。目前世界上大多数现代高能量密度物理大科学装置都将实验室天体物理列为重要的基础研究方向之一，在解决一些共同的关键科学问题上，可以做到实验、观测、模拟相互参考、印证，具有重要的科学意义。同时，实验室天体物理也为人类在探索和应用自然规律过程中所遇到的问题，如新能源利用、粒子加速、国防武器储备等提供帮助。

第三节 发展现状与发展态势

一、光学红外天文

近 10 年来，国际上 14 架地基 8～10 m 望远镜在稳定运行的同时，持续不断地发展新一代的科学仪器。望远镜对终端科学仪器来说只不过相当于"集能器"，科学产出能力在很大程度上取决于科学仪器的性能和配置，所以优秀的天文台在保证望远镜可靠运行的前提下都在发展新终端。20 世纪末，完成 8～10 m 级光学红外望远镜后，国际上开始计划建造更大口径的光学红外望远镜，3 个地基 30 m 级极大口径望远镜 TMT、GMT 和 E-ELT 都已开工建设，有望在下个 10 年完工并投入使用。国内以 LAMOST、2.4 m 望远镜、2.16 m 望远镜为代表的光学设备持续产出突出的科学成果，数架 1～2.5 m 的小口径光学望远镜已完成或正在研制。中国空间站多功能光学设施——2 m 巡天望远镜正在研制中，不久将发射交付科学观测。南极天文台、中国大型光学红外望远镜分别列入了国家"十二五"和"十三五"重大科技基础设施的建设规划，但遗憾未能立项开工建设。中国巨型太阳望远镜也正在建设之中。

（一）大口径光学红外望远镜核心技术

1. 主动光学技术

由于主动光学技术的发展，20 世纪末建成了多个 8～10 m 级望远镜，极大地促进了天文学和相关技术学科的发展。国外的 JWST 和地面极大口径望远镜都继续发展了主动光学技术。2009 年，我国完成重大科学工程 LAMOST，打破了大口径望远镜兼备大视场的瓶颈，发展了既变形又拼接的主动光学技术。近年来，国内多家单位继续围绕共相技术、主动支撑、波前检测及纳米级位移促动器和传感器等关键器件，开展了卓有成效的研究工作。

2. 自适应光学技术

目前自适应光学几乎成为所有大口径/极大口径望远镜的必备技术,实现了近红外波段小视场的衍射限观测及较大视场的高分辨观测。例如,VLT上的激光辅助地面层自适应光学(Ground Layer Adaptive Optics Assisted by Lasers,GRAAL)/高视力宽场K波段成像仪(High Acuity Wide Field K-band Imager,HAWK-I)已经实现了7′×7′视场的GLAO校正,在K波段30%的概率下可以得到半峰全宽(full width at half-maximum,FWHM)0.3″的像质;Subaru上的"渡鸦"(Raven)系统为MOAO和GLAO组合模式,3.5′视场上可以在H波段实现小于FWHM 0.2″的像质。目前国际上在研的30 m级极大望远镜都配置了不同校正视场和校正能力的多种类型的自适应光学系统,用于不同的科学仪器和科学目标。我国早在20世纪90年代就开展了自适应光学技术的研究,先后为1.8 m望远镜成功研制了自适应光学系统,为中国科学院云南天文台1 m新真空太阳望远镜研制了MCAO系统。研发了多套便携式自适应光学系统,用于系外行星超高对比度成像,已经在国际上多架4 m级望远镜上成功进行了系外行星观测。总体来讲,国内AO技术水平与国际上最新的技术发展和天文应用还有很大距离。

3. 光干涉技术

欧南台VLTI部署的第二代终端"重力"(GRAVITY)已经在超大质量黑洞、哈勃常数测量、高分辨率微引力透镜探测等领域,取得一系列重大观测成果;美国也正积极推进其新一代10架1.4 m望远镜阵列MROI的研制。国内多家单位联合提出"觅音计划",拟在空间利用消零干涉实现系外行星探测及系外生命信号搜寻。

4. 高精度大口径大批量镜面研制

近10年来,国际上以研制地面及空间大口径拼镜面望远镜为契机,围绕拼接子镜的材料、成型、抛光和表面修形,进一步发展了镜面材料定量去除技术,数控铣磨与研磨、气囊抛光、预应力抛光、磁流变抛光、离子束抛光等技术手段综合应用,有效解决了光学加工效率与精度的矛盾。

5. 大惯量高精度望远镜跟踪技术

国际上 8～10 m 级大型天文望远镜多采用直接驱动，而且将电机的定子分成多块拼接而成，正在建造中的 TMT、E-ELT 也都在研究这种直接驱动技术，包括改进拼接电机、机械结构、材料及驱动控制技术。一方面，随着望远镜口径的增大，需要增加传动刚度以获得较高机械谐振频率，提高系统控制带宽；另一方面，由于快摆镜具有质量轻、精度高、响应快以及动态滞后误差小等优点，采用快摆镜作为二级稳像单元，形成复合轴控制，是提高望远镜跟踪精度和控制带宽的一种有效手段。

6. 太阳望远镜现状与发展态势

自 20 世纪 80 年代以来，我国的地基太阳光学观测能力始终保持在学科前沿。怀柔磁场望远镜、南京大学太阳塔等设备在性能上均达到了当时的世界先进水平甚至领先水平，其科学产出为现代太阳物理学的发展做出了重要贡献。近 10 年来，我国在太阳望远镜和相关科学仪器研制方面继续保持着较高的水平，研制完成了 1mNVST 及其仪器群，正在研制 AIMS、光纤阵列太阳光学望远镜（Fiber Array Solar Optical Telescope，FASOT）、1.8 m 太阳望远镜（Chinese Large Solar Telescope，CLST）、2 m 环形太阳望远镜（Ring Solar Telescope，RST）以及 2.5 m 大视场高分辨率望远镜（昼夜兼用）等太阳观测设备。其中，1mNVST 是全球最大口径的真空望远镜，位列当前全球三大太阳观测系统之一，在 24 周太阳活动峰年的观测中获得了全球最多的高分辨率观测数据，我国学者依据这些数据在太阳小尺度活动、小尺度磁重联以及日珥精细结构等方面做出了多项重要的创新性研究成果。1mAIMS 是全球首台专用于中红外太阳磁场观测的设备。其余几个正在研制的大口径太阳观测设备均瞄准了前沿科学目标和一流技术参数，我国多个研究团队不但在望远镜的设计和研制，而且在太阳磁场测量技术、太阳高分辨率成像技术、太阳自适应光学系统、多通道双折射滤光器和原子滤光器等多项关键技术方面都取得突破。除了我国的 1mNVST 外，国际上现役的主流太阳望远镜还包括：美国的 1.6 m GST，SST，法国的 0.9 m Themis 太阳望远镜以及德国的 1.5 m GREGOR 太阳望远镜等。这些望远镜虽各有特点并配置了不同的科学仪器，但其主要性能和技术指标相近，属于同一代设备。

7. 南极天文技术

国际上在美国南极点站、欧洲冰穹 C 站等运行和计划着一批中小型光学红外天文观测设备，发展了适应极地环境下天文光学仪器的相关技术。我国自 2008 年起逐步建立了冰穹 A 自动天文观测站，系统测量了南极昆仑站区重要的天文台址参数。2012 年至今，建设的南极巡天望远镜 AST3 开展了科学观测，初步实现了无人值守条件的越冬观测，标志着我国在极端环境下的天文光学设备在远程控制、无人值守等方面取得重要进展。未来我国规划在南极昆仑站建设一架 2.5 m 级的南极光学红外望远镜。随着望远镜规模的增大，仍有许多技术挑战需要克服。

（二）先进光学红外科学仪器核心技术

1. 天文光谱及高精度定标技术

国际上多个国家拥有大型望远镜平台，光谱技术基础相对雄厚。20 世纪末，有 14 架 8～10 m 级光学红外望远镜投入科学观测，配置了满足多种科学目标、性能卓越的各种终端科学仪器。正在建设的 30 m 级极大望远镜 E-ELT、TMT 等也将成为天文光谱及定标技术最佳的应用平台。多目标光谱技术已被应用到多个光谱巡天项目，如两平方度场（two degree field，2dF）、SDSS、LAMOST、4MOST、DESI 等。10 m 级大视场巡天望远镜如莫纳克亚光谱探测仪（Maunakea Spectroscopic Explorer，MSE，4000 根光纤）、光谱测量巡天望远镜（Spectroscopic Survey Telescope，SPECTEL，15 000 根光纤）等也在推进之中。积分视场光谱技术在众多望远镜上都有配备，相关仪器有 MaNGA、SAMI、MUSE、可见积分场可复制单元光谱仪（Visible Integral-Field Replicable Unit Spectrographs，VIRUS）、双子座多目标光谱仪（Gemini Multi-object Spectrographs，GMOS）等。第一颗系外行星的发现采用了超稳定高分辨率光谱仪（ELODIE），具有 15 m/s 的视向速度测量精度，第三代高精度视向测量仪器 ESPRESSO 将精度提高到 0.3 m/s。通过 2.16 m 望远镜、2.4 m 望远镜及 LAMOST 的终端仪器研制，我国在高分辨率光谱仪和高精度波长定标、多目标光纤光谱仪等方面达到国际水平。中国还积极参与或主持多个国际天文终端，如海尔望远镜、30 m 望远镜、MSE、GTC 等光谱仪研制。近 10 年来，我国在天文光梳的高精度波长定标、光谱数据处理、像切分器、光纤扰模等技术方面获得了突破性进展。

2. 系外行星直接成像技术

地基大口径望远镜都配备了系外行星的成像和光谱分析仪器。以 8 m 大口径望远镜配置的 Gemini/GPI、VLT/SPHER 系外行星成像仪器为代表，已经探测到几十颗年轻的系外行星。我国自主研制的高对比度成像设备，先后观测到系外行星、褐矮星的清晰图像，发现若干系外行星候选体。在空间超高对比度成像实验室内验证超高对比度。我国空间站系外行星成像星冕仪获得载人航天工程专项支持，将首次开展围绕类太阳恒星的成熟冷行星的成像和光谱研究。

3. 计算成像

自 20 世纪 90 年代中期提出以来，计算成像发展迅速，已成为成像领域国际研究的重点及热点。天文领域的计算成像方面也已有大量研究及应用。从早期哈勃空间望远镜通过计算成像来解决镜面像差问题，到近两年利用神经网络和深度学习对多目标自适应光学系统中波前进行重构，天文计算成像正在逐步从少量研究点向系统化发展。中国科学院云南天文台采用计算成像技术重建出太阳高分辨像。近年来面向解决成像系统衍射极限及探测器分辨极限的超分辨成像得到广泛研究，已针对合成孔径成像开展深入研究。

4. 天文光子学

受益于集成光子技术的进步，天文光子学发展极其迅速：GRAVITY、精密集成光学器件近红外成像实验（Precision Integrated Optics Near-infrared Imaging Experiment，PIONIER）等长基线干涉仪的核心部件之一分束 / 合束器是集成光子器件，基于集成波导阵列的阵列波导光栅（Arrayed Waveguide Grating，AWG）光谱仪已于 2017 年在 8 m 级望远镜斯巴鲁上实现试观测，接近实用要求。2019 年，光子光频梳分别在帕拉尔玛天文台（La Palma Observatory）、伽利略国家望远镜（Galileo National Telescope，TNG）及 10 m 级望远镜凯克（Keck Ⅱ）上实现试观测，观测结果证明其有提供 10 cm/s 量级定标精度的能力，而且其造价、尺寸、长期稳定性均优于常规光梳。另外，在空气 OH 线抑制、光瞳重排高角分辨率光谱成像仪、积分视场光谱仪光束重排、基于光子灯笼的模式转换、波长转换等众多方面也有深入研究甚至实际应用。目前国内有哈尔滨工程大学在光纤 IFU 方面的研究，以及中国科学院国家天文台南京天文光学技术研究所在集成光子光谱技术方面的研究。

5. 探测器技术

自 20 世纪 70 年代出现以来，CCD 的主要指标得到大幅提高。科学级 CIS 的主要技术指标均已可和 CCD 媲美，但暗流均匀性、增益稳定性、图像残留等问题还有待实践的评估。目前最大的探测器拼接规模是美国 LSST，其由 189 片 16 读出通道的 CCD 拼接完成。CIS 由于周围电路的限制，其拼缝宽度将达到厘米量级。在红外方面，适用于天文观测的高性能红外焦平面阵列探测器主要被美国泰莱达科技（Teledyne Technologies，TDY）公司、雷神视觉系统（Raytheon Vision Systems）公司和 DRS 技术（DRS Technologies）公司几家公司垄断。近些年在 ESA 的资助下，英国的 Leonardo UK 和德国 AIM 公司等也正在发展适合天文应用的大面阵 HgCdTe 器件。Leonardo UK 计划中的截止波长是 14.5 μm，目前已经研制成功了 1K×1K 截止波长<2.5 μm 的 HgCdTe 器件，量子效率最高可达到 90%，暗电流 0.04 e/s/pixel @ 80K，读出噪声 16 e。

二、射电天文

（一）射电望远镜天线技术及方法

国际上，过去 10 年陆续建成撒丁岛 64 m 小型射电望远镜（small radio telescope，SRT）厘米波望远镜、墨西哥 50 m 大型毫米波望远镜（large millimeter telescope，LMT）和格陵兰岛 12 m 毫米波亚毫米波望远镜格陵兰望远镜（Greenland telescope，GLT），大型 ALMA 也建成并投入观测。拟建或规划中的大型项目还包括日本的 LST 亚毫米波望远镜、美国的查南托尔山阿塔卡玛首要望远镜（Cerro Chajnantor Atacama telescope-prime，CCAT-p）亚毫米波望远镜和欧洲的 AtLAST 等。国内近 10 年先后建成了以 FAST 和上海 65 m 射电望远镜（"天马"）为代表的多台大口径射电望远镜。目前在酝酿和筹建的射电天文望远镜包括：南极 5 m 太赫兹望远镜、新疆奇台 110 m 射电望远镜、昆明 120 m 射电望远镜、西藏 40 m 射电望远镜以及 60 m 亚毫米波望远镜等，观测波段覆盖厘米波至太赫兹波段。总体上，我国在米波至厘米波及毫米波低频段大型单口径天线的设计、制造与测控等方面,已达到国际先进水平,亚毫米波/太赫兹频段大型单口径天线的相关技术方法处于上升阶段。

(二) 射电天文探测技术及方法

国际主流的射电天文探测技术及方法包括微波至毫米波段的低温制冷低噪声放大器、毫米波至太赫兹波段的超导混频器及探测器。近年来,针对SKA 和 ngVLA 的需求,常温低噪声放大器技术也得到快速发展。低温制冷低噪声放大器技术在国内起步较早,但受限于核心半导体器件的研制能力,进展较为缓慢。近年来,采用国外商用半导体芯片流片工艺,相关研究取得了长足进步,但尚有较大差距。在毫米波至太赫兹波段的超导混频器及探测器技术方面,从 20 世纪 90 年代初的超导隧道结混频器技术开始,发展至今已成为国际上为数不多的同时掌握四种主流超导探测器技术〔即超导 - 绝缘 -超导 (superconductor insulator superconductor,SIS) 隧道结混频器、超导热电子辐射仪 (hot electron bolometer,HEB) 热电子混频器、超导 TES 和超导动态电感探测器 (kinetic inductance detectors,KID) 〕的国家,而且具备核心芯片自主研制能力。值得指出的是,超导探测器技术还有望扩展至光学红外及高能谱段的天文应用。针对我国射电天文望远镜科学仪器的研制需求,目前主要发展微波至太赫兹频段的超宽带接收机和相位阵与多波束接收机,毫米波至太赫兹频段的大规模阵列相机、3D 单片成像光谱仪以及偏振仪等。

(三) 射电天文后端信号处理技术及方法

国际上射电天文后端处理系统的典型代表是美国 CASPER 团队研发的基于高速 ADC 和大规模 FPGA 的"蟑螂"(ROACH) 系列多功能数字终端,德国马克斯·普朗克射电天文学研究所研发基于高速 ADC、大规模 FPGA、高速计算机总线架构的兼具超宽带和高频谱分辨的实时频谱处理设备。这些具备宽带宽、高速信号实时处理能力的,并高度集成的多功能数字终端是射电天文信号处理技术发展的趋势。我国在这一技术方向经历了从最初的引进、仿制到自主研发,已经初步形成了一支软硬件兼备、以中青年为骨干的人才队伍。中国科学院新疆天文台、上海天文台、国家天文台、云南天文台等研制的非相干和相干消色散数字终端,在脉冲星探测方面发挥了重要作用;中国科学院紫金山天文台联合工业界研制的数字 FFT 实时频谱仪应用于青海

13.7 m 毫米波望远镜，在银河画卷计划巡天观测中发挥了重要作用；中国科学院上海天文台等持续发展应用于 VLBI 观测的数字终端系列和相关处理机，在历次探月任务中发挥了重要作用；中国科学院国家天文台研制的超宽带谱线终端和快速射电暴探测终端，在谱线观测和快速射电暴的探测中取得了多项重要成果。总体上，我国在射电天文后端信号处理技术及方法研究方面已达到国际先进水平，但核心芯片（ADC、FPGA 等）仍依赖国外商用产品。

（四）射电干涉阵技术及方法

射电干涉阵技术正在围绕 ALMA 和 SKA 进一步发展，美国也在推进 ngVLA 补充 SKA 和 ALMA 之间的频段，以及加强北天观测能力。中国主要参与了日本国立天文台承担的部分超导接收机研制工作。SKA 是以研究宇宙起源为核心科学驱动的低频干涉阵列，中国是 SKA 的成员国。国内已经建成了 SKA 低频阵列的探路者设备 21CMA 和中频阵列探路者"天籁"，基本掌握了低频射电干涉技术及数据处理方法。一个值得注意的趋势是，无论是 ALMA 还是 SKA，都在发掘 VLBI 的潜力。在"黑洞成像"的 EHT 中，ALMA 作为一个 VLBI 单元做出了关键贡献。全面建成的 SKA 跨度达 3000 km，将是一个超级 VLBI 网。经过 40 多年的发展，我国从早期少数望远镜加入欧洲甚长基线干涉网（European VLBI Network，EVN）等，到目前已经建成独立运行的中国 VLBI 网，在基础天文学、深空探测航天任务和国防安全方面发挥了关键作用。针对我国空间项目的发展机遇，目前还正在推动空间 VLBI 计划。

（五）太阳射电观测技术及方法

地基频谱观测设备基本已实现从 10 m 波到厘米波段的全覆盖，其观测和数据处理技术也已相对成熟。地基成像设备主要是米波段的法国南锡米波日像仪和正在改造的俄罗斯 SSRT（4～8 GHz）、美国规划中的 FASR 及其先导望远镜 EOVSA（1～18 GHz），以及 LOFAR/MWA/EVLA /ALMA 等非太阳专用望远镜。国内设备主要是 MUSER。国内在厘米和分米波段上的信号检测和多通道快速图像处理技术相对成熟。由于地面观测条件的限制，对甚低频波段（<30 MHz）、毫米波波段（>40 GHz）的频谱和成像观测需要在空间进行。在目前开展的嫦娥四号甚低频射电探测中，对甚低频观测的数据处理技术和定标技术等已进行了研究，并提出了空间甚低频太阳射电成像阵列的方案。另外，针对太阳射电宽频带毫米波观测的需求，提出了空间毫米波太阳观测的技术方案。在行星际闪烁观测方面，国际上现有专用设备主要有印度乌塔射电望远镜和日本 ISEE 阵列，均工作在 327 MHz 频率；墨西哥、乌克兰和俄罗斯新近也建成了行星际闪烁观测阵列。国内曾进行过行星际闪烁观测试验，子午工程二期中的双频（327 MHz，654 MHz）行星际闪烁望远镜已开始建设。

（六）射电波段特殊事件观测技术及方法

在 CMB 探测方面，美国主导了过去 20 年几乎所有的地面和气球 CMB 实验，正在部署第四代地面实验 CMB-S4。空间 CMB 实验自 2013 年普朗克卫星退役后，下一个是日本预计 2030 年前后发射的 LiteBIRD 项目。2016 年立项的我国首个 CMB 实验项目 AliCPT-1，建成后将成为北半球唯一高海拔高灵敏 CMB 极化望远镜。近年来，在 PTA 探测引力波方面，其灵敏度已经可以用来严格限制星系形成与演化模型。世界上最大的单口径射电望远镜 FAST 和国际脉冲星计时阵列（IPTA）有望在不远的将来直接探测到极低频引力波。当前 PTA 探测引力波的主要限制来自星际散射效应和太阳系星历表误差；大规模数字波束合成技术和相控阵馈源（phased array feed，PAF）的应用使 FRB 发现的速度显著提高。CHIME 和 ASKAP 已经发现了近千个 FRB，包括一批新的重复暴。FAST 目前已认证了一个新重复暴，发现数个新的 FRB，并首次揭示了 FRB 具有特征暴发能量和双模式能谱；国内早已开展了宇宙黑暗时代和黎明 21 cm 谱的理论研究，在国际上率先开展了月球轨道超长波观测阵列（鸿蒙计划）的预研，也提出了在月球表面进行实验的若干设想，并已开始进行地面 21 cm 平均谱实验。

三、空间天文

（一）空间 X 射线天文技术

1. X 射线光学技术

（1）平方米量级有效面积，瞄准特定源的能谱和时变研究，使用大规模嵌套窄视场（平方度）光学，具备亚角分级别成像质量。以镍电镀复制、玻璃复制和硅微加工技术为代表，国内目前正在开展前面两种技术研制，样机部分指标达到了国际主流水平。

（2）上千平方度视场，瞄准暂现源发现和巡天观测，以微孔 X 射线光学为代表，国内自研的部分指标已经达到国际一流。

（3）高集成度、低重量光学，瞄准脉冲星导航、天文台级别项目中的辅助观测仪器，以微加工 X 射线光学器件（如 LIGA 微条光学器件）为代表，目前国内率先开展研究，已经有了原理样机。

（4）与 X 射线光学相关的高精度加工、测量和标定技术，国内已经有了技术积累，需要不断迭代才能完善和进步。

（5）可与可见光望远镜媲美的光学成像质量（角秒量级），以美国的 Chandra 为代表，但是代价极大，国际上以 X 射线主动光学预研为主，国内暂无相关报道。

（6）X 射线干涉技术原理和红外以及可见光干涉一样，但是由于 X 射线波长极短，成像分辨率极高，同时也对技术要求很高。国外曾经在实验室实现过，但是尚无成熟技术，而我国尚未开展相关研究。

（7）空间高分辨 X 射线晶体谱仪在国际上已经是成熟技术，成功地在多个空间天文卫星上使用。中国科学院高能物理研究所在空间科学概念研究课题的支持下，进行了空间高分辨 X 射线晶体谱仪的概念研究，并给出了初步方案。

2. X 射线探测器技术

随着 e2V 公司被美国泰莱达科技公司收购，国内获得航天 CCD 器件的渠道越来越困难。中国科学院高能物理研究所和中国电子科技集团公司第四十四研究所已联合研制出多款用于 X 射线探测的 CCD 器件。在 CCD 读出技术方面，中国科学院高能物理研究所和复旦大学联合，已成功研制出多款性能先进的 ASIC 器件，并在 CCD 测试标定和电子学方面积累了丰富经验。

随着近年来半导体工艺的进步，sCMOS 在性能一致性和量子效率等性能方面都有了极大的提升。sCMOS 有着高读出速度、低电子学噪声、低制冷需求、大靶面、高抗辐照性能、价格相对较低和国产自主可控等核心优点。目前国际上主要的图像传感器供应商都在研发 sCMOS 产品，国内设计厂商在 sCMOS 设计研发领域位居国际前列，国内对 sCMOS 器件的 X 射线测试也已经开展了多年，在研的 EP 卫星使用国产 sCMOS 作为软 X 射线探测器。

X射线微量能器的研发在国际层面已广泛开展，已实现1～2 eV的分辨率，但在国内还刚刚起步，清华大学在为HUBS项目研发微量能器，已具备相当规模。中国科学院紫金山天文台、上海科技大学等单位也在开展相关工作。

在X射线偏振探测方面，2018年发射的"极光计划"空间项目是国际上40多年来首个软X射线偏振探测器，使用光电法成功打开了这个窗口，不仅探测到蟹状星云的偏振，还发现脉冲星偏振随自旋突变而变化的新现象。

（二）空间硬X射线和软伽马射线技术

目前主要的硬X/软γ射线偏振测量集中在50～500 keV附近，采用低Z的塑料闪烁体作为发生康普顿散射介质重建散射角，如PoGOLite在20～120 keV测量得到Crab偏振度为20%、我国天宫二号上的POLAR对5个伽马暴的偏振度进行了高精度观测，获得了最大的观测样本；INTEGRAL利用19个高纯锗探测器在100 keV至MeV能段观测到Crab的偏振度为28%±6%。随着位置灵敏型探测器发展，软γ偏振测量得以改善，如Hitomi的软伽马探测器（soft gamma-ray detector，SGD）即采用硅像素以及CdTe像素探测器实现60～600 keV的软γ射线偏振测量，ASTROSAT采用碲锌镉成像仪（Cadmium zinc telluride imager，CZTI）探测器在100～300 keV能段实现伽马暴偏振测量。随着硬X射线聚焦技术的突破，硬X射线偏振技术得以发展，采用多层镀膜聚焦镜实现3～80 keV的硬X射线聚焦，采用全吸收型探测器测量中心低Z材料闪烁光子的方式实现硬X射线偏振测量，如NASA的小卫星观测计划偏振光谱望远镜阵列（Polarization Spectroscopic Telescope Array，PolSTAR）、印度的CXPOL偏振卫星概念、NASA下一代概念卫星BEST、欧洲的新硬X射线任务（New Hard X-ray Mission，NHXM）以及我国的宽波段X射线极化望远镜（the Wide Band X-ray Polarization Telescope，WXPT）即采用类似技术实现硬X射线偏振测量。

MeV能段是下一代伽马射线天文观测有望获得重要突破的窗口。以往康普顿望远镜、康普顿伽马射线天文台－康普顿成像望远镜（Compton Gamma Ray Observatory-imaging Compton Telescope，CGRO-COMPTEL）采用的双层位置灵敏探测器不能测量反冲电子的径迹，因此角分辨较差、灵敏度低且没有偏振信息。国际上目前发展的新一代康普顿望远镜，采用三维位置灵敏探测器，实现对反冲电子的径迹测量，极大地提高了角分辨和灵敏度，同时获得了偏振信息。

（三）空间高能粒子探测技术

国际上非磁谱仪实验的代表是费米卫星大面积伽马射线望远镜，主要由反符合探测器、硅微条径迹探测器、量能器组成，观测对象是 $0.2\sim300$ GeV 的伽马射线和 20 GeV$\sim$2 TeV 的电子宇宙射线。该卫星具有高达 2 m^2sr 的接受度，在时域天文方面取得了重要成果。作为磁谱仪实验典型代表的 AMS-02 开启了宇宙线的精确测量时代，显著地推动了宇宙线和暗物质间接探测的研究。"悟空"号是我国首颗高能粒子探测卫星，也是我国首颗天文卫星。它由 4 个探测器构成，包括塑闪阵列探测器、硅径迹探测器、锗酸铋晶体（BGO）量能器和中子探测器，由中国科学院紫金山天文台、中国科学技术大学、中国科学院近代物理研究所、中国科学院高能物理所以及瑞士、意大利的数家单位共同研制。"悟空"号采用了全吸收型的量能器来精确测量能量，具有卓越的质子和电子鉴别本领。"悟空"号于 2015 年底发射升空，已经实现了对 25 GeV$\sim$4.6 TeV 电子和 40 GeV$\sim$100 TeV 质子宇宙线的精确测量，发现了能谱的新结构。"悟空"号已进入延寿运行阶段，其研制与在轨运行为我国锻炼培养出一支年轻精干的研究团队，为顺利实施未来的空间高能粒子探测实验奠定了基础。

（四）空间光学天文技术

长期以来，欧美主导着空间光学天文技术的发展，实施了众多项目，不断取得重大发现。目前在研的项目有 Euclid（2022 年，1.2 m 口径，0.55$\sim$0.9 μm、0.92$\sim$2 μm，巡天）、PLATO（2026 年，24 个 12 cm 望远镜，0.5$\sim$1 μm，系外行星）、ARIEL（2028 年，1.1 m×0.7 m 主镜，0.5$\sim$7.8 μm，系外行星大气）、宇宙学和天体物理空间红外望远镜（Space Infrared Telescope for Cosmology and Astrophysics，SPICA）（2032 年，2.5 m 口径，12$\sim$23 μm，通用）等。下一代 4 m 甚至 15 m 口径的大型紫外/可见光/红外望远镜项目也在推进中。这些项目的科学目标涉及从太阳系、系外行星到宇宙学的各个前沿方向，波长覆盖远紫外到远红外，观测手段非常丰富。

我国空间光学天文技术与欧美等发达国家相比差距巨大，但近年来发展迅速。2013 年 12 月，月基近紫外天文望远镜与极紫外太阳望远镜随着嫦娥三号着陆器落月，这是我国光学天文载荷的首次尝试，取得了空间光学天文技术和观测等多方面的经验与人才积累。目前在研项目包括 2010 年国家航天局立项的 SVOM 天文卫星的光学望远镜和 2013 年由载人航天工程立项的空间站 2 m 口径光学设施（现称为巡天空间望远镜，配备了多色成像与无缝光谱巡天模块、太赫兹模块、多通道成像仪、积分视场光谱仪和系外行星成像星冕仪）。正在预研或论证的项目有"宇宙重子紫外巡天计划"的 CAFE、搜寻近紫外暂现源的超大视场近紫外望远镜、研究类地球太阳系外行星的"ELSE 计划"（星冕仪技术）和"觅音计划"（合成孔径技术）等。这些项目对相关技术提出了强烈的需求。

空间光学天文技术涉及的专业非常广泛，飞行器平台和光学系统技术在国内已具备成熟的工程体系与人员队伍，天文界目前主要发展终端技术，人员队伍主要分布于中国科学院天文台系统，高校在单项技术方面也有一定的积累。天文观测往往需要将技术发挥到极致，与航天工程较为保守的传统相悖，因此需要工程队伍、天文技术队伍和科学队伍的紧密配合。

（五）空间太阳物理技术

我国早在 20 世纪 70 年代"东方红"卫星发射不久就提出并实施我国第一颗太阳探测卫星计划天文 1 号。20 世纪 90 年代，我国开展 921-2 空间天文分系统的研制，并于 2001 年初搭载神舟二号飞船发射升空，成功观测到数十个太阳伽马射线耀斑和数百个太阳 X 射线耀斑。在此期间，我国太阳物理界一直在努力推进空间卫星计划、空间太阳望远镜（Space Solar Telescope，SST）（1993～2011 年）、位于拉格朗日 L1 点的深空太阳天文台（Deep Space Solar Observatory，DSO）（2011 年至今）、探究空间天气因果链的"夸父"（Kuafu）计划（2004～2014 年）、中法合作太阳爆发探测小卫星（Small Explorer for Solar Eruptions，SMESE）（2004～2009 年）等。由于种种原因，这一系列计划均未推进到工程立项和实施阶段。目前一些已经发射的空间设备可以开展对太阳的探测，如嫦娥四号上的低频射电频谱仪以及中荷低频探测仪 NCLE 等，但它们并非太阳专用设备。时至今日，我国仍然没有发射过一颗太阳专用观测卫星。2017年底，中国科学院正式批复ASO-S卫星工程立项，作为我国第一颗太阳观测综合卫星，ASO-S的科学目标为"一磁两暴"，于2022年发射。另一项太阳观测搭载卫星计划CHASE于2019年获得国家国防科技工业局立项，将实现Hα谱线的全日面光谱成像。我国太阳空间探测即将实现"零"的突破。与此相对照，国际上近年来围绕下列4个科学问题开展了太阳空间探测：太阳如何产生贯穿整个日球的准周期性变化磁场；太阳磁场如何产生太阳大气动力学；磁能如何存储和快速释放；太阳与局地星际介质如何相互作用及对地球的影响。目前在轨运行的主要太阳观测卫星有：SOHO（1995年至今）、STEREO（2006年至今）、Hinode（2006年至今）、SDO（2010年至今）、IRIS（2013年至今）；微型X射线太阳光谱仪（Miniature X-ray Solar Spectrometer，MinXSS）（1~3，2015年至今）、帕克太阳探测器（Parker Solar Probe）（2018年至今）、太阳轨道飞行器（Solar Orbiter）（2020年至今）等。还有一些太阳观测卫星正在工程实施阶段，如"普罗巴3号"（Proba-3）、Aditya-L1、统一日冕和日球层偏振仪（Polarimeter to Unify the Corona and Heliosphere，PUNCH）、太阳射电干涉仪空间实验（the Sun Radio Interferometer Space Experiment，SunRISE）等。此外，尚有一批卫星计划处于不同的推进阶段，如L5太阳探测卫星计划、太阳观测卫星C_极紫外高灵敏度光谱望远镜（Solar-C_extreme Ultraviolet High-Throughput Spectroscopic Telescope，Solar-C_EUVST）等。

综上，太阳空间探测正处于空前繁荣的发展阶段。国际太阳空间任务大致有两类：科学目标相对单一的特色小卫星和科学目标覆盖面相对较宽的大型卫星。美国2012年发布的太阳和空间物理10年规划中，专门就探测卫星的发展规模进行了规划建议，其要点是：每2~3年发射1颗探索者计划卫星；调整日地探针计划，每4年发射1颗中型卫星；每6年发射1颗大型空间探测卫星。大、中、小型太阳探测卫星的协调发展，既考虑学科内部不同方向的平衡，又是资源规划上的需要。

（六）空间引力波探测技术

作为技术验证实验星的"LISA-探路者"号已获成功，欧美的空间引力波探测计划驶入了快车道；2012年，在LISA的首次引力波国际会议上，中国科学家介绍了中国的引力波探测计划，在2016年正式命名空间引力波探测"太极"计划，进行三步走的战略：单星、双星和三星的空间探测任务。在我国同时推进的空间探测项目，还有2014年正式提出的"天琴"计划。"天琴"计划将以地球为中心，在高度约10万km的轨道上部署3颗间距约17万km的航天器编队，以进行引力波探测。"太极"计划的轨道方案不同于"天琴"计划，最终的探测轨道将以太阳为中心，部署间距为300万km的正三角形卫星编队来进行引力波探测。LISA间的轨道距离也由原500万km减少到250万km，接近于"太极"计划。目前这两个计划都进展顺利，在超长距离超稳激光干涉测量、低噪探测器、高精度卫星平台等关键技术的攻关方面取得了突破。2019年，太极一号与天琴一号试验卫星皆已成功发射，成果超出预期，凝聚了国内的优势力量团队，为我国的空间引力波探测战略的顺利推进奠定了坚实基础。

四、地面多信使探测技术

（一）地面伽马射线探测技术

CTA和LHAASO实验是IACT与EAS阵列这两种伽马射线探测技术各自规模化的代表。现在运行的IACT实验有HESS、MAGIC及VERITAS，灵敏度在1 TeV达到了0.01倍Crab流量，角分辨率达到0.07°。目前发现的200多个TeV源大部分都是由IACT实验发现的。直径28 m的HESS Ⅱ是目前最大口径的切伦科夫望远镜。为了提高对瞬变源的探测效率，MAGIC采用了两台直径17 m的望远镜，采用超轻材质设计，具有快速转动能力，在2019年首次观测到伽马暴的甚高能辐射。目前国际上提出了CTA计划，将采取近百台大、中、小三种望远镜的混合阵列，实现宽能段、高灵敏度的测量。新一代IACT实验将采用硅光电倍增管作为照相机组件，以代替传统的光电倍增管（photomultiplier tube，PMT）。这种技术在有月亮的情况下也能实现有效观测。云南大学、中国科学院云南天文台和中国科学院高能物理研究所正在推动中国的CTA项目，已在反射镜和SiPM研发方面积累了丰富经验。中国科学院高能物理研究所、西藏大学和中国科学院紫金山天文台也提出了在高海拔建设宽视场低阈能切伦科夫望远镜阵列的方案，开展了原型样机的预研究。目前运行的大型 EAS 实验有美国主导的 HAWC 实验和中日 ASγ 实验。我国 LHAASO 采用了闪烁体阵列、地下缪子探测器和大面积切伦科夫水池的复合技术，在 20 TeV 以上灵敏度将远高于此前的实验及未来的 CTA 阵列，预期将会打开 100 TeV 伽马射线这一新的窗口。

（二）地面宇宙线探测技术

AUGER 和望远镜阵列（telescope array，TA）是目前超高能（EeV）宇宙线探测的主要设备，而我国的 ASγ 和 LHAASO 实验以"膝"区宇宙线为研究目标。南半球的 AUGER 由 1660 台水切伦科夫探测器和 27 台荧光探测器组成，TA 实验在北半球，两者的目标都是测量 GZK 能段的能谱特征和各向异性分布。AUGER 还在研究超高能宇宙线的射电探测技术。西藏羊八井 ASγ 实验有接近上千台闪烁体探测器、500 m^2 的芯探测器和 4500 m^2 的地下缪子探测器，目标是测量核子的"膝"区拐折。有多家实验室对"膝"区做了测量，如德国卡尔斯鲁厄簇射核心和阵列探测器（Karlsruhe Shower Core and Array Detector，KASCADE）实验等，但由于能量的定标依赖模拟，实验之间存在差异。由中国主导的 LHAASO，将建造 5000 多台闪烁体探测器、1000 多台地下缪子探测器、78 000 m^2 的水切伦科夫探测器和 12 台广角大气切伦科夫 /荧光望远镜，覆盖面积 1 km^2，多种探测技术相结合，有望精确测量"膝"区分成分能谱。羊八井的实验在宇宙线各向异性的研究中，处于国际领先地位。LHAASO 的数据有望对 PeV 能区宇宙线各向异性能量依赖和分成分天图给出更明确的测量，为"膝"区宇宙线的起源研究提供重要观测证据。

（三）引力波（地面）探测技术

2015 年，大幅度改良升级后的"先进 LIGO"重启运行并探测到双黑洞并合事件。2017 年，升级完成后的"先进 Virgo"也开始运行，与先进 LIGO 一道探测到双中子星并合事件 GW170817，开启了多信使引力波天文时代。2020 年，日本 KAGRA 开始运行，LIGO-India 预计于 2025 年服役。国际上正在布局的第三代地面引力波探测器包括美国 40 km 的宇宙探路者（Cosmic Explorer，CE）和欧洲 10 km 的 ET。目前探测到的引力波都是旋近初期的低频引力波，对后期的数千赫兹引力波的高精度探测是未来的突破方向，对揭示超越核密度环境下的物态方程发挥着关键作用。目前，国际上已经提出了两种千赫兹激光干涉仪引力波探测器的设计方案，其核心构型和 LIGO 相同，主要通过提高光强、注入量子压缩态、优化信号反馈来提高千赫兹的灵敏度。Martynov 等（2019）指出千赫兹探测器的最优臂长在 18 km 左右，介于欧洲 10 km 的 ET 和美国 40 km 的 CE。在千赫兹引力波探测技术的实践中，北京师范大学等单位正在建设 12 m 干涉仪原型机，目前已形成由国内约 10 名长期任职人员带领和国外所有大型地面引力波探测项目 10 余名中外专家组成的研究团队。

（四）中微子探测技术

南极极点上的冰立方中微子天文台是现今 TeV～PeV 中微子主要探测设备，它在冰层下埋设了 5160 个光敏探测器，分布范围超过 1 km³，探测器包含带有光电倍增管的球形数位光学模组和数据撷取面板。通过热水钻头融化冰进行钻孔的方式，光学模组部署在 86 条深度介于 1450～2450 m 深的用于高压供电和数据传输的观测链（cable）上。2010 年，冰立方中微子天文台建成后已观测到上百个可能来自太阳系之外的高能中微子，2017 年确认了蝎虎座天体 TXS0506+056 是高能中微子源。水中探测器实验最具代表性的是欧洲地中海的 KM3NeT，其主体结构也是由分别固定于海底的观测链组成的阵列，每一根观测链上都安置了大量的光电倍增模块组以进行信号收集。我国尚无 TeV～EeV 中微子观测站，正在提议建造地面超大射电阵列中微子探测器（GRAND，工作能段 EeV）以及下一代深海中微子望远镜（"海铃"计划，工作能段 TeV～PeV，初步选址在南海）。我国领导的大亚湾中微子实验在 2012 年发现了中微子振荡的第三种模式，建设中的江门中微子观测站将在探测 MeV 能段的天体中微子方面扮演举足轻重的角色。

五、天文信息技术与实验室天体物理

（一）天文信息技术

在科学需求牵引和技术进步的驱动下，天文信息学和天文信息技术作为一门天文学与信息科学的新兴交叉学科，得到学术界的广泛承认。2006 年，国家自然科学基金委员会与中国科学院开始共同设立天文联合基金，把"海量天文数据存储、计算、共享及虚拟天文台技术"列为重点支持的研究领域之一。《2013年度国家自然科学基金项目指南》则更加明确地把这一资助方向陈述为"为解决重大天文项目所面临的数据、计算和信息提取等问题而开展的应用基础性研究，包括海量天文数据存储与共享、数据挖掘、高性能计算及虚拟天文台技术等"。2011年，"天文信息技术"作为"天文技术与方法"专业的研究方向，被列入中国科学院国家天文台2011年硕士研究生和博士研究生招生专业目录。2017年，天文信息学作为一个分支学科被列入《中国大百科全书（天文卷）》第三版。2018年，中国天文学会信息化工作委员会批准成立。2020年，天文信息技术作为学科方向被列入《天文学科及前沿领域发展战略研究（2021～2035年）》报告和新版国家自然科学基金委员会学科代码。

中国天文学界于2002年提出了中国虚拟天文台（China-VO）的设想，并于当年加入国际虚拟天文台联盟。中国虚拟天文台于2014年完成了天文领域云平台的研发，在国内部署了多个云节点。自2016年开始，全面探索"公有云＋私有云"的混合架构解决方案，融合天文观测和科研活动所需的科学数据、云计算、软件和工具等资源，形成了物理上分散、逻辑上统一的网络化科学研究平台。2019年，国家天文科学数据中心（National Astronomical Data Center，NADC）获得国家批准，国内天文科学数据的规范化管理和开放共享工作迎来一个新的重要发展阶段。

机器学习在天文数据分析处理领域获得突破性应用，国内外诸多学者做了大量的研究工作。神经网络结构可变且对复杂函数具备极强的拟合能力，基于神经网络的机器学习算法近几年得以快速发展。尤其是基于深度神经网络的深度学习技术，在目标提取分类、数据重建、特征匹配、仪器控制及图像复原等任务中取得了瞩目的成果。在数据挖掘及机器学习算法研究方面，经过几代天文学家的努力，我国与国际其他天文强国之间的差距不大。但是，受我国当前知识产权保护机制、资助及评价体系的限制，我国科研人员研发的相关算法工程化、宣传及开放程度明显不足，从业人员较少，导致本领域的影响力及对天文研究的贡献有限。

时域天文学是一个典型的"科学驱动，技术使能"的新兴分支学科，信息技术对其的支撑作用至关重要。时域天文学研究开展所需的硬件、软件、数据分析处理和科学研究都强烈依赖信息技术。时域天文学设备的发展主要有两个方向：一是大视场单口径巡天望远镜系统，二是小型望远镜阵列。目前国内有多个巡天望远镜处于建设中。地基、空基时域天文观测设施的联合观测将极大提升时域天文学数据的获取和时空覆盖能力。在警报分发与传输系统、协同后随观测平台、时域数据融合和暂现源快速识别等方面有着非常紧迫的任务。

我国智能观测发展较晚，21 世纪开始提出相关设想，多个团队都开展了研究。对小型望远镜，国内尝试实现远程可控以及自动观测，尤其是对于南极天文领域。对于大型望远镜，也对流程自动化、故障诊断等领域进行了探讨，对不少大型望远镜观测系统提出了智能化改造计划。中国科学院国家天文台南京天文光学技术研究所和中国科学技术大学完成了 LAMOST 的控制系统。南极巡天望远镜 AST3 由中国科学院国家天文台南京天文光学技术研究所设计远程控制系统，中国科学院国家天文台联合天津大学等单位设计了一套智能观测系统。南极亮星巡天望远镜的智能观测系统由中国科学技术大学研发。

国际上一直非常重视宇宙大尺度结构的数值模拟，目前是欧美国家和地区占主导地位。近年来，除了追求更大的体积和尽可能高的分辨率外，数值模拟还在向小尺度结构的极高精度模拟和包含重子物理过程的宇宙学流体数值模拟方向发展。国内数值模拟起步较晚，但发展迅速。中国科学院上海天文台、中国科学院国家天文台、中国科学院紫金山天文台、上海交通大学、中国科学技术大学、北京师范大学开展了国际领先的研究。在宇宙学模拟程序发展方面，中山大学、中国科学院国家天文台发展了基于国产超级异构计算机的程序。但是毋庸讳言，与国际一流水平相比，国内在自主软件开发、模拟数据规模、数据产品的影响力方面还是存在一定的差距。

（二）实验室天体物理

实验室天体物理研究方兴未艾。国际上，世界能量最大的激光装置美国国家点火装置（National Ignition Facility，NIF）在"发现科学"方向的实验几乎全部用于天体物理研究。英国、日本和法国在其高功率激光装置上，每年都分配有实验室天体物理研究。美国《天文学 2020 科学白皮书》中提到，建议通过大规模原子参数精确计算和关键参数测量提高分析模型的精度，特别是对电离平衡起关键作用的共振复合与电离参数，以及日球层前景 X 射线辐射中关键的重粒子碰撞电荷交换过程，开展相关参数的高精度计算与实验测量。

国内，实验室天体物理主要依托中国科学院高功率激光神光 II 及重离子储存环等装置开展研究，在激光驱动磁重联模拟天体物理现象和粒子加速、冲击波和喷流产生、光离化等离子体、天体辐射分析模型、基本原子参数计算和关键原子过程实验测量等方向取得重要成果，并获得了国际广泛认可。目前在激光装置和诊断水平方面，我国依旧与国际存在差距，但从未来发展趋势来看，这种差距正在逐渐缩小。近年来，实验室天体物理研究队伍不断扩大，发展了相应研究团队，随着高能量密度物理领域的发展，该学科越来越受到重视。但在一些研究方向，相关研究人员依旧较少，亟待继续发展。

第四节　发展思路与发展方向

一、光学红外天文

未来 15 年，总体上建议以重大天文观测设备的关键技术为布局方向，突破光学红外天文技术领域"卡脖子"的关键核心技术，掌握自主知识产权，为研制具有国际领先水平的天文光学仪器奠定技术基础。

（一）大口径光学红外望远镜核心技术

1. 主动光学技术

主动光学是国际未来天文望远镜和各种大型光学系统的关键技术，在国家当前规划的多个重大科技基础设施建设、国际科技前沿、国家战略需求中具有迫切的需要，是未来望远镜建设的重大关键核心技术之一。此外，主动光学在众多国防、民用、空间、科研等相关领域的大口径光学镜面系统中也获得了广泛应用，具有迫切的需求。我国需要立足主动光学发展前沿，在主动光学理论、原理、方法、技术等诸多方面开展创新研究，始终保持主动光学技术处于国际领先水平。

2. 自适应光学技术

经过 30 多年的发展，国际上无论是小视场近衍射限的自适应光学技术、大视场改善视宁度的自适应光学技术，还是用于系外行星观测的极端自适应光学（extreme adaptive optics，ExAO）技术等都已经有了巨大的发展和进步，并且校正波段也逐渐扩展至精度要求更高的可见光波段。有理由相信，将来还会有更新的概念和技术不断出现，如大口径高密度超薄自适应镜的研制技术、小型高精度促动器和传感器的研制技术、高速驱动与实时控制技术、多激光导星技术等。我国在自适应光学技术方面的起步与国外相比不算晚，但相对天文的需求差距还很大，也是我国大口径高分辨率望远镜发展的瓶颈技术。因此，布局开展该技术方向的研究，将为我国大型天文光学设备的研制提供急需的技术储备，并将显著提升大型天文光学设备运行后的国际竞争力和生命力。

3. 光干涉技术

面向前沿天文学对高分辨观测的迫切需求，结合国内光干涉技术的发展现状，建议在地面建造一台基于中小口径的长基线光干涉阵列，用于毫角秒级高分辨率成像及 10 微角秒级天体测量。通过 3～5 年努力，实现我国光干涉观测设备从无到有的突破，并为今后研制地基大型光干涉阵列做好准备。重点发展的技术包括高灵敏度干涉测量技术、闭合相位成像技术、相位参考天体测量技术、大面积低读出噪声红外探测技术。

4. 高精度大口径大批量镜面研制

为了实现高精度镜面的研制目标，建议重点加强以下技术攻关：面向批量离轴非球面的高效率加工、高精度检测技术；面向大口径高陡度非球面的精密成形与抛光技术；面向大口径超薄镜面材料的无应力定量加工与检测技术；高刚度高轻量化率镜面成型与加工技术；各种特殊应用条件下的镜面膜系镀制技术。

5. 大惯量高精度望远镜跟踪技术

目前新型拼接直接驱动电机需要改进电机结构和参数，以提高系统驱动力矩，降低齿槽转矩和磁阻转矩，提高大惯量的天文望远镜的跟踪精度。①大口径天文望远镜拼接式弧线电机电磁与结构设计理论优化和实践；②大口径天文望远镜拼接式多相大力矩电机的高精度驱动控制技术及系统辨识；③基于现代控制理论的轴系大惯量超低速控制技术；④极端环境下的大型天文望远镜跟踪与驱动系统故障处理和安全保护。在望远镜跟踪的复合控制方面，压电执行器和音圈电机都在天文望远镜稳像系统中有所应用，两者各有优缺点：压电执行器的优点是谐振频率高、位移分辨率大、动态响应快，缺点是存在迟滞和蠕变非线性、行程小、驱动电压大；音圈电机的优点是行程大、驱动电压小、无滞后，缺点是谐振频率低、位移分辨率低。同样，各种微位移传感器也各有优缺点。微位移促动器和微位移传感器是当前制约摆镜性能的瓶颈，也是目前研究的热点。目前需要针对地基望远镜（大气扰动、大气背景）和空间天文望远镜（其载体绕地运动、地心引力作用、温度漂移和颤振）需求进行深入研究精密传感器、精密微位移促动器、精密稳像复合轴控制、双重复合轴控制的策略与实时算法。

发展下一代大型地基太阳望远镜是太阳物理研究的迫切需求，也是天文技术学科的重要任务。下一代大型地基太阳望远镜的核心科学目标是：以好于 0.03″ 的空间分辨率和 10^{-4} 的偏振测量精度探测太阳大气中的基本磁流体结构及其演化。因此，下一代地基太阳望远镜的有效口径应该达到 4 m 以上。美国正在研制 4 m 口径的大型太阳望远镜 DKIST，该望远镜已于 2020 年初完成工程初光。欧洲正在联合设计 4 m 口径的欧洲太阳望远镜（European Solar Telescope，EST），预计 2025 年实现初光。2010 年，我国太阳物理学科建议研制 8 m 口径的太阳望远镜——中国巨型太阳望远镜（Chinese Giant Solar Telescope，CGST）。为了测量日冕磁场，随后又提出研制一架口径超过 1 m 的日冕仪，与 CGST 合称为先进地基太阳天文台（Advanced Solar Observatory-ground Based，ASO-G）或先进地基太阳望远镜（Advanced Ground-based Solar Telescope，AGST）。ASO-G 是中国天文学科部署的下一代大科学装置，将放置于川西稻城无名山，预计于 2025 年实现初光，并在随后 5 年内逐步达到最佳工作状态。ASO-G 将以接近 0.015″ 的空间分辨率和 10^{-4} 量级的偏振测量精度探测太阳大气的基本结构，精确测量太阳光球、色球和日冕磁场。核心科学目标是：在太阳爆发的触发机制等难题上取得突破，奠定准确预报灾害性空间天气的观测和理论基础；揭示太阳和恒星磁场的起源，解决困扰人类近百年的日冕（星冕）加热问题。凭借世界最大口径太阳望远镜和日冕仪的组合，ASO-G 将在未来至少 20 年处于全球地基太阳观测的领先位置。

为进一步推进南极天文仪器发展，扩大我国南极天文仪器技术的国际优势，建议发展的南极极端条件下的技术与方法包括：适应极端台址环境和无人值守条件的智能天文仪器，提高南极望远镜自检、自愈、自恢复能力；适应南极极端环境下的光学红外仪器，应对复杂环境变化的低功耗防冰除雪化霜技术，提高仪器设备运行的可靠性；应对南极天文仪器设备极昼安装调试，发展极夜无人值守运行观测条件下的主动准直技术，保持仪器的高性能观测；开拓红外波段的仪器研制、观测运行和数据处理，突破我国红外天文发展的瓶颈；应对从国内到冰穹 A 经历的陆路、海运、机载和雪地运输，发展复杂运输条件下的光学仪器长程抗震运输技术。

（二）先进光学红外科学仪器核心技术

1. 天文光谱及高精度定标技术

在精确天文学、多信使天文学、时域天文学快速发展的背景下，光谱数据的瓶颈越发突出，天文光谱及定标相关技术将进入一个加速发展的阶段。大望远镜大规模光谱巡天是发展的主流方向，我国在该学科方向有完整的科学家团队、观测与数据处理专家和技术队伍，具备较好基础。技术发展面对的挑战来源于多个方面，包括光纤数增倍导致的光纤传输接口单元的复杂性、多目标中高分辨率仪器的技术实现方式，以及红外波段探测器的制备等；结合国际上极大望远镜平台上相关光谱技术发展的需求，建议围绕和借助国内即将建设的大型望远镜平台，并通过国际合作发展下一代极大望远镜光谱技术，拓展红外波段观测能力；通过需求引领解决国内在 IFU 技术、大口径快焦比透射相机技术、大口径光栅、光纤光子技术及特种光学材料等方面的不足；天文光梳技术应着重扩展光谱覆盖范围，提高仪器的可靠性和智能化水平，以满足不同波段的长周期超高精度视向速度观测需求；优先发展 F-P 标准具定标技术，以满足大量科学目标迫切需要的亚米级视向速度观测；发展更加先进的数据处理技术，减小数据提取过程引入的误差；开展基于天文光梳同步定标的高精度天文光谱研究。

2. 系外行星直接成像技术

依托自主研制仪器开展围绕更暗恒星的系外行星成像巡天和科学研究。基于空间站项目开展类太阳恒星周围成熟的冷行星的成像探测和大气研究；布局中国系外行星成像探测网络和科学团队，推动系外行星成像和大气科学研究。布局和发展类地行星超高对比度成像和生命信号探测相关的核心技术，规划和建设下一代大口径空间望远镜、超高对比度成像星冕仪和大气光谱观测设备。建议优先支持地基高对比度成像星冕仪技术，包括高速度高精度波像差探测（kHz）、高精度偏振成像、高对比度图像及光谱处理技术。空间超高对比度成像星冕仪技术包括光瞳调制和相位调制技术、星冕仪超高灵敏度波前探测与成像技术等。

3. 多目标光纤定位技术

随着更大口径、更高精度望远镜的建设和规划，作为巡天望远镜核心的光纤定位技术迫切需要进一步发展与完善。建议利用我国 LAMOST 运行观测的优势，突破新一代光纤定位技术的瓶颈。积极探索全新定位分区方式的可行性。突破双回转这种单元结构设计方式电机尺寸的限制，研制尺寸更小、精度更高、集成度更好的小型化光纤定位单元。建议支持发展以下技术：新型多目标光纤分区定位技术；超小型精密机械单元执行器相关技术；高密度定位单元模块化技术；微小电机驱动及控制技术；复杂面型支撑结构动态自适应调整及精确温度补偿系统相关的技术；大尺度、多目标、远距离精密测量技术；海量图像数据处理和跟踪反馈技术；超大规模、智能高效小区域路径规划及避让技术。

4. 计算成像

我国天文计算成像研究方向布局应立足于我国天文研究需求及我国未来天文观测设备规划。建议推进在大口径望远镜成像系统设计中的应用研究。研究新型高精度波前探测及重构方法和技术，包括基于光场相机、深度学习等新技术及新方法，实现波前高精度探测及重构。研究合成孔径成像及仿生学成像和超分辨成像。推进计算成像在光干涉、拼接镜面检测、图像后处理、多维成像（三维空间、光谱、偏振）等方面的应用。

5. 天文光子学

面向未来天文大科学装置及观测新需求，围绕集成光谱技术及光干涉技术着重布局以下研究：集成光子光谱技术研究，包括新型光谱色散机制及器件、光子光频梳技术、高集成度 IFU 技术、光束重排技术及器件、模式转换器件（光子灯笼）、光纤 / 波导布拉格光栅等；干涉仪核心器件及关键技术包括长基线干涉仪分束 / 合束器、零位干涉仪等。

6. 探测器技术

围绕未来天文大科学装置及观测新需求，建议研究新型探测器芯片（尤其是红外探测器芯片）天文应用、各种 CCD 驱动控制技术，尤其是大规模拼接系统的驱动控制、高比特率图像接口、高精度拼接、特殊类型探测器（如真空紫外波段的 MCP 探测器）、探测器系统集成、高可靠度智能化探测器等。

二、射电天文

总的原则是：针对我国目前已建及拟建米波至太赫兹波段射电天文望远镜的科学需求，协同合作发展及预研相关射电天文技术方法，重点攻克关键核心技术，研制具有国际前沿水平的科学仪器。

（一）射电望远镜天线技术及方法

针对我国在建及拟建的多台大型射电望远镜，重点发展天线结构设计、控制方法和测量技术等，确保实现并保障高精度天线面形和指向跟踪精度。针对大型单口径天线，重点布局发展高精度快速面形和指向测量方法、天线结构热效应研究及热变形补偿技术、望远镜台址风场调控技术、结构状态感知与传感器布局优化技术、主副面及伺服系统协同调控技术、望远镜传动界面性能演化机理研究等关键技术。针对阵列天线，进一步发挥干涉阵列测量的优势，在提高测量精度的同时提升测量效率，同时开展高速天线高精度伺服控制研究。此外，在促进新的学科生长点服务于国家战略需求方面，发展具有天文技术特色的测控技术方法。

（二）射电天文探测技术及方法

核心探测器依然是微波至毫米波段的低噪声放大器和毫米波至太赫兹波段的超导探测器，工作频率、灵敏度、带宽、像素等器件性能的持续提升是关键。在低噪声放大器技术方面，现阶段主要利用国外商用先进工艺线，关注国内器件发展动态，重点开展硅基、磷化铟（InP）及氮化镓（GaN）基器件的设计与建模仿真；以低温制冷工作环境为主，关注室温低噪声放大器技术；针对多波束接收机及空间应用需求，开展低功耗、高集成度低噪声放大器技术研究。在太赫兹超导探测器方面，重点发展更高频、超高灵敏度、超宽带（射频与中频）超导 SIS 隧道结混频器和 HEB 热电子混频器，1 万～10 万以上像素更高灵敏度的超导 TES 和 KID 探测器阵列以及更高效的时分/频分复用读出技术，基于 KID 探测器的单片集成三维宽带成像频谱探测器，以及具备偏振探测功能的超导芯片技术。此外，应重点开展与探测器或接收机系统相关的技术，包括超宽带馈源、相位阵馈源、微透镜阵列技术、太赫兹本振信号源及分配技术、高集成度信号边带分离技术、外差混频接收机前端芯片级集成技术、偏振仪技术、亚 K 温区深低温制冷技术，以及与空间应用相关的探测器系统技术等。

（三）射电天文后端信号处理技术及方法

充分利用现有相关工业领域的前沿技术，并关注制约射电天文后端信号处理的超宽带高速 ADC 芯片、大规模高速数字处理 FPGA 芯片以及核心处理软件等，重点开展以下研究：15 GHz 以上带宽的超宽带信号的射频采集、接收、传输和存储；赫兹以下频谱分辨率和纳秒级时间分辨率信号处理技术；针对天线阵或多波束接收机的超多路信号并行采集处理技术；高可靠、低功耗、低电磁辐射的空基/地基低频射电观测终端技术；兼具天文、测地、深空探测等多项功能的波束合成和动态条纹搜索的大规模并行相关处理技术；基于芯片射频系统（radio frequency system on clip，RFSOC）的高集成度超宽带数字边带分离技术、超宽带数字偏振分离技术、超宽带数字滤波、数字消色散技术等多功能灵活配置信号处理技术；多维度超高分辨的实时频谱处理算法、高性能并行软相关处理技术，以及基于深度学习暂现源快速捕获和识别算法等。

（四）射电干涉阵技术及方法

SKA 为中国科学家使用下一代望远镜开展中低频射电天文研究创造了绝佳机会。SKA 望远镜尚有很多技术难题，如数字在线相关机、数字波束合成技术等。此外，数据处理也是一个难题。我国可利用国际合作机会加快培养科学数据处理人才，新建或改造国内探路者设备，使之成为实践和掌握 SKA 数字化望远镜技术的实验平台，建设中国 SKA 数据处理系统使科学团队尽快掌握数据处理方法，形成从建造到数据分析的全链条独立自主能力。我国已经建成了中国 VLBI 网（CVN），下一步将以 FAST 为核心建设增强中国 VLBI 网。为此，需要加强先进 VLBI 终端研制、实时 VLBI 观测能力，以及多台站多观测模式的数据处理能力。适时发展空间干涉阵列和空间 VLBI，在探索宇宙黑暗时期、引力波射电对应体、快速射电暴和系外行星方面形成强大观测能力。ALMA 在（亚）毫米波段已经显示了强大的威力，包括在揭示黑洞视界面内部结构方面的关键作用，我国应尽早开展这一波段的干涉阵技术研究，并重视 ALMA 升级和 ngVLA 建设的国际合作机会。

（五）太阳射电观测技术及方法

重点围绕全带宽高分辨率的太阳成像观测和高灵敏度的行星际闪烁探测，发展面向高分辨率观测的超宽带多通道快速成像技术，包括超宽带信号接收技术、高幅相稳定性的信号传输技术、大规模高速数字信号处理与相关技术、高精度校准技术、高动态快速图像处理技术，以及频谱特征的自动检测技术等；发展面向全带宽观测的空间探测技术，包括甚低频波段的空间阵列设计与三维成像技术、星载数据处理与传输技术、校准技术，以及毫米波波段信号接收与相干技术、超宽带数据处理技术等；发展面向高灵敏度行星际探测的信号接收与数据处理技术，包括相控阵馈源及数字波束合成技术、太阳风参数提取技术、多站多频模式数据处理技术，以及太阳风、CME 和太阳风湍流的反演方法等。

（六）射电波段特殊事件观测技术及方法

针对 PTA 观测，需要发展超宽带接收机和高速数字终端以及宽带制冷相控阵馈源（phased array feed，PAF）技术，以提高观测灵敏度，显著降低星际介质色散效应的影响。此外，还须重视射电干扰消除和高精度时频技术。针对 CMB 极化实验，需要更高灵敏度、更多频段、更大天区覆盖、多口径联合观测，应布局发展以 TES、KID 为代表的超导探测器阵列技术、时分/频分复用读出技术，以及大冷量可循环深低温制冷等配套技术，关注空间 CMB 探测技术。针对 FRB 探测，需要发展深度观测、精确定位，以及高精度高通量与多目标多模式数据获取技术，以实现 FRB 实时捕捉和原始高通量数据的合理高速读存和高效分析。未来 10～20 年，21 cm 全天平均谱观测可能是宇宙黑暗时代和黎明的唯一直接观测手段。与地面观测相比，月球观测不受电离层影响，应加快推动我国的月球轨道观测计划。

三、空间天文

（一）空间 X 射线光学技术

1. X 射线光学

应重视以下技术研发：①嵌套式聚焦光学尽快赶上国际先进水平，在制造工艺和加工精度等方面解决"卡脖子"技术；②巩固并且加强在新型微加工技术上的领先和创新优势，扩大应用范围；③发展 X 射线干涉技术，为 X 射线天文的长期发展打下基础；④继续深入论证空间高分辨 X 射线晶体谱仪，研制原理样机，完成演示验证。

2. X 射线探测器

应重视以下技术研发：①除了通过与欧洲合作获得 CCD 外，也应重视 CCD 和读出 ASIC 的自主研制。②巩固、加强和拓展我国在 sCMOS 技术上的优势，具体措施为：建设快速高可靠测试平台，发展成像能谱标定数据处理技术；开展厚耗尽层工艺的设计和研发（当前厚度多在 10 μm），开放应用于 X 射线的大像素传感器的开发、研发堆叠式 sCMOS（Hybrid sCMOS，光敏层和读出电子学分离生产后堆叠）技术。③加强对 X 射线微量能器的研发，尽早开展空间验证实验。④未来 X 射线偏振探测将用在中国主导的国际合作大项目 eXTP 上，将是世界上最灵敏的 X 射线偏振探测装置。LAMP 是一个微小卫星概念，基于多层膜反射技术的布拉格衍射法，将完成亚 keV 能区偏振测量零的突破，不仅可以拓展光电法的测量能区，还可以解决新的科学问题。例如，通过中子星表面热辐射的偏振来区分中子星和夸克星。极光是纳卫星，LAMP 是微卫星，eXTP 是大卫星，这一领域将沿着从小到大循序渐进的路线前进。

（二）空间硬 X 射线和软伽马射线技术

硬 X 射线/软 γ 偏振测量有明显的能段划分，能段不一样，探测技术差异较大。对于 $10\sim80$ keV 的偏振测量，目前的技术短板在多层镀膜聚焦镜，国内缺乏相关技术，引进的可能性较小，可以重点开展聚焦技术的资助与攻关，实现技术突破，解决技术短板。在 $50\sim500$ keV，因 POLAR 积累了丰富的经验，可以在此基础上进行方案优化实现探测方案创新，进行长期资助，实现灵敏度和探测精度提升；软 γ 射线偏振测量依赖硅像素、CdTe 像素探测器和硅微条探测器等灵敏探测技术的发展，重点推进位置灵敏型半导体探测器的持续研发，实现位置分辨和探测下阈的不断改进；应尽早布局开展基于三维位置灵敏探测器的康普顿伽马射线望远镜的原理样机自主研制和算法研究，并开展相应的国际合作。

（三）空间高能粒子探测技术

2021 年，美国开展通用反粒子探测谱仪（general anti-particle spectrometer，GAPS）气球实验，来探测反粒子被靶标捕获后形成奇异原子核的衰变信号，除此之外，国际上尚无其他立项的高能粒子空间探测项目。为了保持我国在空间高能粒子方面的国际竞争力，提出未来 15 年的主要技术方向如下。①PeV 宇宙线直接探测技术：以宇宙线的几何因子达到 3 m^2sr 中国空间站高能辐射探测设施的实现为契机，突破三维成像量能器技术、高动态范围的高速读出系统研究、闭气式共腔穿越辐射探测器研制等。②高灵敏度伽马射线探测技术：以研制几何因子约为 10 m^2sr 的 VLAST 为目标，突破大面积成像型量能器、高位置分辨的半导体径迹探测器、星上物理事例触发判选及相应电子学技术等关键技术。③高温超导磁谱仪技术：凝聚我国的优势团队，稳步推进高温超导磁谱仪宇宙线观测台 TSSO 项目，引领暗物质粒子的多信使探测与精确宇宙线物理研究。

（四）空间光学天文技术

科学探索的需求是空间光学天文技术发展的根本驱动，因此须从重大科学问题着手，识别和分解所需的技术手段，针对不同类型的技术，采取不同的发展思路，制定相应的发展规划，稳步推进研发工作。

（1）对于创新性特别强或具有广泛共性需求或需要长期摸索的技术和方法，通过指南引导课题研究，同时资助部分自由探索课题。

（2）对于难度主要为工程实现或解决途径较为明确、资源投入需求非常大的技术，依托已立项项目集中力量攻关。

（3）对于探测器和具有类似情况的技术，充分利用国家已布局的渠道（"核心电子器件、高端通用芯片及基础软件产品"国家科技重大专项、元器件国产化项目等）及商业合作的渠道，开展器件的研发工作，并通过科研课题的形式资助探测器测试、定标和对探测器效应的研究，紧密配合探测器研发单位开展工作。

（4）对于有效载荷（光学系统与终端仪器）的关键技术，可进一步分解和识别关键技术点，针对有限的技术点和方法开展研究。

根据国内的项目论证和实施情况，结合国外的发展规划，梳理出我国空间光学天文技术发展的阶段性目标详见表 7-1。

表 7-1　我国空间光学天文技术中期发展目标

阶段		技术（点）突破	项目实施
5 年内	探测器	可见光、近红外、亚毫米波探测器	SVOM、巡天空间望远镜入轨运行
	终端仪器	大规模拼接焦面相机、可见光积分视场光谱仪、10^{-9} 对比度星冕仪、高灵敏度太赫兹接收机等	
	空间光学	2 m 级空间光学系统、精密稳像等	
	飞行器	亚角秒姿态控制等	
5～10 年	探测器	紫外、中波红外探测器	1～2 项中小型项目入轨运行
	终端仪器	莱曼紫外探测终端、短波红外探测终端、10^{-10} 对比度星冕仪、紫外积分视场光谱仪、单光子探测等	
	空间光学	大口径空间光学系统技术点、在轨组装望远镜等	
	飞行器	大型飞行器入轨日地 L2 点并长期稳定运行的技术点、毫角秒级姿态控制等	

阶段	技术（点）突破		项目实施
10～15年	探测器	长波红外探测器	4 m 级望远镜、1～2 项中小型项目入轨运行
	终端仪器	中长波红外探测终端、空间多目标光谱仪等	
	空间光学	大型冷光学系统、合成孔径实时干涉成像系统	
	飞行器	高精度卫星编队飞行、指向、测控等	

基于上述发展思路和目标，空间光学天文的研究内容可归纳为以下五方面。

（1）探测器检测定标与应用技术。包括紫外、可见光、红外各波段探测器的检测与精确标定技术和方法，探测器的各种精细效应和修正方法，探测器在空间环境下性能的衰退和修正方法，极低噪声探测器驱动读出电子学技术等，以及相关实验条件的建立。

（2）核心光学元件的制备技术与工艺。包括远紫外波段高反射率膜系设计与镀膜工艺，各波段带内高透射率、带外极低漏光的滤光片膜系设计与镀膜工艺，各波段高性能透射光栅、反射光栅、棱栅的制备技术与工艺，像切割器的制备技术与工艺，极低反射率的消光材料的制备技术与实施工艺，千单元以上、高度集成的变形镜技术、超光滑表面加工技术等。

（3）先进终端技术和检测定标技术。包括光瞳调制相关星冕仪技术，高精度波像差检测与校正技术，高对比度自校准和检测技术，莱曼紫外宽视场多谱线同时成像技术，紫外积分视场光谱仪和大视场积分视场光谱仪技术，短波红外与中长波红外相机和光谱仪技术，单光子探测技术，空间多目标光谱仪技术，基于 MEMS 微光电器件的天文观测新技术，以及相关的终端检测、定标技术和实验条件的建立。

（4）空间环境对元器件和材料的影响。包括空间辐照、原子氧等环境因素对电子元器件、光学元件、镀膜、消光材料等性能影响的定量研究，以及可能的防护措施。

（5）空间光学系统技术与方法。包括空间大口径光学系统（单镜面、拼接镜面）、在轨组装光学系统、大型冷光学系统、合成孔径实时干涉成像系统的关键技术点和检测方法的研究。

（五）空间太阳物理技术

我国太阳物理研究近年来的表现相当突出，特别是在利用空间太阳观测资料开展研究方面取得了较好的成果。我国发表论文的数量居世界第二位，但这些研究所使用的观测资料大多来自国外的太阳卫星，我国在空间观测技术和数据方面的原创贡献基本为零。这种情况同如今中国的国力已经很不相符。事实上，我国无论是研究基础、技术水平还是经济实力、航天能力等，都已经具备了循序发展空间太阳物理的条件，这也是我国太阳物理长远发展的强烈需求。

由此提出至 2035 年的我国空间太阳物理的发展战略目标：集中优势研究领域，瞄准"一磁两暴"等前沿科学问题，通过多波段观测认识太阳活动及磁场产生的基本规律，为理解宇宙类似现象和预报空间天气服务。相应地，充分把握科研发展对观测的需求和空间技术的发展方向，大力研究新一代观测技术，尤其是原创技术。

为实现此战略目标，应首先实现我国太阳卫星"零"的突破，进而形成从关键技术突破、卫星研发、数据管理、分析软件服务到国际研究组织、重大研究成果的一完整体系，最终于 2035 年前跨入空间太阳物理领域（硬件）国际先进行列。分阶段目标（这里不含立方星、探空火箭等便于灵活规划的小型空间任务）包括以下几个方面。

（1）2021～2025 年：发射 ASO-S 和 CHASE，实现我国太阳观测卫星"零"的突破；酝酿我国下一代太阳探测卫星，争取新立项 1 颗卫星。

（2）2026～2030 年：在 ASO-S 和 CHASE 成功运行的基础上，形成较完整的空间太阳物理研究体系；新发射 1 颗太阳探测卫星；争取新立项和实施 1～2 颗新的卫星。

（3）2031～2035 年：步入可持续发展道路，形成差不多每 5 年发射 1 颗中小型卫星、每 10 年发射 1 颗大型卫星的规模，步入太阳空间探测国际先进行列。

目前，处于概念性研究阶段的下一代太阳空间探测大型候选计划有极轨对偶探测、抵近探测、L5 太阳天文台、L5 编队太阳射电望远镜阵列、L2 太阳日冕探测、月球太阳天文台、多星内日球探测等；中小型候选计划有过渡区上层光谱成像仪、大视场光谱日冕仪、编队飞行 X 射线望远镜、编队微小卫星太阳射电望远镜阵列、双重调制太阳高能辐射及偏振望远镜，以及空间站太阳观测载荷等。

技术上亟待突破的方向包括：日冕磁场测量原理及技术、硬 X 射线掠入射成像、高分辨率（极）紫外成像技术、高灵敏度紫外探测器、（极）紫外光谱探测技术、高能谱分辨率 X 射线和伽马射线探测器、伽马射线成像系统、像素型半导体探测器、日冕仪多波段探测技术及光谱成像同时测量技术、软 X 射线像谱技术、高能偏振探测、深空数传技术、抵近探测的隔热保护技术等。

（六）空间引力波探测技术

看到中国空间引力波探测计划的顺利推进后，ESA 和 NASA 决定将 LISA 空间探测卫星发射计划提前至 2028 年。由于"太极"和 LISA 的臂长均为百万千米，敏感频段基本一致，探测的波源也基本相同，如何占得先机是"太极"计划面临的挑战。在"太极"计划的发展战略路线图中，太极一号作为技术验证星已在轨运行；太极二号的主要目标是在空间中探测到引力波，预计于 2023～2028 年进行，目前已进入研制阶段；太极三号将进行引力波的全面探测，预计发射时间为 2029 年。在"天琴"计划的"0123"路线图中：第 0 步是开展月球激光测距实验，为"天琴"卫星的高精度定轨提供技术支撑；第 1 步是发射高精度空间惯性基准技术试验卫星，已在轨运行；第 2 步是 2025 年左右发射星间激光干涉测量技术试验双星，在轨验证星间激光干涉测量技术；第 3 步是 2033 年前后发射一组"天琴"卫星构成编队，进行引力波的空间探测。未来 10 年，我国团队还需要就长基线激光干涉测量、检验质量残余加速度、卫星核心和区域温度稳定性、无拖曳推力噪声水平、推力范围、工作寿命等开展密集的技术攻关，有必要针对性地进行前瞻布局和重点支持。

（七）关键辅助技术

清华大学正在为 HUBS 项目开展绝热去磁技术的研发。中国科学院理化技术研究所研制的多级脉冲管制冷机在实验室已经能够达到液氦温区（<4 K）。中国科学院上海技术物理研究所也成功研制了液氮温区的脉冲管制冷机。

中国科学院上海微系统与信息技术研究所和中国计量科学研究院已经开始了 SQUID 研制的技术攻关，中国科学院高能物理研究所具备一定的 ASIC 研制能力。

四、地面多信使探测技术

（一）地面伽马射线探测技术

大气成像切伦科夫技术在国内研究乏力，宽视场、低阈能是下一代 IACT 望远镜的发展方向。我国在地面伽马射线探测技术上的多年积累，将重点突破切伦科夫光学、能量标度校准、低阈能、宽视场和光子探测器等系列关键技术，发挥高海拔地理优势，5～10 年后开始建造新一代的大气切伦科夫望远镜实验。在 EAS 实验方面，LHAASO 于 2021 年建成，将重点发展多波段多信使分析方法及低阈能瞬变源跟踪技术，建立天体物理研究的开放软件平台等。

（二）地面宇宙线探测技术

目前 AUGER 和 TA 实验都在采用多手段复合探测宇宙线的方式优化实验性能。AUGER 在阵列中引入闪烁体探测器和射电探测器，多重技术定标宇宙线能量和方向。我国的 LHAASO 本身就是复合探测实验，而且海拔处于"膝"区宇宙线粒子在大气层中产生的 EAS 中级联过程的纵向发展达到极大的附近，EAS 的涨落最小且对成分测量的模型依赖最小，因此是世界上最佳的"膝"区宇宙线观测研究基地，将成为连接空间与地面宇宙线观测的桥梁。LHAASO 采用多个探测器手段对宇宙线开展多信息测量，如何有效联合多参数信息对宇宙线成分进行准确区分是关键也是难点，建议支持 LHAASO 开展相关数据分析和相关科学研究，特别是"膝"区宇宙线能谱和各向异性的研究。

（三）引力波（地面）探测技术

数千赫兹频段的引力波探测在国际上仍然欠缺，中国可以通过建设千米级数千赫兹引力波探测器跻身国际行列，大幅提升我国在量子精密测量和大数据处理等方面的水平。建议先开展 10 m 量级地面引力波探测实验预研，培养完整的引力波科学和技术工程队伍，突破高功率激光器、量子压缩态、耦合光腔、信号读取、隔振等关键技术。预计在 5～10 年后开始筹划建造 20 km 级地面千赫兹引力波探测器，同欧洲 10 km ET 及美国 40 km CE 形成第三代全球地面引力波探测网，揭示宇宙中最猛烈的双黑洞及双中子星并合的完整图像。

（四）中微子探测技术

目前美国和欧洲都在筹建下一代 10 km^3 体量的 TeV～PeV 中微子望远镜。鉴于我国海域广阔，有着建设下一代深海中微子望远镜的优越条件，如南海永兴岛附近，数千米内就能到达几千米的水深，800 m 以下水质干净漆黑（浮游发光生物很少），可能是中微子望远镜的理想台址；上海交通大学于 2020 年 8 月提出的 TRIDENT 正规划全面开展南海中微子望远镜的选址论证以及新一代探测器技术的预研。超高能宇宙微波背景中微子则尚待发现，可通过在有连绵山体围绕的山脊和盆地中建设超大的射电天线阵列进行探测，这是我国正在筹建的 GRAND 的主要科学目标。联合正在建设的 MeV 能级的太阳和超新星（JUNO）中微子观测站，我国有望在中长期内建立全波段的中微子天文学观测平台。实现这一宏伟目标，须突破的关键技术包括新型光敏感探测器技术、海底探测信号传输技术、海底探测器平台技术、超大规模的射电天线阵列技术、海量射电数据的实时处理技术、粒子鉴别技术等。

五、天文信息技术与实验室天体物理

（一）天文信息技术

天文信息技术作为一门新兴的天文学与信息科学交叉的学科，将为天文学和相关学科未来 15 年的发展提供重要的技术与方法支撑。未来 5～15 年发展的总体思路和研究方向如下。

1. 以国家天文科学数据中心为依托构建天文信息技术基础平台

2019 年，国家天文科学数据中心作为首批国家科学数据中心被纳入国家科技资源共享服务平台名单，将履行国家科学数据中心、中国科学院科学数据中心体系学科中心的职责，融合天文观测和科研活动所需的科学数据、科技文献、高性能计算、软件和实用工具等资源，将地理上分散的观测台站、数据中心及研究机构资源集成在统一的框架下，形成覆盖天文数据全生命周期的管理与开放共享系统，成为引领天文学进入数据密集型科学发现新时代的重要资源平台和技术力量。

2. 加大对天文数据处理软件研发的支持力度

当前国际主流应用的天文数据处理软件基本都没有我国科学家的参与和贡献。从软件技术发展来看，软件向分布与云端发展是一个趋势，这一过程更是涉及大量数据处理算法的改进与完善，抓住这一机遇期可以大幅度提升我国天文数据的处理与应用水平。

3. 积极推动人工智能技术在天文领域的应用

推广机器学习的概念和思想在天文各个领域的应用，长期开展机器学习算法可解释性的研究。围绕我国正在运行及在建的天文观测设备需求，开展机器学习及数据挖掘算法设计。利用机器学习或数据挖掘算法对同一个天体或同一现象的各个波段、不同历史时期及不同观测设备获取的数据进行研究，将有可能实现天文学的突破。围绕我国观测设备已获取的各类数据，开展面向公众的数据可视化及标注平台研究，利用"众包"积累标注数据，为本领域的快速发展提供基础。

4. 重点突破时域天文学关键技术

时域天文学的发展需要基于先进的信息技术，发展自主可控的警报分发与协同观测平台，建设在线的科研环境。建立高可靠、高可用、高吞吐的警报分发系统，实现所有巡天设备的警报数据流的实时处理与分发，基于云计算与分布式计算技术，实现警报分发系统的跨地域部署。建立协同观测与时域科研平台，实现警报数据与观测资源的共享互通。建立可以对接业余观测设备的网络服务，提供公众参与数据收集、处理和分析的全民科学平台。加快设备控制标准化进程，制定通用化的设备通信接口、满足智能控制和观测需求的设备标准。利用现有望远镜运控数据和人工智能技术建立大型天文望远镜控制与观测的人工智能软件平台，为望远镜运行管理智能化提供理论依据和实施手段。

5. 持续支持数值模拟技术的创新发展

发展基于异构的 N 体模拟程序和即时数据处理，基于现有的程序，发展基于这些异构平台的模拟程序。超大规模 N 体数值模拟及模拟星表，以重构近邻宇宙的初始条件开展大规模模拟，构造不同种类星系的星表、弱引力和强引力透镜成图等。发展流体模拟方法，流体模拟是关键核心技术，必须自主发展。构建统一的模拟数据共享、发布平台，完善数据处理软件，供科学家公开使用，扩大影响力。

（二）实验室天体物理

目前国内的激光装置和诊断水平依旧与国际水平存在差距，但是这种差距不但在减小，而且正在逐渐超越。我国已拥有国际上可投入物理研究的第二大激光装置 SG-Ⅲ（18万 J 激光能量）及"神光"系列激光装置。我国正在筹划建造更大能量的聚变点火装置，其能量和性能都将超过美国国家点火装置，上海张江高科技园区和广东中山光子科学中心正在建设 10 PW 及 100 PW 超强激光，北京怀柔科学城计划建设激光驱动多束流综合设施。这些激光装置的输出能量或输出功率有了实质性提高，将为实验室天体物理发展提供前所未有的机遇。

实验室天体物理面临的关键科学问题包括：①天体和实验室等离子体中磁场问题，涉及磁场产生、放大、耗散和对等离子体的影响，如宇宙、星系种子磁场如何产生放大？太阳耀斑等磁爆发现象如何发生？②天体等离子体剧烈释能问题，如天体高能粒子和宇宙射线如何产生？无碰撞冲击波如何实现并有效加速带电粒子？天体喷流如何产生、准直、传输等？③强辐射场与低温等离子体的相互作用，包括计算内壳层电子的激发与电离、双电子复合等反应截面、AUGER 与荧光发射率、电离平衡计算，以及谱的诊断等。④极端条件下的天体等离子体性质和流体界面不稳定问题，如在白矮星、中子星强磁环境下等离子体状态如何？行星内部的物态方程和相变过程，超新星爆发过程中的瑞利－泰勒不稳定性等。⑤星风或星系外流与介质相互作用问题，涉及星系热气体晕的形成、星系重子缺失、重粒子流与冷原子/分子能量的交换等。

这些问题的解决将极大地促进天体物理和等离子体物理的发展，同时其研究成果也可以应用于实际中。例如,在磁场产生和放大方面,可构建实验室最强磁场环境;在粒子加速方面,可以充分吸收天体等离子体各种加速机制,设计出更加有效的粒子加速方案,从而服务于国家需求。

针对上述关键科学问题,结合我国现有的和规划的高能量密度物理装置平台以及研究队伍,提出未来10~15年如下主要研究方向。

(1)天体磁场产生及演化的实验室模拟原理和技术。以天体等离子体超强磁场环境(白矮星 $10^5 \sim 10^8$ 高斯,中子星 10^{12} 高斯)应用为牵引,以高能量密度物理强激光装置为平台,发展实现超强磁场产生的技术,研究磁场放大的原理,并应用于天体物理和等离子体物理研究。

(2)强磁环境下等离子体系统能量转移研究。磁化等离子体广泛存在于天体环境中,磁场能量的转移是很多天体剧烈释能现象的主要来源。依托高能量密度物理装置在实验室构建不同参数范围的磁场重联过程,依据标度变换原理研究各种磁爆发现象,如伽马暴、太阳耀斑、日地空间环境磁层暴等天体物理现象。

(3)强场相对论实验室天体物理研究。宇宙中的很多现象是在强相对论和强磁场极端条件下产生的,利用高功率强激光将实验室天体物理研究拓展至强磁场、相对论范畴,是未来发展的必然方向,基于我国高功率强激光的良好技术基础,探索和开辟强场相对论实验室天体物理这一新的前沿方向,针对强场相对论等离子体中正负电子对产生、高能粒子加速等过程,开展实验模拟研究,理解天体中高能爆发现象(如伽马暴)的产生机理和规律。

(4)基于储存环的X射线天体物理。以新一代X射线望远镜科学目标实现为契机,以中国科学院重离子储存环加速器装置为实验平台,以高性能计算机为精密原子参数计算平台,发展量子态分辨的重粒子碰撞电荷转移、电子–离子碰撞电离与复合物理模型和实验技术,构建适用于恒星/星系冕、星风外流与星际介质交界、星系晕等天体环境的分析方法与工具,服务于大型空间X射线望远镜的科学目标,探索行星高层大气成分的X射线光谱诊断研究新途径。

(5)强辐射场与物质相互作用,研究原子物理及量子力学的关键问题。加强对辐射场与非局部热动平衡等离子体间相互作用中的重要原子数据进行计算和实验验证,突破电离参数瓶颈,改变实验数据稀缺的局面,并应用于高分辨率 X 射线观测光谱的天体研究。

（6）喷流和等离子体不稳定性研究。包括在实验室理解喷流产生和加速的本质，以及传输过程中涉及的不稳定性过程；基于神光 II 等激光装置开展恒星喷流的实验室研究，通过标度变换律，将实验室产生的喷流与天体喷流等效链接，对天体喷流的准直机制、磁场对天体喷流准直和演化的影响、天体喷流中节点的产生机制、天体喷流中的旋转等问题开展研究。研究喷流传输过程的各种不稳定性，以及外部磁场对等离子体不稳定性的影响。

（7）冲击波和粒子加速过程研究。了解并掌握冲击波形成的微观物理过程对揭示宇宙射线的起源至关重要，以国内的大能量激光装置为实验平台，以高性能计算机为冲击波模拟计算平台，发展冲击波形成的理论模型和实验技术，构建适用于研究日地空间、超新星爆炸等不同天体环境下的冲击波产生平台，服务于天体物理研究的科学目标，探索与冲击波形成密切相关的磁场放大和粒子加速机制。

第五节　资助机制与政策建议

与科学研究不同，天文技术方法领域最主要的成果是发展具有自主知识产权的先进技术，核心目标是研制我国下一代的旗舰型地面或空间大型观测装置，为我国成为天文科学强国提供关键技术支撑。因此，相应的资助应充分考虑技术发展的内在规律与成长周期。技术方法的发展及应用一般须经历三个阶段：新原理、新材料/器件及新方法等研究阶段；元器件级及系统级原理样机试验阶段；实际应用科学仪器研制阶段。针对前瞻性技术方法，应持续稳定支持；针对有迫切需求的关键核心技术，应支持团队及领军人才；鼓励良性竞争，允许国内的优势团队并行开展研究，有效提升学科与行业整体的技术水平；为科研机构与企业的合作提供便利和资助，实现技术需求与技术能力的匹配，加速技术突破；鼓励多单位多学科协同合作研究，以及可提升我国研究水平与国际影响力的国际合作。特别需要指出的是，我国在研、提议的仪器项目普遍存在技术储备不足的问题，而且不少设备、光学元件、电子元器件、探测器和材料需要从国外引进，引进周期长，定制产品价格高昂，部分产品引进受限，国际形势的复杂化增加了项目顺利推进的风险。因此，更需要前瞻性地部署相关技术的研发，长期稳定地支持，厚积薄发，实现这些技术的顺利突破，确保相关项目的顺利实施和关键性能指标的实现。重视以天文信息技术为代表的新兴交叉学科对天文学发展的重要性，统筹布局智能控制和协同观测等时域天文学关键技术研究与平台建设工作。

在资助机制与政策方面，为更好地助力我国天文技术方法学科领域的发展，有如下具体建议。

（1）提高人才类项目对从事天文技术及方法研究的青年学者的支持比例，营造尊重技术专家的良好氛围。

（2）提升国家自然科学基金委员会面上项目对天文技术方法类（含数据处理软件研发）的前瞻性研究的资助强度和广度，鼓励青年学者开辟新方向、研究新技术。

（3）加大重点项目或联合重点项目对一些关键技术，特别是提议中的一些重大项目的关键技术的支持力度，并且根据实际研发的需要，显著提高资助强度。

（4）扩充或调整仪器专项项目的资助范围，支持地面大科学装置或空间科学卫星的原理样机的研发。

参 考 文 献

方成, 顾伯忠, 袁祥岩, 等. 2019. 2.5 m 大视场高分辨率望远镜. 中国科学 : 物理学 力学 天文学, 49(5): 20-34.

甘为群, 颜毅华, 黄宇. 2019. 2016—2030 年我国空间太阳物理发展的若干思考. 中国科学 : 物理学 力学 天文学, 49(5): 059602.

国家自然科学基金委员会, 中国科学院. 中国学科发展战略·空间科学. 北京 : 科学出版社, 2019.

刘佰生, 李向东. 2017. 银河系甚弱 X 射线暂现源的研究进展. 天文学进展, 35: 190-207.

宿英娜. 2019. 日冕磁场重建方法在研究太阳爆发活动中的应用. 天文学报, 60(1): 15-32.

习近平. 2017. 决胜全面建成小康社会 夺取新时代中国特色社会主义伟大胜利——在中国共产党第十九次全国代表大会上的报告. 北京 : 人民出版社.

Abazajian K N, Adshead P, Ahmed Z, et al. 2016. CMB-S4 Science Book. First Edition. arXiv, 1610. 02743.

Abbott B P, Abbott R, Abbott T D, et al. 2017. A gravitational-wave standard siren measurement of the Hubble constant. Nature, 551: 85.

Ade P A R, Aghanim N, Aghanim N, et al. 2016. Planck 2015 results. XIII. Cosmological parameters. Astronomy and Astrophysics, 594: A13.

Ade P A R, Aghanim N, Alves, et al. 2014. Planck 2013 results. XIII. Galactic CO emission. Astronomy and Astrophysics, 571: 13.

Almeida J S, Elmegreen B G, Muñoz-Tuñón C, et al. 2014. Star formation sustained by gas accretion. Astronomy and Astrophysics Review, 22: 71.

Amenomori M, Bao Y W, Bi X J, et al. 2019. First detection of photons with energy beyond 100 TeV from an astrophysical source. Physical Review Letters, 123: 051101.

André P, Men'shchikov A, Bontemps S, et al. 2010. From filamentary clouds to prestellar cores to the stellar IMF: Initial highlights from the Herschel Gould Belt Survey. Astronomy and Astrophysics, 518: 102.

Andrews S M, Huang J, Pérez L M, et al. 2018. The disk substructures at high angular resolution project(DSHARP). I. motivation, sample, calibration, and overview. The Astrophysical Journal, 869: 41.

Audouze J, Silk J.1995.The first generation of stars: first steps toward chemical evolution of galaxies. The Astrophysical Journal, 451, L49-L52.

Baiotti L. 2019. Gravitational waves from neutron star mergers and their relation to the nuclear equation of state. Progress in Particle and Nuclear Physics, 109: 103714.

Barentsen G, Hedges C, Saunders N, et al. 2018. Kepler's discoveries Will continue: 21 important scientific opportunities with Kepler & K2 archive data. e-prints, arXiv: 1810. 12554.

Bartko H, Martins F, Fritz T K, et al. 2009. Evidence for warped disks of young stars in the galactic center. The Astrophysical Journal, 697: 1741-1763.

Beers T C, Allende Prieto C, Wilhelm R, et al. 2004. Physical parameters of SDSS stars, the nature of the SDSS ring around the galaxy', and the SEGUE project. Publications of the Astronomical Society of Australia, 21: 207-211.

Belfiore F, Maiolino R, Tremonti C, et al. 2017. SDSS IV MaNGA – metallicity and nitrogen abundance gradients in local galaxies. Monthly Notices of the Royal Astronomical Society, 469: 151.

Beltrán M T, de Wit W J. 2016. Accretion disks in luminous young stellar objects. Astronomy and Astrophysics Review, 24: 6.

Binney J. 2012. More dynamical models of our galaxy. Monthly Notices of the Royal Astronomical Society, 426: 1328-1337.

Binney J, McMillan P. 2011. Models of our galaxy - II. Monthly Notices of the Royal Astronomical Society, 413: 1889-1898.

Bird S A, Xue X X, Liu C, et al. 2019. Anisotropy of the Milky Way's Stellar Halo using K giants from LAMOST and Gaia. The Astronomical Journal, 157: 104.

Bjerkeli P, van der Wiel M H D, Harsono D, et al. 2016. Resolved images of a protostellar outflow driven by an extended disk wind. Nature, 540: 406-409.

Bland-Hawthorn J, Gerhard O. 2016. The galaxy in context: structural, kinematic, and integrated properties. Annual Review of Astronomy and Astrophysics, 54: 529-596.

Bu D, Yuan F, Gan Z, et al. 2016. Hydrodynamical numerical simulation of wind production from black hole hot accretion flows at very large radii. The Astrophysical Journal, 818: 83.

Cai Y F. 2014. Exploring bouncing cosmologies with cosmological surveys. Science China: Physics, Mechanics & Astronomy, 57: 1414-1430.

Chambers K C, Magnier E A, Metcalfe N, et al. 2016. The Pan-STARRS1 Surveys, arXiv: 1612. 05560.

Charbonneau D, Brown T M, Noyes R W, et al. 2002. Detection of an extrasolar planet atmosphere.The Astrophysical Journal, 568: 377-384.

Chatterjee S, Law C J, Wharton R S, et al. 2017. The direct localization of a fast radio burst and its host. Nature, 541: 58-61.

Chen B, Bastian T S, Shen C, et al. 2015c. Particle acceleration by a solar flare termination shock. Science, 350: 1238-1242.

Chen B Q, Huang Y, Yuan H B, et al. 2019a . Three-dimensional interstellar dust reddening maps of the Galactic plane. Monthly Notices of the Royal Astronomical Society, 483: 4277-4289.

Chen F, Peter H, Cheung M C M. 2015a. Magnetic jam in the corona of the Sun. Nature Physics, 11: 492.

Chen L, Wu D J, Zhao G Q, et al. 2017a. A self-consistent mechanism for electron cyclotron maser emission and its application to type Ⅲ solar radio bursts. Journal of Geophysical Research(Space Physics), 122: 35.

Chen P F. 2011. Coronal mass ejections: Models and their observational basis. Living Reviews in Solar Physics, 8: 1.

Chen P F, Harra L K, Fang C. 2014c. Imaging and spectroscopic observations of a filament channel and the implications for the nature of counter-streamings. The Astrophysical Journal, 784: 50.

Chen R, Zhao J. 2017. A comprehensive method to measure solar meridional circulation and the center-to-limb effect using time-distance helioseismology. The Astrophysical Journal, 849: 144.

Chen R Q, Yang Y, Liu Y, et al. 2017b. Satellite common-view comparison of two types of unequal precision data. 13th IEEE International Conference on Electronic Measurement & Instruments(ICEMI): 346-350. doi: 10. 1109/ICEMI. 2017. 8265814.

Chen S X, Li B, Xiong M, et al. 2015b. Standing sausage modes in nonuniform magnetic tubes: an inversion scheme for inferring flare loop parameters. The Astrophysical Journal, 812: 22.

Chen W, Gan W Q. 2020. A spectroscopic method based on the shapes of nuclear deexcitation γ-ray lines in solar flares. The Astrophysical Journal, 895: 8.

Chen X, Wang S, Deng L, et al. 2019b. An intuitive 3D map of the Galactic warp's precession traced by classical Cepheids. Nature Astronomy, 3: 320-325.

Chen X Y, Yan Y H, Tan B L, et al. 2019c. Quasi-periodic pulsations before and during a solar flare in AR 12242. The Astrophysical Journal, 878: 78.

Chen Y, Du G H, Feng L, et al. 2014a. A solar type II radio burst from coronal mass ejection-coronal ray interaction: simultaneous radio and extreme ultraviolet imaging. The Astrophysical Journal, 787: 59.

Chen Y, Jiang B, Zhou P, et al. 2014b. Molecular environments of supernova remnants. Supernova Environmental Impacts, 296: 170-177.

Chen Y, Song H Q, Li B, et al. 2010. Streamer waves driven by coronal mass ejections. The Astrophysical Journal, 714: 644.

Cheng J X, Ding M D, Carlsson M. 2010. Radiative hydrodynamic simulation of the continuum emission in solar white-light flares. The Astrophysical Journal, 711: 185.

Cheng X, Li Y, Wan L F, et al. 2018. Observations of turbulent magnetic reconnection within a solar current sheet. The Astrophysical Journal, 866: 64.

Conroy C, Graves G J, van Dokkum P G. 2014. Early-type galaxy archeology: ages, abundance ratios, and effective temperatures from full-spectrum fitting. The Astrophysical Journal, 780: 33.

Dai Z, Daigne F, Mészáros P. 2017. The theory of gamma-ay bursts. Space Science Reviews, 212: 409-427.

Dame T M, Hartmann D, Thaddeus P. 2001. The Milky Way in molecular clouds: a new complete CO survey. The Astrophysical Journal, 547: 792-813.

Davis M, Efstathiou G, Frenk C, et al. 1985. The evolution of large-scale structure in a universe dominated by cold dark matter. The Astrophysical Journal, 292: 371.

Deng Y Y, Wang J X, Ai G X. 1999. Vector magnetic field in solar polar region. Science in China, 42: 1096.

Dou J P, Ren D Q, Zhao G, et al. 2015. A high-contrast imaging algorithm: optimized image rotation and subtraction. Astrophysical Journal, 802: 12.

Draine B T. 2003. Interstellar dust grains. Annual Review of Astronomy and Astrophysics, 41: 241-289.

Du Z. 2020. Forecasting the daily 10.7 cm solar radio flux using an autoregressive model. Solar Physics, 295: 125.

Duchêne G, Kraus A. 2013. Stellar multiplicity. Annual Review of Astronomy and Astrophysics, 51: 269-310.

Eisenstein D J, Zehavi I, Hogg D W, et al. 2005. Detection of the baryon acoustic peak in the large-scale correlation function of SDSS luminous red galaxies. The Astrophysical Journal, 633, 560 .

Ekström S, Georgy C, Eggenberger P, et al. 2012. Grids of stellar models with rotation. I . Models from 0.8 to 120 M_⊙ at solar metallicity(z = 0. 014). Astronomy and Astrophysics, 537: 146.

El-Badry K, Rix H W, Tian H, et al. 2019. Discovery of an equal-mass "twin" binary population reaching 1000 + au separations. Monthly Notices of the Royal Astronomical Society, 489: 5822-5857.

Ewen H I. , Purcell E M. 1951. Observation of a line in the galactic radio spectrum: radiation from galactic hydrogen at 1 420 Mc /sec. Nature, 168: 356.

Event Horizon Telescope Collaboration, Akiyama K, Alberdi A, et al. 2019. First M87 event horizon telescope results. V. physical origin of the asymmetric ring. The Astrophysical Journal, 875: L5.

Eyer L, Palaversa L, Mowlavi N, et al. 2012. Standard candles from the Gaia perspective. Astrophysics and Space Science, 341: 207-214.

Fan Z, Shan H, Liu J. 2010. Noisy weak-lensing convergence peak statistics near clusters of galaxies and beyond. The Astrophysical Journal, 719: 1408.

Fang C, Hao Q, Ding M D, et al. 2017a. Can the temperature of Ellerman Bombs be more than 10000K? Research in Astronomy and Astrophysics, 17: 31.

Fang W, Li B, Zhao G. 2017b. New probe of departures from general relativity using Minkowski functionals. Physical Review Letters, 118: 181301.

Feng L, Inhester B, Wei Y, et al. 2012a . Morphological evolution of a three-dimensional coronal mass ejection cloud reconstructed from three viewpoints. The Astrophysical Journal, 751: 18.

Feng L, Wiegelmann T, Su Y, et al. 2013. Magnetic energy partition between the coronal mass ejection and flare from AR 11283. The Astrophysical Journal, 765: 37.

Feng X S, Jiang C W, Xiang C Q, et al. 2012. A data-driven model for the global coronal evolution. The Astrophysical Journal, 758: 62.

Fey A L, Gordon D, Jacobs C S, et al. 2015. The second realization of the international celestial reference frame by very long baseline interferometry. The Astronomical Journal, 150(2): 58.

Filippenko A V. 1997. Optical spectra of supernovae. Annual Review of Astronomy and Astrophysics, 35: 309-355.

Gao S, Liu C, Zhang X, et al. 2014. The binarity of milky way F, G, K stars as a function of effective temperature and metallicity. The Astrophysical Journal, 788: 37.

Ge H, Hjellming M S, Webbink R F, et al. 2010. Adiabatic mass loss in binary stars. I. Computational method. The Astrophysical Journal, 717: 724-738.

Ge H, Webbink R F, Chen X, et al. 2015. Adiabatic mass loss in binary stars. II. From zero-age main sequence to the base of the giant branch. The Astrophysical Journal, 812: 40.

Ge H, Webbink R F, Chen X, et al. 2020. Adiabatic mass loss in binary stars. III. From the base of the red giant branch to the tip of the asymptotic giant branch. The Astrophysical Journal, 899: 132.

Genzel R, Förster Schreiber N M, Übler H, et al. 2017. Strongly baryon-dominated disk galaxies at the peak of galaxy formation ten billion years ago. Nature, 543: 397.

Gjergo E, Palla M, Matteucci F, et al. 2020. On the origin of dust in galaxy clusters at low-to-intermediate redshift. Monthly Notices of the Royal Astronomical Society, 493: 2782.

Goddard D, Thomas D, Maraston C, et al. 2017. SDSS-IV MaNGA: spatially resolved star formation histories in galaxies as a function of galaxy mass and type. Monthly Notices of the Royal Astronomical Society, 466: 4731.

Gong Y, Chen X, Feng H. 2017. Testing the axion-conversion hypothesis of 3.5 keV emission with polarization. Physical Review Letters, 118: 061101.

Gou T, Liu R, Kliem B, et al. 2019. The birth of a coronal mass ejection. Science Advances, 5: 7004.

Gou T Y, Veronig A M, Dickson E C, et al. 2017. Direct observation of two-step magnetic reconnection in a solar flare. The Astrophysical Journal Letters, 845: 1.

Goupi M. 2017. Expected asteroseismic performances with the space project PLATO. European Physical Journal Web of Conferences, 160: 01003.

Grishchuk L P. 2005. Relic gravitational waves and cosmology. Physics Uspekhi, 48: 1235.

Guo F. 2016. On the importance of very light internally subsonic AGN jets in radio-mode AGN feedback. The Astrophysical Journal, 826: 17.

Guo H, Yang X H, Lu Y. 2018a. The incomplete conditional stellar mass function: unveiling the stellar mass functions of galaxies at 0. 1<Z<0. 8 from BOSS observations. The Astrophysical Journal, 858: 30.

Guo H, Zheng Z, Zehavi I, et al. 2015. Redshift-space clustering of SDSS galaxies-luminosity dependence, Halo occupation distribution, and velocity bias. Monthly Notices of the Royal Astronomical Society, 453: 4368.

Guo J N, Dumbović M, Wimmer-Schweingruber R F, et al. 2018b. Modeling the evolution and propagation of 10 September 2017 CMEs and SEPs arriving at Mars constrained by remote sensing and in situ measurement. Space Weather, 16: 1156.

Guo K, Peng Y, Shao L, et al. 2019a. SDSS-Ⅳ MaNGA: the roles of AGNs and dynamical processes in star formation quenching in nearby disk galaxies. The Astrophysical Journal, 870: 19.

Guo Q, Hu H, Zheng Z, et al. 2020. Further evidence for a population of dark-matter-deficient dwarf galaxies. Nature Astronomy, 4: 246.

Guo Y, Cheng X, Ding M D. 2017. Origin and structures of solar eruptions Ⅱ: magnetic modeling. Science China(Earth Sciences), 60: 1408.

Guo Y, Xia C, Keppens R, et al. 2019b. Solar magnetic flux rope eruption simulated by a data-driven magnetohydrodynamic model. The Astrophysical Journal Letters, 870: 21.

Han J L. 2017. Observing interstellar and intergalactic magnetic fields. Annual Review of Astronomy and Astrophysics, 55: 111-157.

Han Z, Podsiadlowski P, Lynas-Gray A E. 2007. A binary model for the UV-upturn of elliptical galaxies. Monthly Notices of the Royal Astronomical Society, 380: 1098-1118.

Hao J, Zhang M. 2011. Hemispheric helicity trend for solar cycle 24. The Astrophysical Journal Letters, 733: 27.

Hao Q, Yang K, Cheng X, et al. 2017. A circular white-light flare with impulsive and gradual white-light kernels. Nature Communications, 8: 2202.

Harrison C M, Costa T, Tadhunter C, et al. 2018. AGN outflows and feedback twenty years on. Nature Astronomy, 2: 198.

He H, Wang H, Yun D. 2015b. Activity analyses for solar-type stars observed with Kepler. Ⅰ. Proxies of magnetic activity. The Astrophysical Journal Supplement Series, 221: 18.

He H, Wang H, Zhang M, et al. 2018b . Activity analyses for solar-type stars observed with Kepler. Ⅱ. Magnetic feature versus flare activity. The Astrophysical Journal Supplement Series, 236: 7.

He J, Pei Z, Wang L, et al. 2015b. Sunward propagating Alfvén waves in association with sunward drifting proton beams in the solar wind. The Astrophysical Journal, 805: 176.

He J, Zhu, X, Chen Y, et al. 2018b. Plasma heating and Alfvénic turbulence enhancement during two steps of energy conversion in magnetic reconnection exhaust region of solar wind. The Astrophysical Journal, 856: 148.

He Z C, Wang T G, Liu G, et al. 2019. The properties of broad absorption line outflows based on a large sample of quasars. Nature Astronomy, 3: 265.

Herbst E, van Dishoeck E F. 2009. Complex organic interstellar molecules. Annual Review of Astronomy and Astrophysics, 47: 427-480.

Hong J, Carlsson M, Ding M D. 2017a. RADYN simulations of non-thermal and thermal models of Ellerman bombs. The Astrophysical Journal, 845: 144.

Hong J, Ding M D, Li Y, et al. 2018. Non-LTE calculations of the Fe I 6173 Å line in a flaring atmosphere. The Astrophysical Journal Letters, 857: 2.

Hong J C, Jiang Y, Yang J, et al. 2017b. Minifilament eruption as the source of a blowout jet, C-class flare, and type-III radio burst. The Astrophysical Journal, 835: 35.

Huang J, Ji J, Ye P J, et al. 2013. The ginger-shaped asteroid 4179 toutatis: new observations from a successful flyby of change-2. Scientific Reports, 3: 3411.

Huang X, Wang H, Xu L, et al. 2018a. Deep learning based solar flare forecasting model. I . Results for line-of-sight magnetograms. The Astrophysical Journal, 856: 7.

Huang Y, Liu X W, Yuan H B, et al. 2016. The Milky Way's rotation curve out to 100 kpc and its constraint on the Galactic mass distribution. Monthly Notices of the Royal Astronomical Society, 463: 2623-2639.

Huang Y, Schönrich R, Liu X W, et al. 2018b. On the kinematic signature of the galactic warp as revealed by the LAMOST-TGAS data. The Astrophysical Journal, 864: 129.

Huang Z, Xia L, Li B, et al. 2015. Cool transition region loops observed by the interface region imaging spectrograph. The Astrophysical Journal, 810: 46.

Ivanova N, Justham S, Chen X, et al. 2013. Common envelope evolution: where we stand and how we can move forward. Astronomy and Astrophysics Review, 21: 59.

Jenkins A, Frenk C S, White S D, et al. 2001. The mass function of dark matter haloes. Monthly Notices of the Royal Astronomical Society, 321: 372.

Ji H S, Cao W, Goode P R. 2012. Observation of ultrafine channels of solar corona heating. The Astrophysical Journal Letters, 750: 25.

Jiang C, Wu S T, Feng X, et al. 2016c. Data-driven magnetohydrodynamic modelling of a flux-emerging active region leading to solar eruption. Nature Communications, 7: 11522.

Jiang J, Cameron R H, Schüssler M. 2015. The cause of the weak solar cycle 24. The Astrophysical Journal Letters, 808: 28.

Jiang J, Wang J X, Jiao Q R, et al. 2018. Predictability of the solar cycle over one cycle. The Astrophysical Journal, 863: 159.

Jiang L H, McGreer I D, Fan X H, et al. 2016b. The final SDSS high-redshift quasar sample of 52 quasars at $z > 5.7$. The Astrophysical Journal, 833: 222.

Jiang N, Dou L M, Wang T G, et al. 2016a. The WISE detection of an infrared echo in tidal disruption event ASASSN-14li. The Astrophysical Journal, 828: 14.

Jin C L, Wang J X, Song Q, et al. 2011. The sun's small-scale magnetic elements in solar cycle 23. The Astrophysical Journal, 731: 37.

Jing Y P, Mo H J, Borner G. 1998. Spatial correlation function and pairwise velocity dispersion of galaxies: cold dark matter models versus the Las Campanas survey. The Astrophysical Journal, 494: 1.

Jing Y P, Suto Y. 2002. Triaxial modeling of halo density profiles with high-resolution N-body simulations. The Astrophysical Journal, 574: 538.

Kang X, Jing Y P, Mo H J, et al. 2005. Semianalytical model of galaxy formation with high-resolution N-body simulations. The Astrophysical Journal, 631: 21.

Kang X, Maccio A, Dutton A. 2013. The effect of warm dark matter on galaxy properties: constraints from the stellar mass function and the Tully-Fisher relation. The Astrophysical Journal, 767: 22.

Kang X, Wang P. 2015. The accretion of dark matter subhaloes within the cosmic web: primordial anisotropic distribution and its universality. The Astrophysical Journal, 813: 6.

Kang Y, Lee Y, Kim Y, et al. 2020. Early-type host galaxies of type Ia supernovae. II. Evidence for luminosity evolution in supernova cosmology. The Astrophysical Journal, 889: 8.

Kim G, Lee C W, Maheswar G, et al. 2019. CO outflow survey of 68 very low luminosity objects: a search for proto-brown-dwarf candidates. The Astrophysical Journal Supplement Series, 240: 18.

Kim M, Ho L C, Peng C Y, et al. 2017. Stellar photometric structures of the host galaxies of nearby type 1 active galactic nuclei. Astrophysical Journal Supplement Series, 232: 21.

Kong X L, Guo F, Shen C C, et al. 2019. The acceleration and confinement of energetic electrons by a termination shock in a magnetic trap: an explanation for nonthermal loop-top sources during solar flares. The Astrophysical Journal Letters, 887: 37.

Kupka F, Muthsam H J. 2017. Modelling of stellar convection. Living Reviews in Computational Astrophysics, 3: 1.

Kwok S. 2016. Complex organics in space from solar system to distant galaxies. Astronomy and Astrophysics Review, 24: 8.

Langer N. 2012. Presupernova evolution of massive single and binary stars. Annual Review of Astronomy and Astrophysics, 50: 107-164.

Lazzati D, Perna R, Morsony B J, et al. 2018. Late time afterglow observations reveal a collimated relativistic jet in the ejecta of the binary neutron star merger GW170817. Physical Review Letters, 120: 241103.

Lee C F, Ho P T P, Li Z Y, et al. 2017. A rotating protostellar jet launched from the innermost disk of HH 212. Nature Astronomy, 1: 0152.

Li B, Guo M Z, Yu H, et al. 2018. Impulsively generated wave trains in coronal structures. II. Effects of transverse structuring on sausage waves in pressurelesss slabs. The Astrophysical Journal, 855: 53.

Li C, Fang C, Li Z, et al. 2019. Chinese H Solar Explorer(CHASE): a complementary space mission to the ASO-S. Research in Astronomy and Astrophysics, 19: 165.

Li C, Zhong S J, Xu Z, G, et al. 2018. Waiting time distributions of solar and stellar flares: poisson process or with memory? Monthly Notices of the Royal Astronomical Society, 479: 139.

Li D, Zhang Q M, Huang Y, et al. 2017b. Quasi-periodic pulsations with periods that change depending on whether the pulsations have thermal or nonthermal components. Astronomy and Astrophysics, 597: L4.

Li H, Wang C, Chao J K, et al. 2016. A new approach to identify interplanetary Alfvén waves and to obtain their frequency properties. Journal of Geophysical Research: Space Physics, 121: 42.

Li H B, Jiang H, Fan X, et al. 2017a. The link between magnetic field orientations and star formation rates. Nature Astronomy, 1: 0158.

Li K J. 2010. Latitude migration of solar filaments. Monthly Notices of the Royal Astronomical Society, 405: 1040-1046.

Li L, Zhang J, Peter H, et al. 2016b. Magnetic reconnection between a solar filament and nearby coronal loops. Nature Physics, 12: 847-851.

Li Q H, Yang L, Wu D J, et al. 2019c. Electromagnetic waves around the proton cyclotron frequency in the sheath regions of interplanetary magnetic clouds: STEREO Observations. The Astrophysical Journal, 874: 55.

Li T, Zhang J. 2015. Quasi-periodic slipping magnetic reconnection during an X-class solar flare observed by the solar dynamics observatory and interface region imaging spectrograph. The Astrophysical Journal Letters, 804: L8.

Li X, Zhang J, Yang S, et al. 2019a. Flow instabilities in solar jets in their upstream and downstream regimes. The Astrophysical Journal, 875: 52.

Li X D, Park C, Sabiu C, et al. 2016a. Cosmological constraints from the redshift dependence of the Alcock-Paczynski effect: application to the SDSS-III BOSS DR12 GALAXIES. The Astrophysical Journal, 832: 103.

Li Y, Dming M D, Hong J, et al. 2019b. Different signatures of chromospheric evaporation in two solar flares observed with IRIS. The Astrophysical Journal, 879: 30.

Li Y R, Wang J M, Ho L C, et al. 2013. A bayesian approach to estimate the size and structure of the broad-line region in active galactic nuclei using reverberation mapping data. The Astrophysical Journal, 779: 110.

Lin J, Murphy N A, Shen C, et al. 2015. Review on current sheets in CME development: theories and observations. Space Science Reviews, 194: 237-302.

Liu C. 2019. Smoking gun of the dynamical processing of solar-type field binary stars. Monthly Notices of the Royal Astronomical Society, 490: 550-565.

Liu F K, Li S, Komossa S. 2014. A milliparsec supermassive black hole binary candidate in the galaxy SDSS J120136.02+ 300305. 5. The Astrophysical Journal, 786: 103.

Liu J, Wang C, Wang P, et al. 2020. A new way for Walén test of Alfvénic fluctuations in solar wind streams via EEMD. The Astrophysical Journal, 891: 162.

Liu J, Ye Y, Shen C, et al. 2018a. A new tool for CME arrival time prediction using machine learning algorithms: CAT-PUMA. The Astrophysical Journal, 855: 109.

Liu J, Zhang H, Howard A W, et al. 2019b . A wide star-black-hole binary system from radial-velocity measurements. Nature, 575: 618-621.

Liu N, Fu J N. Zong W, et al. 2019a. Radial velocity measurements from LAMOST medium-resolution spectroscopic observations: a pointing towards the Kepler field. Research in Astronomy and Astrophysics, 19: 075.

Liu X, Li B, Zhao G, et al. 2016. Constraining gravity theory using weak lensing peak statistics from the Canada-France-Hawaii-Telescope lensing survey. Physical Review Letters, 117:

051101.

Liu Y, Li X, Zhang X, et al. 2018b. Proc. SPIE 10704, Observatory Operations: strategies, Processes, and Systems Ⅶ, 1070422.

Lorimer D R, Bailes M, McLaughlin M A, et al. 2007. A bright millisecond radio burst of extragalactic origin. Science, 318: 777.

Luo B, Brandt W N, Xue Y Q, et al. 2017. The Chandra deep field-south survey: 7 Ms source catalogs. The Astrophysical Journal Supplement Series, 228: 2.

Macaulay E, Nichol R C, Bacon D, et al. 2019. First cosmological results using type Ⅰa supernovae from the dark energy survey: measurement of the hubble constant. Monthly Notices of the Royal Astronomical Society, 486: 2184-2196.

MacLow, M M, Klessen R S. 2004. Control of star formation by supersonic turbulence. Reviews of Modern Physics, 76: 125-194.

Madau P, Dickinson M. 2014. Cosmic star-formation history. Annual Review of Astronomy and Astrophysics, 52: 415.

Madec P Y, Arsenault R, et al. 2018. Adaptive optics facility: from an amazing present to a brilliant future. Proc. SPIE. 10703, Adaptive Optics Systems Ⅵ, 1070302.

Magorrian J, Tremaine S, Richstone D, et al. 1998. the demography of massive dark objects in galaxy centers. The Astronomical Journal, 115: 2285.

Maiolino R, Mannucci F. 2019. De re metallica: the cosmic chemical evolution of galaxies. The Astronomy and Astrophysics Review, 27: 3.

Marchant P, Langer N, Podsiadlowski P, et al. 2016. A new route towards merging massive black holes. Astronomy and Astrophysics, 588: 50.

Martynov D, Miao H, Yang H, et al. 2019. Exploring the sensitivity of gravitational wave detectors to neutron star physics.Physical Review D, 99: 102004.

McKee C F, Ostriker E C. 2007. Theory of star formation. Annual Review of Astronomy and Astrophysics, 45: 565-687.

Mei Z X, Keppens R, Roussev I I, et al. 2017. Magnetic reconnection during eruptive magnetic flux ropes. Astronomy and Astrophysics, 604: 7.

Momany Y, Zaggia, Gilmore G, et al. 2006. Outer structure of the Galactic warp and flare: explaining the Canis Major over-density. Astronomy and Astrophysics, 451: 515-538.

Motte F, Bontemps S, Louvet F. 2018. High-mass star and massive cluster formation in the Milky Way. Annual Review of Astronomy and Astrophysics, 56: 41-82.

Mukhanov V F, Feldman H A, Brandenberger R H. 1992. Theory of cosmological perturbations. Physics Reports, 215: 203.

Naab T, Ostriker J P. 2017. Theoretical challenges in galaxy formation. Annual Review of Astronomy and Astrophysics, 55: 59.

Navarro J F, Frenk C S, White S D M. 1997. A universal density profile from hierarchical clustering. The Astrophysical Journal, 490: 493-508.

Ness M, Bird J, Johnson J, et al. 2019. In pursuit of galactic archaeology: Astro2020 Science White Paper. arXiv e-prints: 1907. 05422.

Ni L, Kliem B, Lin J, et al. 2015. Fast magnetic reconnection in the solar chromosphere mediated by the plasmoid instability. The Astrophysical Journal, 799: 79.

Ni L, Lukin V S, Murphy N A, et al. 2018. Magnetic reconnection in strongly magnetized regions of the low solar chromosphere. The Astrophysical Journal, 852: 95.

Ni S L, Chen Y, Li C Y, et al. 2020. Plasma emission induced by electron cyclotron maser instability in solar plasmas with a large ratio of plasma frequency to gyrofrequency. The Astrophysical Journal Letters, 891: 25.

Ning Z. 2017. One-minute quasi-periodic pulsations seen in a solar flare. Solar Physics, 292: 11.

Ouyang Y, Chen P F, Fan S Q, et al. 2020. Does a solar filament barb always correspond to a prominence foot? The Astrophysical Journal, 894: 64.

Özel F, Freire P. 2016. Masses, radii, and the equation of state of neutron stars. Annual Review of Astronomy and Astrophysics, 54: 401-440.

Parker E N. 1958. Dynamics of the interplanetary gas and magnetic fields. The Astrophysical Journal, 128: 664.

Pâris I, Petitjean P, Aubourg E, et al. 2018. The sloan digital sky survey quasar catalog: fourteenth data release. Astronomy & Astrophysics, 613: 51.

Pavlovskii K, Ivanova N. 2015. Mass transfer from giant donors. Monthly Notices of the Royal Astronomical Society, 449: 4415-4427.

Peacock J A, Cole S, Norberg P, et al. 2001. A measurement of the cosmological mass density from clustering in the 2dF Galaxy Redshift Survey. Nature, 410: 169.

Qian S B, Liao W P, Zhu LY, et al. 2010. Detection of a giant extrasolar planet orbiting the eclipsing polar DP Leo. The Astrophysical Journal Letter, 708: 66.

Qin G, Kong F J, Zhang L H. 2018. Effects of shock and turbulence properties on electron acceleration. The Astrophysical Journal, 860: 3.

Rees M J. 1988. Tidal disruption of stars by black holes of 10^6-10^8 solar masses in nearby galaxies. Nature, 333: 523-528.

Reig P. 2011. Be/X-ray binaries. Astrophysics and Space Science, 332: 1-29.

Rein H, Spiegel D S. 2015. IAS15: a fast, adaptive, high-order integrator for gravitational dynamics, accurate to machine precision over a billion orbits. MNRAS, 446: 1424.

Ren D Q, Dou J P, Zhu Y T. 2010. A transmission-filter coronagraph: design and test. Publications of the Astronomical Society of the Pacific, 122: 590-594.

Reynolds C S. 2019. Observing black holes spin. Nature Astronomy, 3: 41.

Riess A G, Gasertano S, Yuan W, et al. 2019. Large magellanic cloud cepheid standards provide a 1% foundation for the determination of the Hubble constant and stronger evidence for physics beyond ΛCDM. The Astrophysical Journal, 876: 85.

Riess A G, Macri L, Casertano S, et al. 2009. A redetermination of the hubble constant with the hubble space telescope from a differential distance ladder. The Astrophysical Journal, 699: 539-563.

Riess A G, Press W H, Kirshner R P. 1996. A precise distance indicator: type IA supernova multicolor light-curve shapes. The Astrophysical Journal, 473: 88.

Sachs R K, Wolfe A M. 1967. Perturbations of a cosmological model and angular variations of the microwave background. The Astrophysical Journal, 147: 73.

Samanta T, Tian H, Nakariakov V M. 2019a. Evidence for vortex shedding in the sun's hot corona. Physical Review Letters, 123: 035102.

Samanta T, Tian H, Yurchyshyn V, et al. 2019b. Generation of solar spicules and subsequent atmospheric heating. Science, 366: 890-894.

Sana H, de Mink S E, de Kote A, et al. 2012. Binary interaction dominates the evolution of massive stars. Science, 337: 444.

Schaye J, Crain R A, Bower R G, et al. 2015. The EAGLE project: simulating the evolution and assembly of galaxies and their environments. Monthly Notices of the Royal Astronomical Society, 446: 521.

Schmittfull M, Seljak U. 2018. Parameter constraints from cross-correlation of CMB lensing with galaxy clustering. Physical Review D, 97: 123540.

Schutz B F. 1986. Determining the hubble constant from gravitational wave observations. Nature, 323: 310.

Shen C, Lin J, Murphy N A. 2011. Numerical experiments on fine structure within reconnecting current sheets in solar flares. The Astrophysical Journal, 737: 14.

Shen C, Wang Y, Wang S, et al. 2012. Super-elastic collision of large-scale magnetized plasmoids in the heliosphere. Nature Physics, 8: 923-928.

Shen J, Rich R M, Kormendy J, et al. 2010. Our Milky Way as a pure-disk galaxy: a challenge for galaxy formation. The Astrophysical Journal, 720: 72-76.

Shen Y D, Chen P F, Liu Y D, et al. 2019. First unambiguous imaging of large-scale quasi-periodic extreme-ultraviolet wave or shock. The Astrophysical Journal, 873: 22.

Shen Y D, Liu Y, Liu Y D, et al. 2015. Fine magnetic structure and origin of counter-streaming mass flows in a quiescent solar prominence. Letters, 814: 17.

Sheng Z, Wang T G, Jiang N, et al. 2017. Mid-infrared variability of changing-look AGNs. The Astrophysical Journal, 846: 7.

Sheth R K, Mo H J, Tormen G. 2001. Ellipsoidal collapse and an improved model for the number and spatial distribution of dark matter haloes. Monthly Notices of the Royal Astronomical Society, 323: 1.

Shi F, Yang X H, Wang H Y, et al. 2016. Mapping the real-space distributions of galaxies in SDSS DR7. I . Two-point correlation functions. The Astrophysical Journal, 833: 241.

Shi F, Yang X H, Wang H Y, et al. 2018. Mapping the real space distributions of galaxies in SDSS DR7. II . Measuring the growth rate, clustering amplitude of matter, and biases of galaxies at redshift 0.1. The Astrophysical Journal, 861: 137.

Shi M, Li B, Huang Z, et al. 2019. Synthetic emissions of the Fe XXI 1354 Å line from flare loops experiencing fundamental fast sausage oscillations. The Astrophysical Journal, 874: 87.

Shi T, Wang Y, Wan L, et al. 2015. Predicting the arrival time of coronal mass ejections with the graduated cylindrical shell and drag force model. The Astrophysical Journal, 806: 271.

Shi X. 2016. The outer profile of dark matter haloes: an analytical approach. Monthly Notices of the Royal Astronomical Society, 459: 3711.

Shu F H, Adams F C, Lizano S. 1987. Star formation in molecular clouds: observation and theory. Annual Review of Astronomy and Astrophysics, 25: 23-81.

Siess L. 2009. Thermohaline mixing in super-AGB stars. Astronomy and Astrophysics, 497: 463-468.

Silk J, Rees M J. 1998. Quasars and galaxy formation. Astronomy and Astrophysics, 331: 1-4.

Smartt S J. 2015. Observational constraints on the progenitors of core-collapse supernovae: the case for missing high-mass stars. Publications of the Astronomical Society of Australia, 32: 16.

Smith N. 2014. Mass loss: its effect on the evolution and fate of high-mass stars. Annual Review of Astronomy and Astrophysics, 52: 487-528.

Somerville R S, Davé R. 2015. Physical models of galaxy formation in a cosmological framework. Annual Review of Astronomy & Astrophysics, 53: 51.

Sorce J G, Gottlober S, Yepes G, et al. 2016. Cosmicflows constrained local universe simulations. Monthly Notices of the Royal Astronomical Society, 455: 2078-2090.

Springel V, Pakmor R, Pillepich A, et al. 2018. First results from the IllustrisTNG simulations: matter and galaxy clustering. Monthly Notices of the Royal Astronomical Society, 475: 676.

Springel V, White S D, Tormen G, et al. 2001. Populating a cluster of galaxies – I. Results at $z = 0$. Monthly Notices of the Royal Astronomical Society, 328: 726.

Springel V, White S D M, Jenkins A, et al. 2005.Simulations of the formation, evolution and clustering of galaxies and quasars. Nature, 435: 629-636.

Su J T, Ji K F, Cao W, et al. 2016. Observations of oppositely directed umbral wavefronts rotating in sunspots obtained from the new solar telescope of BBSO. The Astrophysical Journal, 817: 117.

Su Y, Veronig A M, Holman G D, et al. 2013. Imaging coronal magnetic-field reconnection in a solar flare. Nature Physics, 9: 489-493.

Su Y, Yang J, Yan Q Z, et al. 2020. Local molecular gas toward the aquila rift region. The Astrophysical Journal, 893: 91.

Sun J Q, Cheng X, Ding M D, et al. 2015b. Extreme ultraviolet imaging of three-dimensional magnetic reconnection in a solar eruption. Nature Commun, 6: 7598.

Sun L, Chen Y. 2020. An XMM-Newton X-ray view of supernova remnant W49B: revisiting its recombining plasmas and progenitor type. The Astrophysical Journal, 893: 90.

Sun Y, Xu Y, Yang J, et al. 2015a. A possible extension of the scutum-centaurus arm into the outer second quadrant. The Astrophysical Journal, 798: 27.

Tan B L, Karlicky M, Meszarosova H, et al. 2016. Diagnosing physical conditions near the flare energy-release sites from observations of solar microwave type III bursts. Research in Astronomy and Astrophysics, 16: 82.

Tan B L, Tan C M, Zhang Y, et al. 2014. Statistics and classification of the microwave zebra patterns associated with solar flares. The Astrophysical Journal, 780: 129.

Tan Q, Gao Y, Kohno K, et al. 2019. Resolving the interstellar medium in ultraluminous infrared QSO hosts with ALMA. The Astrophysical Journal, 887: 24.

Tang B, Liu C, Fernández-Trincado J G, et al. 2019. Chemical and kinematic analysis of CN-strong metal-poor field stars in LAMOST DR3. The Astrophysical Journal, 871: 58.

The CHIME/FRB Collaboration, Amiri M, Andersen B C, et al. 2020. Periodic activity from a fast radio burst source. Nature, 582: 351-355.

The Pierre Auger Collaboration, Aab A, Abreu P, et al. 2017. Observation of a large-scale anisotropy in the arrival directions of cosmic rays above 8×10^{18} eV. Science, 357: 1266.

Thompson T A, Kochanek C S, Stanek K Z, et al. 2019. A noninteracting low-mass black hole-giant star binary system. Science, 366: 637-640.

Tian H, Xu Z, He J, et al. 2016b. Are IRIS bombs connected to Ellerman bombs? The Astrophysical Journal, 824: 96.

Tian H, Young P R, Reeves K K, et al. 2016a. Global sausage oscillation of solar flare loops detected by the interface region imaging spectrograph. The Astrophysical Journal Letters, 823: 16.

Tu Z L, Yang M, Zhang Z J, et al. 2020. Superflares on solar-type stars from the first year observation of TESS. The Astrophysical Journal, 890: 46.

Vorobyov E I, Elbakyan V, Dunham M M, et al. 2017. The nature of very low luminosity objects(VeLLOs). Astronomy and Astrophysics, 600: 36.

Walter R, Lutovinov A A, Bozzo E, et al. 2015. High-mass X-ray binaries in the Milky Way: a closer look with INTEGRAL. Astronomy and Astrophysics Review, 23: 2.

Wang B, Han Z. 2009. Companion stars of type Ia supernovae and hypervelocity stars. Astronomy and Astrophysics, 508: 27-30.

Wang B, Meng X, Chen X, et al. 2009. The helium star donor channel for the progenitors of Type Ia supernovae. Monthly Notices of the Royal Astronomical Society, 395: 847-854.

Wang H, Mo H J, Yang X, et al. 2014. ELUCID: exploring the local universe with the reconstructed initial density field. I. Hamiltonian Markov chain Monte Carlo method with particle mesh dynamics. The Astrophysical Journal, 794: 94.

Wang H, Mo H J, Yang X, et al. 2016a. ELUCID: exploring the local universe with reconstructed initial density field. III. Constrained simulation in the SDSS volume. The Astrophysical Journal, 831: 164.

Wang H N, Yan Y, He H, et al. 2018a. Numerical short-term solar activity forecasting // IAU Symp. Space Weather of the Heliosphere 335: processes and Forecasts. Cambridge: Cambridge University Press.

Wang J, Shi Z. 1993. A way to magnetic synoptic meteorology. Solar Physics, 143: 119.

Wang J M, Songsheng Y Y, Li Y R, et al. 2020a. A parallax distance to 3C 273 through spectroastrometry and reverberation mapping.Nature Astronomy, 4: 517-525.

Wang J M, Songheng Y Y, Li Y R, et al. 2020b. Dynamical evidence from the sub-parsec counter-rotating disc for a close binary of supermassive black holes in NGC 1068. Monthly Notices of the Royal Astronomical Society, 497: 1020.

Wang K, Jönsson P, Gaigalas G, et al. 2018b. Energy levels, lifetimes, and transition rates for P-like ions from Cr X to Zn XVI from large-scale relativistic multiconfiguration calculations. The Astrophysical Journal Supplement Series, 235: 27.

Wang L, Baade D, Baron E, et al. 2017. A first transients survey with JWST: the FLARE project. arXiv e-prints: 1710. 07005.

Wang L, Dutton A, Stinson G, et al. 2015. NIHAO project–I. Reproducing the inefficiency of galaxy formation across cosmic time with a large sample of cosmological hydrodynamical simulations. Monthly Notices of the Royal Astronomical Society, 454: 83.

Wang L, Krucker S, Mason G, et al. 2016b. The injection of ten electron/3He-rich SEP events. Astronomy & Astrophysics, 585: A119.

Wang P, Kang X. 2018. The build up of the correlation between halo spin and the large-scale structure. Monthly Notices of the Royal Astronomical Society, 473: 1562.

Wang R, Wagg J, Carilli C, et al. 2013a. Star formation and gas kinematics of quasar host galaxies at $z \sim 6$: new insights from ALMA. The Astrophysical Journal, 773: 44.

Wang S, Chen X. 2019. The optical to mid-infrared extinction law based on the APOGEE, Gaia DR2, Pan-STARRS1, SDSS, APASS, 2MASS, and WISE surveys. The Astrophysical Journal, 877: 116.

Wang X, Filippenko A V, Ganeshalingam M, et al. 2009a. Improved distances to type Ia supernovae with two spectroscopic subclasses. The Astrophysical Journal, 699: 139-143.

Wang X, Wang L, Filippenko A V, et al. 2013b. Evidence for two distinct populations of type Ia supernovae. Science, 340: 170-173.

Wang Y M, Ji H S, Wang Y M, et al. 2020a. Concept of the solar ring mission: an overview. Science China Technological Sciences, 63: 1699.

Wang Y, Liu J, Jiang Y, et al. 2019. CME arrival time prediction using convolutional neural network. The Astrophysical Journal, 881: 15.

Warner B. 2003. Cataclysmic Variable Stars. Cambridge: Cambridge University Press.

Warner M, Rimmele T, Pillet V M. 2018. Construction update of the Daniel K. Inouye Solar Telescope project, Proc SPIE, 10700: 107000.

Wechsler R H, Tinker J L. 2018. The connection between galaxies and their dark matter Halos. Annual Review of Astronomy and Astrophysics, 56: 435.

Wei C, Li G, Kang X, et al. 2018. Full-sky ray-tracing simulation of weak lensing using ELUCID simulations: exploring galaxy intrinsic alignment and cosmic shear correlations. The Astrophysical Journal, 853: 25.

Wei X. 2020. Wave reflection and transmission at the interface of convective and stably stratified regions in a rotating star or planet. The Astrophysical Journal, 890: 20.

Wei Y, Wan W, Zhao B, et al. 2012. Solar wind density controlling penetration electric field at the equatorial ionosphere during a saturation of cross polar cap potential. Journal of Geophysical Research, 117: 3208.

Wen Z L, Han J L, Liu F S. 2012. A catalog of 132684 clusters of galaxies identified from Sloan Digital Sky Survey Ⅲ. The Astrophysical Journal Supplement Series, 199: 34.

Winget D E, Kepler S O. 2008. Pulsating white dwarf stars and precision asteroseismology. Annual Review of Astronomy and Astrophysics, 46: 157-199.

Witten E. 1984. Cosmic separation of phases. Physical Review D, 30: 272-285.

Wong K C, Suyu S, Chen G, et al. 2020. H0LiCOW–XⅢ. A 2.4 per cent measurement of H0 from lensed quasars: 5.3 σ tension between early- and late-Universe probes. Monthly Notices of the Royal Astronomical Society, 498: 1420.

Wu D J. 2014. Effect of Alfvén waves on the growth rate of the electron-cyclotron maser emission. Physics of Plasmas, 21: 064506.

Wu D J, Chen L. 2013. Excitation of kinetic Alfvén waves by density striation in magneto-plasmas. The Astrophysical Journal, 771: 3.

Wu X B, Wang F G, Fan X H, et al. 2015. An ultraluminous quasar with a twelve-billion-solar-mass black hole at redshift 6.30. Nature, 518: 512.

Xia C, Keppens R, Guo Y. 2014. 3D simulation of prominence magnetic structure: a helical magnetic flux rope. The Astrophysical Journal, 780: 130.

Xia Q, Kang X, Wang P, et al. 2017. Halo intrinsic alignment: dependence on mass, formation time, and environment. The Astrophysical Journal, 848: 22.

Xia Q, Liu C, Mao S, et al. 2016. Determining the local dark matter density with LAMOST data. Monthly Notices of the Royal Astronomical Society, 458: 3839-3850.

Xiang L, Chen L, Wu D J. 2019. Resonant mode conversion of Alfvén waves to kinetic Alfvén waves in an inhomogeneous plasma. The Astrophysical Journal, 881: 61.

Xiang M, Shi J, Liu X, et al. 2018. Stellar mass distribution and star formation history of the galactic disk revealed by Mono-age stellar populations from LAMOST. The Astrophysical Journal Supplement Series, 237: 33.

Xiang M S, Liu X W, Yuan H B, et al. 2015. The evolution of stellar metallicity gradients of the Milky Way disk from LSS-GAC main sequence turn-off stars: a two-phase disk formation history? Research in Astronomy and Astrophysics, 15: 1209.

Xiang M S, Liu X W, Yuan H B, et al. 2017. LAMOST spectroscopic survey of the galactic anticentre(LSS-GAC): the second release of value-added catalogues. Monthly Notices of the Royal Astronomical Society, 467: 1890-1914.

Xu R X. 2003. Solid quark stars? The Astrophysical Journal, 596: L59-L62.

Xu Y, Liu C, Xue X X, et al. 2018. Mapping the Milky Way with LAMOST - Ⅱ. The stellar halo. Monthly Notices of the Royal Astronomical Society, 473: 1244-1257.

Xu Y, Newberg H J, Carlin J L, et al. 2015. Rings and radial waves in the disk of the Milky Way. The Astrophysical Journal, 801: 105.

Xue X X, Rix H W, Zhao G, et al. 2008. The Milky Way's circular velocity curve to 60 kpc and an estimate of the dark matter halo mass from the kinematics of ~2400 SDSS blue horizontal-branch stars. The Astrophysical Journal, 684: 1143-1158.

Xue Y Q, Luo B, Brandt W N, et al. 2011. The Chandra deep field-south survey: 4 Ms source catalogs. The Astrophysical Journal Supplement Series, 195: 10.

Xue Z, Yan X, Cheng X, et al. 2016. Observing the release of twist by magnetic reconnection in a solar filament eruption. Nature Communications, 7: 11837.

Yan C S, Lu Y, Dai X, et al. 2015a . A probable milli-parsec supermassive binary black hole in the nearest quasar Mrk 231. The Astrophysical Journal, 809: 117.

Yan X L, Xue Z K, Pan G M, et al. 2015b. The formation and magnetic structures of active-region filaments observed by NVST, SDO, and Hinode. The Astrophysical Journal Supplement Series, 219: 17.

Yan Y H, Sakurai T. 2000. New boundary integral equation representation for finite energy force-free magnetic fields in open space above the sun. Solar Physics, 195: 89.

Yang H, Liu J. 2019. The flare catalog and the flare activity in the Kepler mission. The Astrophysical Journal Supplement Series, 241: 29.

Yang L, Lee L C, Li J P, et al. 2017. Radial variations of outward and inward Alfvénic fluctuations based on Ulysses observations. The Astrophysical Journal, 850: 177.

Yang L P, Zhang L, He J, et al. 2015c. Numerical simulation of fast-mode magnetosonic waves excited by plasmoid ejections in the solar corona. The Astrophysical Journal, 800: 111.

Yang Q, Wu X B, Fan X H, et al. 2018a. Discovery of 21 new changing-look AGNs in the Northern Sky. The Astrophysical Journal, 862: 109.

Yang S B, Büchner J, Skála J. 2018b. Evolution of relative magnetic helicity. New boundary conditions for the vector potential. Astronomy & Astrophysics, 613: 27.

Yang S H, Zhang J, Jiang F, et al. 2015a. Oscillating light wall above a sunspot light bridge. The Astrophysical Journal Letters, 804: L27.

Yang S H, Zhang J, Xiang Y. 2015b. Magnetic reconnection between small-scale loops observed with the new vacuum solar telescope. The Astrophysical Journal Letters, 798: 11.

Yang X, Mo H J, Bosch F C. 2003. Constraining galaxy formation and cosmology with the conditional luminosity function of galaxies. Monthly Notices of the Royal Astronomical Society, 339: 1057.

Yang X, Mo H J, van den Bosch F, et al. 2007. Galaxy groups in the SDSS DR4. I. The catalog and basic properties. The Astrophysical Journal, 671: 153.

Yi T, Sun M, Gu W M. 2019. Mining for candidates of galactic stellar-mass black hole binaries with LAMOST. The Astrophysical Journal, 886: 97.

Yu Q, Zhang F, Lu Y. 2016. Prospects for constraining the spin of the massive black hole at the Galactic center via the relativistic motion of a surrounding star. The Astrophysical Journal, 827: 114.

Yu Y W, Liu L D, Dai Z G. 2018. A long-lived remnant neutron star after GW170817 inferred from its associated Kilonova. The Astrophysical Journal, 861: 114.

Yuan D, Shen Y, Liu Y, et al. 2019. Multilayered Kelvin-Helmholtz instability in the solar corona. The Astrophysical Journal Letters, 884: 51.

Yuan F, Bu D, Wu M, et al. 2012. Numerical simulation of hot accretion flows. II. Nature, origin, and properties of outflows and their possible observational applications. The Astrophysical Journal, 761: 130.

Yuan F, Gan Z, Narayan R, et al. 2015. Numerical simulation of hot accretion flows. III. Revisiting wind properties using the trajectory approach. The Astrophysical Journal, 804: 101.

Yuan F, Yoon D, Li Y, et al. 2018. Active galactic nucleus feedback in an elliptical galaxy with the most updated AGN physics. I. Low angular momentum case. The Astrophysical Journal, 857:

121.

Zehavi I, Zheng Z, Weinberg D H, et al. 2011. Galaxy clustering in the completed SDSS redshift survey: the dependence on color and luminosity. The Astrophysical Journal, 736: 59.

Zhang B. 2007. Gamma-ray bursts in the swift Era. Chinese Journal of Astronomy and Astrophysics, 7: 1-50.

Zhang F, Han Z, Li L, et al. 2004. Evolutionary population synthesis for binary stellar populations. Astronomy and Astrophysics, 415: 117-122.

Zhang H, Yu Z, Liang E, et al. 2019b. Exoplanets in the Antarctic Sky. II. 116 transiting exoplanet candidates found by AST3-II (CHESPA)within the Southern CVZ of TESS. The Astrophysical Journal Supplement, 240: 17.

Zhang H Q. 1994. Configuration of the chromospheric magnetic field in a unipolar sunspot region. Solar Physics, 154: 207.

Zhang J, Bi S, Li Y, et al. 2020. Magnetic activity of F-, G-, and K-type stars in the LAMOST-Kepler field. The Astrophysical Journal Supplement Series, 247: 9.

Zhang J, Dong F, Li H, et al. 2019a. Testing shear recovery with field distortion. The Astrophysical Journal, 875: 48.

Zhang J, Zhao J, Oswalt T D, et al. 2019b. Stellar chromospheric activity and age relation from open clusters in the LAMOST survey. The Astrophysical Journal, 887: 84.

Zhang M. 2006. Helicity observations of weak and strong fields. The Astrophysical Journal Letters, 646: 85.

Zhang M, Low B C. 2005. The hydromagnetic nature of solar coronal mass ejections. Review of Astronomy and Astrophysics, 43: 103

Zhang P, Liguori M, Bean R, et al. 2007. Probing gravity at cosmological scales by measurements which test the relationship between gravitational lensing and matter overdensity. Physical Review Letters, 99: 141302.

Zhang Q M, Chen P F, Guo Y, et al. 2012. Two types of magnetic reconnection in coronal bright points and the corresponding magnetic configuration. The Astrophysical Journal, 746: 19.

Zhang X, Wu T, Li Y. 2018. Frequency identification and asteroseismic analysis of the red giant KIC 9145955: fundamental parameters and helium core size. The Astrophysical Journal, 855: 16.

Zhao G B, Raveri M, Pogosian L, et al. 2017. Dynamical dark energy in light of the latest observations. Nature Astronomy, 1: 627.

Zhao G B, Wang Y, Saito S, et al. 2019a. The clustering of the SDSS-IV extended baryon oscillation spectroscopic survey DR14 quasar sample: a tomographic measurement of cosmic structure growth and expansion rate based on optimal redshift weights. Monthly Notices of the Royal Astronomical Society, 482: 3497.

Zhao G Q, Li H, Feng H Q, et al. 2019b. Effects of alpha–proton differential flow on proton temperature anisotropy instabilities in the solar wind: wind observations. The Astrophysical Journal, 884: 60.

Zhao J K, Oswalt T D, Chen Y Q, et al. 2015. CaII H&K emission distribution of ~ 120000 F, G and K stars in LAMOST DR1. Review of Astronomy and Astrophysics, 15: 1282.

Zhao J S, Voitenko Y, De Keyser J, et al. 2018. Nonlinear decay of Alfvén waves driven by interplaying two-and three-dimensional nonlinear interactions. The Astrophysical Journal, 857: 42.

Zhao J W, Bogart R S, Kosovichev A G, et al. 2013. Detection of equatorward meridional flow and evidence of double-cell meridional circulation inside the sun. The Astrophysical Journal Letters, 774: 29.

Zhao J W, Hing D, Chen R, et al. 2019. Imaging the sun's far-side active regions by applying multiple measurement schemes on multiskip acoustic waves. The Astrophysical Journal, 887: 216.

Zheng R S, Xue Z, Chen Y, et al. 2019. The initial morphologies of the wavefronts of extreme ultraviolet waves. The Astrophysical Journal, 871: 232.

Zheng Z, Coil A L, Zehavi I. 2007. Galaxy evolution from halo occupation distribution modeling of DEEP2 and SDSS galaxy clustering. The Astrophysical Journal, 667: 760.

Zhou Y H, Chen P F, Hong J, et al. 2020. Simulations of solar filament fine structures and their counterstreaming flows. Nature Astronomy, 4: 994.

Zhu X, Wiegelmann T. 2019. Testing magnetohydrostatic extrapolation with radiative MHD simulation of a solar flare. Astronomy and Astrophysics, 631: A162.

Zhu X S, Wiegelmann T. 2018. On the extrapolation of magnetohydrostatic equilibria on the sun. The Astrophysical Journal, 866: 130.

Zhuang B, Wang Y, Shen C, et al. 2017. The significance of the influence of the CME deflection in interplanetary space on the CME arrival at earth. The Astrophysical Journal, 845: 117.

Zhuang M Y, Ho L C. 2019. Recalibration of [O ii] λ 3727 as a star formation rate estimator for active and inactive galaxies. The Astrophysical Journal, 882: 89.

Zong W, Fu J N, de Cat P, et al. 2018. LAMOST observations in the Kepler field. II. Database of the low-resolution spectra from the five-year regular survey. The Astrophysical Journal Supplement Series, 238: 30.

Zorotovic M, Schreiber M R, Gänsicke B T, et al. 2010. Post-common-envelope binaries from SDSS. IX: constraining the common-envelope efficiency. Astronomy and Astrophysics, 520: 86.

Zou H, Zhou X, Fan X, et al. 2017a. Project overview of the Beijing–Arizona sky survey. Publications of the Astronomical Society of the Pacific, 129: 976.

Zou P, Fang C, Chen P F, et al. 2017b. Magnetic separatrix as the source region of the Plasma supply for an active-region filament. The Astrophysical Journal, 836: 122

Zu Y, Mandelbaum R, Simet M, et al. 2017. On the level of cluster assembly bias in SDSS. Monthly Notices of the Royal Astronomical Society, 470: 551.

关键词索引

A

暗能量 1, 2, 10, 14, 15, 17, 19, 20, 21, 22, 23, 24, 26, 34, 36, 40, 41, 42, 47, 61, 62, 63, 66, 68, 80, 218, 221, 224, 225, 226, 251, 257, 271, 290

暗物质 1, 2, 10, 11, 14, 15, 17, 19, 20, 21, 22, 23, 24, 27, 28, 30, 32, 34, 36, 41, 42, 44, 45, 46, 47, 49, 64, 66, 68, 69, 71, 72, 76, 90, 91, 92, 106, 112, 113, 114, 197, 216, 219, 220, 222, 225, 230, 231, 237, 238, 256, 271, 290, 302, 319

B

暴胀 20, 21, 22, 34, 35, 36, 39, 65, 218, 235

变星 65, 80, 84, 85, 86, 96, 99, 109, 110, 113, 115, 116, 243, 252, 290

C

超导接收机 298

超级耀斑 130, 152, 155

超新星 20, 21, 26, 30, 40, 41, 42, 61, 63, 65, 68, 79, 80, 82, 84, 86, 88, 89, 91, 92, 98, 99, 102, 103, 109, 110, 112, 116, 214, 215, 221, 227, 228, 229, 230, 236, 238, 239, 240, 244, 245, 246, 247, 251, 288, 290, 325, 327, 329

磁场 11, 15, 18, 20, 22, 35, 42, 54, 57, 74, 81, 83, 89, 90, 91, 92, 93, 94, 96, 99, 106, 107, 108, 110, 111, 113, 114, 117, 118, 119, 120, 122, 123, 124, 125, 127, 128, 129, 130, 132, 135, 136, 137, 138, 139, 140, 142, 143, 144, 146, 148, 149, 150, 151, 152, 153, 154, 155, 156, 157, 173, 188, 205, 206, 222, 228, 232, 235, 242,